성명	
수험번호	
감독확인	

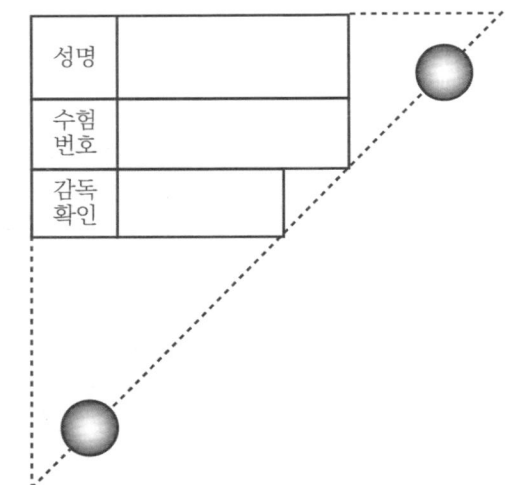

국가기술자격 실기시험 문제 및 답안지

20○○년도 기사 제1회 필답형 실기시험

1회

종 목	시험시간	배 점	문제수
소방설비기사(전기분야)	3시간	100	18

JN395777

* * 수험자 유의사항 * *

일반사항

1. 시험 문제를 받는 즉시 응시하고자 하는 종목의 문제가 맞는지를 확인하여야 합니다.
2. 시험 문제지 총 면수, 문제 번호 순서, 인쇄 상태 등을 확인하고(확인 이후 시험 문제지 교부 불가), 수험번호 및 성명을 답안지에 기재하여야 합니다.
3. 부정 또는 불공정한 방법(시험문제 내용과 관련된 메모지 사용 등)으로 시험을 치른 자는 부정행위자로 처리되어 당해 시험을 중지 또는 무효로 하고, 3년간 국가 기술검정의 응시자격이 정지됩니다.
4. 전자계산기는 허용된 계산기에 한해서만 사용이 가능합니다.
5. 시험 중 전자 · 통신기기(휴대폰 및 스마트 워치 등)를 지참하거나 사용할 수 없습니다.
6. 문제 및 답안(지), 채점기준은 관계법령(공공기관의 정보공개에 관한 법률 제9조(비공개대상정보) 1항 5호)에 의해 공개하지 않습니다.
7. 복합형 시험의 경우 시험의 전 과정(필답형, 작업형)을 응시하지 않은 경우 채점 대상에서 제외합니다.
8. 국가기술자격 시험문제는 일부 또는 전부가 저작권법상 보호되는 저작물이고, 저작권자는 한국산업인력 공단입니다. 문제의 일부 또는 전부를 무단 복제, 배포, 출판, 전자출판하는 등 저작권을 침해하는 일체의 행위를 금합니다.
9. 국가기술자격증 신청 · 발급은 온라인으로만 가능합니다.(공단 방문 신청 · 발급 폐지, Q-net 공지사항 및 수험표 참조)

채점사항

1. 수험자 인적사항 및 답안 작성은 반드시 검은색 필기구만 사용하여야 하며, 그 외 연필류, 유색 필기구, 지워지는 펜 등을 사용한 답안은 채점하지 않으며 0점 처리됩니다.
2. 답란에는 문제와 관련 없는 불필요한 낙서나 특이한 기록사항 등을 기재하여서는 안 되며, 답안지의 인적사항 기재란 외의 부분에 답안과 관련 없는 특수한 표시를 하거나 특정인임을 암시하는 경우 답안지 전체를 0점 처리합니다.
3. 계산문제는 반드시 「계산과정」과 「답」란에 기재하여야 하며, 「계산과정」과 「답」이 모두 맞아야 정답으로 인정됩니다.
4. 계산문제는 최종 결괏값(답)에서 소수 셋째 자리에서 반올림하여 둘째 자리까지 구하여야 하나 개별 문제에서 소수 처리에 대한 요구사항이 있을 경우 그 요구사항에 따라야 합니다.
5. 답에 단위가 없으면 오답으로 처리됩니다. (단, 문제의 요구사항에 단위가 주어졌을 경우는 생략되어도 무방합니다)
6. 문제에서 요구한 가지 수(항수) 이상을 답란에 표기한 경우에는 답란기재 순으로 요구한 가지 수(항수)만 채점하고 한 항에 여러 가지를 기재하더라도 한 가지로 보며 그중 정답과 오답이 함께 기재되어 있을 경우 오답으로 처리됩니다.
7. 답안 정정 시에는 정정하고자 하는 단어에 두 줄 (=)을 긋고 다시 작성하거나 수정테이프(수정액 제외)를 사용하여 정정하시기 바랍니다.

※ 수험자 유의사항 미준수로 인한 채점상의 불이익은 수험자 본인에게 책임이 있습니다.

〈국가기술자격 부정행위 예방 캠페인 : "부정행위, 묵인하면 계속됩니다."〉

1. 할론소화설비, 분말소화설비, 이산화탄소 소화설비 등에 사용되는 교차회로방식에 대한 다음 물음에 답하시오.

득점	배점
	6

(1) AB를 구분하여 교차회로방식이 되도록 회로를 결선하시오.

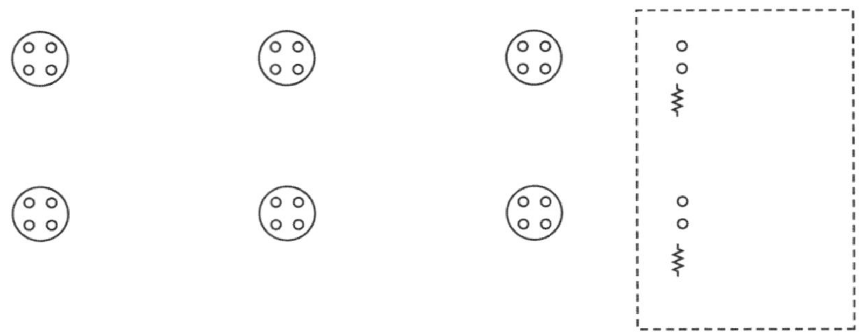

(2) 교차회로방식의 목적을 쓰시오.

답 :

(3) 송배전방식의 목적을 쓰시오.

답 :

2. 다음과 같은 복도에 연기감지기 2종과 3종을 설치하려고 한다. 설치개수를 계산하여 도면에 표시하고 벽과 감지기 간 및 감지기 사이의 간격을 도면에 작성하시오. (단, 복도의 보행거리 기준은 복도의 가운데 선을 기준으로 한다)

득점	배점
	4

(1) 연기감지기 2종 설치 시

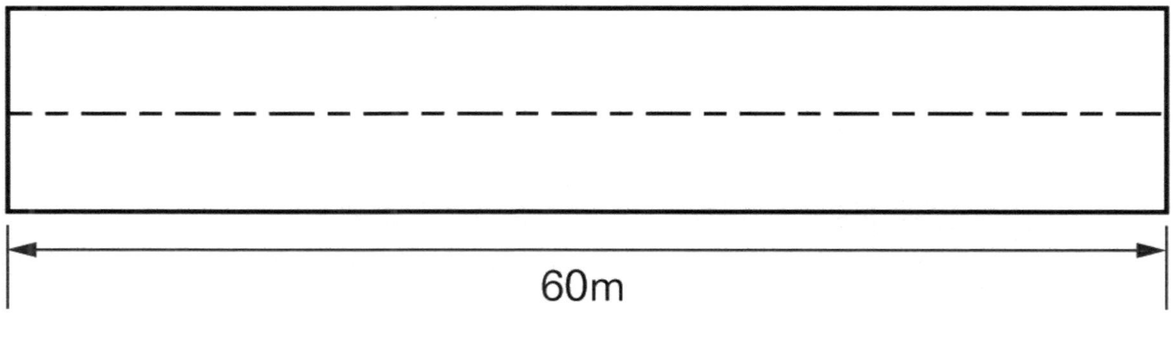

연 습 란

※ 다음 여백은 계산 연습란으로 사용하십시오.

(2) 연기감지기 3종 설치 시

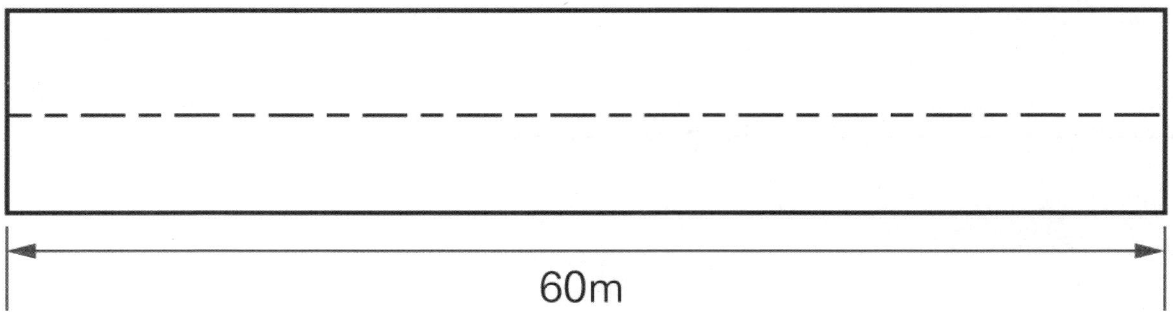

3. 다음의 배선도가 나타내는 의미를 모두 쓰시오.

득점	배점
	6

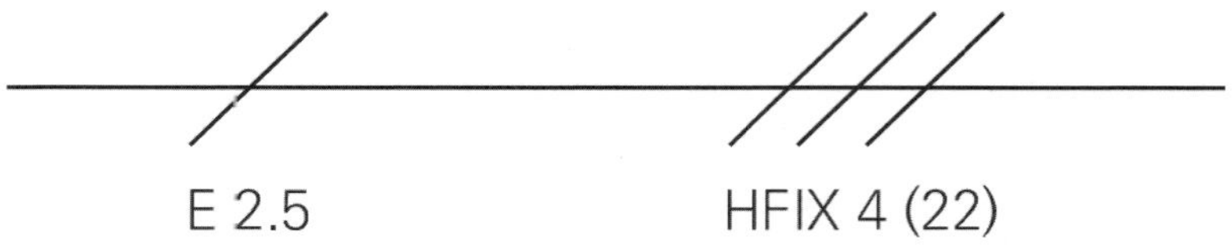

답 :

4. 그림과 같은 유접점 시퀀스회로도를 보고 다음 각 물음에 답하시오.

득점	배점
	5

(1) 그림의 회로에 대한 논리식을 가장 간단히 표현하시오.

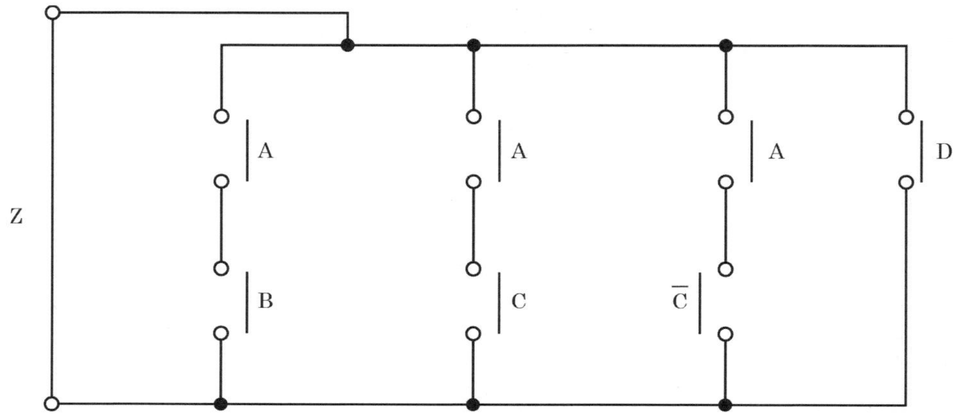

연 습 란

※ 다음 여백은 계산 연습란으로 사용하십시오.

(2) 무접점 논리회로를 그리시오.

5. 감지기와 P형 수신기와의 배선회로에서 종단저항이 1.2 [kΩ], 릴레이저항이 400 [Ω], 배선회로의 저항은 60 [Ω]이다. 회로전압이 24 [V]일 때 평상시와 화재 시 감지기회로에 흐르는 전류 [mA]를 구하시오.

득점	배점
	5

(1) 평상시

계산 :

답 :

(2) 화재 시

계산 :

답 :

-- 연 습 란 --

※ 다음 여백은 계산 연습란으로 사용하십시오.

득점	배점
	7

6. 자동화재탐지설비의 감지기에 관한 설명이다. (　　　　) 안을 채우시오.

(1) (　　　　　　　　　　)란 일국소의 주위온도가 일정한 온도 이상이 되는 경우에 작동하는 것으로서 외관이 전선으로 되어 있지 아니한 것을 말한다.

(2) (　　　　　　　　　　)란 주위의 공기가 일정한 농도의 연기를 포함하게 되는 경우에 작동하는 것으로서 일국소의 연기에 의하여 이온전류가 변화하여 작동하는 것을 말한다.

(3) (　　　　　　　　　　)란 주위의 공기가 일정한 농도의 연기를 포함하게 되는 경우에 작동하는 것으로서 일국소의 연기에 의하여 광전소자에 접하는 광량의 변화로 작동하는 것을 말한다.

(4) (　　　　　　　　　　)란 일정농도 이상의 연기가 일정시간(공칭축적시간) 연속하는 것을 전기적으로 검출함으로써 작동하는 감지기(다만 단순히 작동시간만을 지연시키는 것은 제외한다)를 말한다.

(5) (　　　　　　　　　　)란 단독경보형 감지기가 작동할 때 화재를 경보하며, 유·무선으로 주위의 다른 감지기에 신호를 발신하고 신호를 수신한 감지기도 화재를 경보하며, 다른 감지기에 신호를 발신하는 방식의 것을 말한다.

(6) (　　　　　　　　　　)란 발광부와 수광부로 구성된 구조로 발광부와 수광부 사이의 공간에 일정한 농도의 연기를 포함하게 되는 경우에 작동하는 것을 말한다.

(7) (　　　　　　　　　　)란 감지기 내부에 장착된 공기흡입장치로 감지하고자 하는 위치의 공기를 흡입하고, 흡입된 공기에 일정한 농도의 연기가 포함된 경우 작동하는 것을 말한다.

(8) (　　　　　　　　　　)란 감지기에 음향장치가 일체로 되어 있는 것을 말한다.

(9) (　　　　　　　　　　)란 불꽃에서 방사되는 자외선의 변화가 일정량 이상 되었을 때 작동하는 것으로서 일국소의 자외선에 의하여 수광소자의 수광량 변화에 의해 작동하는 것을 말한다.

(10) (　　　　　　　　　　)란 불꽃에서 방사되는 적외선의 변화가 일정량 이상 되었을 때 작동하는 것으로서 일국소의 적외선에 의하여 수광소자의 수광량 변화에 의해 작동하는 것을 말한다.

(11) (　　　　　　　　　　)란 불꽃에서 방사되는 불꽃의 변화가 일정량 이상 되었을 때 작동하는 것으로서 일국소의 자외선 또는 적외선에 따른 수광소자의 수광량 변화에 의하여 1개의 화재신호를 발신하는 것을 말한다.

(12) (　　　　　　　　　　)란 주위온도가 일정상승률 이상이 되는 경우에 작동하는 것으로서 일국소에서의 열효과에 의하여 작동하는 것을 말한다.

(13) (　　　　　　　　　　)란 주위온도가 일정상승률 이상이 되는 경우에 작동하는 것으로서 넓은 범위에서의 열효과에 의하여 작동하는 것을 말한다.

(14) (　　　　　　　　　　)란 일국소의 주위온도가 일정한 온도 이상이 되는 경우에 작동하는 것으로서 외관이 전선으로 되어 있는 것을 말한다.

연 습 란

※ 다음 여백은 계산 연습란으로 사용하십시오.

7. 공장 건물에 옥내소화전설비의 기동용 수압개폐방식과 겸용한 자동화재탐지설비의 발신기세트와 습식 스프링클러설비를 설치하고, 수신기는 경비실에 설치하였다. 기호 ㉮ ~ ㉶의 최소 전선가닥수를 구하시오. (단, 경종과 표시등 공통선을 같이 하였으며, 한 층의 지구음향장치 배선이 단락되었더라도 다른 층의 음향경보에 지장을 주지 않도록 각 층의 지구음향장치 배선에 단락 보호장치를 설치하였음)

득점	배점
	7

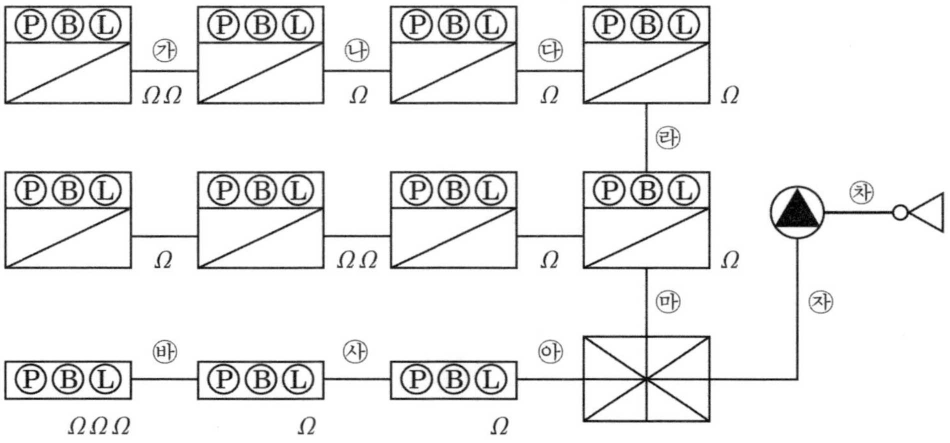

구분	㉮	㉯	㉰	㉱	㉲	㉳	㉴	㉵	㉶	㉷
가닥수										

8. 모터컨트롤센터(M.C.C)에서 소화전 펌프모터에 전기를 공급하는 전동기설비이다. 주어진 조건을 이용하여 다음 각 물음에 답하시오.

득점	배점
	4

[조건]
① 분당 3 [m^3]의 물을 높이 60 [m]인 물탱크에 양수한다.
② 펌프와 전동기의 합성역률은 80 [%]이다.
③ 전동기의 전부하효율은 70 [%]이다.
④ 펌프의 동력은 10 [%]의 여유를 둔다고 한다.

(1) 필요한 전동기의 용량은 몇 [kW]인가?

계산 :

답 :

--- 연 습 란 ---

※ 다음 여백은 계산 연습란으로 사용하십시오.

(2) 일반적으로 적용하는 이 전동기의 기동방식 및 모터 컨트롤센터와 전동기 사이의 동력선 가닥수는?

기동방식 :

가닥수 :

(3) 전동기에 흐르는 전부하전류는 몇 [A]인가? (단, 전동기는 3상 380 [V]의 전압을 사용한다)

계산 :

답 :

(4) 전동기의 역률을 개선할 때 쓰이는 기기는 무엇이며, 전동기의 역률을 90 [%]로 개선하고자 할 때 이 기기의 용량은 몇 [kVA]가 적당한가?

계산 :

답 :

9. 통신기기실에 할론소화설비를 설치하려고 한다. 내화구조이며 높이 3.8 [m], 면적 600 [m^2]일 때 다음 각 물음에 답하시오.

득점	배점
	10

(1) 통신기기실에 설치하기 적합한 감지기 종류와 감지기 설치 개수를 산정하시오.

계산 :

답 :

연 습 란

※ 다음 여백은 계산 연습란으로 사용하십시오.

(2) 감지기 결선 시 사용하는 회로방식과 사용 목적을 쓰시오.

회로방식 :

목적 :

(3) **다음 도면을 완성하시오. (단, 사이렌과 방출표시등, 압력스위치, 솔레노이드밸브 전부 도면에 표시하며 배선 상호 간의 전선종류와 전선 가닥수를 반드시 표시하시오)**

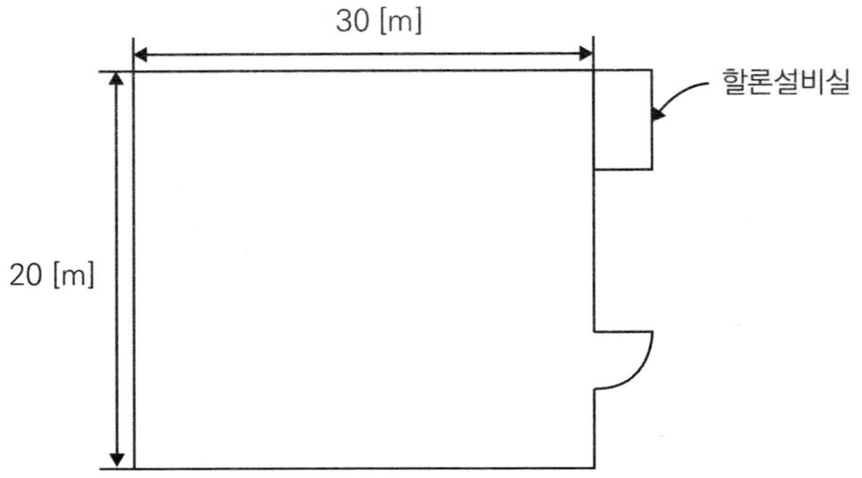

(4) **위의 도면에 사용된 심벌명을 전부 기재하시오.**

연 습 란

※ 다음 여백은 계산 연습란으로 사용하십시오.

10. 3개의 입력 A, B, C 중 어느 것이나 먼저 들어간 입력이 우선 동작하여 입력의 종류에 따라 출력 X_A, X_B, X_C를 발생시키고, 그 후에 들어가는 신호는 먼저 들어간 신호에 의해서 LOCK (동작 불능상태) 되어 출력이 없다고 한다. 이와 같은 사항을 그림과 같은 타임차트로 표현하였다. 이 타임차트를 보고 다음 각 물음에 답하시오.

득점	배점
	5

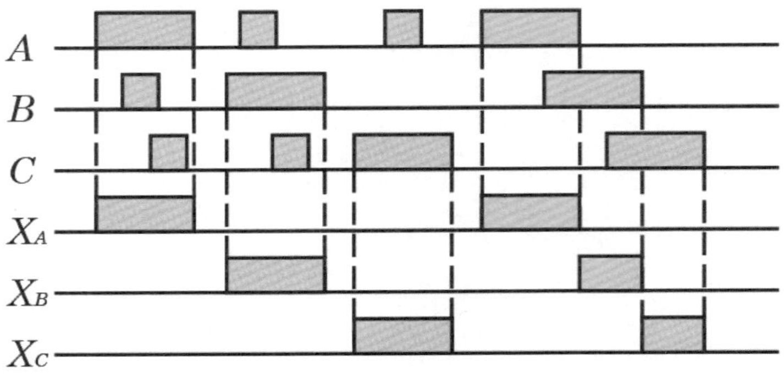

(1) 이 회로의 논리식을 작성하시오

X_A =

X_B =

X_C =

(2) 이 회로의 유접점회로를 그리시오.

(3) 이 회로의 무접점회로를 그리시오.

------ 연 습 란 ------

※ 다음 여백은 계산 연습란으로 사용하십시오.

11. 피난구유도등의 2선식 배선방식과 3선식 배선방식의 미완성 결선도를 완성하고, 배선방식의 차이점을 2가지만 쓰시오.

득점	배점
	5

(1) 미완성 결선도

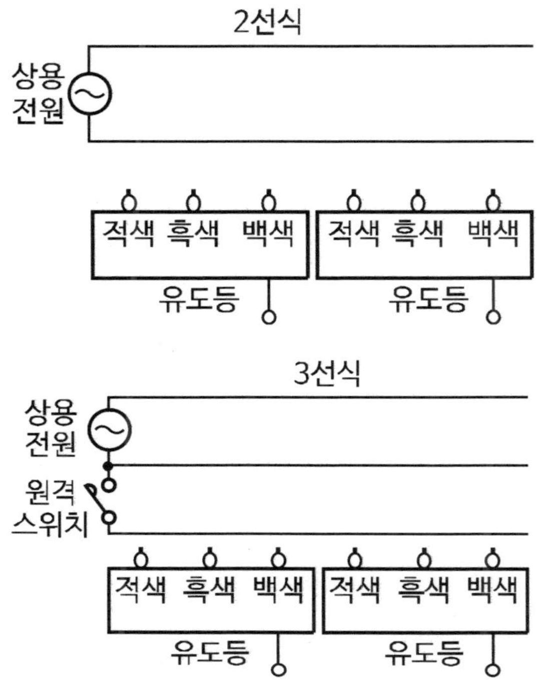

(2) 배선방식의 차이점

구분	2선식	3선식
점등상태		
충전상태		

연 습 란

※ 다음 여백은 계산 연습란으로 사용하십시오.

득점	배점
	10

12. 그림은 Y - △ 시동제어회로의 미완성 도면이다. 이 도면과 주어진 조건을 이용하여 다음 각 물음에 답하시오.

[조건]

① 소방관계법령 및 화재안전기준에 따른 제연설비 설치
② 배출기 Main Duct(흡입 측 및 배출 측 포함)의 폭은 1000 [mm]
③ 제연구역의 설계풍량은 43200 [m^3/h]
④ 배출기는 원심식 터보형 송풍기를 사용
⑤ 기타 조건은 무시

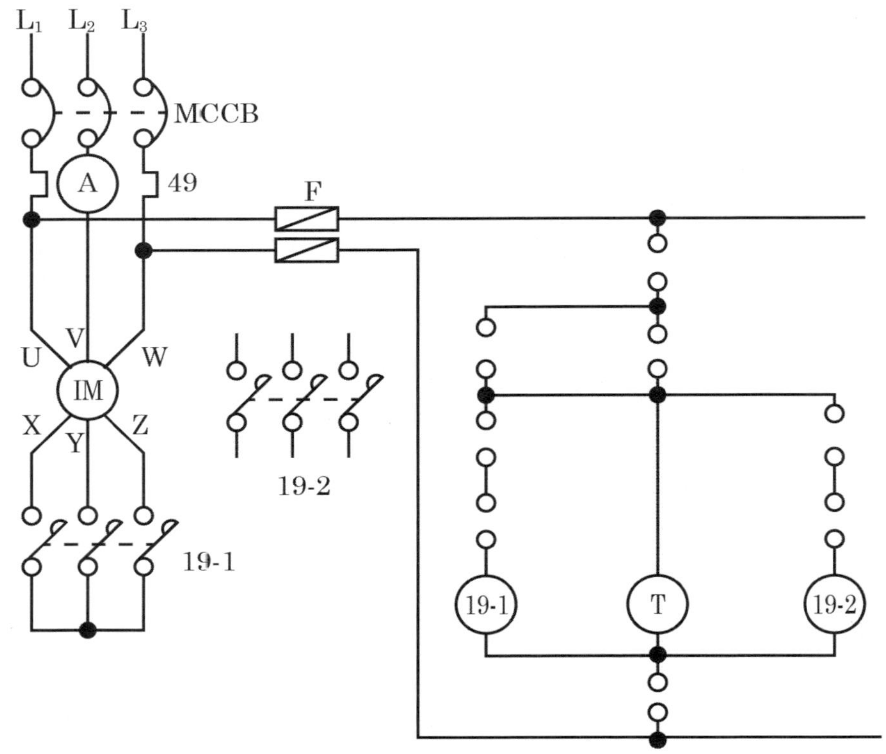

[조건]

(A) : 전류계 (PL) : 표시등 (T) : 스타델타 타이머

19 - 1 : 전자접촉기(Y) 19 - 2 : 전자접촉기(△)

(1) Y - △ 운전이 가능하도록 주회로 부분을 미완성 도면에 완성하시오.

(2) Y - △ 운전이 가능하도록 보조회로(제어회로) 부분을 미완성 도면에 완성하시오.

(3) MCCB를 투입하면 표시등 [그림]이 점등되도록 미완성 도면에 회로를 구성하시오.

연 습 란

※ 다음 여백은 계산 연습란으로 사용하십시오.

(4) Y결선에서는 각 상의 권선에 가해지는 전압은 정격전압의 몇 배로 되는가?

(5) Y결선에서의 시동전류는 △결선에 비하여 얼마 정도로 경감되는가?

13. 다음 소방시설 그림기호의 명칭을 쓰시오.

득점	배점
	6

(1)  :

(2)  :

(3)  :

(4)  :

(5) 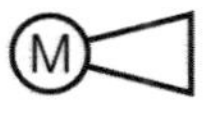 :

(6)  :

14. 공기관식 차동식 분포형 감지기 설치기준 5가지를 쓰시오.

득점	배점
	4

-
-
-
-
-

15. 다음의 용어를 국문으로 쓰시오.

득점	배점
	4

가. MDF
나. LAN
다. CAD
라. CVCF

연 습 란

※ 다음 여백은 계산 연습란으로 사용하십시오.

득점	배점
	5

16. 유도전동기부하에 사용할 비상용 자가발전설비를 설치하려고 한다. 이 설비에 사용된 발전기의 조건을 보고 다음 각 물음에 답하시오.

[조건]
3상 380 [V], 기동전류 820 [A]이고, 기동 시 전압강하 20 [%]까지 허용, 과도리액턴스 28 [%]

(1) 발전기 용량은 이론상 몇 [kVA] 이상의 것을 선정하여야 하는가?

계산 :

답 :

(2) 발전기용 차단기의 차단용량은 몇 [kVA]인가? (단, 차단용량의 여유율은 25 [%]를 계산한다)

계산 :

답 :

연 습 란

※ 다음 여백은 계산 연습란으로 사용하십시오.

17. 내화건축물에 연기감지기(2종)를 설치하고자 한다. 연기감지기의 부착높이가 10 [m]일 때 연기감지기 최소 설치수량을 구하시오.

득점	배점
	4

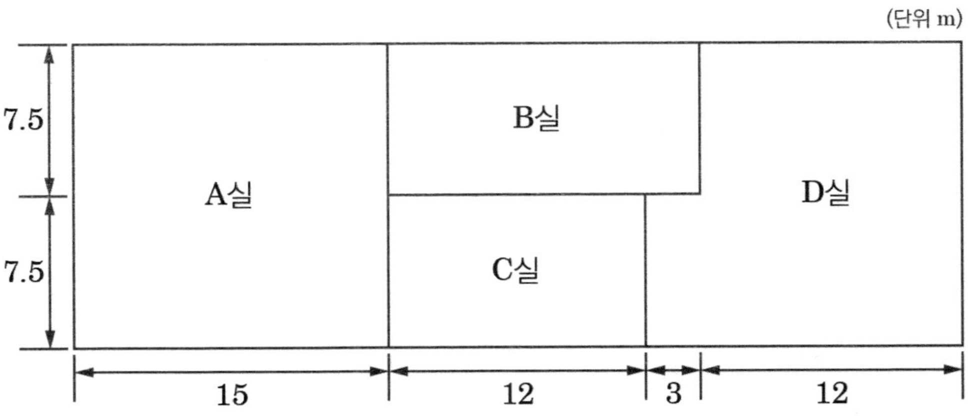

구분	계산과정	감지기 수량
A실		
B실		
C실		
D실		

연 습 란

※ 다음 여백은 계산 연습란으로 사용하십시오.

18. 다음 주어진 그림의 A - B 간 합성정전용량을 구하시오.

득점	배점
	3

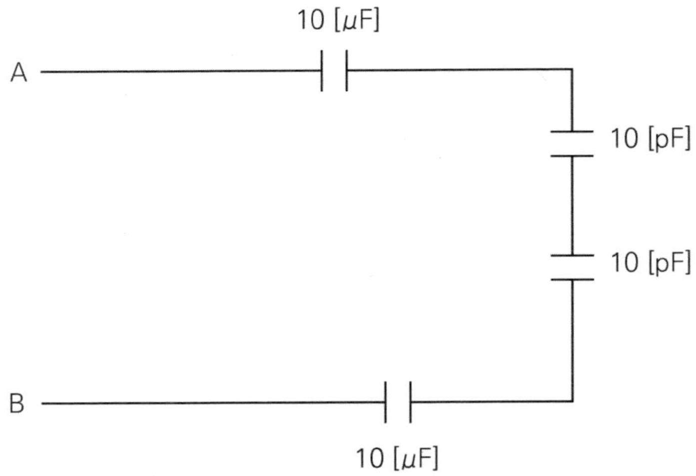

계산 :

답 :

-------------------- 연 습 란 --------------------

※ 다음 여백은 계산 연습란으로 사용하십시오.

이 하 여 백

성명	
수험번호	
감독확인	

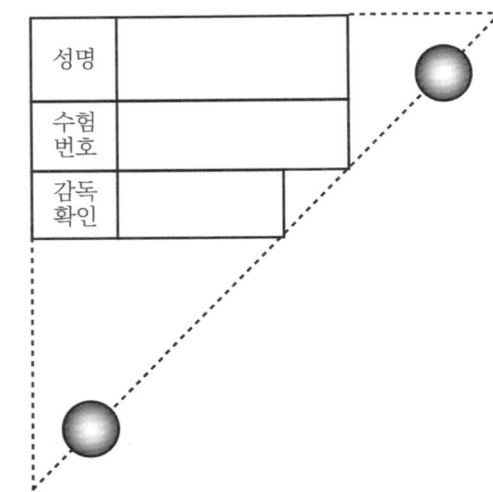

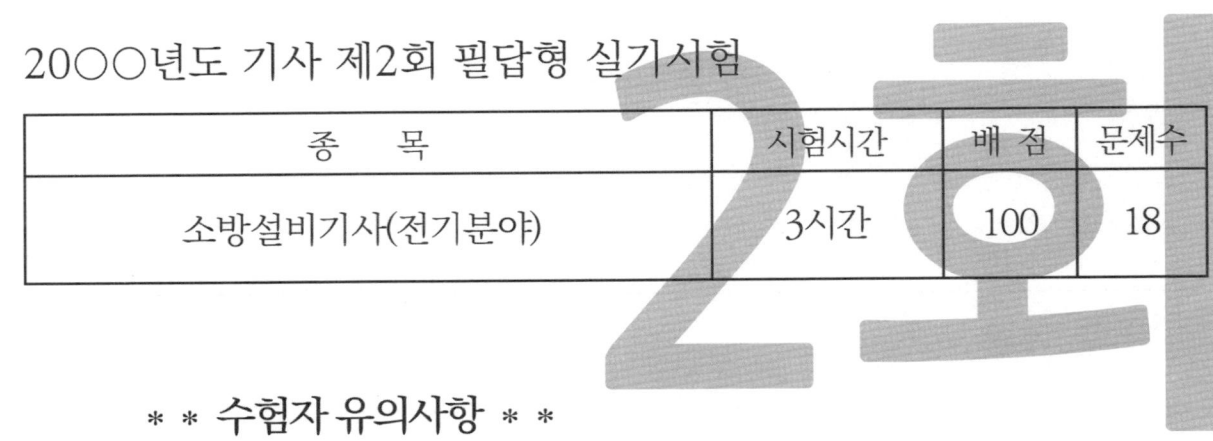

국가기술자격 실기시험 문제 및 답안지

20○○년도 기사 제2회 필답형 실기시험

2회

종　　목	시험시간	배 점	문제수
소방설비기사(전기분야)	3시간	100	18

* * 수험자 유의사항 * *

일반사항

1. 시험 문제를 받는 즉시 응시하고자 하는 종목의 문제가 맞는지를 확인하여야 합니다.
2. 시험 문제지 총 면수, 문제 번호 순서, 인쇄 상태 등을 확인하고(확인 이후 시험 문제지 교부 불가), 수험번호 및 성명을 답안지에 기재하여야 합니다.
3. 부정 또는 불공정한 방법(시험문제 내용과 관련된 메모지 사용 등)으로 시험을 치른 자는 부정행위자로 처리되어 당해 시험을 중지 또는 무효로 하고, 3년간 국가 기술검정의 응시자격이 정지됩니다.
4. 전자계산기는 허용된 계산기에 한해서만 사용이 가능합니다.
5. 시험 중 전자 · 통신기기(휴대폰 및 스마트 워치 등)를 지참하거나 사용할 수 없습니다.
6. 문제 및 답안(지), 채점기준은 관계법령(공공기관의 정보공개에 관한 법률 제9조(비공개대상정보) 1항 5호)에 의해 공개하지 않습니다.
7. 복합형 시험의 경우 시험의 전 과정(필답형, 작업형)을 응시하지 않은 경우 채점 대상에서 제외합니다.
8. 국가기술자격 시험문제는 일부 또는 전부가 저작권법상 보호되는 저작물이고, 저작권자는 한국산업인력 공단입니다. 문제의 일부 또는 전부를 무단 복제, 배포, 출판, 전자출판하는 등 저작권을 침해하는 일체의 행위를 금합니다.
9. 국가기술자격증 신청 · 발급은 온라인으로만 가능합니다.(공단 방문 신청 · 발급 폐지, Q-net 공지사항 및 수험표 참조)

채점사항

1. 수험자 인적사항 및 답안 작성은 반드시 검은색 필기구만 사용하여야 하며, 그 외 연필류, 유색 필기구, 지워지는 펜 등을 사용한 답안은 채점하지 않으며 0점 처리됩니다.
2. 답란에는 문제와 관련 없는 불필요한 낙서나 특이한 기록사항 등을 기재하여서는 안 되며, 답안지의 인적사항 기재란 외의 부분에 답안과 관련 없는 특수한 표시를 하거나 특정인임을 암시하는 경우 답안지 전체를 0점 처리합니다.
3. 계산문제는 반드시 「계산과정」과 「답」란에 기재하여야 하며, 「계산과정」과 「답」이 모두 맞아야 정답으로 인정됩니다.
4. 계산문제는 최종 결괏값(답)에서 소수 셋째 자리에서 반올림하여 둘째 자리까지 구하여야 하나 개별 문제에서 소수 처리에 대한 요구사항이 있을 경우 그 요구사항에 따라야 합니다.
5. 답에 단위가 없으면 오답으로 처리됩니다. (단, 문제의 요구사항에 단위가 주어졌을 경우는 생략되어도 무방합니다)
6. 문제에서 요구한 가지 수(항수) 이상을 답란에 표기한 경우에는 답란기재 순으로 요구한 가지 수(항수)만 채점하고 한 항에 여러 가지를 기재하더라도 한 가지로 보며 그중 정답과 오답이 함께 기재되어 있을 경우 오답으로 처리됩니다.
7. 답안 정정 시에는 정정하고자 하는 단어에 두 줄 (=)을 긋고 다시 작성하거나 수정테이프(수정액 제외)를 사용하여 정정하시기 바랍니다.

※ 수험자 유의사항 미준수로 인한 채점상의 불이익은 수험자 본인에게 책임이 있습니다.

〈국가기술자격 부정행위 예방 캠페인 : “부정행위, 묵인하면 계속됩니다.”〉

1. 누전경보기의 시험 방법 중 다음에 해당하는 시험을 설명하시오.

득점	배점
	3

1. 전로개폐시험 :

2. 과누전시험 :

3. 노화시험 :

2. 비상경보설비의 발신기 설치기준 3가지를 쓰시오.

득점	배점
	4

•
•
•

3. 자동화재탐지설비의 수평적 경계구역과 수직적 경계구역 기준을 각각 3가지씩 쓰시오.

득점	배점
	6

(1) 수평적 경계구역

•
•
•

(2) 수직적 경계구역

•
•
•

4. 수신기 기능시험 중 3가지를 쓰고, 시험목적에 대해 각각 설명하시오.

득점	배점
	3

•

•

•

연 습 란

※ 다음 여백은 계산 연습란으로 사용하십시오.

5. 비상용 전원설비로 축전지설비를 하고자 한다. 연축전지의 고장과 불량현상이 다음과 같을 때 그 추정원인에 대해 쓰시오.

득점	배점
	5

고장	불량현상	추정원인
초기고장	전 셀의 전압불균형이 크며, 비중이 작음	
	단전지 전압의 비중이 저하되며, 전압계의 역전	
우발고장	전해액의 감소가 빠름	
	전해액의 변색이 발생하고, 충전하지 않고 정치 중에도 다량의 가스가 발생	

6. 그림과 같은 회로를 보고 다음 각 물음에 답하시오.

득점	배점
	8

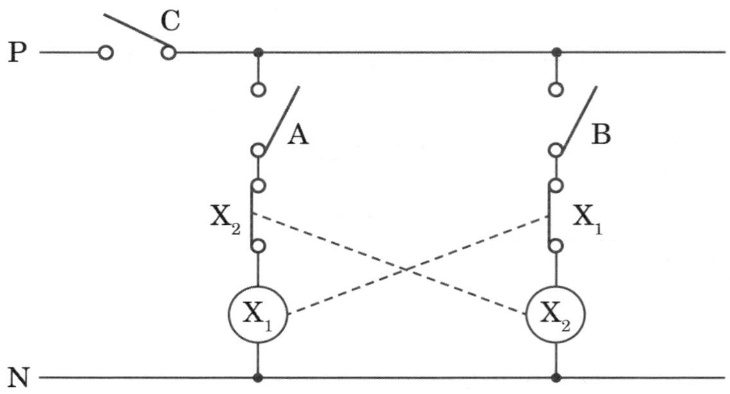

(1) 주어진 회로에 대한 논리회로를 그리시오.

연 습 란

※ 다음 여백은 계산 연습란으로 사용하십시오.

(2) 주어진 회로에 대한 타임차트를 완성하시오.

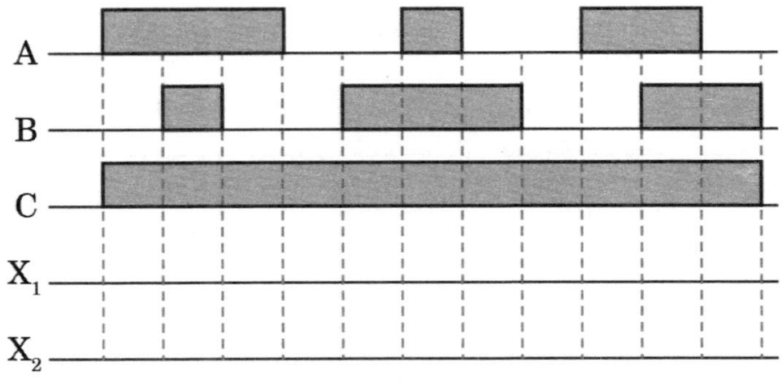

(3) 주어진 회로에서 X_1과 X_2의 b접점(Normal Close)의 사용목적을 쓰고, 이와 같은 회로의 명칭을 쓰시오.

• 사용목적 :

• 회로명칭 :

7. 그림과 같은 무접점 논리회로를 가장 간단한 논리식으로 표현하시오.

득점	배점
	6

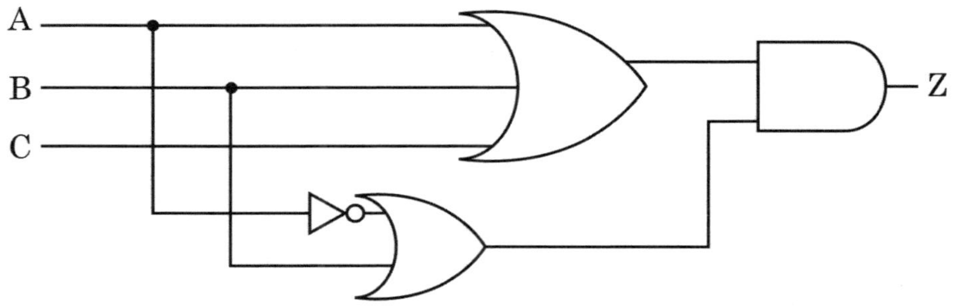

연 습 란

※ 다음 여백은 계산 연습란으로 사용하십시오.

득점	배점
	9

8. 다음 주어진 도면은 옥내소화전설비의 3개소 기동정지회로의 미완성 도면이다. 조건을 참조하여 제어실 및 현장 어느 쪽에서도 기동 및 정지가 가능하도록 배선하시오.

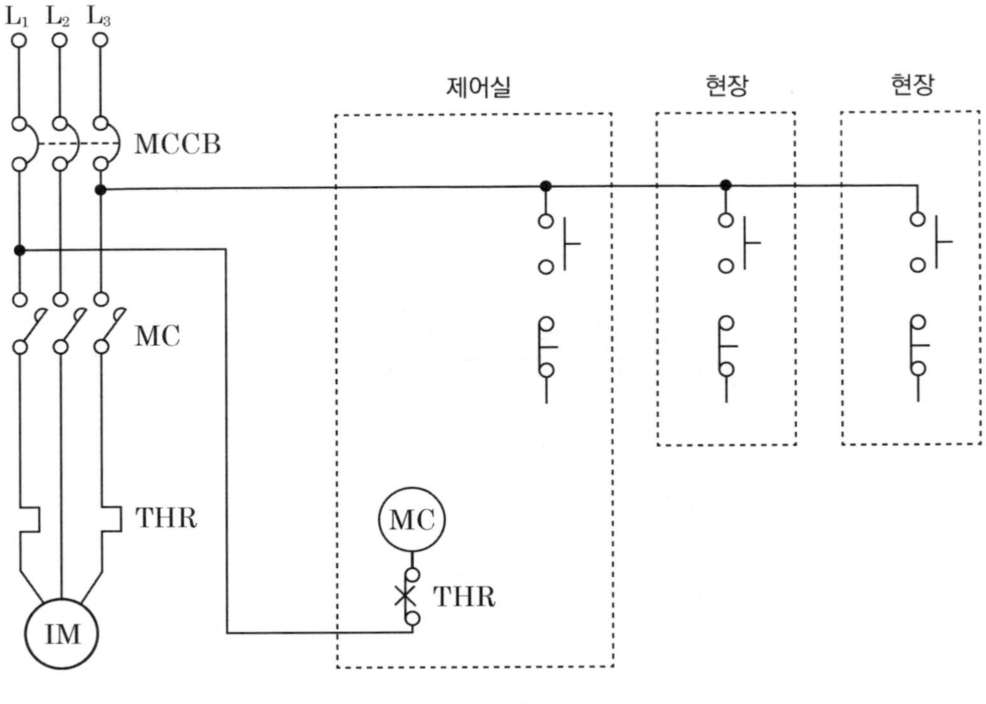

[조건]

① 각 층에는 옥내소화전이 1개씩 설치되어 있다.
② 이미 그려져 있는 부분은 수정하지 않는다.
③ 그려진 접점을 삭제하거나 별도로 접점을 추가하지 않는다.
④ 자기유지는 전자접촉기 a접점 1개를 사용한다.

연 습 란

※ 다음 여백은 계산 연습란으로 사용하십시오.

9. 그림과 같이 지구경종과 표시등을 하나의 공통선을 사용하여 작동시키려고 한다. 이때 공통선에 흐르는 전류 [A]를 구하시오. (단, 경종은 DC 24 [V], 1.6 [W]용이며, 표시등은 DC 24 [V], 3.2 [W]용이다)

득점	배점
	5

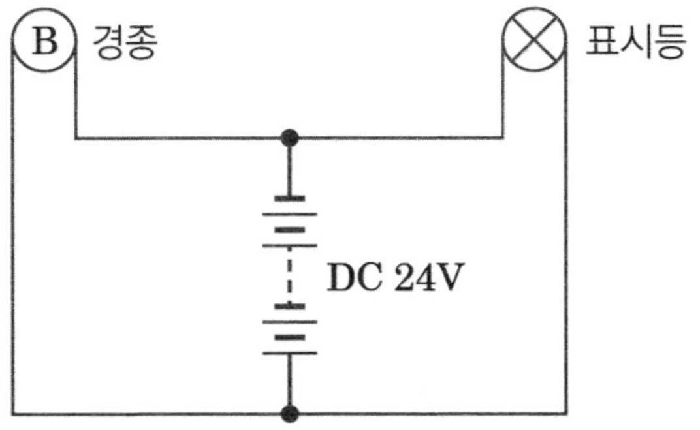

계산 :

답 :

10. 지하 1층 및 지상 12층이고 각 층의 높이가 3.6 [m]인 다음과 같은 소방대상물에 수직경계구역을 설정할 경우 다음 각 물음에 답하시오.

득점	배점
	7

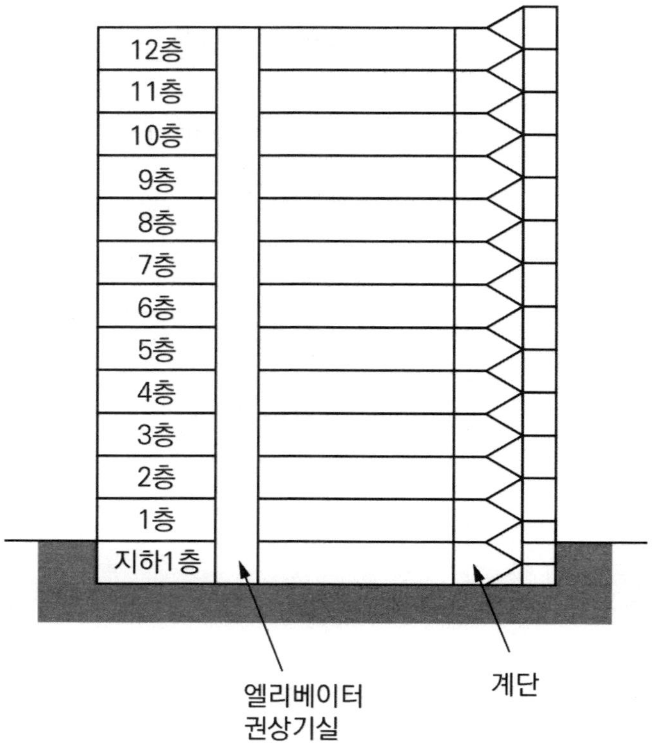

-- 연 습 란 --

※ 다음 여백은 계산 연습란으로 사용하십시오.

(1) 상기의 건축단면도상에 표시된 엘리베이터 권상기실과 계단실에 감지기를 설치해야 하는 위치를 찾아 연기감지기의 그림기호를 이용하여 도면에 그려 넣으시오.

(2) 본 소방대상물에 자동화재탐지설비의 수직경계구역은 총 몇 개의 회로로 구분해야 하는지 쓰시오.

• 엘리베이터 권상기실 (　　) 회로 + 계단 (　　) 회로 = 합계 (　　) 회로

(3) 연기가 멀리 이동해서 감지기에 도달하는 장소에 설치하는 연기감지기의 종류를 3가지 쓰시오.

•
•
•

11. 전선접속 시 주의사항 3가지를 쓰시오.

득점	배점
	6

•
•
•

12. 수신기와 지구경종과의 거리가 200 [m]인 공장 건물에서 화재가 발생하여 지구경종 2개를 동시에 명동시킬 때 선로에서의 전압강하는 몇 [V]가 되는가? (단, 경종 2개의 전류용량은 50 [mA]이며, 선로의 전선 굵기는 2.5 [mm^2]이다)

득점	배점
	4

계산 :

답 :

------------------------------ 연 습 란 ------------------------------

※ 다음 여백은 계산 연습란으로 사용하십시오.

13. 다음은 13층 건축물의 비상방송설비의 계통도 일부를 나타내고 있다. 각 층 사이의 ① ~ ⑥까지의 배선수를 쓰시오. (단, 비상용 방송과 업무용 방송을 겸용으로 하는 설비이다)

득점	배점
	7

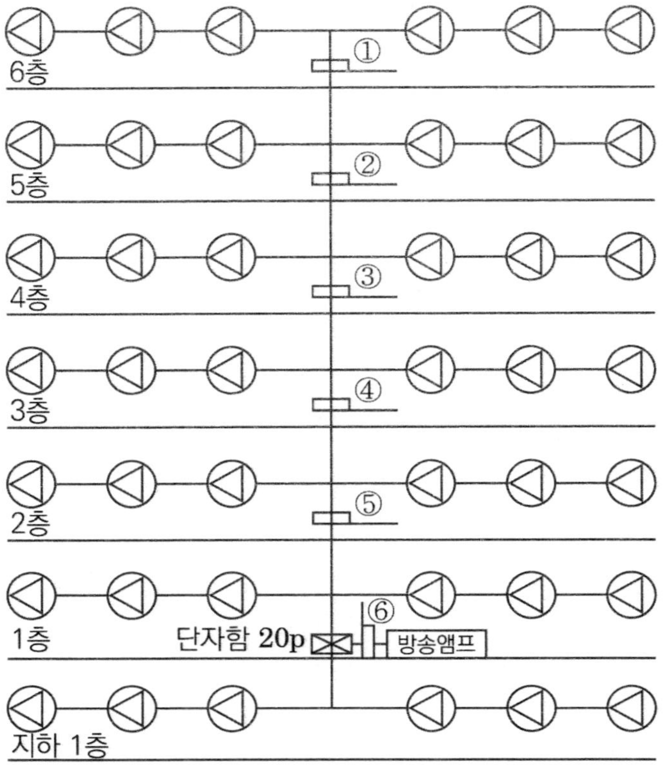

①	②	③	④	⑤	⑥

---------- 연 습 란 ----------

※ 다음 여백은 계산 연습란으로 사용하십시오.

득점	배점
	6

14. 옥내소화전설비의 전기적 계통도이다. 그림을 보고 주어진 표의 Ⓐ와 Ⓑ의 배선수와 각 배선의 용도를 쓰시오. (단, 사용전선은 HFIX전선이며, 배선수는 운전조작상 필요한 최소 전선수를 쓰도록 한다)

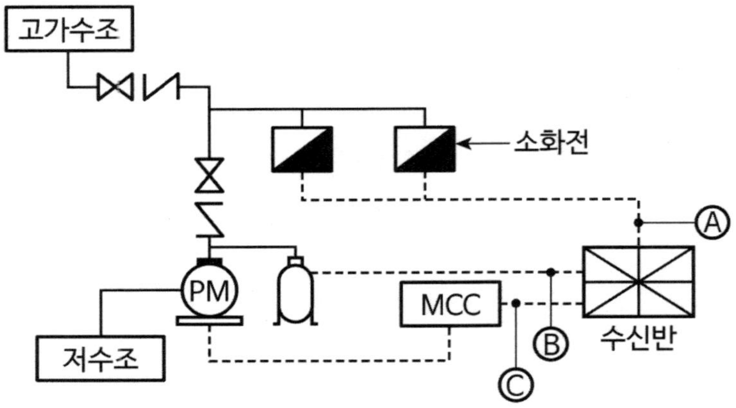

기호	구분		배선수	배선 굵기	배선의 용도
Ⓐ	소화전함 ↔ 수신반	ON, OFF식		2.5 [mm^2] 이상	
		수압개폐식		2.5 [mm^2] 이상	
Ⓑ	압력탱크 ↔ 수신반			2.5 [mm^2] 이상	
Ⓒ	MCC ↔ 수신반		5	2.5 [mm^2] 이상	공통, ON, OFF, 기동표시등, 전원감시등

연 습 란

※ 다음 여백은 계산 연습란으로 사용하십시오.

15. 다음 조건에서 설명하는 감지기의 명칭을 쓰시오. (단, 감지기의 종별은 무시한다)

득점	배점
	4

[조건]

① 공칭작동온도 : 75 [℃]
② 작동방식 : 반전바이메탈식, 60 [V], 0.1 [A]
③ 부착높이 : 8 [m]

16. 보충량 12000 [CMH], 누설량 20 [m^3/min], 전압 32 [mmAq]인 제연설비용 송풍기의 전동기 용량 [kW]을 구하시오. (단, 효율은 70 [%], 전달계수는 1.1이다)

득점	배점
	5

계산 :

답 :

연 습 란

※ 다음 여백은 계산 연습란으로 사용하십시오.

득점	배점
	7

17. 그림과 같이 구획된 철근콘크리트 건물의 공장이 있다. 다음 표에 따라 자동화재탐지설비의 감지기를 설치하고자 한다. 다음 각 물음에 답하시오.

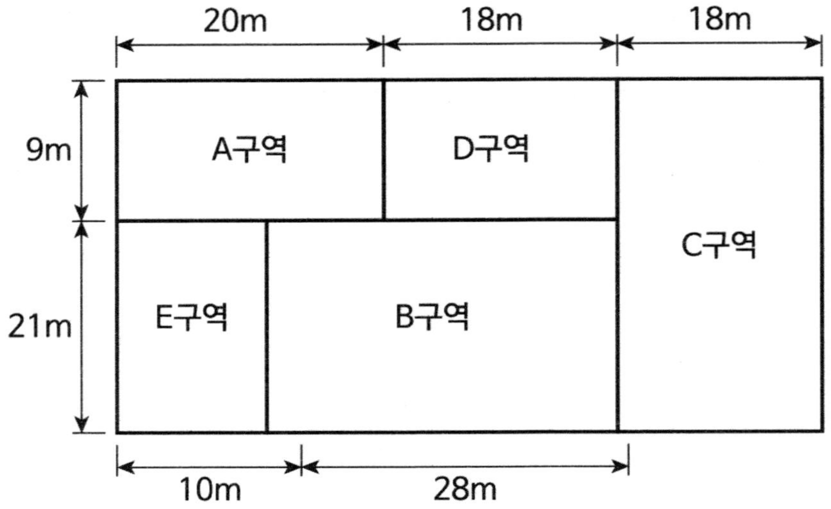

(1) 다음 표를 완성하여 감지기 개수를 산정하시오.

구역	설치높이 [m]	감지기 종류	계산내용	감지기 개수
A구역	4	정온식 스포트형 1종		
B구역	3.5	차동식 스포트형 2종		
C구역	4	연기감지기 2종		
D구역	3.5	연기감지기 1종		
E구역	5	정온식 스포트형 1종		

(2) 해당 구역에 감지기를 배치하시오.

연 습 란

※ 다음 여백은 계산 연습란으로 사용하십시오.

18. 다음 도면과 같이 수동발신기와 감지기가 수신기로 이어지는 회로가 있다. 회로의 잘못된 부분을 고쳐서 올바르게 그리시오. (단, 종단저항은 발신기함에 내장되도록 한다)

득점	배점
	5

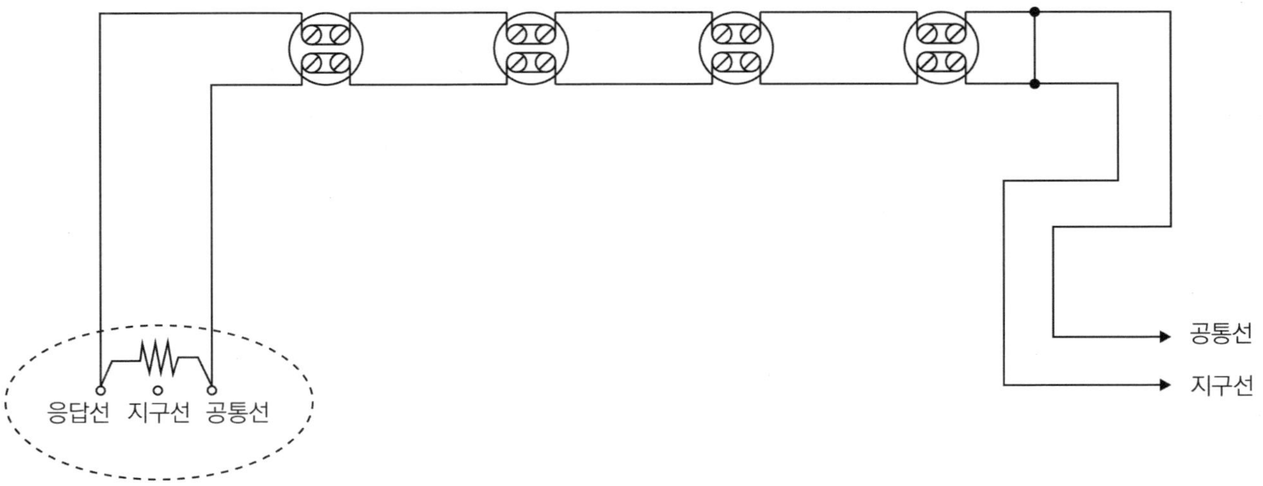

---------- 연 습 란 ----------

※ 다음 여백은 계산 연습란으로 사용하십시오.

성명	
수험번호	
감독확인	

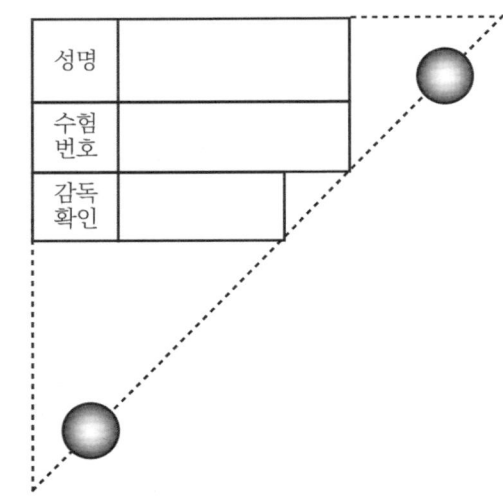

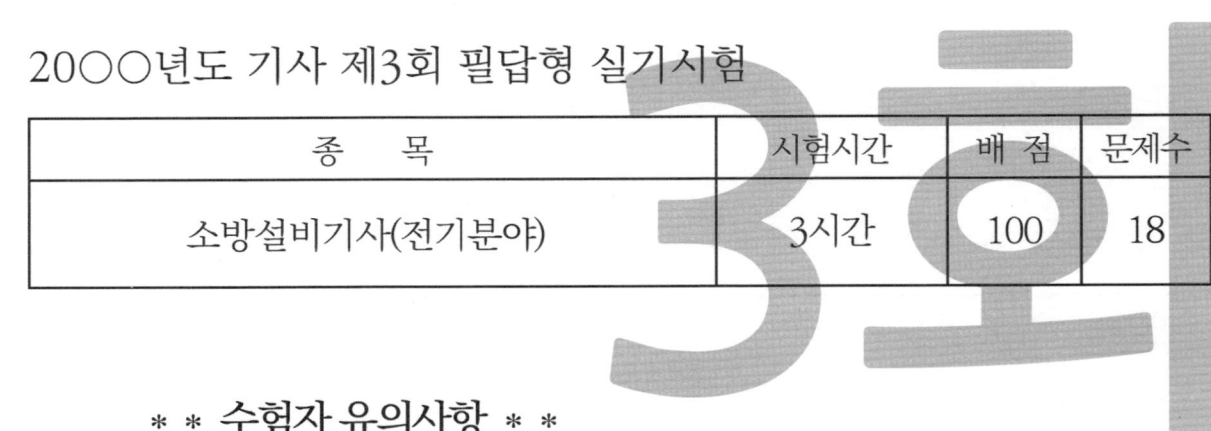

국가기술자격 실기시험 문제 및 답안지

20○○년도 기사 제3회 필답형 실기시험

3회

종 목	시험시간	배 점	문제수
소방설비기사(전기분야)	3시간	100	18

* * 수험자 유의사항 * *

일반사항

1. 시험 문제를 받는 즉시 응시하고자 하는 종목의 문제가 맞는지를 확인하여야 합니다.
2. 시험 문제지 총 면수, 문제 번호 순서, 인쇄 상태 등을 확인하고(확인 이후 시험 문제지 교부 불가), 수험번호 및 성명을 답안지에 기재하여야 합니다.
3. 부정 또는 불공정한 방법(시험문제 내용과 관련된 메모지 사용 등)으로 시험을 치른 자는 부정행위자로 처리되어 당해 시험을 중지 또는 무효로 하고, 3년간 국가 기술검정의 응시자격이 정지됩니다.
4. 전자계산기는 허용된 계산기에 한해서만 사용이 가능합니다.
5. 시험 중 전자 · 통신기기(휴대폰 및 스마트 워치 등)를 지참하거나 사용할 수 없습니다.
6. 문제 및 답안(지), 채점기준은 관계법령(공공기관의 정보공개에 관한 법률 제9조(비공개대상정보) 1항 5호)에 의해 공개하지 않습니다.
7. 복합형 시험의 경우 시험의 전 과정(필답형, 작업형)을 응시하지 않은 경우 채점 대상에서 제외합니다.
8. 국가기술자격 시험문제는 일부 드는 전부가 저작권법상 보호되는 저작물이고, 저작권자는 한국산업인력 공단입니다. 문제의 일부 또는 전부를 무단 복제, 배포, 출판, 전자출판하는 등 저작권을 침해하는 일체의 행위를 금합니다.
9. 국가기술자격증 신청 · 발급은 온라인으로만 가능합니다.(공단 방문 신청 · 발급 폐지, Q-net 공지사항 및 수험표 참조)

채점사항

1. 수험자 인적사항 및 답안 작성은 반드시 검은색 필기구만 사용하여야 하며, 그 외 연필류, 유색 필기구, 지원지는 펜 등을 사용한 답안은 채점하지 않으며 0점 처리됩니다.
2. 답란에는 문제와 관련 없는 불필요한 낙서나 특이한 기록사항 등을 기재하여서는 안 되며, 답안지의 인적사항 기재란 외의 부분에 답안과 관련 없는 특수한 표시를 하거나 특정인임을 암시하는 경우 답안지 전체를 0점 처리합니다.
3. 계산문제는 반드시 「계산과정」과 「답」란에 기재하여야 하며, 「계산과정」과 「답」이 모두 맞아야 정답으로 인정됩니다.
4. 계산문제는 최종 결괏값(답)에서 소수 셋째 자리에서 반올림하여 둘째 자리까지 구하여야 하나 개별 문제에서 소수 처리에 대한 요구사항이 있을 경우 그 요구사항에 따라야 합니다.
5. 답에 단위가 없으면 오답으로 처리됩니다. (단, 문제의 요구사항에 단위가 주어졌을 경우는 생략되어도 무방합니다)
6. 문제에서 요구한 가지 수(항수) 이상을 답란에 표기한 경우에는 답란기재 순으로 요구한 가지 수(항수)만 채점하고 한 항에 여러 가지를 기재하더라도 한 가지로 보며 그중 정답과 오답이 함께 기재되어 있을 경우 오답으로 처리됩니다.
7. 답안 정정 시에는 정정하고자 하는 단어에 두 줄 (=)을 긋고 다시 작성하거나 수정테이프(수정액 제외)를 사용하여 정정하시기 바랍니다.

※ 수험자 유의사항 미준수로 인한 채점상의 불이익은 수험자 본인에게 책임이 있습니다.

〈국가기술자격 부정행위 예방 캠페인 : "부정행위, 묵인하면 계속됩니다."〉

1. 각 층의 높이가 4 [m]인 지하 3층, 지상 5층 특정소방대상물이 자동화재탐지설비의 경계구역을 설정하는 경우 물음에 답하시오.

득점	배점
	5

(1) 층별 바닥 면적이 그림과 같을 때 자동화재탐지설비의 경계구역을 최소 몇 개로 구분하여야 하는지 산출식과 경계구역에 대한 다음 표를 완성하시오. (단, 계단 경사로 및 피트 등의 수직경계구역의 면적을 제외한다)

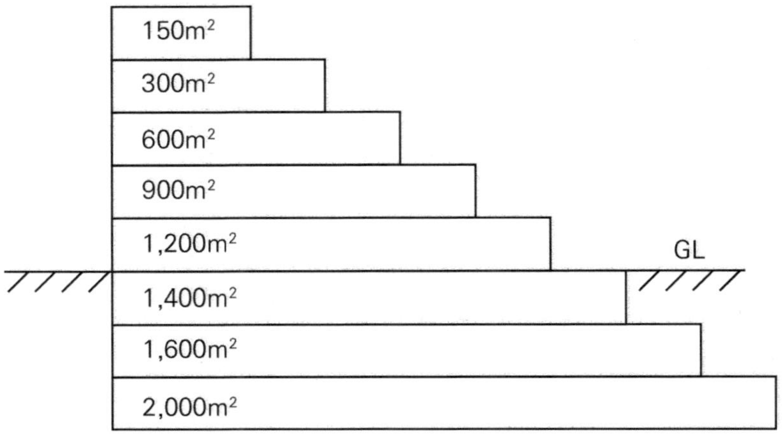

층별	산출식	경계구역 수
5층		
4층		
3층		
2층		
1층		
지하 1층		
지하 2층		
지하 3층		
경계구역의 합계		

연 습 란

※ 다음 여백은 계산 연습란으로 사용하십시오.

(2) 본 특정소방대상물에 엘리베이터와 계단에 각각 1개씩 설치되어 있는 경우 P형 수신기는 몇 회로용을 설치해야 하는지 산출식과 회로수를 쓰시오.

산출내역	P형 수신기 회로수

2. 공기관식 차동식 분포형 감지기의 시험에 관한 그림이다. 다음 각 물음에 답하시오.

득점	배점
	4

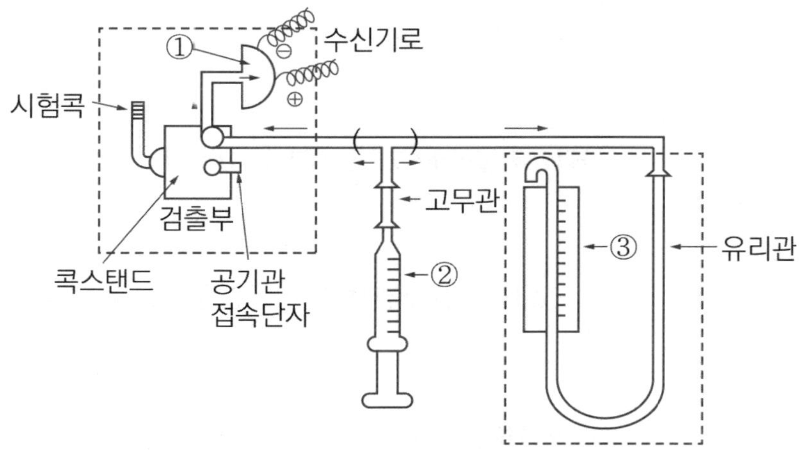

(1) 어떤 시험을 하기 위한 것인지 쓰시오.

(2) 그림에 표시된 ① ~ ③의 명칭을 쓰시오.

(3) 이 시험에서의 양부판정기준을 쓰시오.

(4) 위 물음 (3)에서 기준치보다 낮을 경우나 높을 경우에 일어나는 현상을 쓰시오.

낮을 경우 :

높을 경우 :

-- 연 습 란 --

※ 다음 여백은 계산 연습란으로 사용하십시오.

득점	배점
	6

3. 1층에서 7층까지의 사무실용 내화구조 건축물이 있다. 계단은 각 층에 2개소 있고 각 층고는 3.5 [m]이며, 각 층의 면적은 550 [m^2]이다. 1층에 수신기가 설치되어 있고, 종단저항은 발신기세트에 내장되어 있으며, 계단은 별도로 감지기회로를 구성하여 3층의 발신기세트에 각각 연결될 경우 다음 각 물음에 답하시오. (단, 각 층의 지구음향장치 배선에 단락보호장치를 설치하였으며, 전선가닥수는 최소가닥수를 구한다. 또한 한 층의 수평길이는 50 [m]를 초과하지 않는다)

(1) 각 층에 차동식 스포트형 2종 감지기를 설치할 때 그 수량을 산정하시오.

계산 :

답 :

(2) 계단에 설치하는 감지기의 종류를 쓰고, 그 수량을 산정하시오.

계산 :

답 :

(3) 각 층에 설치하는 발신기의 종류를 쓰고, 그 수량을 산정하시오.

(4) 1층에 설치하는 수신기의 종류를 쓰고, 그 회로수를 쓰시오.

(5) 종단저항은 몇 개가 필요한지 필요 개소별로 그 개수를 쓰시오.

계	1F	2F	3F	4F	5F	6F	7F

연 습 란

※ 다음 여백은 계산 연습란으로 사용하십시오.

(6) 계통도를 그리고 각 전선에 수량을 표현하시오. (단, 종단저항도 표시하시오)

7F

6F

5F

4F

3F

2F

1F

4. 가스누설경보기의 형식승인 및 제품검사의 기술기준에 따른 다음 각 질문에 답하시오.

득점	배점
	3

(가) 가스누설표시등은 점등 시 어떤 색으로 표시되는지 쓰시오.

(나) 가스누설경보기는 구조에 따라 (㉠)형, (㉡)형으로 분류되며, 용도에 따라 (㉢)용, (㉣)용, (㉤)용으로 분류된다.

㉠	㉡	㉢	㉣	㉤

(다) 자동화재탐지설비, 비상경보설비의 축전지, 화재속보설비, 누전경보기, 가스누설경보기 등 화재의 발생 또는 화재의 발생이 예상되는 상황에 대하여 경보를 발하여 주는 설비가 무엇인지 쓰시오.

연 습 란

※ 다음 여백은 계산 연습란으로 사용하십시오.

5. 옥내소화전설비에서 비상전원의 설치를 제외할 수 있는 경우 3가지를 쓰시오.

득점	배점
	3

-
-
-

6. 비상콘센트설비에 대한 다음 각 물음에 답하시오.

득점	배점
	8

(가) 비상콘센트설비의 설치목적을 쓰시오.

(나) 비상콘센트설비의 배선(전기사업법 제67조에 따른 전기설비기술기준에서 정하는 것 외) 중 전원회로의 배선은 (㉠)으로, 그 밖의 배선은 (㉡) 또는 (㉢)으로 설치해야 한다. 괄호 안에 들어갈 말을 쓰시오.

㉠	㉡	㉢

(다) 콘센트에 5 [kW]용 송풍기를 연결하여 운전할 때 몇 [A]의 전류가 흐르는지 구하시오. (단, 송풍기의 역률은 75 [%]이며, 전압은 단상교류 220 [V]를 사용한다)

계산 :

답 :

(라) 지상 25층 아파트에서 비상콘센트를 설치하여야 하는 층에 1개씩 설치한다고 하면 비상콘센트는 몇 개가 필요한지 구하시오. (단, 지하층은 고려하지 않는다) 또한 하나의 전용회로의 전선용량 산정방법을 상세히 쓰시오.

• 비상콘센트 수 :

• 전선용량 산정방법 :

연 습 란

※ 다음 여백은 계산 연습란으로 사용하십시오.

7. 도면은 어느 방호대상물의 하론 설비 부대전기설비를 설계한 도면이다. 잘못 설계된 점을 4가지만 지적하여 그 이유를 설명하시오.

득점	배점
	4

[유의사항]

① 심벌의 범례

ΩΩ RM : 하론수동조작함(종단저항 2개 내장)

├─⊗ : 하론방출표시등

② 전선관의 규격은 표기하지 않았으므로 지적대상에서 제외한다.

③ 하론수동조작함과 하론콘트롤판넬의 입선 가닥수는 한 구역당 전원(+, -) 2선, 수동조작 1선, 감지기선로 2선, 사이렌 1선, 하론방출표시등 1선, 방출지연 1선으로 연결 사용한다.

④ 기술적으로 동작불능 또는 오동작이 되거나 관련 기준에 맞지 않거나 잘못 설계되어 인명 피해가 우려되는 것들을 지적하도록 한다.

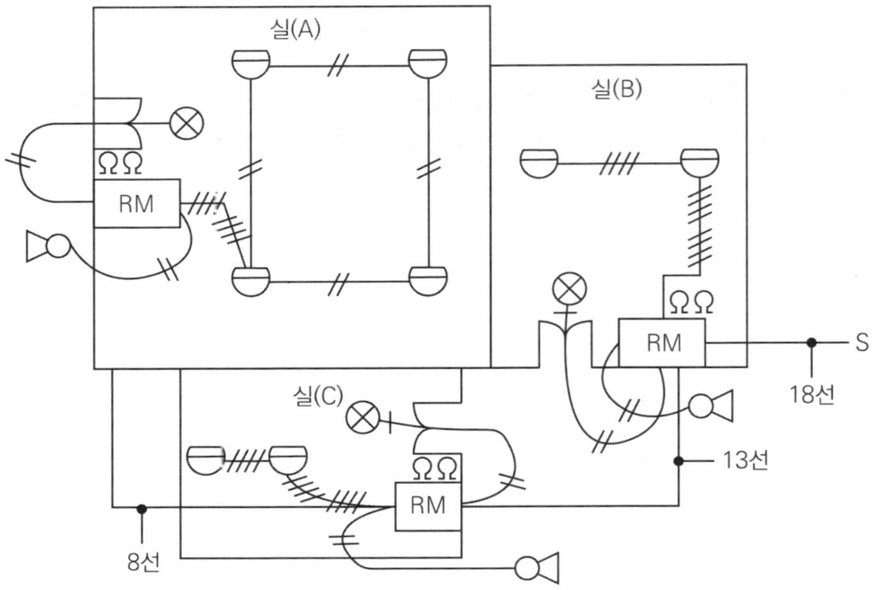

8. 복도통로유도등의 설치기준 3가지를 쓰시오.

득점	배점
	3

•

•

•

연 습 란

※ 다음 여백은 계산 연습란으로 사용하십시오.

9. 가스누설경보기의 예비전원 설치 기준 3가지를 쓰시오.

득점	배점
	3

-
-
-

10. 배관공사 중 금속관 배관공사에 사용하는 배관자재의 용도를 쓰시오.

득점	배점
	6

배관자재명	용도
노멀밴드	
후강전선관	
아우트렛 박스	
새들	
커플링	
부싱	

11. 지상 15 [m]되는 곳에 500 [m^3]의 저수조가 있다. 이 저수조에 양수하기 위하여 13 kW의 전동기를 사용한다면 몇 분 후에 저수조에 물이 가득 차겠는가? (단, 펌프효율은 80 [%]이고, 여유계수는 1.1이다)

득점	배점
	5

계산 :

답 :

연 습 란

※ 다음 여백은 계산 연습란으로 사용하십시오.

12. 전동기의 극수가 4극인 전동기가 있다. 다음 물음에 답하시오. (단, 주파수는 60[Hz]이다)

득점	배점
	6

(1) 동기속도는 몇 [rpm]인가?

계산 :

답 :

(2) 회전속도가 1700 [rpm]일 때 슬립은 몇 [%]인가?

계산 :

답 :

13. 수신기로부터 배선거리 150 [m]의 위치에 솔레노이드가 접속되어 있다. 사이렌이 명동될 때의 솔레노이드의 단자전압을 구하시오. (단, 수신기는 정전압출력이라고 하고, 전선은 2.5 [mm^2] HFIX전선이며, 사이렌의 정격전력은 48 [W]이며, 전압변동에 의한 부하전류의 변동은 무시한다)

득점	배점
	6

계산 :

답 :

연 습 란

※ 다음 여백은 계산 연습란으로 사용하십시오.

14. 다음과 같은 전원설비의 도면에서 ①과 ②의 명칭을 쓰시오.

득점	배점
	6

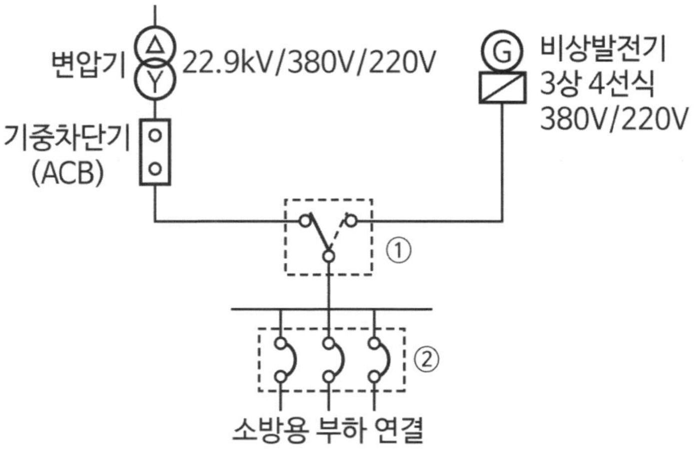

15. 비상용 조명설비의 부하가 30 [W] 120등, 60 [W] 60등이 있다. 방전시간은 30분, 연축전지 HS형 54셀, 허용최저전압 90 [V], 최저축전지온도 5 [℃]일 때 다음 각 물음에 답하시오. (단, 전압은 100 [V]이며, 보수율은 0.8이다)

득점	배점
	8

[연축전지의 용량환산시간 K(상단은 900 ~ 2000 [Ah], 하단은 900 [Ah] 이하)]

형 식	온도 [℃]	10분			30분		
		1.6 [V]	1.7 [V]	1.8 [V]	1.6 [V]	1.7 [V]	1.8 [V]
CS	25	0.9 0.8	1.15 1.06	1.6 1.42	1.41 1.34	1.6 1.55	2.0 1.88
	5	1.15 1.1	1.35 1.25	2.0 1.8	1.75 1.75	1.85 1.8	2.45 2.35
	-5	1.35 1.25	1.6 1.5	2.65 2.65	2.05 2.05	2.2 2.2	3.1 3.0
HS	25	0.58	0.7	0.93	1.03	1.14	1.38
	5	0.62	0.74	1.05	1.11	1.22	1.54
	-5	0.68	0.82	1.15	1.2	1.35	1.68

(1) 필요한 축전지용량 [Ah]을 구하시오.

계산 :

답 :

연 습 란

※ 다음 여백은 계산 연습란으로 사용하십시오.

(2) 연축전지에서 CS형과 HS형은 어떤 방전상태로 구분되는지 쓰시오.

① CS형 :

② HS형 :

16. 다음 그림과 같이 미완성된 3상 유도전동기의 전전압 기동 조작 회로를 완성하시오.

득점	배점
	9

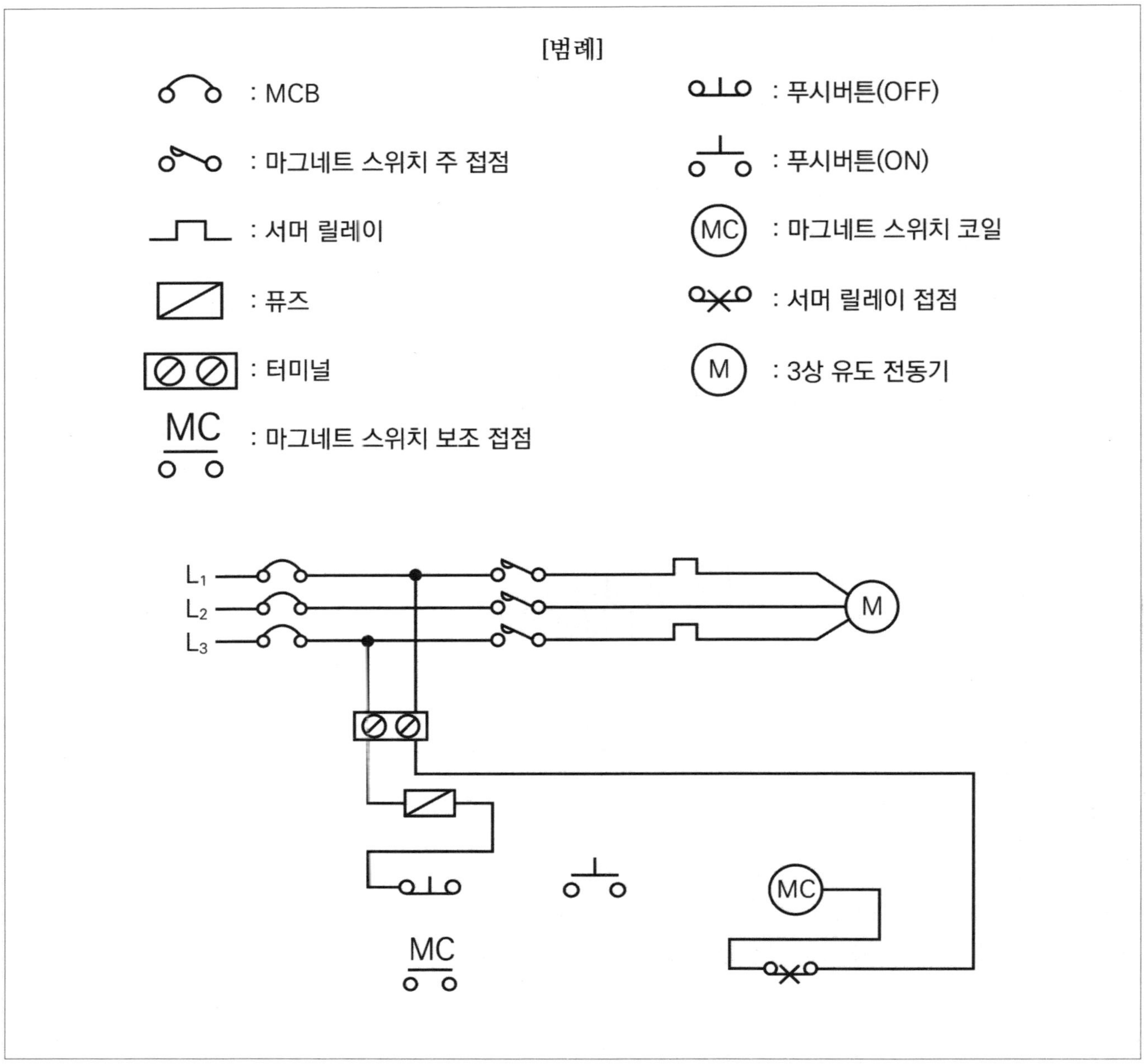

-- 연 습 란 --

※ 다음 여백은 계산 연습란으로 사용하십시오.

17. 3상, 380 [V], 150 [HP] 스프링클러펌프용 유도전동기이다. 전동기의 역률이 70 [%]일 때 역률을 90 [%]로 개선할 수 있는 전력용 콘덴서의 용량은 몇 [kVA]인지 구하시오.

득점	배점
	5

계산 :

답 :

18. 다음은 준비작동식 스프링클러설비의 주차장의 계통도이다. 주어진 조건을 참고하여 다음 각 물음에 답하시오. (이때 감지기 공통선은 따로 쓰며, 프리액션밸브의 공통선은 하나로 한다. 또한 SVP의 전화선은 제외한다)

득점	배점
	10

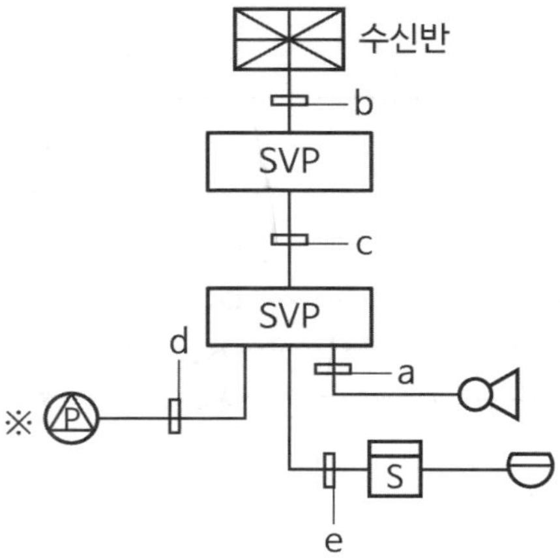

(1) a ~ e의 전선가닥수는?

(2) ※의 필요한 3가지 요소는 무엇인가?

(3) c의 용도는?

(4) 감지기 하나가 작동 시 주차장은 어떻게 되는지 소방 설비 작동 상황을 쓰시오.

(5) 사이렌은 어떤 기구가 작동 후 동작하는지 그 시점에 대해 쓰시오.

연 습 란

※ 다음 여백은 계산 연습란으로 사용하십시오.

격차를 뛰어넘어 압도적인 격차를 만들다!

2025 소방설비기사
모아 봉투모의고사

정답 및 해설집

실기 전기분야

MOAG

목차

소방설비기사 실기 | 모의고사 정답 및 해설

전기분야

1회

● 부분점수 채점 기준은 한국산업인력관리공단에서 공식적으로 공개하지 않아 정확히 알 수 없으나, 채점위원으로 활동하셨던 교수님 및 기타 다양한 경로를 통해 얻은 정보를 분석하여 자체적으로 수립한 기준입니다. 따라서 모의고사에서 제시하는 부분점수 채점 기준이 실제 채점 결과에 대한 불복 청구 등의 법적 근거자료로 활용될 수 없음을 알려드립니다. 또한 부분점수 채점 기준에 대한 질문은 별도 답변을 하지 않습니다. 이 점 학습에 참고 바랍니다.

소방설비기사 전기분야 모의고사 1회 [정답 및 해설]

01

배점 6점

감지기 교차회로방식과 송배전방식

정답

(1)

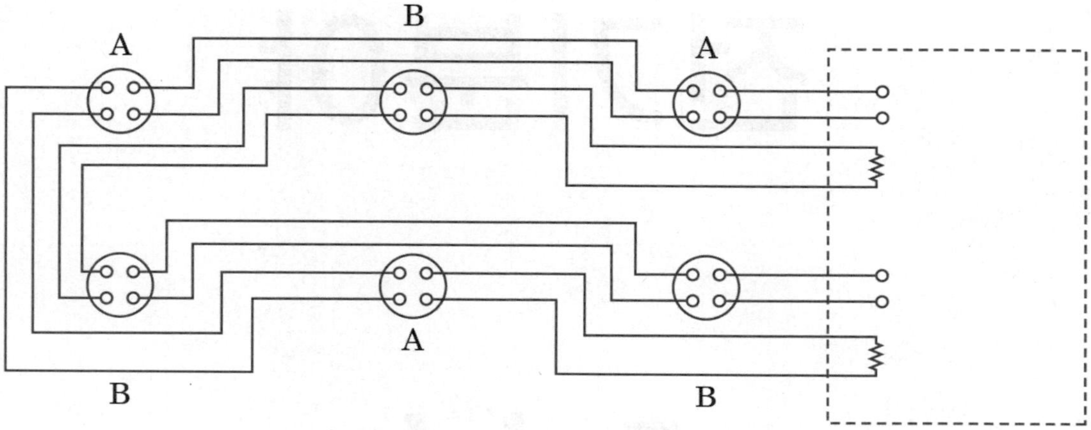

(2) 설비의 오동작(= 오작동)을 방지하기 위해

(3) 도통시험을 용이하게 하기 위해 배선의 도중에서 분기하지 않는 방식

해설

(1) 가스계소화설비는 교차회로방식을 적용시키기 때문에 감지기 2회로가 필요하며, 종단저항도 두 개를 설치한다.

(2) 교차회로방식은 설비의 오동작을 방지하기 위해, 다시 말해 비화재보를 방지하기 위해 감지기를 서로 교차해서 설치한다.

(3) 송배전방식은 감지기 1회로를 적용한다.

핵심이론 감지기 배선

(1) 송배전방식
도통시험을 용이하게 하기 위해 배선의 도중에서 분기하지 않는 방식
(2) 교차회로방식
하나의 담당구역 내에 2 이상의 감지기회로를 설치하고 2 이상의 감지기회로가 동시에 감지되는 때에 설비가 작동하는 방식으로써 설비의 오동작을 방지하기 위해 설치
(3) 송배전방식 적용설비
자동화재탐지설비, 제연설비
(4) 교차회로방식 적용설비
분말소화설비, 할론소화설비, 할로겐화합물 및 불활성기체 소화설비, 이산화탄소 소화설비, 준비작동식 스프링클러설비, 일제살수식 스프링클러설비

부분점수

점수	세부기준
6점	(1), (2), (3) 전부 맞힌 경우 6점 득점
4점	(1), (2), (3) 중 두 개의 문항만 맞힌 경우 4점 득점
2점	(1), (2), (3) 중 한 개의 문항만 맞힌 경우 2점 득점
0점	(1), (2), (3) 전부 틀릴 경우 0점

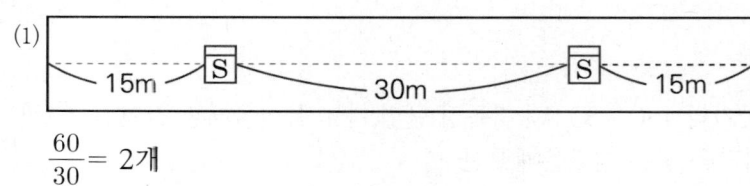

02 배점 4점

연기감지기 설치

정답

(1)
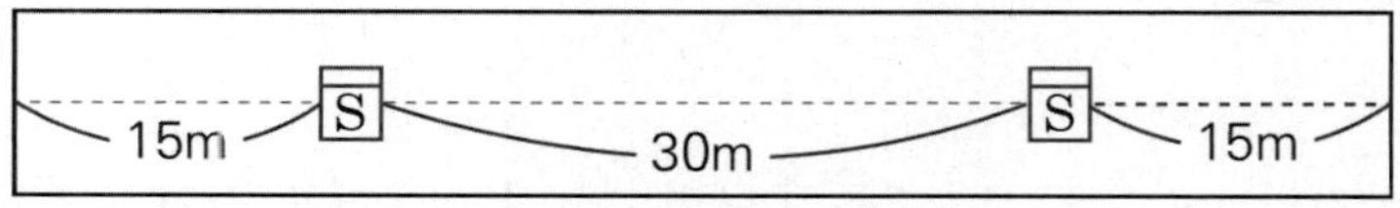

$\frac{60}{30}$ = 2개

(2)
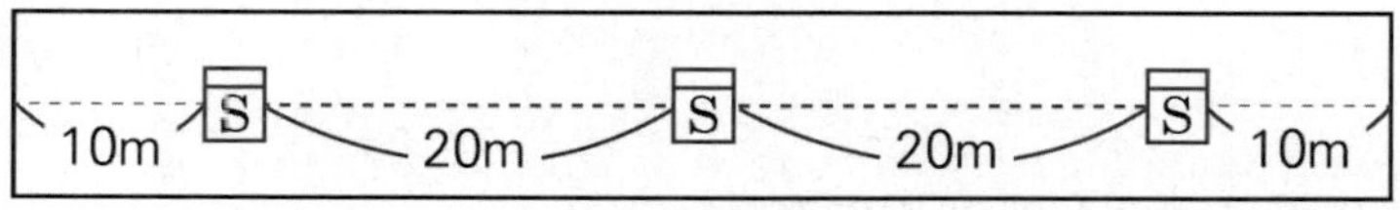

$\frac{60}{20}$ = 3개

해설

(1) 연기감지기는 복도 및 통로에 있어서 2종일 때 30 [m]마다 설치하며, 복도 끝부분과는 30 [m]의 절반인 15 [m] 이내에 설치
따라서 총 길이 60 [m]를 30 [m]로 나눠준다.

(2) 연기감지기는 복도 및 통로에 있어서 3종일 때 20 [m]마다 설치하며, 복도 끝부분과는 20 [m]의 절반인 10 [m] 이내에 설치
따라서 총 길이 60 [m]를 20 [m]로 나눠준다.

핵심이론 연기감지기 설치기준

- 복도·통로 : 보행거리 30 [m] (3종 20 [m])마다
- 계단·경사로 : 수직거리 15 [m] (3종 10 [m])마다
- 천장 또는 반자 낮은 실내 또는 좁은 실내에 있어서는 출입구 가까운 부분에 설치
- 천장 또는 반자 부근에 배기구 있는 부근에 설치
- 벽 또는 보로부터 0.6 [m] 이상 떨어진 곳에 설치

부분점수

점수	세부기준
4점	(1), (2) 계산과정과 답을 모두 맞힌 경우 4점 득점
2점	(1), (2) 중 한 문항의 계산과정과 답을 맞힌 경우 2점 득점
0점	(1), (2) 전부 틀릴 경우 0점

03 배점 6점

배선도 표시방법

정답

22 [mm] 후강전선관에 4 [mm^2] 굵기의 450/750 [V] 저독성 난연 가교 폴리올레핀 절연전선 3가닥과 2.5 [mm^2] 굵기의 접지선 1가닥을 넣은 천장은폐배선

해설

※ HFIX는 450/750 [V] 저독성 난연가교 폴리올레핀 절연전선이다.

※ 전선관 재질이 별도로 표시가 되어 있지 않으면 짝수일 때 (22) 후강전선관, 홀수일 때 박강전선관이다.

핵심이론 배선

(1) 전선의 약호 및 명칭

약호	명칭
DV	인입용 비닐절연전선
OW	옥외용 비닐절연전선
RB	고무절연전선
IV	600 [V] 비닐절연전선
HIV	600 [V] 2종 비닐절연전선
HFIX	**450/750 [V] 저독성 난연가교 폴리올레핀 절연전선**
CV	가교폴리에탈렌 절연비닐 외장케이블
E	접지선
GV	접지용 비닐절연전선

(2) 배선도 표시방법의 예시

① 별도 표기 없음 : 강제전선관(후강(내경 짝수), 박강(외경 홀수))

② VE : 경질비닐전선관

③ F2 : 2종 금속제 가요전선관

④ PF : 합성수지제 가요관

(3) 옥내 버선 그림기호

명칭	그림 기호	개요
천장은폐배선	────────	전선의 종류를 표시할 필요가 있는 경우는 기호를 기입 예) 450/750 [V] 저독성 난연 가교 폴리올레핀 절연전선 → HFIX 전선
천장 속 은폐배선	── · ── · ── ·	
바닥은폐배선	── ── ── ──	
노출배선	— — — — — —	
바닥면 노출배선	── · · ── · · ─	

(4) 배선도 표시방법의 예시

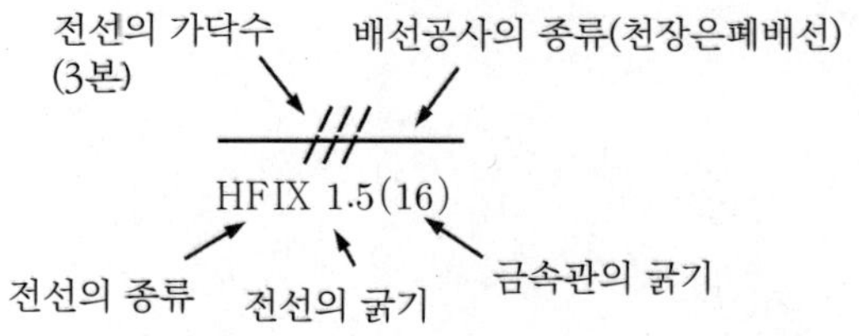

$HFIX - 1.5\ (F_2\ \ 16)$

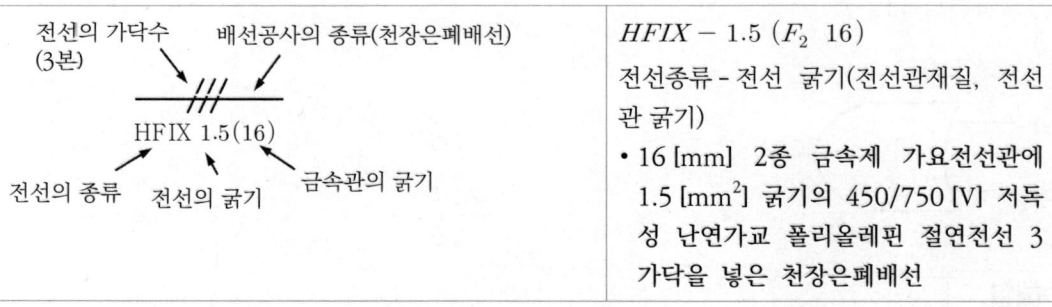

전선종류 - 전선 굵기(전선관재질, 전선관 굵기)

- **16 [mm] 2종 금속제 가요전선관에 1.5 [mm²] 굵기의 450/750 [V] 저독성 난연가교 폴리올레핀 절연전선 3가닥을 넣은 천장은폐배선**

(5) 그 외 참고사항

① 전선이 없는 경우 : 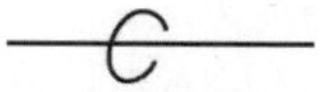

② 철거 경우 : 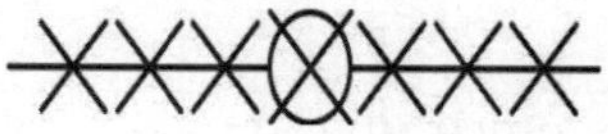

③ 접지선의 경우 : 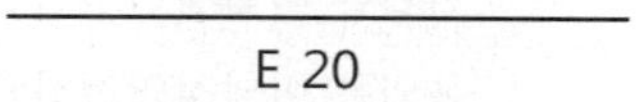

④ 접지선과 일반 전선이 같이 들어가는 경우 : 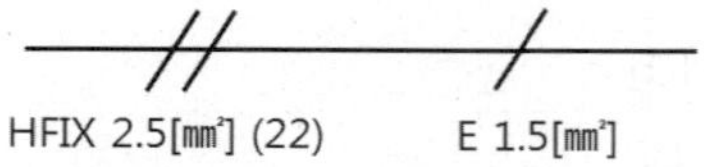

※ 22 [mm] 후강전선관에 2.5 [mm^2] 굵기의 450/750 [V] 저독성 난연 가교 폴리올레핀 절연전선 2가닥과 1.5 [mm^2] 굵기의 접지선 1가닥을 넣은 천장은폐배선

부분점수

점수	세부기준
6점	전부 맞게 썼을 시 6점
0점	한 부분이라도 틀린 경우 0점

04 배점 5점

시퀀스회로도

정답

(1) $Z = AB + AC + A\overline{C} + D$

$= A(B + C + \overline{C}) + D$

$= A(B + 1) + D$

$= A + D$

(2) 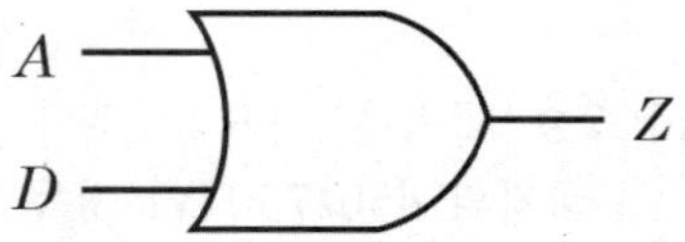

해설

공통으로 들어가 있는 A로 가장 먼저 묶어준다. 그 후, C와 $\overline{C}$를 더하면 1이기 때문에 A(B + 1)이 된다. 여기서 [1 + ★]으로써, 1과 어떠한 식 혹은 값이 더해지면 무조건 1이다.

핵심이론 시퀀스

명칭	논리식	논리회로	유접점회로
AND회로	$X = A \times B$ $X = A \cdot B$	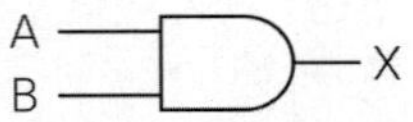	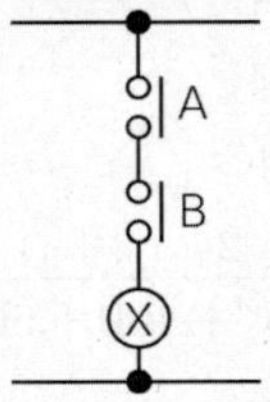
OR회로	$X = A + B$	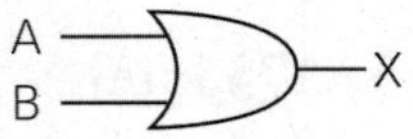	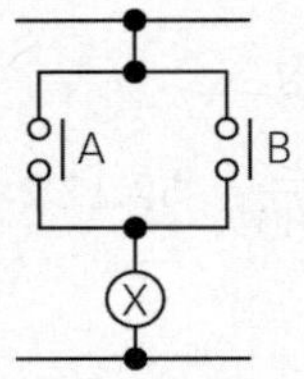
NOT회르	$X = \overline{A}$	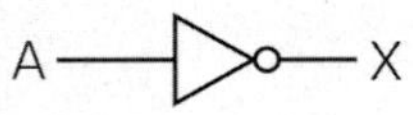	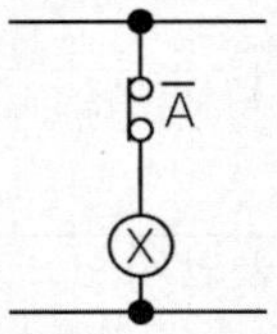

부분점수

점수	세부기준
5점	(1)의 계산과정과 정답 (2)의 논리회로 전부 맞힌 경우 5점 득점
3점	(1)의 계산과정과 정답만 맞힌 경우 3점 득점
2점	(2)의 논리회로만 맞힌 경우 2점 득점
0점	(1), (2) 전부 틀릴 경우 0점

05 배점 5점

감지기회로에 흐르는 전류 계산

정답

(1) 계산과정

$$\frac{24}{1.2\times10^3+400+60}=14.457\times10^{-3}[A]=14.457\,[\text{mA}]\fallingdotseq 14.46\,[\text{mA}]$$

답 14.46 [mA]

(2) 계산과정

$$\frac{24}{400+60}=52.173\times10^{-3}[A]=52.173\,[\text{mA}]\fallingdotseq 52.17\,[\text{mA}]$$

답 52.17 [mA]

해설

(1) $I_{감시}=\dfrac{회로전압}{종단저항+릴레이저항+배선저항}=\dfrac{24}{1.2\times10^3+400+60}=14.457\times10^{-3}[A]$

$=14.457\,[\text{mA}]\fallingdotseq 14.46\,[\text{mA}]$

이때 문제에서 1.2 [kΩ]으로 종단저항이 주어졌기 때문에 해당 식에는 [Ω]단위가 들어가야 해서 1.2에 10^3을 곱한 값을 대입해준다. 그리고 문제에서 [mA]단위로 전류를 구하라고 하였기 때문에 최종적으로 10^3을 곱하여 14.457 [mA]라고 기재한다.

(2) $I_{동작}=\dfrac{회로전압}{릴레이저항+배선저항}=\dfrac{24}{400+60}=52.173\times10^{-3}[A]$

$=52.173\,[\text{mA}]\fallingdotseq 52.17\,[\text{mA}]$

평상시의 전류를 구하는 문제와 마찬가지로 [mA]단위로 구하라고 하였기 때문에 최종적으로 10^3을 곱하여 52.17 [mA]라고 기재한다.

※ 평상시에는 종단저항을 거치기 때문에 종단저항까지 고려한 합성저항값을 대입해주어야 하지만, 화재 시에는 단락이 되므로 종단저항을 거치지 않기 때문에 종단저항을 제외한 합성저항값을 대입해준다.

핵심이론 감시전류 및 동작전류 공식

- $I_{감시}=\dfrac{회로전압}{종단저항+릴레이저항+배선저항}$
- $I_{동작}=\dfrac{회로전압}{릴레이저항+배선저항}$

부분점수

점수	세부기준
5점	(1), (2)의 계산과정과 정답을 모두 맞힌 경우 5점 득점
3점	(1)의 계산과정과 정답만 맞힌 경우 3점 득점
2점	(2)의 계산과정과 정답만 맞힌 경우 2점 득점
0점	(1), (2) 전부 틀릴 경우 0점

06 배점 7점

자동화재탐지설비의 감지기

정답

(1) (정온식 스포트형 감지기)란 일국소의 주위온도가 일정한 온도 이상이 되는 경우에 작동하는 것으로서 외관이 전선으로 되어 있지 아니한 것을 말한다.

(2) (이온화식 스포트형 감지기)란 주위의 공기가 일정한 농도의 연기를 포함하게 되는 경우에 작동하는 것으로서 일국소의 연기에 의하여 이온전류가 변화하여 작동하는 것을 말한다.

(3) (광전식 스포트형 감지기)란 주위의 공기가 일정한 농도의 연기를 포함하게 되는 경우에 작동하는 것으로서 일국소의 연기에 의하여 광전소자에 접하는 광량의 변화로 작동하는 것을 말한다.

(4) (축적형 감지기)란 일정농도 이상의 연기가 일정시간(공칭축적시간) 연속하는 것을 전기적으로 검출함으로써 작동하는 감지기(다만 단순히 작동시간만을 지연시키는 것은 제외한다)를 말한다.

(5) (연동식 감지기)란 단독경보형 감지기가 작동할 때 화재를 경보하며 유·무선으로 주위의 다른 감지기에 신호를 발신하고 신호를 수신한 감지기도 화재를 경보하며 다른 감지기에 신호를 발신하는 방식의 것을 말한다.

(6) (광전식 분리형 감지기)란 발광부와 수광부로 구성된 구조로 발광부와 수광부 사이의 공간에 일정한 농도의 연기를 포함하게 되는 경우에 작동하는 것을 말한다.

(7) (공기흡입형 감지기)란 감지기 내부에 장착된 공기흡입장치로 감지하고자 하는 위치의 공기를 흡입하고 흡입된 공기에 일정한 농도의 연기가 포함된 경우 작동하는 것을 말한다.

(8) (단독경보형 감지기)란 감지기에 음향장치가 일체로 되어 있는 것을 말한다.

(9) (불꽃자외선식 감지기)란 불꽃에서 방사되는 자외선의 변화가 일정량 이상 되었을 때 작동하는 것으로서 일국소의 자외선에 의하여 수광소자의 수광량 변화에 의해 작동하는 것을 말한다.

(10) (불꽃적외선식 감지기)란 불꽃에서 방사되는 적외선의 변화가 일정량 이상 되었을 때 작동하는 것으로서 일국소의 적외선에 의하여 수광소자의 수광량 변화에 의해 작동하는 것을 말한다.

(11) (불꽃 자외선·적외선 겸용식 감지기)란 불꽃에서 방사되는 불꽃의 변화가 일정량 이상 되었을 때 작동하는 것으로서 일국소의 자외선 또는 적외선에 따른 수광소자의 수광량 변화에 의하여 1개의 화재신호를 발신하는 것을 말한다.

(12) (차동식 스포트형 감지기)란 주위온도가 일정상승률 이상이 되는 경우에 작동하는 것으로서 일국소에서의 열효과에 의하여 작동하는 것을 말한다.

(13) (차동식 분포형 감지기)란 주위온도가 일정상승률 이상이 되는 경우에 작동하는 것으로서 넓은 범위에서의 열효과에 의하여 작동하는 것을 말한다.

(14) (정온식 감지선형 감지기)란 일국소의 주위온도가 일정한 온도 이상이 되는 경우에 작동하는 것으로서 외관이 전선으로 되어 있는 것을 말한다.

부분점수

점수	세부기준
7점	(1) ~ (14) 중 13개, 14개 맞힌 경우 7점 득점
6점	(1) ~ (14) 중 11개, 12개 맞힌 경우 6점 득점
5점	(1) ~ (14) 중 9개, 10개 맞힌 경우 5점 득점
4점	(1) ~ (14) 중 7개, 8개 맞힌 경우 4점 득점
3점	(1) ~ (14) 중 5개, 6개 맞힌 경우 3점 득점
2점	(1) ~ (14) 중 3개, 4개 맞힌 경우 2점 득점
1점	(1) ~ (14) 중 1개, 2개 맞힌 경우 1점 득점
0점	(1) ~ (14) 전부 틀릴 경우 0점

07 배점 7점

전선가닥수 산정

정답

구 분	㉮	㉯	㉰	㉱	㉲	㉳	㉴	㉵	㉶	㉷
가닥수	9	10	11	12	18	8	9	10	4	2

해설

기호	가닥수	전선의 사용용도(가닥수)
㉮	9	지구선 2, 지구공통선 1, 경종선 1, 경종표시등공통선 1, 응답선 1, 표시등선 1, 기동확인표시등 2
㉯	10	지구선 3, 지구공통선 1, 경종선 1, 경종표시등공통선 1, 응답선 1, 표시등선 1, 기동확인표시등 2
㉰	11	지구선 4, 지구공통선 1, 경종선 1, 경종표시등공통선 1, 응답선 1, 표시등선 1, 기동확인표시등 2
㉱	12	지구선 5, 지구공통선 1, 경종선 1, 경종표시등공통선 1, 응답선 1, 표시등선 1, 기동확인표시등 2
㉲	18	지구선 10, 지구공통선 2, 경종선 1, 경종표시등공통선 1, 응답선 1, 표시등선 1, 기동확인표시등 2
㉳	8	지구선 3, 지구공통선 1, 경종선 1, 경종표시등공통선 1, 응답선 1, 표시등선 1
㉴	9	지구선 4, 지구공통선 1, 경종선 1, 경종표시등공통선 1, 응답선 1, 표시등선 1
㉵	10	지구선 5, 지구공통선 1, 경종선 1, 경종표시등공통선 1, 응답선 1, 표시등선 1
㉶	4	압력스위치 1, 탬퍼스위치 1, 사이렌 1, 공통 1
㉷	2	사이렌 2

※ 경종과 표시등 공통선을 같이 하였기 때문에 따로 분리해서 산정하지 않는다.

※ 각 층에 단락보호장치를 설치하였으므로 각각의 층마다 경종선과 경종표시등공통선을 추가하지 않는다.

※ 습식 스프링클러설비를 설치하였으므로 솔레노이드밸브는 설치하지 않으며, 습식 스프링클러설비의 공통선을 각각 쓴다는 조건이 없기 때문에 공통선은 하나로 산정한다.

※ 지구선수는 종단저항의 수이다.

핵심이론 **배선가닥수 명칭**

- 지구선(= 회로선, 신호선, 감지기선, 수동발신기 지구선)
- 지구공통선(= 공통선, 회로공통선, 신호공통선, 감지기공통선, 수동발신기 공통선)
- 응답선(= 발신기선, 발신기응답선, 수동발신기 응답선, 확인선)
- 경종 및 표시등공통선(= 경종표시등 공통선, 벨표시등 공통선)

부분점수

점수	세부기준
7점	㉮ ~ ㉶ 전부 맞힌 경우 7점 득점
0점	㉮ ~ ㉶ 중 하나라도 틀린 경우 0점

08 배점 4점

전동기설비

정답

(1) 계산과정

$$P=\frac{9.8\times1.1\times60\times3}{0.7\times60}=46.2\ [\text{kW}]$$

답 46.2 [kW]

(2) 1. 기동방식 : Y - △ 기동방식(또는 리액터 기동방식)

2. 가닥수 : 6가닥

(3) 계산과정

$$I=\frac{46.2\times10^3}{\sqrt{3}\times380\times0.8\times0.7}=125.35\ [\text{A}]$$

답 125.35 [A]

(4) 1. 쓰이는 기기 : 역률개선용 콘덴서

2. 계산과정

$$Q=46.2\left(\frac{\sqrt{1-0.8^2}}{0.8}-\frac{\sqrt{1-0.9^2}}{0.9}\right)=12.27\ [\text{kVA}]$$

답 12.27 [kVA]

해설

(1) 기본적으로 유량 Q [m^3]는 분당 단위이다. 따라서 3 [m^3]을 60으로 나누어서 계산

(2) 기동방법의 정의에서

① 5 [kW] 이하 : 전전압기동

② 5 ~ 15 [kW] : 와이 델타 기동

③ 15 [kW] 이상 : 기동보상기법

이지만, 현장에서는 와이델타 기동을 주로 사용한다.

이 문제는 소방뿐 아니라 전기기사에서도 출제된 문제로, 15 [kW] 이상이 되어도 "Y - △ 기동 방식을 사용해야 된다"가 정답이었기 때문에 따로 암기가 필요한 부분이다.

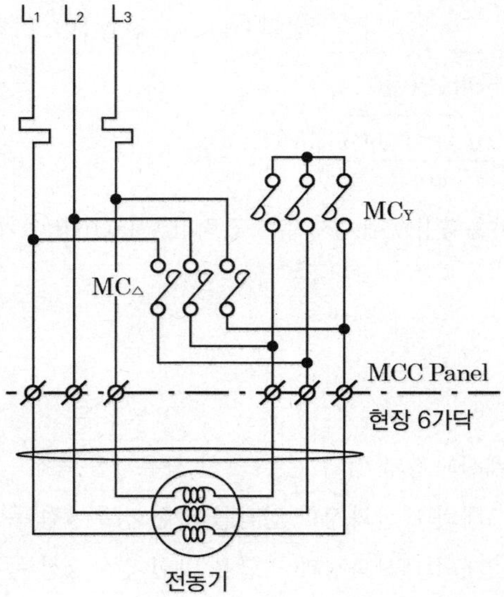

(3) 전동기는 3상 3선식이기 때문에 $P = \sqrt{3}\,VI\cos\theta\eta$의 식을 사용한다.

여기서, $I = \dfrac{P}{\sqrt{3} \times V \times \cos\theta \times \eta} = \dfrac{46.2 \times 10^3}{\sqrt{3} \times 380 \times 0.8 \times 0.7} = 125.35$ [A]이다.

이때 P는 (1)에서 구한 46.2 [kW]를 그대로 대입하는 것이 아닌, [W]단위로 대입해야 하기 때문에 10^3을 곱해서 대입한 것이며, 전동기의 전압이 380 [V]로 주어지지 않는 경우도 있으니 전동기 전압은 380 [V]인 것은 추가적으로 암기해둘 것

핵심이론 전동기

(1) 전동기 용량 구하는 식

$$P = \frac{9.8KQH}{\eta t} = \frac{9.8\,K \times Q\,[m^3/\mathrm{min}] \times H}{\eta\, t \times 60}\ [\mathrm{kW}]$$

P : 전동기용량 [kW], K : 여유계수, Q : 유량 [m^3], H : 전양정 [m], η : 효율, t : 시간 [sec]

(2) 전력공식

방식	공식
단상 2선식	$P = VI\cos\theta\eta$ P : 전력 [W], V : 전압 [V], I : 전류 [A], $\cos\theta$: 역률, η : 효율
3상 3선식	$P = \sqrt{3}\,VI\cos\theta\eta$ P : 전력 [W], V : 전압 [V], I : 전류 [A], $\cos\theta$: 역률, η : 효율

(3) 역률개선용 콘덴서 용량 구하는 식

$$Q_c = P\left(\frac{\sqrt{1-\cos\theta_1^2}}{\cos\theta_1} - \frac{\sqrt{1-\cos\theta_2^2}}{\cos\theta_2}\right)$$

Q_C : 콘덴서용량 [kVA], P : 유효전력 [kW], $\cos\theta_1$: 개선전 역률, $\cos\theta_2$: 개선후 역률

부분점수

점수	세부기준
4점	(1) ~ (4)의 계산과정과 정답 전부 맞힌 경우 4점 득점
3점	(1) ~ (4) 중 3개의 계산과정과 정답을 맞힌 경우 3점 득점
2점	(1) ~ (4) 중 2개의 계산과정과 정답을 맞힌 경우 2점 득점
1점	(1) ~ (4) 중 1개의 계산과정과 정답을 맞힌 경우 1점 득점
0점	(1) ~ (4) 전부 틀린 경우 0점

※ (2)의 경우 기동방식과 가닥수 전부 맞혀야 함

할론소화설비 평면도

정답

(1) 계산 : 연기감지기 2종을 설치하므로,

감지기 수량 $= \frac{600}{150} = 4$

$\therefore 4 \times 2 = 8$개

답 8개

(2) 회로방식 : 교차회로방식
목적 : 설비의 오동작 방지

(3)

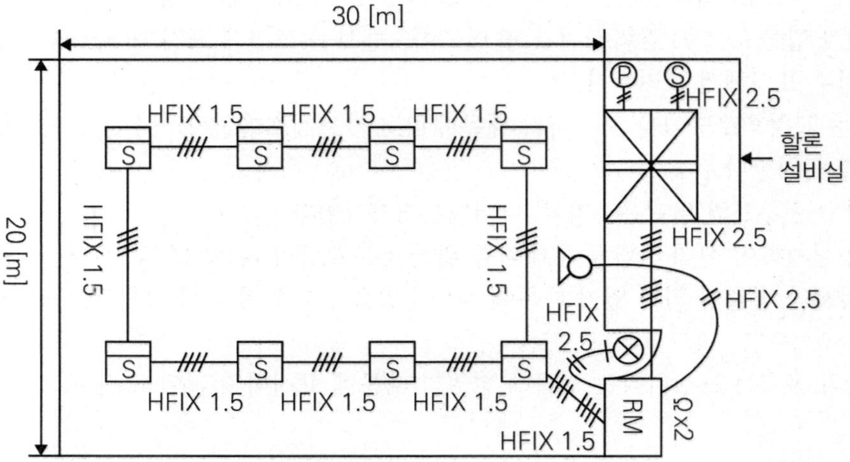

(4) 연기감지기 2종, 가스계소화설비의 수동조작함, 제어반, 사이렌, 방출표시등, 압력스위치, 솔레노이드밸브, 종단저항

해설

(1) 통신기기실, 전산실, 전화기기실, 기계제어실에는 연기감지기를 설치하며 문제에서 어떠한 언급이 없을 시 주로 2종을 설치한다. 따라서 연기감지기 2종의 면적기준인 150 [m^2]로 나누어준다. 이때 가스계소화설비는 교차회로방식으로 감지기를 결선하므로 600/150 = 4에서 ×2를 해주어서 8개가 된다.

핵심이론 연기감지기 설치면적

(단위 : [m^2])

부착높이	감지기의 종류	
	1종 및 2종	3종
4 [m] 미만	150	50
4 [m] 이상 20 [m] 미만	75	-

(2) 감지기를 교차회로방식으로 사용하는 목적은 "감지기 오동작 방지"가 아닌 "설비의 오동작 방지"이다.

(3) ※ 소방에서는 HFIX전선을 사용하며, 감지기와 감지기 사이, 감지기와 수동조작함 사이 등 감지기와 연결된 선은 1.5 [mm^2] 굵기를 이용한다. 그 외는 2.5 [mm^2]를 이용한다.

※ 문제에서 사이렌과 방출표시등, 압력스위치, 솔레노이드밸브를 도면에 표시하라고 명시하였으므로 반드시 전부 표시해서 그려준다.

※ 가스계소화설비는 교차회로방식을 사용하기 때문에 RM 가스계소화설비의 수동조작함에는 종단저항 두 개를 설치한다.

※감지기 배선 가닥수는 루프와 말단은 4가닥, 나머지는 8가닥이다.

※ 사이렌은 실내에 설치하여 실내 사람들의 대피를 위한 용도로 쓰인다. 반면 방출표시등은 실외에 설치하며 약제가 방출이 되고 있기 때문에 실내출입을 금지하기 위한 용도로 쓰인다(설치 위치도 중요),

※ 문제에서 전선관의 굵기는 표시하라는 언급이 없었기 때문에 표시하지 않아도 된다.

핵심이론 평면도 관련

(1) 소방용 기계·기구 도시기호

명칭	도시기호	명칭	도시기호
표시등 (방출표시등)		압력스위치	
가스계소화설비의 수동조작함		솔레노이드밸브	
사이렌	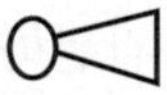	연기감지기	
제어반	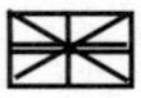	수신기	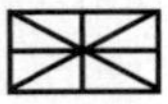

(2) 교차회로방식으로 감지기를 설치하여야 하는 자동식소화설비

분말소화설비, 할론소화설비, 할로겐화합물 및 불활성기체 소화설비, 이산화탄소 소화설비, 준비작동식 스프링클러설비, 일제살수식 스프링클러설비

(3) 배선도 표시방법의 예

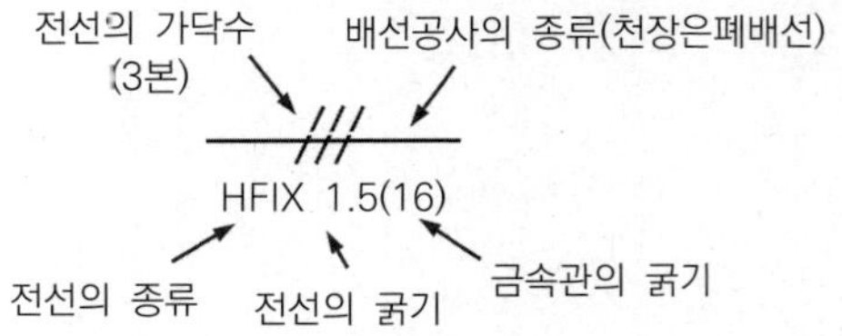

HFIX − 1.5 (F_2 16)

전선종류 - 전선 굵기(전선관재질, 전선관 굵기)

• 16 [mm] 2종 금속제 가요전선관에 1.5 [mm^2] 굵기의 450/750 [V] 저독성 난연 가교 폴리올레핀 절연전선 3가닥을 넣은 천장은폐배선

(4) 전선관 재질

① 별도 표기 없음 : 강제전선관(후강(내경 짝수), 박강(외경 홀수))

② VE : 경질비닐전선관

③ F_2 : 2종 금속제 가요전선관

④ PF : 합성수지제 가요관

부착높이	감지기의 종류	
	1종 및 2종	3종
4 [m] 미만	150	50
4 [m] 이상 20 [m] 미만	75	-

부분점수

(1), (2), (4) : 각각 2점

(3) : 4점

배점	세부기준
2점	(1), (2), (4)는 각각 2점
1점	(2) 각 1점(회로방식 또는 목적 둘 중 하나만 맞으면 1점)
4점	(3)

※ (1) 계산과정과 정답을 모두 맞혀야만 정답

(2) 회로방식과 사용목적 중 하나만 맞히면 1점

(3) 그림이 완벽할 때만 정답

(4) 심벌 중 하나라도 누락되면 오답

10 배점 5점

병렬우선회로(인터록회로)

정답

(1) • $X_A = A \cdot \overline{X_B} \cdot \overline{X_C}$

• $X_B = B \cdot \overline{X_A} \cdot \overline{X_C}$

• $X_C = C \cdot \overline{X_A} \cdot \overline{X_B}$

(2)

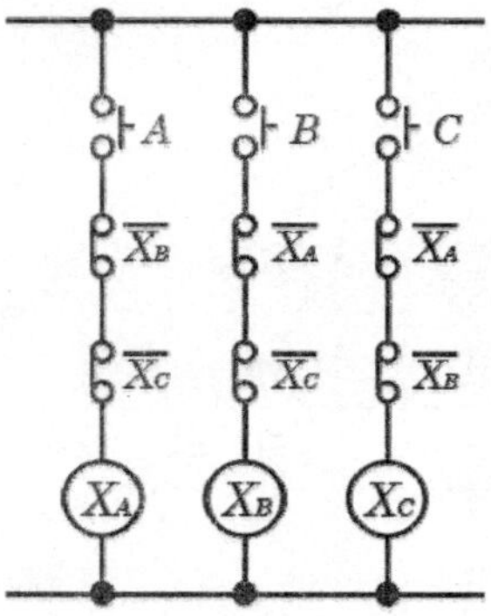

(3)

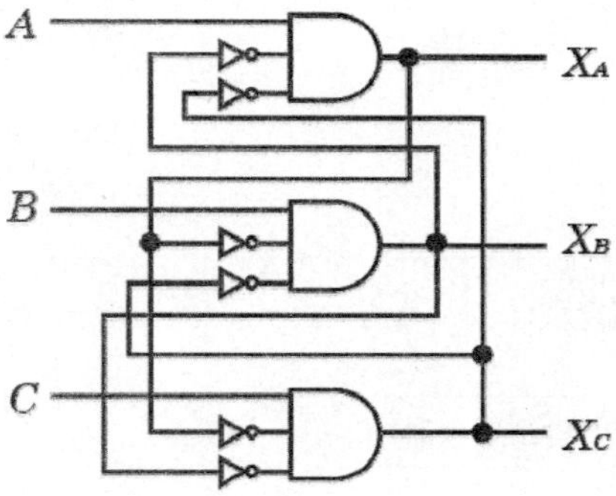

해설

(1), (2), (3) 인터록회로의 논리식은 서로 LOCK을 시켜주는 것이 포인트

• 입력 A를 제외한 나머지는 $\overline{X_B} \cdot \overline{X_C}$

• 입력 B를 제외한 나머지는 $\overline{X_A} \cdot \overline{X_C}$

• 입력 C를 제외한 나머지는 $\overline{X_A} \cdot \overline{X_B}$

※ 3개의 입력 A, B, C 중 어느 것이나 먼저 들어간 입력이 우선 동작하여 입력의 종류에 따라 출력 X_A, X_B, X_C를 발생시키고, 그 후에 들어가는 신호는 먼저 들어간 신호에 의해서 LOCK(동작 불능상태)되어 출력이 없다고 한다(인터록회로, 병렬우선회로).

핵심이론 논리회로

명칭	논리식	논리회로(무접점회로)	유접점회로
AND회로	$X = A \times B$ $X = A \cdot B$	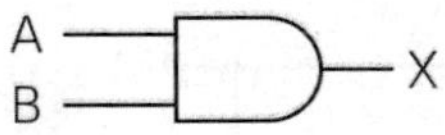	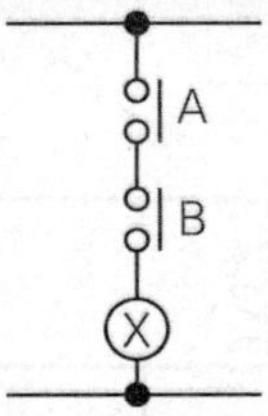
OR회로	$X = A + B$	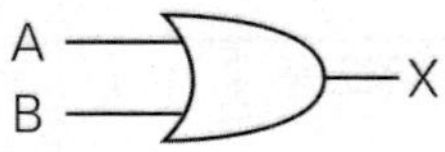	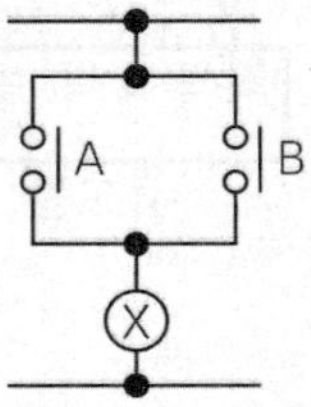
NOT회로	$X = \overline{A}$	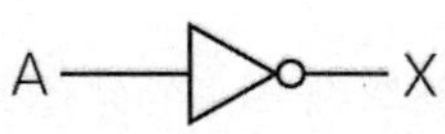	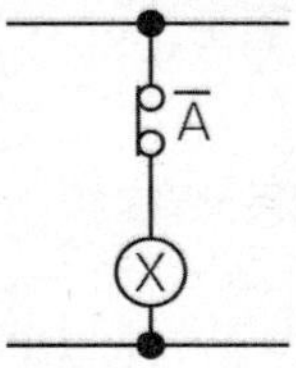

부분점수

점수	세부기준
5점	(1) ~ (3) 전부 맞힌 경우 5점 득점
4점	(3)번만 틀렸을 경우 4점 득점
3점	(1)번과 (3)번 / (2)번과 (3)번을 맞혔을 경우 3점 득점
2점	(3)번은 틀리고 (1)번 혹은 (2)번 둘 중 하나를 맞혔을 경우 2점 득점
1점	(3)번만 맞혔을 경우 1점 득점
0점	(1) ~ (3) 전부 틀렸을 경우 0점

※ (1) : 2점
  (2) : 2점
  (3) : 1점

11 배점 5점

유도등의 배선방식

정답

(1)

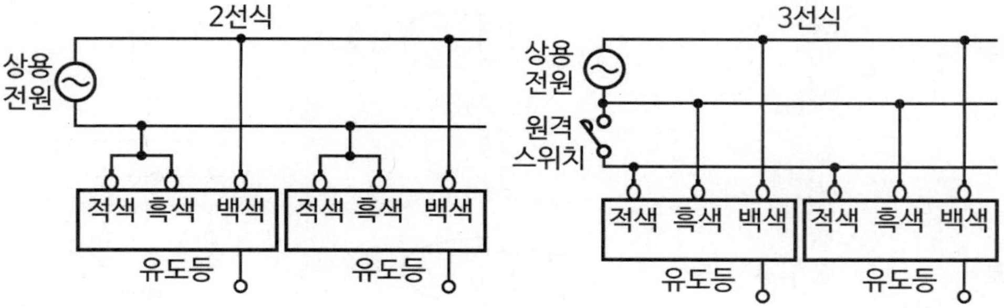

(2)

구 분	2선식	3선식
점등상태	평상시 및 화재 시 : 항상 점등	• 평상시 : 소등 (원격스위치 ON시 점등) • 화재 시 : 점등
충전상태	점등상태에서만 충전 가능	소등상태에서도 충전 가능

해설

(1) 2선식은 상시 점등이 되어 있어야 하며, 3선식은 평상시에는 소등상태에 있다가 비상시에만 점등상태인 형태의 배선방식이다.

(2) 2선식은 점등상태에서만 충전이 가능하며, 3선식은 소등상태에서도 충전이 가능한 배선방식이다.

※ 이때 적색(혹은 녹색)은 점등선, 흑색은 충전선, 백색은 공통선이다. 따라서 2선식 배선에 있어서는 적색(혹은 녹색)의 점등선과 흑색의 충전선을 같이 결선하여 점등상태일 때 충전이 가능하며(그런데 여기서 2선식은 상시 점등이기 때문에 상시 충전이라고 적어도 정답), 3선식 배선에 있어서는 각각 따로 결선하였기 때문에 점등선과는 별개로 소등상태일 때도 충전이 가능한 상시 충전이다. 이를 좀 더 정리해보면 2선식이던 3선식이던 상시 충전이 되는 것이다.

핵심이론 유도등 2선식과 3선식

구분	2선식	3선식
배선	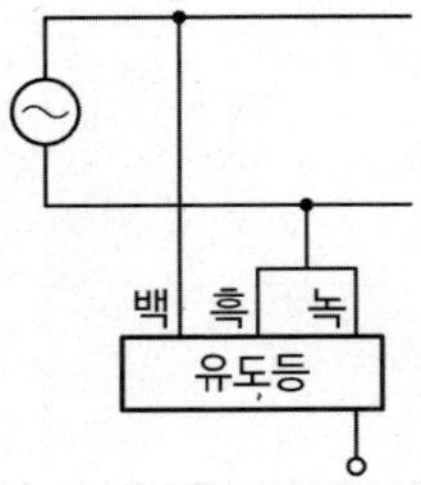	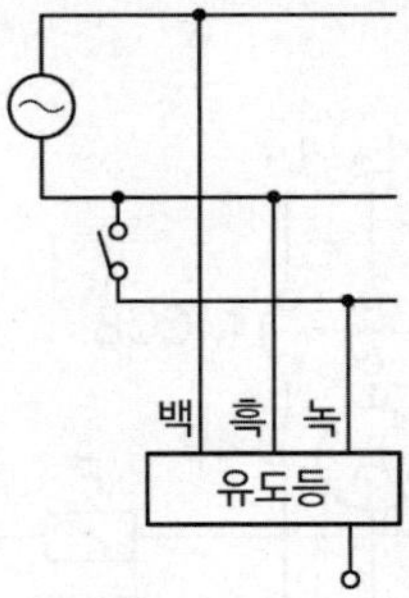
점등상태	상시 점등	평상시는 소등상태, 비상시에만 점등
충전상태	점등상태에서만 충전 가능	소등상태에서도 충전 가능

부분점수

점수	세부기준
5점	(1), (2) 전부 맞혔을 경우 5점 득점
3점	(1)번만 맞혔을 경우 3점 득점
2점	(2)번만 맞혔을 경우 2점 득점
0점	(1), (2) 둘 다 틀린 경우 0점

12

배점 10점

Y - △ 시동제어회로

정답

(1) ~ (3)

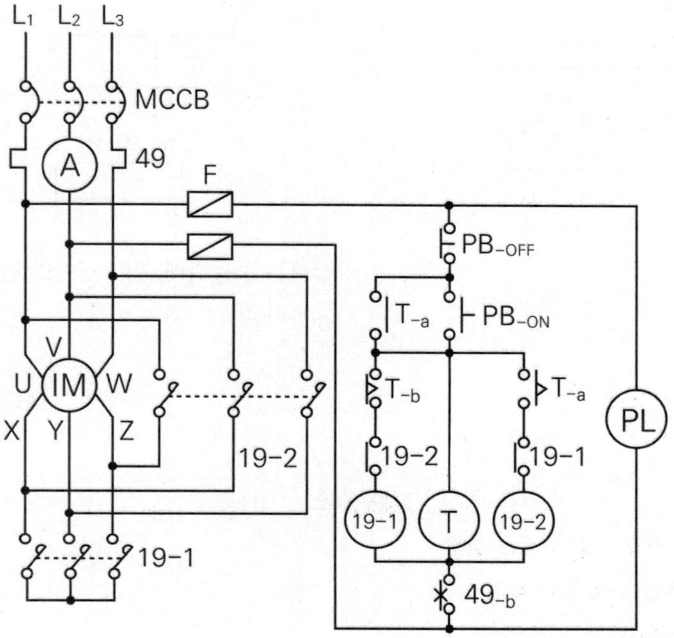

(4) Y결선에서 선간전압 $V_\ell = \sqrt{3}\,V_p$, 상전압 $V_p = \dfrac{V_\ell}{\sqrt{3}}$

$\therefore\ \dfrac{1}{\sqrt{3}}$배

(5) Y - △ 방식 ⇒ △ = 3Y ⇒ Y = 1/3△

$\therefore\ \dfrac{1}{3}$정도로 경감

해설

(1) ~ (3) Y - △ 방식에 있어서는 보조회로부분에서 △결선 연결을 첫 번째는 두 번째로, 두 번째는 세 번째로, 세 번째는 첫 번째로 연결하여도 되며, 혹은 정답의 그림처럼 첫 번째는 세 번째로, 두 번째는 첫 번째로, 세 번째는 두 번째로 연결해도 된다.
주회로부분에서는 19 - 1과 19 - 2를 서로 인터록을 걸어주어서 Y기동일 때는 △운전이 되지 않도록, △운전일 때는 Y기동이 일어나지 않도록 그려준다.

(4) Y결선에서 선간전압은 상전압의 $\sqrt{3}$배이기 때문에, 상전압은 선간전압의 $\dfrac{1}{\sqrt{3}}$배이다.

(5) Y - △ 방식을 선택하는 이유가 기동전류를 줄이기 위해서이다. Y결선에서의 기동전류는 △결선에 비해 $\frac{1}{3}$배로 경감이 된다.

핵심이론 Y결선, △결선

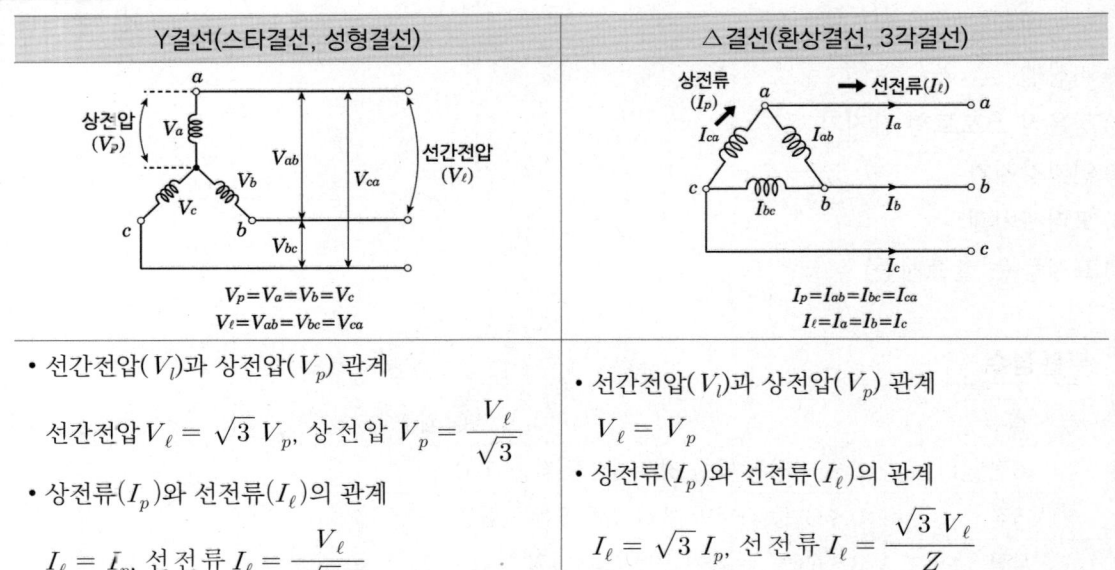

Y결선(스타결선, 성형결선)	△결선(환상결선, 3각결선)
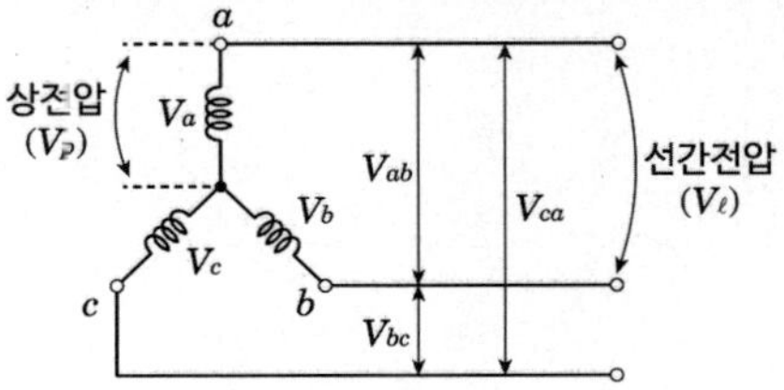 $V_p=V_a=V_b=V_c$ $V_\ell=V_{ab}=V_{bc}=V_{ca}$	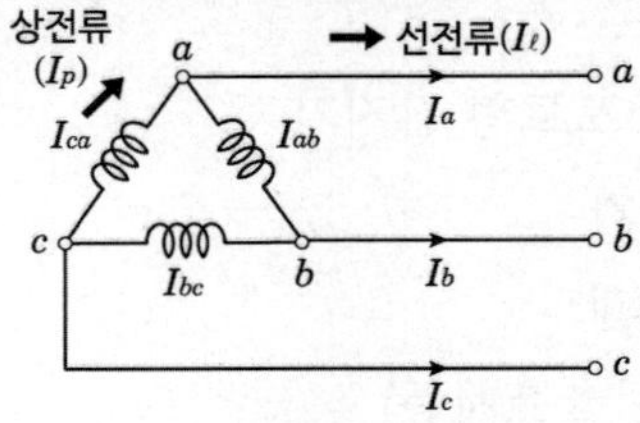 $I_p=I_{ab}=I_{bc}=I_{ca}$ $I_\ell=I_a=I_b=I_c$
• 선간전압(V_l)과 상전압(V_p) 관계 선간전압 $V_\ell = \sqrt{3}\,V_p$, 상전압 $V_p = \frac{V_\ell}{\sqrt{3}}$ • 상전류(I_p)와 선전류(I_ℓ)의 관계 $I_\ell = I_p$, 선전류 $I_\ell = \frac{V_\ell}{\sqrt{3}\,Z}$	• 선간전압(V_l)과 상전압(V_p) 관계 $V_\ell = V_p$ • 상전류(I_p)와 선전류(I_ℓ)의 관계 $I_\ell = \sqrt{3}\,I_p$, 선전류 $I_\ell = \frac{\sqrt{3}\,V_\ell}{Z}$

Y - △제어방식(스타 - 델타)
- Y - △ 방식 ⇒ △ = 3Y ⇒ Y = 1/3△(기동전류를 줄이기 위해 채택하는 방식)
- 3상 주접점을 모두 교체(U V W ⇒ X Y Z) (U ⇒ Z, V ⇒ X, W ⇒ Y)

부분점수

점수	세부기준
10점	(1) ~ (5) 전부 맞힌 경우 10점 득점
8점	(1) ~ (5) 중 하나만 틀린 경우 8점 득점
6점	(1) ~ (5) 중 두 개가 틀린 경우 6점 득점
4점	(1) ~ (5) 중 세 개가 틀린 경우 4점 득점
2점	(1) ~ (5) 중 네 개가 틀린 경우 2점 득점
0점	(1) ~ (5) 전부 틀린 경우 0점

13 배점 6점

소방시설 그림기호

정답

(1) 사이렌

(2) 비상벨

(3) 정온식 스포트형 감지기

(4) 연기감지기

(5) 모터사이렌

(6) 표시등 (방출표시등)

부분점수

점수	세부기준
6점	(1) ~ (6) 전부 맞힌 경우 6점 득점
5점	(1) ~ (6) 중 하나만 틀린 경우 5점 득점
4점	(1) ~ (6) 중 두 개가 틀린 경우 4점 득점
3점	(1) ~ (6) 중 세 개가 틀린 경우 3점 득점
2점	(1) ~ (6) 중 두 개만 맞힌 경우 2점 득점
1점	(1) ~ (6) 중 하나만 맞힌 경우 1점 득점
0점	(1) ~ (6) 전부 틀린 경우 0점

14 배점 4점

공기관식 차동식 분포형 감지기 설치기준

정답

- 공기관의 노출부분은 감지구역마다 20 [m] 이상이 되도록 할 것
- 공기관과 감지구역의 수평거리는 1.5 [m] 이하가 되도록 할 것
- 공기관 상호 간의 거리는 6 [m](내화구조 9 [m]) 이하가 되도록 할 것
- 공기관은 도중에서 분기하지 않도록 할 것
- 하나의 검출부에 접속하는 공기관 길이는 100 [m] 이하로 할 것
- 검출부는 바닥에서 0.8 ~ 1.5 [m] 이하에 위치하며, 5° 이상 경사되지 않도록 할 것

핵심이론 자동화재탐지설비 및 시각경보장치의 화재안전기술기준(NFTC 203)

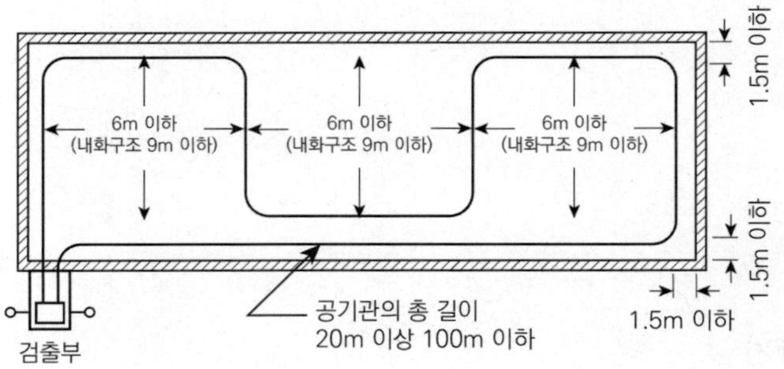

2.4.3.7 공기관식 차동식분포형 감지기는 다음의 기준에 따를 것

2.4.3.7.1 공기관의 노출 부분은 감지구역마다 20 [m] 이상이 되도록 할 것

2.4.3.7.2 공기관과 감지구역의 각 변과의 수평거리는 1.5 [m] 이하가 되도록 하고, 공기관 상호 간의 거리는 6 [m](주요구조부가 내화구조로 된 특정소방대상물 또는 그 부분에 있어서는 9 [m]) 이하가 되도록 할 것

2.4.3.7.3 공기관은 도중에서 분기하지 않도록 할 것

2.4.3.7.4 하나의 검출 부분에 접속하는 공기관의 길이는 100 [m] 이하로 할 것

2.4.3.7.5 검출부는 5° 이상 경사되지 않도록 부착할 것

2.4.3.7.6 검출부는 바닥으로부터 0.8 [m] 이상 1.5 [m] 이하의 위치에 설치할 것

부분점수

점수	세부기준
4점	5가지 전부 맞힌 경우 4점 득점
3점	4가지만 맞힌 경우 3점 득점
2점	3가지, 혹은 2가지만 맞힌 경우 2점 득점
1점	1가지만 맞힌 경우 1점 득점
0점	전부 틀린 경우 0점

15 배점 4점

용어의 뜻

정답

가. 주배선반

나. 구내정보통신망

다. 컴퓨터지원설계

라. 정전압정주파수장치

핵심이론 용어의 영문과 국문

최근 출제경향을 분석해보면, 용어에 대해 묻는 문제가 종종 출제되고 있으니 아래 용어의 국문과 영문을 암기해둘 것

1. MDF : Main Distributing Framed(주배선반)
2. LAN : Local Area Network(구내정보통신망)
3. CAD : Computer Aided Design(컴퓨터지원설계)
4. CVCF : Constant Voltage Constant Frequency(정전압정주파수장치)
5. PBX : Private Branch Exchange(사설구내교환기)
6. VVVF : Variable Voltage Variable Frequency(가변전압가변주파수장치)
7. UPS : Uninterruptible Power Supply(무정전 전원장치)
8. AVR : Automatic Voltage Regulator(자동전압조정기)
9. IVR : Induction automatic Voltage Regulator(유도형 자동전압조정기)
10. ZCT : Zero-phase-sequence Current Transformer(영상변류기)
11. CT : Current Transformer(변류기)
12. ELB : Earth Leakage Breaker(누전차단기)

부분점수

점수	세부기준
4점	4가지 전부 맞힌 경우 4점 득점
3점	3가지 맞힌 경우 3점 득점
2점	2가지 맞힌 경우 2점 득점
1점	1가지 맞힌 경우 1점 득점
0점	전부 틀린 경우 0점

16

배점 5점

발전기 계산문제

정답

(1) 계산과정

- 기동용량 $P = \sqrt{3} \times 380 \times 820 \fallingdotseq$ 539707.031 [VA] = 539.71 [kVA]
- 발전기용량 [kVA] = $\left(\frac{1}{\text{허용전압강하}} - 1\right)$ × 기동용량 × 과도리액턴스

$= \left(\frac{1}{0.2} - 1\right) \times 539.71 \times 0.28 = 604.48 \fallingdotseq$ 604.475 [kVA]

답 604.48 [kVA]

(2) 계산과정

발전기용 차단기 용량 [kVA]

= $\frac{\text{발전기출력}}{\text{과도리액턴스}} \times 1.25$ (여유율) = $\frac{604.48}{0.28} \times 1.25 =$ 2698.57 [kVA]

답 2698.57 [kVA]

해설

(1) 계산과정

발전기용량을 구하기 위해서는 기동용량 P를 먼저 구해주어야 한다.

① 이때 3상이기 때문에

기동용량 $P = \sqrt{3}\, VI = \sqrt{3} \times 380 \times 820 \fallingdotseq$ 539707.031 [VA] = 539.71 [kVA]

② 발전기용량 [kVA] = $\left(\frac{1}{\text{허용전압강하}} - 1\right)$ × 기동용량 × 과도리액턴스

$= \left(\frac{1}{0.2} - 1\right) \times 539.71 \times 0.28 = 604.475 \fallingdotseq$ 604.48 [kVA]

(2) 계산과정

발전기용 차단기 용량 [kVA] = $\frac{\text{발전기출력}}{\text{과도리액턴스}} \times 1.25$ (여유율)

이때 발전기출력은 (1)에서 구한 값인 604.475 [kVA]를 대입해주며,

과도리액턴스는 조건에서 주어진 28 [%]를 대입

발전기용 차단기 용량 [kVA]

= $\frac{\text{발전기출력}}{\text{과도리액턴스}} \times 1.25$ (여유율) = $\frac{604.48}{0.28} \times 1.25 = 2698.57$ [kVA]

핵심이론 발전기

(1) 발전기 정격용량(발전기용량)의 산정 공식

발전기용량 [KVA] = $\left(\dfrac{1}{\text{허용전압강하}} - 1\right)$ × 기동용량 × 과도리액턴스

(2) 발전기용 차단기의 용량 공식

발전기용 차단기 용량 [KVA] = $\dfrac{\text{발전기출력}}{\text{과도리액턴스}} \times 1.25$

1.25 : 여유율

부분점수

점수	세부기준
5점	(1), (2) 계산과정과 답을 전부 맞힌 경우 5점 득점
3점	(1)의 계산과정과 답을 맞힌 경우 3점 득점
2점	(2)의 계산과정과 답을 맞힌 경우 2점 득점
0점	(1), (2) 전부 틀린 경우 0점

17 배점 4점

연기감지기 설치수량

정답

구 분	계산과정	감지기 수량
A실	$\dfrac{15 \times (7.5+7.5)}{75} = 3$개	3개
B실	$\dfrac{(12+3) \times 7.5}{75} = 1.5 \rightarrow 2$개	2개
C실	$\dfrac{12 \times 7.5}{75} = 1.2 \rightarrow 2$개	2개
D실	$\dfrac{(3 \times 7.5)+(12 \times 15)}{75} = 2.7 \rightarrow 3$개	3개

해설

연기감지기 2종을 설치하며, 이때 부착높이가 10 [m]로써 4 [m]를 초과하기 때문에 75 [m^2]마다 연기감지기를 추가한다. 따라서 각각의 실의 면적을 75로 나눠준 후 소수점이 나온다면 절상하여 감지기 수량을 산정한다.

핵심이론 연기감지기

(1) 연기감지기 설치면적(단위 : [m^2])

부착높이	감지기의 종류	
	1종 및 2종	3종
4 [m] 미만	150	50
4 ~ 20 [m] 미만	75	-

(2) 연기감지기 설치기준

- 복도·통로 : 보행거리 30 [m](3종 20 [m])마다
- 계단·경사로 : 수직거리 15 [m](3종 10 [m])마다
- 천장 또는 반자 낮은 실내 또는 좁은 실내에 있어서는 출입구 가까운 부분에 설치
- 천장 또는 반자 부근에 배기구 있는 부근에 설치
- 벽 또는 보로부터 0.6 [m] 이상 떨어진 곳에 설치

※ (복도/통로), (계단/경사로)에 관한 문제인지, 혹은 부착높이에 따른 문제인지 잘 구별할 것

※ (복도/통로), (계단/경사로)에 관한 문제이면 길이 [m]기준으로 연기감지기 설치 수량을 산정하며, 부착높이에 관한 문제이면 면적 [m^2]기준으로 연기감지기 설치 수량을 산정한다.

부분점수

점수	세부기준
4점	A실 ~ D실의 계산과정과 감지기 수량 전부 맞힌 경우 4점 득점
3점	A실 ~ D실 중 3개의 실의 계산과정과 감지기 수량 전부 맞힌 경우 3점 득점
2점	A실 ~ D실 중 2개의 실의 계산과정과 감지기 수량 전부 맞힌 경우 2점 득점
1점	A실 ~ D실 중 1개의 실의 계산과정과 감지기 수량 전부 맞힌 경우 1점 득점
0점	전부 틀린 경우 0점

※ 계산과정이 틀리고, 감지기 수량만 맞히면 오답처리,
계산과정을 맞히고, 감지기 수량을 틀리면 오답처리

18

배점 3점

합성정전용량 계산

정답

계산과정

$$합성정전용량 = \frac{1}{\frac{1}{10\times10^{-6}}+\frac{1}{10\times10^{-12}}+\frac{1}{10\times10^{-12}}+\frac{1}{10\times10^{-6}}}$$

$$= 4.99\times10^{-12} \fallingdotseq 5\times10^{-12} = 5[pF]$$

답 5 [pF]

해설

- 문제에서 합성정전용량의 계산 결과 단위를 명시하지 않았으므로, [pF]단위로 환산하지 않고 5×10^{-12} [F]이라고 기재하여도 정답이다.
- 정전용량은 콘덴서가 전하를 축정하는 정도이며, 커패시턴스라고 한다.

핵심이론 콘덴서

(1) 정전용량 C [F]

① 콘덴서가 전하를 축적할 수 있는 능력을 의미한다.

② 수식

$$Q = C \cdot V\,[C] \qquad C = \frac{Q}{V}\,[F]$$

(2) 직렬접속

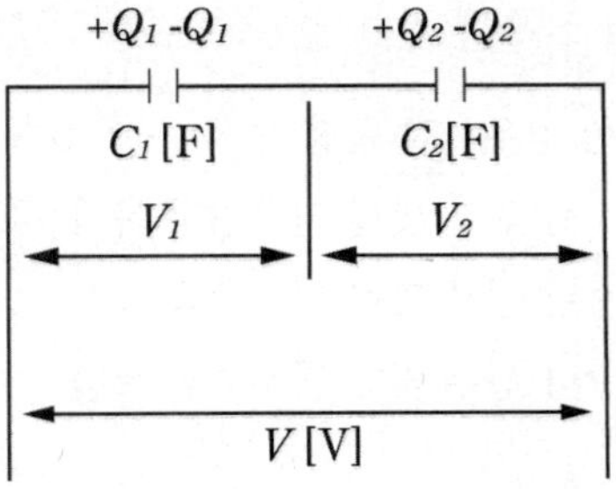

① 전기량(Q)은 일정, 전압(V)은 분배

$$V_1 = \frac{Q}{C_1}[V],\ V_2 = \frac{Q}{C_2}[V]$$

$$V = V_1 + V_2 = \frac{Q}{C_1} + \frac{Q}{C_2} = \left(\frac{1}{C_1} + \frac{1}{C_2}\right)\times Q[V]$$

② 합성정전용량(C_0)

$$C_0 = \frac{Q}{V} = \frac{Q}{\left(\frac{1}{C_1} + \frac{1}{C_2}\right)Q} = \frac{C_1 \times C_2}{C_1 + C_2} \text{ [F]}$$

③ 전체 전기량

$$Q = C_0 V = \frac{C_1 \times C_2}{C_1 + C_2} \times V \text{[C]}$$

※ 콘덴서의 직렬접속일 때 식을 간단히 표현하면 $C = \dfrac{1}{\frac{1}{C_1} + \frac{1}{C_2}}$ 이다.

(3) 병렬접속

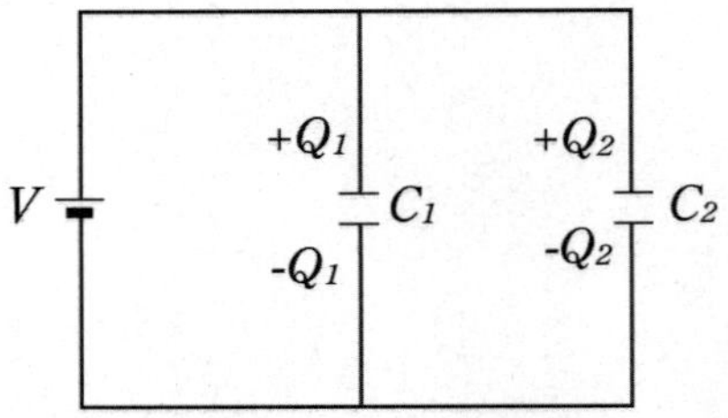

① 전압(V) 일정, 전기량(Q) 분배

$Q_1 = C_1 V$, $Q_2 = C_2 V$ [C]

$Q = Q_1 + Q_2 = (C_1 + C_2) V$ [C]

② 합성정전용량(C_0)

$$C_0 = \frac{Q}{V} = C_1 + C_2 \text{ [F]}$$

③ 전체전압

$$V = \frac{Q}{C_0} = \frac{Q}{C_1 + C_2} \text{ [V]}$$

※ 콘덴서의 병렬접속일 때 식을 간단히 표현하면 $C = C_1 + C_2$ 이다.

(4) 단위

m(밀리)	μ(마이크로)	n(나노)	p(피코)
10^{-3}	10^{-6}	10^{-9}	10^{-12}

부분점수

점수	세부기준
3점	계산과정과 정답을 전부 맞힌 경우 3점 득점
0점	둘 중 하나라도 틀린 경우 0점

MOAG

소방설비기사 실기 모의고사 정답 및 해설

전기분야

2회

● 부분점수 채점 기준은 한국산업인력관리공단에서 공식적으로 공개하지 않아 정확히 알 수 없으나, 채점위원으로 활동하셨던 교수님 및 기타 다양한 경로를 통해 얻은 정보를 분석하여 자체적으로 수립한 기준입니다. 따라서 모의고사에서 제시하는 부분점수 채점 기준이 실제 채점 결과에 대한 불복 청구 등의 법적 근거자료로 활용될 수 없음을 알려드립니다. 또한 부분점수 채점 기준에 대한 질문은 별도 답변을 하지 않습니다. 이 점 학습에 참고 바랍니다.

소방설비기사 전기분야 모의고사 2회 [정답 및 해설]

01

배점 3점

누전경보기 시험

정답

1. 전로개폐시험 : 변류기는 출력단자에 부하저항을 접속하고, 경계전로에 당해 변류기의 정격전류의 150 [%]인 전류를 흘린 상태에서 경계전로의 개폐를 5회 반복하는 경우 그 출력전압치는 공칭작동전류치의 42 [%]에 대응하는 출력전압치 이하이어야 한다.
2. 과누전시험 : 변류기는 1개의 전선을 변류기에 부착시킨 회로를 설치하고, 출력단자에 부하저항을 접속한 상태로 당해 1개의 전선에 변류기의 정격전압의 20 [%]에 해당하는 수치의 전류를 5분간 흘리는 경우 그 구조 또는 기능에 이상이 생기지 아니하여야 한다.
3. 노화시험 : 변류기는 (65 ± 2) [℃]인 공기 중에 30일간 놓아두는 경우 그 구조 및 기능에 이상이 생기지 아니하여야 한다.

핵심이론 누전경보기의 형식승인 및 제품검사의 기술기준

제11조(온도특성시험) 변류기는 옥내형인 것은 (-10 ± 2) [℃]에서 (50 ± 2) [℃]까지, 옥외형인 것은 (-20 ± 2) [℃]에서 (50 ± 2) [℃]까지의 주위온도에서 기능에 이상이 생기지 아니하여야 한다.

제12조(전로개폐시험) 변류기는 출력단자에 부하저항을 접속하고, 경계전로에 당해 변류기의 정격전류의 150 [%]인 전류를 흘린 상태에서 경계전로의 개폐를 5회 반복하는 경우 그 출력전압치는 공칭작동전류치의 42 [%]에 대응하는 출력전압치 이하이어야 한다.

제13조(단락전류강도시험) 변류기는 출력단자에 부하저항을 접속한 다음 경계전로의 전원측에 과전류차단기를 설치하여, 경계전로에 당해 변류기의 정격전압에서 단락역율이 0.3에서 0.4까지인 2 500 A의 전류를 2분 간격으로 약 0.02초간 2회 흘리는 경우 그 구조 및 기능에 이상이 생기지 아니하여야 한다.

제14조(과누전시험) 변류기는 1개의 전선을 변류기에 부착시킨 회로를 설치하고 출력단자에 부하저항을 접속한 상태로 당해 1개의 전선에 변류기의 정격전압의 20 [%]에 해당하는 수치의 전류를 5분간 흘리는 경우 그 구조 또는 기능에 이상이 생기지 아니하여야 한다.

제15조(노화시험) 변류기는 (65 ± 2) [℃]인 공기 중에 30일간 놓아두는 경우 그 구조 및 기능에 이상이 생기지 아니하여야 한다.

제16조(방수시험) 옥외형 변류기는 (23 ± 2) [℃], 상대습도 (50 ± 5) [%]의 상태에 24시간 방치한 후 (23 ± 2) [℃]의 맑은 물에 48시간 침지시키는 경우 내부에 물이 고이지 않아야 하며, 기능 및 절연저항시험에 이상이 생기지 아니하여야 한다.

제17조(진동시험) 변류기는 전원을 인가하지 아니한 상태에서 IEC 60068-2-6의 시험방법에 따라 다음 각 호의 규정에 의한 시험을 실시하는 경우 그 구조 및 기능에 이상이 생기지 아니하여야 한다.

1. 주파수 범위 : (10 ~ 150) [Hz]
2. 가속도 진폭 : 10 [m/s^2]
3. 축수 : 3
4. 스위프 속도 : 1 [옥타브/min]
5. 스위프 사이클 수 : 축당 20

제18조(충격시험) 변류기는 다음 각 호의 1의 시험을 실시하는 경우 그 구조 및 기능에 이상이 생기지 아니하여야 한다.

1. 임의의 방향으로 최대가속도 50 [g](g는 중력가속도를 말한다)의 충격을 5회 가하는 시험
2. 길이 300 [mm], 지름 3 [mm]의 강철선의 한쪽 끝을 충격지점과 수직이 되도록 지지시키고, 다른 쪽 끝에 무게 1 [kg]의 강철구 추를 매달아 이를 지지점과 수평이 되는 위치에서 송판의 중앙에 변류기를 부착시킨 반대편으로 자연낙하시켜 통전상태의 변류기에 15회의 충격을 가하는 시험

제19조(절연저항시험) 변류기는 DC 500 [V]의 절연저항계로 다음 각 호에 의한 시험을 하는 경우 5 [$M\Omega$] 이상이어야 한다.

1. 절연된 1차권선과 2차권선 간의 절연저항
2. 절연된 1차권선과 외부금속부 간의 절연저항
3. 절연된 2차권선과 외부금속부 간의 절연저항

제20조(절연내력시험) 제19조의 규정에 의한 시험부위의 절연내력은 60 [Hz]의 정현파에 가까운 실효전압 1500 [V](경계전로 전압이 250 [V]를 초과하는 경우에는 경계전로 전압에 2를 곱한 값에 1 [kV]를 더한 값)의 교류전압을 가하는 시험에서 1분간 견디는 것이어야 한다.

제21조(충격파내전압시험) 변류기는 1차권선과 외부금속사이 및 1차권선 상호 간에 파고치 6 [kV], 파두장 0.5 [μs] 이상 1.5 [μs] 이하 및 파미장 32 [μs] 이상 50 [μs] 이하인 충격파전압을 정 및 부로 각각 1회 가하는 경우 기능에 이상이 생기지 아니하여야 한다.

제22조(전압강하방지시험) 변류기(경계전로의 전선을 그 변류기에 관통시키는 것은 제외한다)는 경계전로에 정격전류를 흘리는 경우, 그 경계전로의 전압강하는 0.5 [V] 이하이어야 한다.

부분점수

점수	세부기준
3점	3개 전부 맞힌 경우 3점 득점
2점	3개 중 2개만 맞힌 경우 2점 득점
1점	한 개만 맞힌 경우 1점 득점
0점	전부 틀린 경우 0점

02

배점 4점

비상경보설비의 발신기 설치기준

정답

(1) 조작이 쉬운 장소에 설치하고, 스위치는 바닥으로부터 0.8 [m] 이상 1.5 [m] 이하의 높이에 설치할 것

(2) 특정소방대상물의 층마다 설치하되,
   1. 수평거리 : 25 [m] 이하 설치(각 부분부터 하나의 발신기까지의 거리)
   2. 보행거리 : 40 [m] 이상 경우 추가 설치(복도 · 별도구획된 실)

(3) 발신기의 위치를 표시하는 표시등은 함의 상부에 설치하되, 그 불빛은 부착면으로부터 15° 이상의 범위 안에서 부착지점으로부터 10 [m] 이내의 어느 곳에서도 쉽게 식별할 수 있는 적색등으로 한다.

핵심이론 비상경보설비 및 단독경보형 감지기의 화재안전기술기준(NFTC 201)

2.1.5 발신기는 다음의 기준에 따라 설치해야 한다.
2.1.5.1 조작이 쉬운 장소에 설치하고, 조작스위치는 바닥으로부터 0.8 [m] 이상 1.5 [m] 이하의 높이에 설치할 것
2.1.5.2 특정소방대상물의 층마다 설치하되, 해당 층의 각 부분으로부터 하나의 발신기까지의 수평거리가 25 [m] 이하가 되도록 할 것. 다만 복도 또는 별도로 구획된 실로서 보행거리가 40 [m] 이상일 경우에는 추가로 설치해야 한다.
2.1.5.3 발신기의 위치표시등은 함의 상부에 설치하되, 그 불빛은 부착 면으로부터 15° 이상의 범위 안에서 부착지점으로부터 10 [m] 이내의 어느 곳에서도 쉽게 식별할 수 있는 적색등으로 할 것
※ 비상경보설비와 자동화재탐지설비의 발신기 설치기준은 동일하게 암기해둘 것

부분점수

점수	세부기준
4점	3가지 전부 맞힌 경우 4점 득점
3점	2가지만 맞힌 경우 3점 득점
1점	1가지만 맞힌 경우 1점 득점
0점	전부 틀린 경우 0점

03

배점 6점

자동화재탐지설비의 수평적 경계구역

정답

(1) 수평적 경계구역

① 하나의 경계구역이 2개 이상의 건축물에 미치지 않도록 할 것

② 하나의 경계구역이 2개 이상의 층에 미치지 않도록 할 것
(단, 500 [m^2] 이하의 범위 안에서 2개의 층을 하나의 경계 구역할 수 있음)

③ 하나의 경계구역 면적 600 [m^2] 이하로 하고, 한 변의 길이 50 [m] 이하로 할 것
(단, 주된 출입구에서 그 내부 전체가 보이는 것은 한 변의 길이 50 [m] 범위 내에서 1000 [m^2] 이하로 할 수 있음)

(2) 수직적 경계구역

① 계단 · 경사로 : 별도의 경계구역으로 하며 경계구역 높이 45 [m] 이하로 할 것

② 엘리베이터 승강로(권상기실이 있는 경우에는 권상기실) · 린넨슈트 · 파이프 피트 및 덕트 등 : 별도의 경계구역

③ 지하층의 계단 및 경사로(지하층의 층수가 1일 경우 제외) : 별도의 경계구역

핵심이론 자동화재탐지설비 및 시각경보장치의 화재안전기술기준(NFTC 203)

2.1 경계구역

2.1.1 자동화재탐지설비의 경계구역은 다음의 기준에 따라 설정해야 한다. 다만 감지기의 형식승인 시 감지거리, 감지면적 등에 대한 성능을 별도로 인정받은 경우에는 그 성능인정범위를 경계구역으로 할 수 있다.

2.1.1.1 하나의 경계구역이 2 이상의 건축물에 미치지 않도록 할 것

2.1.1.2 하나의 경계구역이 2 이상의 층에 미치지 않도록 할 것. 다만 500 [m^2] 이하의 범위 안에서는 2개의 층을 하나의 경계구역으로 할 수 있다.

2.1.1.3 하나의 경계구역의 면적은 600 [m^2] 이하로 하고 한 변의 길이는 50 [m] 이하로 할 것. 다만 해당 특정소방대상물의 주된 출입구에서 그 내부 전체가 보이는 것에 있어서는 한 변의 길이가 50 [m]의 범위 내에서 1000 [m^2] 이하로 할 수 있다.

2.1.2 계단(직통계단 외의 것에 있어서는 떨어져 있는 상하 계단의 상호 간의 수평거리가 5 [m] 이하로서 서로 간에 구획되지 아니한 것에 한한다. 이하 같다)·경사로(에스컬레이터경사로 포함)·엘리베이터 승강로(권상기실이 있는 경우에는 권상기실)·린넨슈트·파이프 피트 및 덕트 기타 이와 유사한 부분에 대하여는 별도로 경계구역을 설정하되, 하나의 경계구역은 높이 45 [m] 이하(계단 및 경사로에 한한다)로 하고, 지하층의 계단 및 경사로(지하층의 층수가 한 개 층일 경우는 제외한다)는 별도로 하나의 경계구역으로 해야 한다.

2.1.3 외기에 면하여 상시 개방된 부분이 있는 차고·주차장·창고 등에 있어서는 외기에 면하는 각 부분으로부터 5 [m] 미만의 범위 안에 있는 부분은 경계구역의 면적에 산입하지 않는다.

2.1.4 스프링클러설비·물분무등소화설비 또는 제연설비의 화재감지장치로서 화재감지기를 설치한 경우의 경계구역은 해당 소화설비의 방호구역 또는 제연구역과 동일하게 설정할 수 있다.

※ 괄호 내용은 적지 않아도 정답임

부분점수

점수	세부기준
6점	수평적 경계구역 3가지와 수직적 경계구역 3가지 전부 맞힌 경우 6점 득점
5점	수평적 경계구역 3가지, 수직적 경계구역 3가지 중 1개의 오답이 있으면 5점 득점
4점	수평적 경계구역 3가지, 수직적 경계구역 3가지 중 2개의 오답이 있으면 4점 득점
3점	수평적 경계구역 3가지, 수직적 경계구역 3가지 중 3개의 오답이 있으면 3점 득점
2점	수평적 경계구역 3가지, 수직적 경계구역 3가지 중 4개의 오답이 있으면 2점 득점
1점	수평적 경계구역 3가지, 수직적 경계구역 3가지 중 5개의 오답이 있으면 1점 득점
0점	전부 틀린 경우 0점

04

배점 3점

수신기 기능시험

정답

(1) 화재표시작동시험 : 지구표시등, 화재표시등 점등, 음향장치 명동 확인

(2) 예비전원시험 : 정전 시 상용전원에서 예비전원 자동전환 여부 확인 및 정상상태 복구 시 상용전원으로 자동전환 여부 확인

(3) 동시작동시험(회로수가 2회선 이상) : 2회로 이상 동작 시 수신기 기능 정상 여부 확인

핵심이론 수신기 기능시험

(1) 화재표시작동시험 : 지구표시등, 화재표시등 점등, 음향장치 명동 확인
 ① 시험 방법
  ㉠ 수신기 기능 스위치 중 "동작시험스위치 + 자동복구스위치"를 누름
  ㉡ 회로선택스위치 차례로 회전시켜 회로마다 화재표시 작동시험 확인
 ② 가부판정 : 화재표시등 및 지구표시등 점등 여부, 음향장치 작동 여부, 회로 연결상태 정상 확인

(2) 예비전원시험 : 정전 시 상용전원에서 예비전원 자동전환 여부 확인 및 정상상태 복구 시 상용전원으로 자동전환 여부 확인

(3) 동시작동시험(회로수가 2회선 이상) : 2회로 이상 동작 시 수신기 기능 정상 여부 확인

(4) 공통선시험 : 공통선이 담당하고 있는 경계구역의 적정 여부 확인
 ① 시험 방법
  ㉠ 수신기 내 접속단자의 공통선 1선 제거
  ㉡ 회로도통시험의 예에 따라 도통시험스위치를 누른 후 회로선택스위치를 차례로 회전
  ㉢ 전압계 또는 표시등을 확인하여 단선을 지시한 경계구역의 회선수 확인

② 가부판정 : 단선 표시되는 회선수가 7회선 이하이면 정상

(5) 회로도통시험 : 감지기회로의 단선, 단락 및 접속 상태의 이상 유무를 파악

(6) 저전압시험 : 저전압 상태(정격전압 80 [%] 이하) 수신기 기능 유지 확인

(7) 회로저항시험 : 감지기 회로 1회선 선로 저항이 수신기 기능에 이상을 주지 않는 것을 확인

① 시험 방법

㉠ 저항계 사용해 감지기회로 공통선과 표시선 사이의 전로를 측정

㉡ 회로 말단 단락시켜 도통 상태에서 선로 저항 측정

② 가부판정 : 하나의 감지기회로의 전로저항의 합성치가 50 Ω 이하

(8) 지구음향장치 작동시험 : 감지기의 작동과 연동하여 당해 지구음향장치가 정상으로 작동하는가를 확인하기 위한 시험

(9) 비상전원시험 : 상용전원이 사고 등으로 정전된 경우 자동적으로 비상전원으로 절환되며, 또한 정전 복구 시에 자동적으로 일반 상용전원으로 절환되는지의 여부를 확인

부분점수

점수	세부기준
3점	수신기 기능시험 3가지와 시험목적을 전부 맞힌 경우 3점 득점
2점	수신기 기능시험 2가지와 이 두 가지의 시험목적을 전부 맞힌 경우 2점 득점
1점	수신기 기능시험 1가지와 이에 대한 시험목적을 맞힌 경우 1점 득점
0점	전부 틀린 경우 0점

※ 시험목적이 틀리면 오답임

05 배점 5점

연축전지의 고장과 현상, 원인

정답

고장	불량현상	추정원인
초기 고장	전 셀의 전압불균형이 크며, 비중이 작음	고온에서 장기간 방치하여 과방전되었을 때
	단전지 전압의 비중이 저하되며, 전압계의 역전	극성을 반대로 충전했을 때
우발 고장	전해액의 감소가 빠름	과충전하였을 때
	전해액의 변색이 발생하고, 충전하지 않고 정치중에도 다량의 가스가 발생	불순물이 혼입되었을 때

핵심이론 축전지 고장

축전지의 고장은 크게 초기고장과 우발고장으로 분류가 된다. 초기고장은 과방전 시, 혹은 극성을 반대로 충전했을 때 발생하며 우발고장은 과충전 시, 혹은 불순물의 혼입 또는 실온이 높을 때 발생한다.

(1) 축전지 과충전
  ① 충전전압이 높을 때 발생
  ② 전해액의 온도와 비중이 높을 때 발생

(2) 축전지 충전불량
  ① 설페이션현상이 발생하였을 때 발생
  ② 장기간 방치하였을 때 발생

※ 설페이션현상 : 축전지를 방전상태로 오랫동안 방치하였을 때 극판의 황사납이 회백색으로 바뀌고 내부저항이 대단히 상승하여 전해액의 온도 상승이 증가하고 황산의 비중이 낮으며 가스가 심하게 발생하고 축전지의 용량 감퇴 및 수명이 단축되는 현상

부분점수

점수	세부기준
5점	4가지 전부 맞힌 경우 5점 득점
3점	3가지만 맞힌 경우 4점 득점
2점	2가지 맞힌 경우 2점 득점
1점	1가지 맞힌 경우 1점 득점
0점	전부 틀린 경우 0점

06 배점 8점

시퀀스회로

정답

(1)

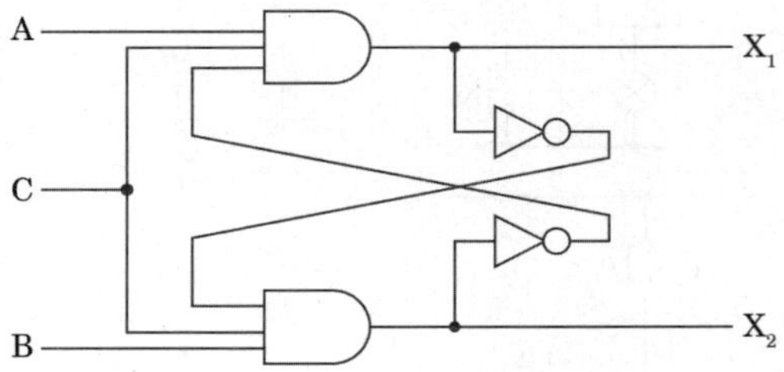

(2)

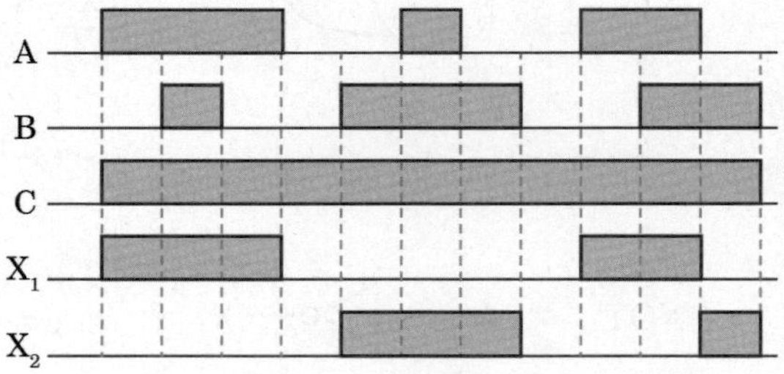

(3) • 사용목적 : X_1과 X_2의 동시투입 방지
• 회로명칭 : 인터록회로

해설

(1) X_1과 X_2의 동시투입 방지를 위해 서로 인터록을 걸어준다.

(2) A와 B 중 먼저 들어온 입력이 있을 때 그 입력이 끝날 때까지 출력 X_1 혹은 X_2가 일어난다.

핵심이론 시퀀스

(1) 인터록회로

① 상호 관련이 있는 기기의 동작을 서로 구속하는 회로기기의 보호와 조작자의 안전이 목적인 회로

② 병렬 회로에 상호 b접점(Normal Close)을 두어 R1과 R2의 동시투입 방지

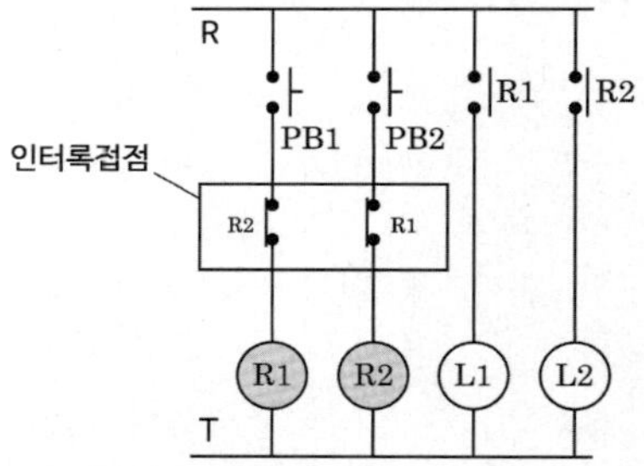

(1) PB1이 ON되면 릴레이 R1이 여자되고, R1의 a 접점이 폐로되며, 또한 램프 L1이 점등된다.

(2) 이때 PB2를 ON시켜도 릴레이 R2와 램프 L2는 R1의 b접점이 단전되기 때문에 작동할 수 없음

※ 하나의 릴레이가 동작하면 다른 릴레이는 동작이 금지됨

(2) 논리회로

게이트	논리회로	논리식	시퀀스회로	진리표
AND	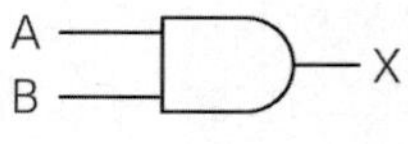	$X = A \cdot B$ $= AB$	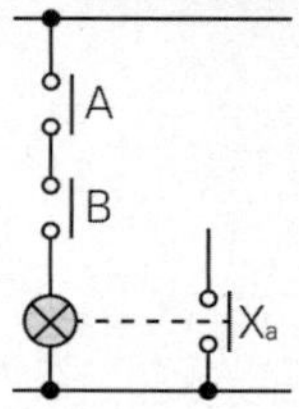	A B X 0 0 0 0 1 0 1 0 0 1 1 1

게이트	논리회로	논리식	시퀀스회로	진리표
OR	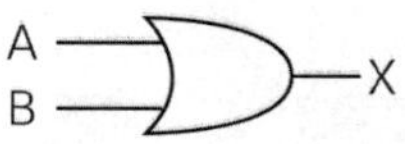	X = A + B	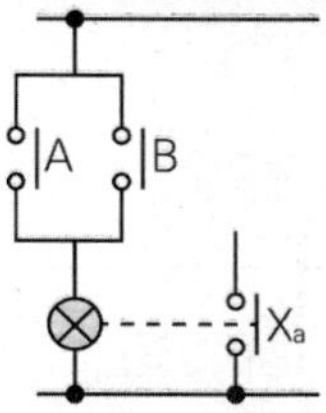	A B X 0 0 0 0 1 1 1 0 1 1 1 1
NOT	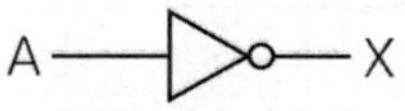	$X = \overline{A}$	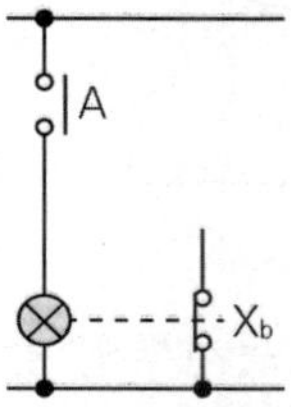	A X 0 1 1 0

부분점수

점수	세부기준
8점	(1), (2), (3) 전부 맞힌 경우 8점 득점
6점	(1)번과 (2)번 두 개를 맞힌 경우 6점 득점
5점	(1)번과 (3)번 / (2)번과 (3)번을 맞힌 경우 5점 득점
3점	(1)번 혹은 (2)번 둘 중 한 문제만 맞힌 경우 3점 득점
2점	(3)번 문제만 맞힌 경우 2점 득점
0점	전부 틀린 경우 0점

※ (3)은 사용목적과 회로명칭을 전부 다 맞혀야 함

(1)번과 (2)번 : 각각 3점

(3)번 : 2점

07 배점 6점

무접점 논리회로

정답

$Z=(A+B+C)(\overline{A}+B)=A\overline{A}+AB+B\overline{A}+BB+C\overline{A}+CB$

$\quad =B(A+\overline{A}+C+1)+C\overline{A}=B+C\overline{A}$

해설

$Z=(A+B+C)(\overline{A}+B)$에서, 분배법칙을 이용하면

$Z=A\overline{A}+AB+B\overline{A}+BB+C\overline{A}+CB$가 나온다.

이때 B를 공통인자로 묶으면 $Z=B(A+\overline{A}+C+1)+C\overline{A}$가 되며,

[1+□]의 꼴은 1이 되므로, B 옆의 괄호 속은 전부 1이 되어 최종적으로

$Z=B+C\overline{A}$

※ $A\overline{A}=0,\quad BB=B$

핵심이론 논리회로

<table>
<tr><th>게이트</th><th>논리회로</th><th>논리식</th><th>시퀀스회로</th><th>진리표</th></tr>
<tr><td>AND</td><td>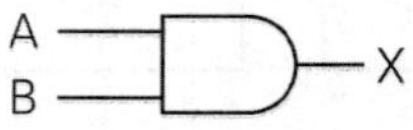</td><td>X = A · B = AB</td><td>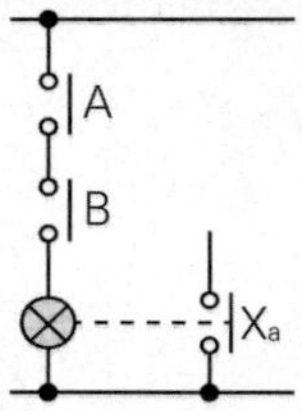</td><td><table><tr><th>A</th><th>B</th><th>X</th></tr><tr><td>0</td><td>0</td><td>0</td></tr><tr><td>0</td><td>1</td><td>0</td></tr><tr><td>1</td><td>0</td><td>0</td></tr><tr><td>1</td><td>1</td><td>1</td></tr></table></td></tr>
<tr><td>OR</td><td></td><td>X = A + B</td><td>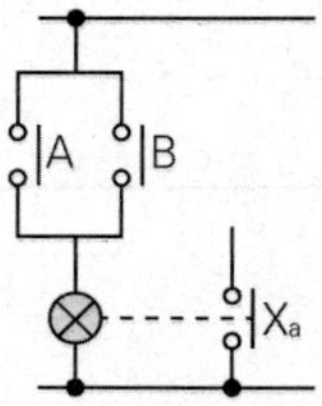</td><td><table><tr><th>A</th><th>B</th><th>X</th></tr><tr><td>0</td><td>0</td><td>0</td></tr><tr><td>0</td><td>1</td><td>1</td></tr><tr><td>1</td><td>0</td><td>1</td></tr><tr><td>1</td><td>1</td><td>1</td></tr></table></td></tr>
<tr><td>NOT</td><td>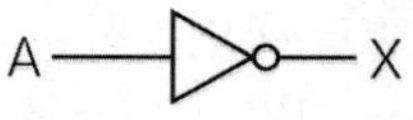</td><td>X = $\overline{A}$</td><td>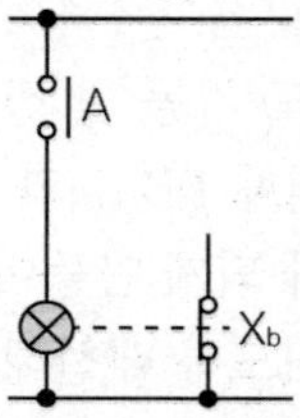</td><td><table><tr><th>A</th><th>X</th></tr><tr><td>0</td><td>1</td></tr><tr><td>1</td><td>0</td></tr></table></td></tr>
</table>

※ (1 + ★) = 1

1과 더해져 있으면 항상 1로 나옴

부분점수

점수	세부기준
6점	간략화 과정과 정답 전부 맞힌 경우 6점 득점
0점	간략화 과정, 혹은 정답 둘 중 하나라도 틀린 경우 0점

08 배점 9점

시퀀스회로

정답

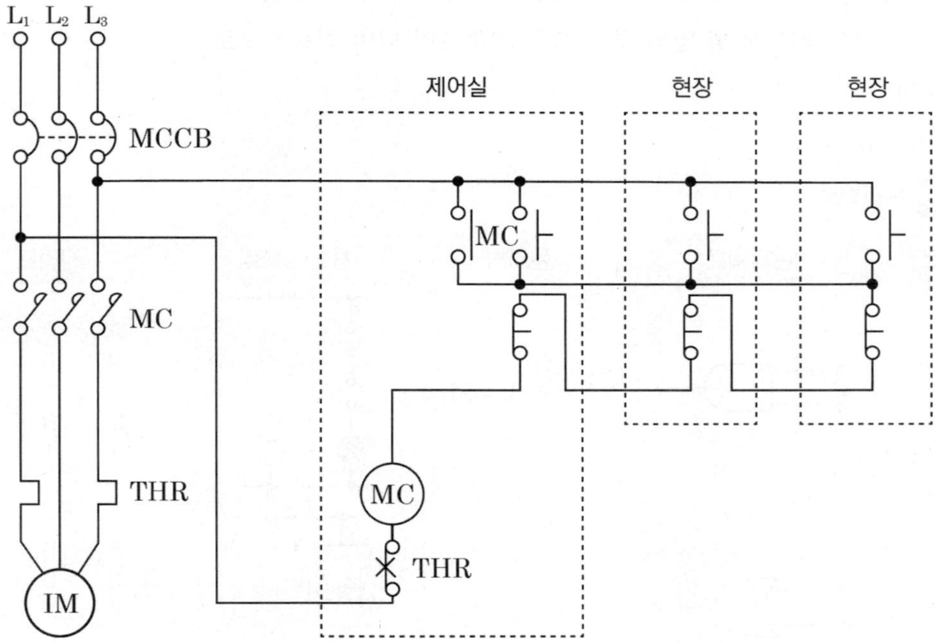

해설

제어실과 현장 어느 쪽에서도 기동 및 정지가 가능해야 하므로, 각각의 장소에 PB_{-ON}과 PB_{-OFF} 스위치를 그려 넣어야 한다. 이때 PB_{-ON}와 MC 전자접촉기와는 병렬로써 연결하여, PB_{-ON} 스위치를 손에서 떼더라도 자기유지가 되게 만들어 주어야 하며, PB_{-OFF}와는 직렬로 접속하여 PB_{-OFF}스위치를 눌렀을 때 즉시 정지가 되도록 배선해주면 된다.

핵심이론 **시퀀스**

(1) 전동기 운전 회로(원방조작기동제어방식)

① 기동 버튼 : 병렬연결 및 자기유지

② 정지 버튼 : 직렬연결

③ 분기 시 : "•"를 찍음

④ MS 코일 : MS-a로 표기(R 코일 : R-a로 표기, MC 코일 : MC-a로 표기)

⑤ 현장 측과 제어반 측이 있음

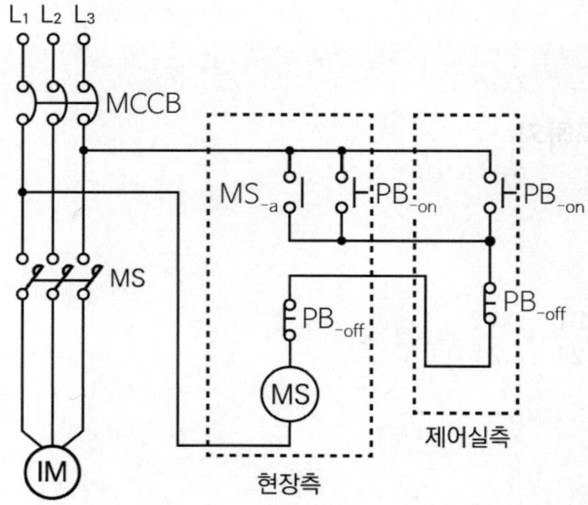

(2) 시퀀스회로 심벌

심벌	명칭
	배선용 차단기
	수동조작 자동복귀접점
	보조스위치 접점
	수동복귀접점
	한시동작접점
	3상전동기
	전자개폐기 코일

부분점수

점수	세부기준
9점	알맞게 배선하였다면 9점 득점
0점	하나라도 배선이 잘못되었을 시 0점

09

배점 5점

공통선에 흐르는 전류 구하기

정답

계산과정

$$I = I_1 + I_2 = \frac{P_1}{V} + \frac{P_2}{V} = \frac{1.6}{24} + \frac{3.2}{24} = 0.2[A]$$

답 0.2 [A]

해설

※ 키르히호프의 제1법칙(전류분배법칙) : 한 점을 기준으로 들어오는 전류와 나가는 전류의 합은 같다.

※ 이때 I(전류)의 값은, 'P = VI'의 식을 이용하여 구할 수 있으며, 경종과 표시등에 흐르는 전류를 합하여 총 전류를 구한다.

총 전류 $I = I_1 + I_2 = \frac{P_1}{V} + \frac{P_2}{V} = \frac{1.6}{24} + \frac{3.2}{24} = 0.2[A]$

부분점수

점수	세부기준
5점	계산과정과 정답을 전부 맞히면 5점 득점
0점	계산과정과 정답 둘 중 하나라도 틀리면 0점

10 배점 7점

수직경계구역 설정

정답

(1)

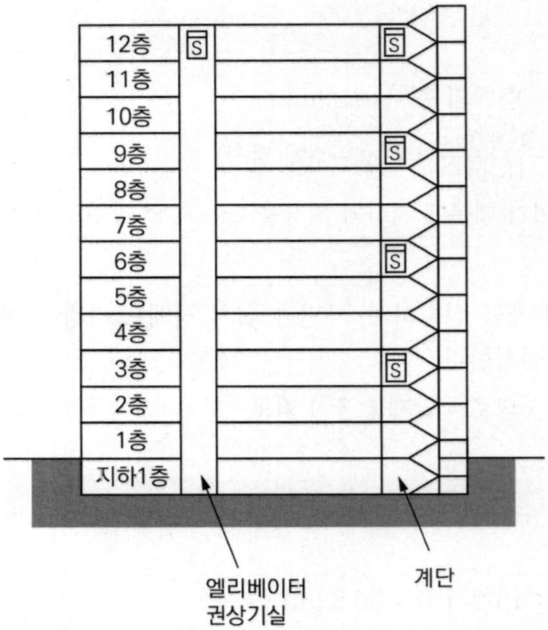

① E/V : 1개

② 계단 수직거리 : 3.6 [m] × 13개의 층 = 46.8 [m]

개수 : $\frac{수직거리}{15\,[m]} = \frac{46.8\,[m]}{15\,[m]} = 3.12 \rightarrow$ 4개(절상)

(2) 엘리베이터 권상기실 (1) 회로 + 계단 (2) 회로 = 합계 (3) 회로

① E/V : 1개

② 계단 수직거리 : 3.6 [m] × 13개의 층 = 46.8 [m]

경계구역 : $\frac{수직거리}{45\,[m]} = \frac{46.8\,[m]}{45\,[m]} = 1.04 \rightarrow$ 2회로(절상)

(3) • 광전식 스포트형 감지기

• 광전식 분리형 감지기

• 광전아날로그식 분리형 감지기

해설

(1) ※ 특정한 조건이 없으면 연기감지기 2종을 설치한 것으로 보고 산정한다.

① 연기감지기 설치 개수

구분	감지기 개수
엘리베이터	1개
지상층 + 지하층[계단]	• 수직거리 : 3.6 [m] × 13개의 층 = 46.8 [m] • 개수 : $\frac{\text{수직거리}}{15\,[\text{m}]} = \frac{46.8\,[\text{m}]}{15\,[\text{m}]} = 3.12 \rightarrow$ 4개(절상) ※ 지하의 층수가 1개이기 때문에 지하와 지상을 나누지 않고 산정한다.
합계	5개

※ 이때 엘리베이터 설치 시 가장 꼭대기에 한 개를 설치하며, 계단에 설치 시에도 가장 꼭대기 층에 설치 후 남은 2개는 적절히 분배하여 설치한다.

(2) 엘리베이터 권상기실 (1) 회로 + 계단 (2) 회로 = 합계 (3) 회로

① 경계구역 수

구분	경계구역
엘리베이터	1개
지상층 + 지하층[계단]	• 수직거리 : 3.6 [m] × 13개의 층 = 46.8 [m] • 경계구역 : $\frac{\text{수직거리}}{45\,[\text{m}]} = \frac{46.8\,[m]}{45\,[\text{m}]} = 1.04 \rightarrow$ 2회로 ※ 지하의 층수가 1개이기 때문에 지하와 지상을 나누지 않고 산정한다.
합계	3 경계구역

(3) • 광전식 스포트형 감지기
- 광전아날로그식 스포트형 감지기
- 광전식 분리형 감지기
- 광전아날로그식 분리형 감지기

핵심이론 자동화재탐지설비

(1) 자동화재탐지설비 경계구역 설정 기준(수직적 경계구역)
① 계단·경사로 : 별도의 경계구역으로 하며, 경계구역 높이 45 [m] 이하로 할 것
② 엘리베이터 승강로(권상기실이 있는 경우에는 권상기실)·린넨슈트·파이프 피트 및 덕트등 : 별도의 경계구역
③ 지하층의 계단 및 경사로(지하층의 층수가 1일 경우 제외) : 별도의 경계구역

(2) 연기감지기 설치기준
① 복도·통로 : 보행거리 30 [m](3종 20 [m])마다
② 계단·경사로 : 수직거리 15 [m](3종 10 [m])마다
③ 천장 또는 반자 낮은 실내 또는 좁은 실내에 있어서는 출입구 가까운 부분에 설치
④ 천장 또는 반자 부근에 배기구 있는 부근에 설치
⑤ 벽 또는 보로부터 0.6 [m] 이상 떨어진 곳에 설치

(3) 적응 연기감지기 - 계단, 경사로(연기가 멀리 이동해서 감지기에 도달하는 장소)
① 광전식 스포트형 감지기
② 광전아날로그식 스포트형 감지기
③ 광전식 분리형 감지기
④ 광전아날로그식 분리형 감지기

부분점수

점수	세부기준
7점	(1), (2), (3) 전부 맞힌 경우 7점 득점
5점	(1)번과 (2)번, (1)번과 (3)번을 맞힌 경우 5점 득점
4점	(2)번과 (3)번을 맞힌 경우 4점 득점
3점	(1)번만 맞힌 경우 3점 득점
2점	(2)번과 (3)번 둘 중 하나를 맞힌 경우 2점 득점
0점	전부 틀린 경우 0점

※ (1)번과 (2)번은 계산과정과 정답을 전부 맞혀야 함((1) : 3점, (2), (3) : 2점)
(3)번은 연기감지기 종류 3가지를 전부 썼을 때만 정답으로 봄

11 배점 6점

전선접속 시 주의사항

정답

- 접속으로 인해 전기저항이 증가하지 않을 것
- 전선의 강도를 20 [%] 이상 감소시키지 않을 것
- 전기화학적 성질이 다른 도체를 접속하는 경우 접속 부분에 전기적 부식이 생기지 않도록 할 것

핵심이론 전선접속 시 주의사항

(1) 접속으로 인해 전기저항이 증가하지 않을 것
(2) 전선의 강도를 20 [%] 이상 감소시키지 않을 것
(3) 전기화학적 성질이 다른 도체를 접속하는 경우 접속 부분에 전기적 부식이 생기지 않도록 할 것
(4) 접속 부분의 절연을 절연전선과 동등 이상의 절연효력이 있는 절연물로 피복할 것

※ 전선접속상황을 생각해보면 암기가 될 것!

① 전선을 접속하기 위해 전선이 맞닿는다. 그리고 나서 알맞은 접속방식을 통해 접속할 때 전기저항이 증가하면 안 된다.
② 접속이 끝나면 두 전선에 힘을 가해 당겼을 때 끊어지지 않도록 강도를 20 [%] 이상 감소시키면 안 된다.
③ 접속된 전선이 서로 다른 도체일 경우 부식이 생기면 안 된다.
④ 접속이 완료되면 전선을 피복한다.

부분점수

점수	세부기준
6점	세 가지 전부 알맞게 기재했을 때 6점 득점
4점	두 가지를 알맞게 기재했을 때 4점 득점
2점	한 가지를 알맞게 기재했을 때 2점 득점
0점	전부 틀렸을 때 0점

12

배점 4점

선로에서의 전압강하 계산

정답

계산과정

$e = \dfrac{35.6 \times 200 \times (50 \times 10^{-3})}{1000 \times 2.5}$ = 0.142 ≒ 0.14 [V]

답 0.14 [V]

해설

단상 2선식에서 전압강하 공식은 $e = \dfrac{35.6LI}{1000A}$이다. 이때 문제에서 거리 L과 전선 굵기 A는 주어진 값 그대로 대입하면 되며, 전류용량 I는 50 [mA]로 주어졌기 때문에 [A]단위로 환산하여 50 × 10^{-3} [A]를 대입한다.

$e = \dfrac{35.6 \times 200 \times (50 \times 10^{-3})}{1000 \times 2.5}$ = 0.14 [V]

핵심이론 전압강하(조건에 저항 없을 때)

전기방식	전압강하
단상 2선식	$e = \dfrac{35.6LI}{1000A}$
3상 3선식	$e = \dfrac{30.8LI}{1000A}$
단상 3선식, 3상 4선식	$e = \dfrac{17.8LI}{1000A}$

여기서, L : 선로길이 [m], I : 전부하전류 [A], e : 각 선 간의 전압강하 [V], A : 전선의 단면적 [mm^2]

부분점수

점수	세부기준
4점	계산과정과 정답 전부 맞힌 경우 4점 득점
0점	계산과정과 정답 중 어느 하나라도 틀린 경우 0점

13

배점 7점

비상방송설비의 가닥수

정답

①	②	③	④	⑤	⑥
17	19	21	23	25	29

해설

기호	배선 가닥수	배선의 용도
①	17가닥	업무용 1, 긴급용 8, 공통선 8
②	19가닥	업무용 1, 긴급용 9, 공통선 9
③	21가닥	업무용 1, 긴급용 10, 공통선 10
④	23가닥	업무용 1, 긴급용 11, 공통선 11
⑤	25가닥	업무용 1, 긴급용 12, 공통선 12
⑥	29가닥	업무용 1, 긴급용 14, 공통선 14

13층 건축물이기 때문에, 13층부터 각각 긴급용과 공통선을 1가닥씩 추가해서 내려온다.

그러면 6층에서의 긴급용과 공통선은 각각 8가닥씩으로 시작된다.

최종적으로 ⑥의 가닥수는 1층의 긴급용과 공통선뿐만 아니라 지하 1층의 긴급용과 공통선을 한 가닥씩 더 추가하여 총 4가닥이 추가된 29가닥이 된다.

※ 긴급용 방송과 업무용 방송을 겸용으로 하는 설비이면 업무용 1가닥이 추가되지만, 문제에서 긴급용으로만 사용하는 설비라고 명시되어 있으면 업무용 1가닥이 추가되지 않는다.

부분점수

점수	세부기준
7점	① ~ ⑥ 전부 맞은 경우 7점 득점
0점	① ~ ⑥ 중 하나라도 틀린 경우 0점

14 배점 6점

옥내소화전설비의 가닥수

정답

<table>
<tr><th>기 호</th><th colspan="2">구 분</th><th>배선수</th><th>배선 굵기</th><th>배선의 용도</th></tr>
<tr><td rowspan="2">Ⓐ</td><td rowspan="2">소화전함 ↔ 수신반</td><td>ON, OFF식</td><td>5</td><td>2.5 [mm²] 이상</td><td>기동, 정지, 공통, 기동확인 2</td></tr>
<tr><td>수압개폐식</td><td>2</td><td>2.5 [mm²] 이상</td><td>기동확인 2</td></tr>
<tr><td>Ⓑ</td><td colspan="2">압력탱크 ↔ 수신반</td><td>2</td><td>2.5 [mm²] 이상</td><td>압력스위치 2</td></tr>
<tr><td>Ⓒ</td><td colspan="2">MCC ↔ 수신반</td><td>5</td><td>2.5 [mm²] 이상</td><td>공통, ON, OFF, 기동표시등, 전원감시등</td></tr>
</table>

1. A의 배선 용도 중 기동, 정지를 각각 ON, OFF라고 해도 된다.
2. B의 배선 용도 중 압력스위치를 PS라고 해도 된다.
3. C의 MCC와 수신반 사이의 배선수는 언제나 5가닥이다.

부분점수

점수	세부기준
6점	표 내의 내용 전부 맞힌 경우 6점 득점
5점	표 내의 내용 중 1개가 틀린 경우 5점 득점
4점	표 내의 내용 중 2개가 틀린 경우 4점 득점
3점	표 내의 내용 중 3개가 틀린 경우 3점 득점
2점	표 내의 내용 중 4개가 틀린 경우 2점 득점
1점	표 내의 내용 중 5개가 틀린 경우 1점 득점
0점	전부 틀린 경우 0점

※ 빈칸 하나당 1점 처리함

15

배점 4점

감지기의 종류

정답

정온식 스포트형 감지기

해설

정온식 스포트형 감지기의 종류

1. 바이메탈 활곡방식
2. 바이메탈 반전방식
3. 금속 팽창계수 이용방식
4. 가용절연물 이용방식
5. 액체 팽창 방식

핵심이론 감지기

(1) 차동식 감지기
① 스포트형 감지기 : 온도 일정상승률 이상 + 일국소
② 분포형 감지기 : 온도 일정상승률 이상 + 넓은 범위
(2) 정온식 감지기
① 스포트형 감지기 : 일정한 온도 이상 + 외관 전선 ×
② 감지선형 감지기 : 일정한 온도 이상 + 외관 전선 ○
(3) 이온화식 스포트형 감지기 : 일정 농도의 연기 + 이온전류 변화
(4) 광전식 감지기
① 스포트형 감지기 : 광량 변화 + 일국소
② 분리형 감지기 : 발광부와 수광부 분리, 광량 변화
(5) 공기흡입형(ASD) : 공기흡입장치
(6) 불꽃감지기
① 불꽃 자외선식 : 자외선 변화 + 수광량 변화
② 불꽃 적외선식 : 적외선 변화 + 수광량 변화
③ 불꽃 자외선·적외선겸용식 : 적외선 OR 자외선 변화 + 수광량 변화
(7) 축적형 감지기 : 연기가 일정시간(공칭축적)을 연속적 축적하여 감지
(8) 단독경보형 감지기 : 단독 경보(음향장치가 일체) + 수신기에 발신 ×
(9) 연동식 감지기 : 단독경보감지기 + 유·무선 신호 발신과 수신

부분점수

점수	세부기준
4점	정온식 스포트형 감지기라고 적었을 경우 4점 득점
0점	이외의 모든 경우 0점

※ 정온식, 스포트형 둘 중 하나의 단어가 빠진 경우 0점

16

배점 5점

송풍기의 전동기 용량 계산

정답

계산과정

$$P = \frac{KQP_T}{102 \times 60\,\eta} = \frac{1.1 \times (200+20) \times 32}{102 \times 60 \times 0.7} = 1.81\ [\mathrm{kW}]$$

답 1.81 [kW]

해설

$$P = \frac{KQP_T}{102 \times 60\,\eta} = \frac{1.1 \times (200+20) \times 32}{102 \times 60 \times 0.7} = 1.81\ [\mathrm{kW}]$$

P : 송풍기용량 [kW], K : 여유계수(전달계수)
Q : 풍량 [m^3/mim], P_T : 전양정 [mmAq], η : 효율

여기서, 풍량 Q를 구해주어야 한다.

- 풍량 Q [m^3/mim] = 보충량 + 누설량
  = 200 [m^3/min] + 누설량 20 [m^3/min]
- 이때 보충량 12000 [CMH]를 [m^3/min]으로 단위환산을 한다.
  단위환산 [CMH] = [m^3/h] = [m^3/(min × 60)]
  12000 [CMH] = 200 [m^3/min]

※ 이때 [CMH]는 Cubic Meter Hour(Cubic은 세제곱이라는 뜻. 따라서 [m^3/h]가 된다)

부분점수

점수	세부기준
5점	계산과정과 정답을 전부 맞힌 경우 5점 득점
0점	계산과정과 정답 둘 중 하나라도 틀린 경우 0점

17

배점 7점

감지기 개수 산정

정답

(1)

구 역	설치높이 [m]	감지기 종류	계산내용	감지기 개수
A구역	4	정온식 스포트형 1종	$\dfrac{20\times 9}{30}=6$	6개
B구역	3.5	차동식 스포트형 2종	$\dfrac{28\times 21}{70}=8.4$	9개
C구역	4	연기감지기 2종	$\dfrac{18\times(9+21)}{75}=7.2$	8개
D구역	3.5	연기감지기 1종	$\dfrac{18\times 9}{150}=1.08$	2개
E구역	5	정온식 스포트형 1종	$\dfrac{10\times 21}{30}=7$	7개

(2)

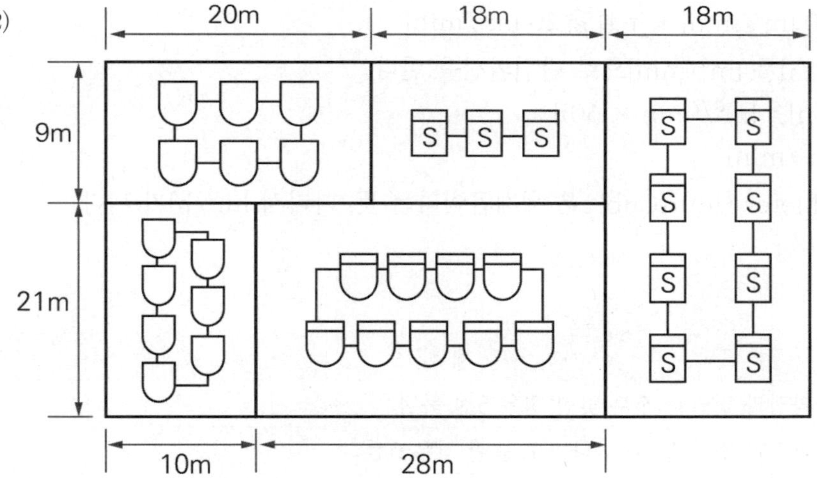

해설

(1) 각 구역의 실을 해당 감지기 설치 기준(아래 핵심이론의 표)에 맞게 나누어서 계산 후 소수점수가 나오면 절상하여 개수를 산정한다. 이때 스포트형 감지기와 연기감지기에 있어서 각각 4 [m] 미만에 설치를 하는지, 혹은 4 [m] 이상에 설치를 하는지 부착높이까지 반드시 고려해주어야 한다. 추가적으로, 철근콘크리트 건물의 공장이라고 하였으므로 해당 구조는 〈내화구조〉이다.

(2) 감지기를 배치할 때는 루프형으로 배치하며, 문제상 상호 간에 연결하라는 조건이 없다면 굳이 연결하지 않아도 된다.

핵심이론 **감지기 설치면적**

(1) 열감지기 설치면적(단위 : [m^2])

쿠착높이 및 특정소방대상물의 구분		감지기의 종류						
		차동식 스포트형		보상식 스포트형		정온식 스포트형		
		1종	2종	1종	2종	특종	1종	2종
4 [m] 미만	내화구조	90	70	90	70	70	60	20
	기타구조	50	40	50	40	40	30	15
4 [m] 이상 8 [m] 미만	내화구조	45	35	45	35	35	30	
	기타구조	30	25	30	25	25	15	

(2) 연기감지기 설치면적(단위 : [m^2])

부착높이	감지기의 종류	
	1종 및 2종	3종
4 [m] 미만	150	50
4 ~ 20 [m] 미만	75	-

부분점수

점수	세부기준
7점	(1)의 표 내의 모든 계산과정과 정답, (2) 배선 연결을 모두 맞힌 경우 7점 득점
5점	(1)의 표 내의 모든 계산과정과 정답을 맞혔지만 (2) 배선 연결이 틀린 경우 5점 득점
0점	이외의 모든 경우는 0점

※ (1) 표 내의 계산과정과 정답 중 하나라도 틀리면 0점

18 배점 5점

자동화재탐지설비 감지기 회로

정답

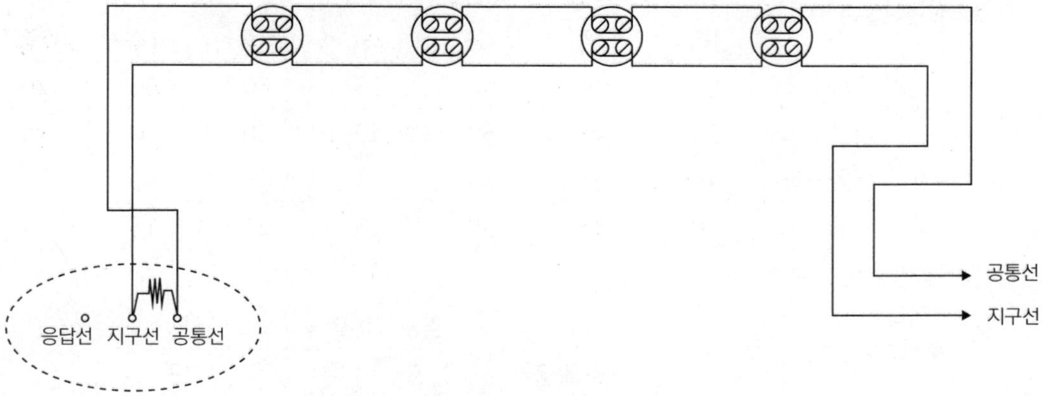

※ 보충설명

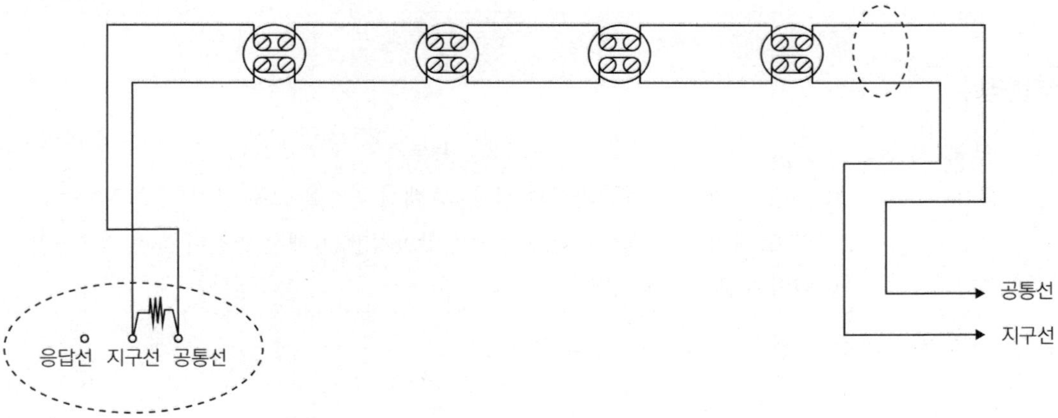

(1) 오른쪽 위에 점선(분기된 곳)도 반드시 지우고 그려야 한다.
(2) 자동화재탐지설비는 감지기를 송배선방식으로 결선하며, 도중에 분기되지 않아야 한다.
(3) 문제에서 종단저항을 발신기함에 내장되도록 한다고 하였으므로 지구선(+)과 공통선(-)으로 종단저항을 처리한다.

핵심이론 **자동화재탐지설비**

종단저항의 설치기준

① **점검 및 관리가 쉬운 장소**에 설치할 것

② 전용함을 설치하는 경우 그 설치높이는 **바닥으로부터 1.5 [m] 이내**로 할 것

③ 감지기회로의 끝부분에 설치하며, 종단감지기에 설치할 경우에는 구별이 쉽도록 해당감지기의 기판 및 감지기 외부 등에 **별도의 표시**를 할 것

※ 감지기 사이의 회로의 배선은 **송배선식**으로 할 것

부분점수

점수	세부기준
5점	잘못된 부분 2가지를 모두 수정하여 바르게 그렸으면 5점 득점
0점	한 부분이라도 틀리면 0점

소방설비기사 실기 모의고사 정답 및 해설

전기분야

3회

● 부분점수 채점 기준은 한국산업인력관리공단에서 공식적으로 공개하지 않아 정확히 알 수 없으나, 채점위원으로 활동하셨던 교수님 및 기타 다양한 경로를 통해 얻은 정보를 분석하여 자체적으로 수립한 기준입니다. 따라서 모의고사에서 제시하는 부분점수 채점 기준이 실제 채점 결과에 대한 불복 청구 등의 법적 근거자료로 활용될 수 없음을 알려드립니다. 또한 부분점수 채점 기준에 대한 질문은 별도 답변을 하지 않습니다. 이 점 학습에 참고 바랍니다.

소방설비기사 전기분야 모의고사 3회 [정답 및 해설]

01

배점 5점

자동화재탐지설비의 경계구역 설정

정답

(1)

층별	산출식	경계구역 수
5층	5층과 4층의 면적 합계가 450 [m^2]로써, 500 [m^2]를 초과하지 않으므로 1개의 경계구역으로 산정한다.	1개
4층		
3층	$\frac{600}{600} = 1$	1개
2층	$\frac{900}{600} = 1.5$	2개
1층	$\frac{1200}{600} = 2$	2개
지하 1층	$\frac{1400}{600} = 2.33$	3개
지하 2층	$\frac{1600}{600} = 2.67$	3개
지하 3층	$\frac{2000}{600} = 3.33$	4개
경계구역의 합계		16개

(2) ① 수평적 경계구역 : 16경계구역

② 계단

지상층 $\frac{4 \times 5}{45} = 0.44 \fallingdotseq 1$경계구역,

지하층 $\frac{4 \times 3}{45} = 0.27 \fallingdotseq 1$경계구역

③ 엘리베이터 : 1경계구역

$\therefore$ 16 + 1 + 1 + 1 = 19경계구역

답 20회로용

해설

(1) 5층 & 4층 : 자동화재탐지설비의 경계구역 기준에 따라 2개의 층의 면적이 500 [m^2] 이하이면 1개로 볼 수 있다. 또한 나머지 층의 수평적 경계구역을 산정함에 있어서는 면적 기준인 600 [m^2]로 나누어주면 된다. 그리고 소수점수가 나오면 절상하여 산정한다.

(2) 수신기의 회로를 산정할 때는 경계구역이 몇 개인지 먼저 구한다. 이때 수평적 경계구역과 수직적 경계구역을 각각 따로 산정하며, 수평적경계구역은 이미 (1)에서 구한 값인 16개로 하고, 수직적 경계구역을 계산한다. 수직적 경계구역 계산에 있어서는 계단과 엘리베이터를 나누어서 산정해주는데, 엘리베이터는 높이에 상관없이 엘리베이터 수당 1개로 산정한다.

반면 계단은 45 [m]마다 한 개의 경개구역으로 산정해주며, 지하층의 개수가 2개의 층 이상이면 지하층과 지상층을 각각 계산한다.

① 수평적 경계구역 : 16경계구역

② 계단 : 지상층 $\dfrac{4\times5}{45}=0.44 ≒$ 1경계구역, 지하층 $\dfrac{4\times3}{45}=0.27 ≒$ 1경계구역

③ 엘리베이터 : 1경계구역

∴ 16 + 1 + 1 + 1 = 19경계구역

수신기 회로수는 5회로용단위로 나오기 때문에 5회로, 10회로, 15회로, 20회로, 25회로 등이 있다. 따라서, 19경계구역이 나왔다고 해서 19회로용짜리 수신기는 사용하지 못하며, 20회로용을 사용한다.

핵심이론 자동화재탐지설비 및 시각경보장치의 화재안전기술기준(NFTC 203)

2.1 경계구역

2.1.1 자동화재탐지설비의 경계구역은 다음의 기준에 따라 설정해야 한다. 다만 감지기의 형식승인 시 감지거리, 감지면적 등에 대한 성능을 별도로 인정받은 경우에는 그 성능인정범위를 경계구역으로 할 수 있다.

2.1.1.1 하나의 경계구역이 2 이상의 건축물에 미치지 않도록 할 것

2.1.1.2 하나의 경계구역이 2 이상의 층에 미치지 않도록 할 것. 다만 500 [m^2] 이하의 범위 안에서는 2개의 층을 하나의 경계구역으로 할 수 있다.

2.1.1.3 하나의 경계구역의 면적은 600 [m^2] 이하로 하고 한 변의 길이는 50 [m] 이하로 할 것. 다만 해당 특정소방대상물의 주된 출입구에서 그 내부 전체가 보이는 것에 있어서는 한 변의 길이가 50 [m]의 범위 내에서 1000 [m^2] 이하로 할 수 있다.

2.1.2 계단(직통계단 외의 것에 있어서는 떨어져 있는 상하 계단의 상호 간의 수평거리가 5 [m] 이하로서 서로 간에 구획되지 아니한 것에 한한다. 이하 같다)·경사로(에스컬레이터경사로 포함)·엘리베이터 승강로(권상기실이 있는 경우에는 권상기실)·린넨슈트·파이프 피트 및 덕트 기타 이와 유사한 부분에 대하여는 별도로 경계구역을 설정하되, 하나의 경계구역은 높이 45 [m] 이하(계단 및 경사로에 한한다)로 하고, 지하층의 계단 및 경사로(지하층의 층수가 한 개 층일 경우는 제외한다)는 별도로 하나의 경계구역으로 해야 한다.

2.1.3 외기에 면하여 상시 개방된 부분이 있는 차고·주차장·창고 등에 있어서는 외기에 면하는 각 부분으로부터 5 [m] 미만의 범위 안에 있는 부분은 경계구역의 면적에 산입하지 않는다.
2.1.4 스프링클러설비·물분무등소화설비 또는 제연설비의 화재감지장치로서 화재감지기를 설치한 경우의 경계구역은 해당 소화설비의 방호구역 또는 제연구역과 동일하게 설정할 수 있다.
※ 수신기는 5단위로 나오기 때문에 19경계구역이라고 할지라도 20회로용 수신기를 사용해야 한다.

부분점수

점수	세부기준
5점	(1), (2) 계산과정과 답을 전부 맞힌 경우 4점 득점
3점	(1)의 계산과정과 답을 전부 맞힌 경우 3점 득점
2점	(2)의 계산과정과 답을 전부 맞힌 경우 2점 득점
0점	전부 틀린 경우 0점

※ (1)의 경계구역은 지하 3층 ~ 지상 5층까지 전부 산출식과 경계구역수를 맞힌 경우에만 정답처리함

02 배점 4점

공기관식 차동식 분포형 감지기의 시험

정답

(1) 접점수고시험

(2) ① : 다이어프램, ② : 테스트펌프, ③ : 마노미터

(3) 접점수고치가 적정 간격을 유지하고 있는 여부를 확인

(4) • 낮을 경우 : 비화재보
• 높을 경우 : 지연동작

핵심이론 차동식 분포형 공기관식 감지기 시험방법

(1) 차동식분포형 공기관식 감지기

① 화재작동시험

㉠ 감지기의 작동공기압에 상당하는 공기량을 송입하여 접점이 작동하기(붙을 때)까지 걸리는 시간을 측정할 것

㉡ 검출부에 명시된 시간 내 접점이 작동하면 정상

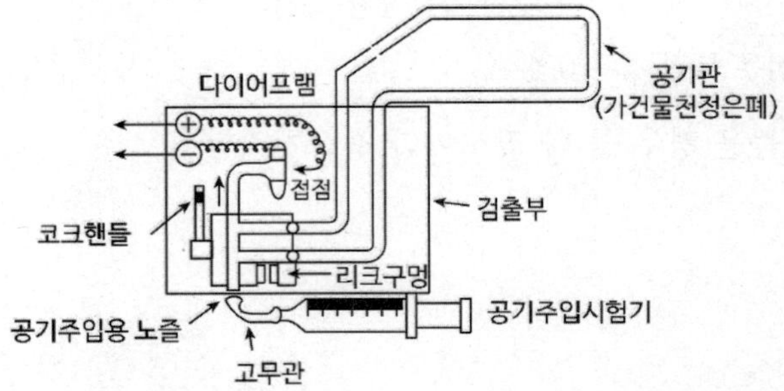

② 작동계속시험

㉠ 화재작동시험에서 접점이 작동하여 정지할(떨어질) 때까지 걸리는 시간을 측정할 것

㉡ 검출부에 명시된 범위 이내일 때 정상

③ 유통시험

㉠ 공기관 내 공기를 유입시켜 공기관의 누설, 찌그러짐, 막힘, 공기관의 길이 확인하기 위한 시험

㉡ 검출부의 시험공 또는 공기관의 한쪽 끝을 마노미터로 접속하고, 공기주입시험기를 접속하고, 공기를 마노미터 수위 100 [mm]까지 상승 후 50 [mm] 될 때까지 시간을 측정할 것

㉢ 공기관 길이에 따라 정해진 시간 이내 정상

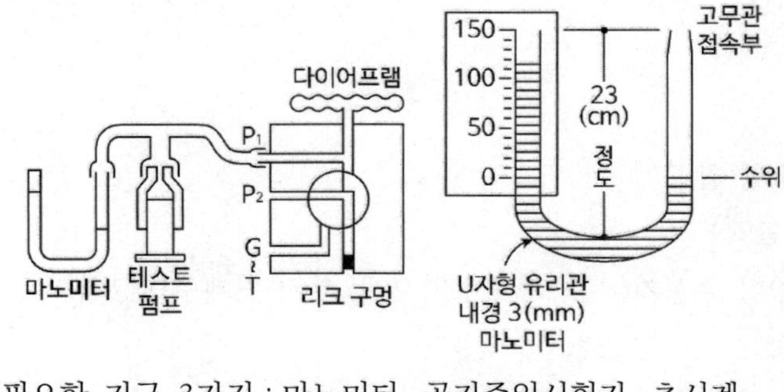

㉣ 유통시험에 필요한 기구 3가지 : 마노미터, 공기주입시험기, 초시계

④ 접점수고(압력)시험 : 접점수고치가 적정 간격을 유지하고 있는지 여부를 확인

㉠ 비정상적인 경우 : 감지기 작동 안 함

㉡ 낮은 경우 : 비화재보(화재감지 너무 빠름)

㉢ 높은 경우 : 지연동작(화재감지 너무 느림)

부분점수

점수	세부기준
4점	(1) ~ (4) 전부 맞힌 경우 4점 득점
3점	(1) ~ (4) 중 하나만 틀린 경우 3점 득점
2점	(1) ~ (4) 중 두 개가 틀린 경우 2점 득점
1점	(1) ~ (4) 중 하나만 맞힌 경우 1점 득점
0점	전부 틀린 경우 0점

※ (4)번은 낮을 경우와 높을 경우 둘 다 맞혀야만 정답처리함

03 배점 6점

가닥수 산정

정답

(1) 계산과정 : $\frac{550}{70} = 7.86 = 8$개 $\times 7$층 $= 56$개

답 56개

(2) • 계단 설치 : 연기감지기 2종

• 계산과정 : $\frac{3.5[m] \times 7\text{층}}{15} = 1.63 = 2$개 $\times$ 계단2개소 $= 4$개

답 4개

(3) ① 발신기의 종류 : P형 발신기

② 수량 : 7개(층별 설치)

(4) ① 수신기의 종류 : P형 수신기(수평 경계구역 7개, 수직 경계구역 2개)

② 회로 수 : 10회로

(5) 종단저항은 몇 개가 필요한지 필요 개소별로 그 개수를 쓰시오.

계	1F	2F	3F	4F	5F	6F	7F
9개	1개	1개	3개	1개	1개	1개	1개

(6)

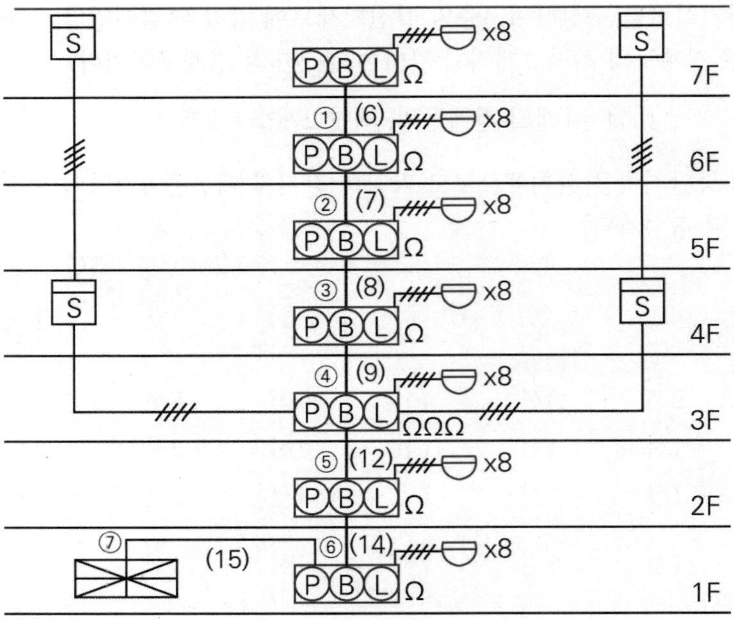

해설

(1) 층고가 4 [m] 미만이며, 내화구조인 건축물에 차동식 스포트형 2종 감지기를 설치할 때 70 [m^2]마다 한 개를 설치해준다. 따라서 각 층의 면적 550 [m^2]를 70 [m^2]로 나눈 후 절상하여 한 층에 8개를 설치하며, 총 7층까지 있으므로 8개 × 7층 = 56개를 설치한다.

계산과정 : $\frac{550}{70} = 7.86 = 8\text{개} \times 7\text{층} = 56\text{개}$

(2) ※ 계단에는 연기감지기를 설치하며, 별도의 언급이 없으면 2종을 설치한다.

[연기감지기 설치 길이기준]

설치장소	감지기 종류	
	1종·2종	3종
복도·통로	30 [m]	20 [m]
계단·경사로	15 [m]	10 [m]

연기감지기 2종을 계단에 설치할 때는 수직거리 15 [m]마다 한 개씩 설치를 한다.

계산과정 : $\frac{3.5[m] \times 7\text{층}}{15} = 1.63 = 2\text{개} \times \text{계단}2\text{개소} = 4\text{개}$

(3) 발신기는 P형 발신기를 설치한다.

※ 각 층마다 면적이 600 [m^2]를 초과하지 않았으며, 한 층의 수평길이 또한 50 [m]를 초과하지 않았으므로 층마다 한 개의 경계구역이다.

(4) 수신기는 P형 수신기를 설치하며, 이때 수평적 경계구역 7개와 수직적 경계구역 2개를 합하면 총 9개의 경계구역이 나오므로, 수신기 회로수는 10회로를 사용한다(수신기는 5단위).

(5) 문제에서, 계단은 별도로 감지기회로를 구성하여 3층의 발신기세트에 각각 연결되었다고 하였으므로 3층의 종단저항은 계단 경계구역 각각 1개씩 추가하여 총 3개의 경계구역이다.

이때 하나의 계단 : $\frac{3.5[m] \times 7층}{45} = 0.54 = $1개의 경계구역, 계단 2개소 = 2개

(6) 계통도를 완성할 때, 발신기에 종단저항을 설치했으므로 각각의 감지기 배선은 4가닥이어야 한다(송배전식 두 가닥이 왔다갔다 총 4가닥).

기호 / 용도 / 연결간수	①	②	③	④	⑤	⑥	⑦
지구선	1선	2선	3선	4선	7선	8선	9선
지구 공통선	1선	1선	1선	1선	1선	2선	2선
응답선	1선	1선	1선	1선	1선	1선	1선
경종 및 표시등공통선	1선	1선	1선	1선	1선	1선	1선
경종선	1선	1선	1선	1선	1선	1선	1선
표시등선	1선	1선	1선	1선	1선	1선	1선
합계	6선	7선	8선	9선	12선	14선	15선

핵심이론 자동화재탐지설비 및 시각경보장치의 화재안전기술기준(NFTC 203)

2.1 경계구역

2.1.1 자동화재탐지설비의 경계구역은 다음의 기준에 따라 설정해야 한다. 다만 감지기의 형식승인 시 감지거리, 감지면적 등에 대한 성능을 별도로 인정받은 경우에는 그 성능인정범위를 경계구역으로 할 수 있다.

2.1.1.1 하나의 경계구역이 2 이상의 건축물에 미치지 않도록 할 것

2.1.1.2 하나의 경계구역이 2 이상의 층에 미치지 않도록 할 것. 다만 500 [m^2] 이하의 범위 안에서는 2개의 층을 하나의 경계구역으로 할 수 있다.

2.1.1.3 하나의 경계구역의 면적은 600 [m^2] 이하로 하고 한 변의 길이는 50 [m] 이하로 할 것. 다만 해당 특정소방대상물의 주된 출입구에서 그 내부 전체가 보이는 것에 있어서는 한 변의 길이가 50 [m]의 범위 내에서 1000 [m^2] 이하로 할 수 있다.

2.1.2 계단(직통계단 외의 것에 있어서는 떨어져 있는 상하 계단의 상호 간의 수평거리가 5 [m] 이하로서 서로 간에 구획되지 아니한 것에 한한다. 이하 같다)·경사로(에스컬레이터경사로 포함)·엘리베이터 승강로(권상기실이 있는 경우에는 권상기실)·린넨슈트·파이프 피트 및 덕트 기타 이와 유사한 부분에 대하여는 별도로 경계구역을 설정하되, 하나의 경계구역은 높이 45 [m] 이하(계단 및 경사로에 한한다)로 하고, 지하층의 계단 및 경사로(지하층의 층수가 한 개 층일 경우는 제외한다)는 별도로 하나의 경계구역으로 해야 한다.

2.1.3 외기에 면하여 상시 개방된 부분이 있는 차고·주차장·창고 등에 있어서는 외기에 면하는 각 부분으로부터 5 [m] 미만의 범위 안에 있는 부분은 경계구역의 면적에 산입하지 않는다.

2.1.4 스프링클러설비·물분무등소화설비 또는 제연설비의 화재감지장치로서 화재감지기를 설치한 경우의 경계구역은 해당 소화설비의 방호구역 또는 제연구역과 동일하게 설정할 수 있다.

(1) 열감지기 설치면적(단위 : [m^2])

부착높이 및 특정소방대상물의 구분		감지기의 종류						
		차동식 스포트형		보상식 스포트형		정온식 스포트형		
		1종	2종	1종	2종	특종	1종	2종
4 [m] 미만	내화구조	90	70	90	70	70	60	20
	기타구조	50	40	50	40	40	30	15
4 [m] 이상 8 [m] 미만	내화구조	45	35	45	35	35	30	
	기타구조	30	25	30	25	25	15	

(2) 연기감지기 설치면적(단위 : [m^2])

부착높이	감지기의 종류	
	1종 및 2종	3종
4 [m] 미만	150	50
4 ~ 20 [m] 미만	75	-

※ 각 층의 지구음향장치 배선에 단락보호장치를 설치하였으며, 전선가닥수는 최소가닥수를 구한다고 조건상에 주어졌으므로, 경종표시등공통선을 분리하지 않으며, 각 층마다 경종선과 경종공통선을 추가하지 않는다.

※ 해당 건축물이 11층 이상인 건축물이 아니므로 일제경보방식을 적용한다.

부분점수

점수	세부기준
6점	(1) ~ (6) 전부 맞힌 경우 6점 득점
5점	(1) ~ (6) 중 하나만 틀린 경우 5점 득점
4점	(1) ~ (6) 중 두 개가 틀린 경우 4점 득점
3점	(1) ~ (6) 중 세 개가 틀린 경우 3점 득점
2점	(1) ~ (6) 중 네 개가 틀린 경우 2점 득점
1점	(1) ~ (6) 중 하나만 맞힌 경우 1점 득점
0점	전부 틀린 경우 0점

※ (1), (2)번은 계산과정과 정답 전부 맞혀야만 득점
(3), (4)번은 종류와 수를 전부 맞혀야만 득점
(5)번은 빈칸의 어느 하나라도 틀리면 오답
(6)번은 그림의 어느 한 부분이라도 틀리면 오답

04

배점 3점

가스누설경보기

정답

(가) 황색

(나) ㉠ 단독, ㉡ 분리, ㉢ 가정, ㉣ 영업, ㉤ 공업

(다) 경보기구

해설

(가) 가스누설경보기의 누설등은 황색이다.

(나) 가스누설경보기는 구조에 따라 단독형 가스누설경보기과 분리형 가스누설경보기로 구분하며, 분리형 가스누설경보기은 영업용과 공업용으로 구분한다. 이 경우 영업용은 1회로용으로 하며 공업용은 1회로 이상의 용도로 한다.

(다) 경보기구와 지구경보부는 다르기 때문에 혼돈하지 말 것

핵심이론 가스누설경보기의 화재안전기술기준(NFTC 206)

〈표시등〉

가. 전구는 사용전압의 130 [%]인 교류전압을 20시간 연속하여 가하는 경우 단선, 현저한 광속변화, 흑화, 전류의 저하 등이 발생하지 아니하여야 한다.

나. 소켓은 접촉이 확실하여야 하며, 쉽게 전구를 교체할 수 있도록 부착하여야 한다.

다. 전구는 2개 이상을 병렬로 접속하여야 한다. 다만 방전등 또는 발광다이오드의 경우에는 그러하지 아니하다.

라. 전구에는 적당한 보호카바를 설치하여야 한다. 다만 발광다이오드의 경우에는 그러하지 아니하다.

마. 가스의 누설을 표시하는 표시등(이하 이 기준에서 "누설등"이라 한다) 및 가스가 누설된 경계구역의 위치를 표시하는 표시등(이하 이 기준에서 "지구등"이라 한다)은 등이 켜질 때 황색으로 표시되어야 한다. 다만 누설등을 설치한 수신부의 지구등 및 수신기와 병용하지 아니하는 지구등은 그러하지 아니하다.

바. 주위의 밝기가 300 [lx]인 장소에서 측정하여 앞면으로부터 3 [m] 떨어진 곳에서 켜진등이 확실히 식별되어야 한다.

〈용어의 정의〉

1. "경보기구"란 자동화재탐지설비, 비상경보설비의 축전지, 화재속보설비, 누전경보기, 가스누설경보기 등 화재의 발생 또는 화재의 발생이 예상되는 상황에 대하여 경보를 발하여 주는 설비를 말한다.
2. "가스누설경보기"란 가스시설이 설치된 장소에서 액화석유가스(LPG), 액화천연가스(LNG), 일산화탄소 또는 기타 가스(이소부탄, 메탄, 수소)를 탐지하여 경보하는 것을 말한다. 다만 탐지소자외의 방법에 의하여 가스가 새는 것을 탐지하는 것, 점검용으로 만들어진 휴대용검지기 또는 연동기기에 의하여 경보를 발하는 것은 제외한다.

3. "방폭형"이란 폭발성가스가 용기내부에서 폭발하였을 때 용기가 그 압력에 견디거나 또는 외부의 폭발성가스에 인화될 우려가 없도록 만들어진 형태의 제품을 말한다.
4. "방수형"이란 그 구조가 방수구조로 되어 있는 것을 말한다.
5. "탐지부"란 가스누설경보기 중 가스누설을 검지하여 중계기 또는 수신부에 가스누설의 신호를 발신하는 부분 또는 가스누설을 검지하여 이를 음향으로 경보하고 동시에 중계기 또는 수신부에 가스누설의 신호를 발신하는 부분을 말한다.
6. "수신부"란 가스누설경보기 중 탐지부에서 발하여진 가스누설신호를 직접 또는 중계기를 통하여 수신하고 이를 관계자에게 음향으로서 경보하여 주는 것을 말한다.
7. "지구경보부"란 가스누설경보기의 수신부로부터 발하여진 신호를 받아 경보음을 발하는 것으로서 가스누설경보기에 추가로 부착하여 사용되는 부분을 말한다.
8. "부속장치"란 가스누설경보기에 연결하여 사용되는 환풍기 또는 지구경보부 등에 작동신호원을 공급시켜 주기 위하여 가스누설경보기에 부수적으로 설치되어진 장치를 말한다.
9. "분리형 가스누설경보기"란 탐지부와 수신부가 분리되어 있는 형태의 가스누설경보기를 말한다.
10. "단독형 가스누설경보기"란 탐지부와 수신부가 1개의 상자에 넣어 일체로 되어 있는 형태의 가스누설경보기를 말한다.
11. "중계기"란 감지기 또는 발신기의 작동에 의한 신호 또는 탐지부에서 발하여진 가스누설신호를 받아 이를 수신기 또는 수신부에 발신하여, 소화설비·제연설비 그밖에 이와 유사한 방재설비에 제어 드는 누설신호를 발신 또는 신호증폭을 하여 발신하는 설비를 말한다.

부분점수

점수	세부기준
3점	3가지 전부 맞혔을 때 3점 득점
2점	2가지만 맞혔을 때 2점 득점
1점	1가지만 맞혔을 때 1점 득점
0점	전부 틀렸을 때 0점

(나)는 ㉠, ㉡, ㉢, ㉣, ㉤ 전부 다 맞혔을 때만 정답이다.

05

배점 3점

옥내소화전설비에서 비상전원의 설치를 제외할 수 있는 경우

정답

- 2 이상의 변전소에서 전력을 동시에 공급받을 수 있는 경우
- 하나의 변전소로부터 전력의 공급이 중단되는 때에 자동으로 다른 변전소로부터 전원을 공급받을 수 있도록 상용전원을 설치하는 경우
- 가압수조방식일 경우

핵심이론 옥내소화전설비의 화재안전기술기준(NFTC 102)

2.5 전원

2.5.1 옥내소화전설비에는 그 특정소방대상물의 수전방식에 따라 다음의 기준에 따른 상용전원회로의 배선을 설치해야 한다. 다만 가압수조방식으로서 모든 기능이 20분 이상 유효하게 지속될 수 있는 경우에는 그렇지 않다.

2.5.1.1 저압수전인 경우에는 인입개폐기의 직후에서 분기하여 전용배선으로 해야 하며, 전용의 전선관에 보호되도록 할 것

2.5.1.2 특별고압수전 또는 고압수전일 경우에는 전력용 변압기 2차 측의 주차단기 1차 측에서 분기하여 전용배선으로 하되, 상용전원의 상시공급에 지장이 없을 경우에는 주차단기 2차 측에서 분기하여 전용배선으로 할 것. 다만 가압송수장치의 정격입력전압이 수전전압과 같은 경우에는 2.5.1.1의 기준에 따른다.

2.5.2 다음의 어느 하나에 해당하는 특정소방대상물의 옥내소화전설비에는 비상전원을 설치해야 한다. 다만 2 이상의 변전소(「전기사업법」 제67조에 따른 변전소를 말한다. 이하 같다)에서 전력을 동시에 공급받을 수 있거나 하나의 변전소로부터 전력의 공급이 중단되는 때에는 자동으로 다른 변전소로부터 전원을 공급받을 수 있도록 상용전원을 설치한 경우와 가압수조방식에는 비상전원을 설치하지 않을 수 있다.

2.5.2.1 층수가 7층 이상으로서 연면적 2000 [m^2] 이상인 것

2.5.2.2 2.5.2.1에 해당하지 않는 특정소방대상물로서 지하층의 바닥면적 합계가 3000 [m^2] 이상인 것

2.5.3 2.5.2에 따른 비상전원은 자가발전설비, 축전지설비(내연기관에 따른 펌프를 사용하는 경우에는 내연기관의 기동 및 제어용 축전지를 말한다) 또는 전기저장장치(외부 전기에너지를 저장해 두었다가 필요한 때 전기를 공급하는 장치)로서 다음의 기준에 따라 설치해야 한다.

2.5.3.1 점검에 편리하고 화재 및 침수 등의 재해로 인한 피해를 받을 우려가 없는 곳에 설치할 것

2.5.3.2 옥내소화전설비를 유효하게 20분 이상 작동할 수 있어야 할 것

2.5.3.3 상용전원으로부터 전력의 공급이 중단된 때에는 자동으로 비상전원으로부터 전력을 공급받을 수 있도록 할 것

2.5.3.4 비상전원(내연기관의 기동 및 제어용 축전기를 제외한다)의 설치장소는 다른 장소와 방화구획할 것. 이 경우 그 장소에는 비상전원의 공급에 필요한 기구나 설비 외의 것(열병합발전설비에 필요한 기구나 설비는 제외한다)을 두어서는 안 된다.

2.5.3.5 비상전원을 실내에 설치하는 때에는 그 실내에 비상조명등을 설치할 것

부분점수

점수	세부기준
3점	3가지 전부 맞혔을 때 3점 득점
2점	2가지만 맞혔을 때 2점 득점
1점	1가지만 맞혔을 때 1점 득점
0점	전부 틀린 경우 0점

06

배점 8점

비상콘센트설비

정답

(가) 소방대의 조명용 또는 소방활동상 필요한 장비의 전원설비로 사용

(나) ㉠ 내화배선, ㉡ 내화배선, ㉢ 내열배선

(다)

계산 : $P = VI\cos\theta$

$$\therefore I = \frac{P}{V\cos\theta} = \frac{5 \times 10^3}{220 \times 0.75} = 30.30[A]$$

답 30.30 [A]

(라) • 비상콘센트 수 : 15개

• 전선용량 산정방법 : 전선의 용량은 각 비상콘센트(비상콘센트가 3개 이상인 경우에는 3개)의 공급용량을 합한 용량 이상의 것으로 해야 한다.

해설

(가) 비상콘센트설비는 화재 시 소방대가 사용하는 소화활동설비 중 하나이다.

(나) 전원회로는 내화배선이다.

(다) $P = VI\cos\theta$이며, 문제에서 전압은 단상교류 220 [V]를 사용한다고 하였으므로 전압값에 220을 대입한다.

여기서, P : 단상전력 [kW], V : 전압 [V], I : $[A]$, $\cos\theta$: 역률

(라) 비상콘센트설비는 층수가 11층 이상인 특정소방대상물의 11층 이상인 층에 설치한다. 따라서 11층부터 25층까지 설치하며, 문제에서 각 층에 1개씩 설치한다고 하였으므로 15개를 설치한다. 이때 하나의 전용회로에 설치하는 비상콘센트는 10개 이하로 해야 하기 때문에 11층부터 20층까지 하나의 전용회로를 사용하고, 21층부터 25층까지는 전용회로를 추가 설치한다.

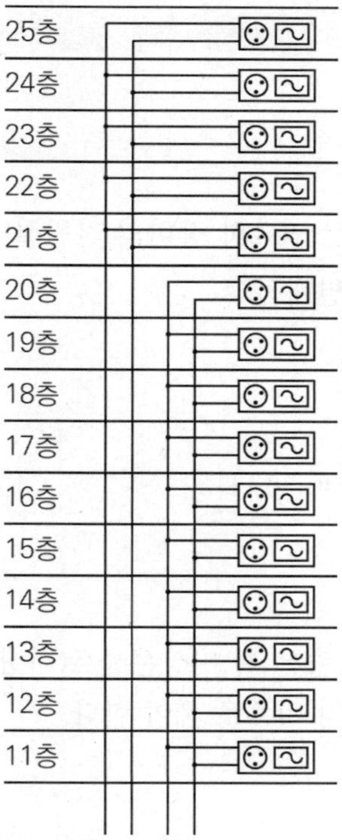

[비상콘센트설비 배선]

핵심이론 비상콘센트설비의 화재안전기술기준(NFTC 504)

〈기술기준〉

2.1 전원 및 콘센트 등

2.1.1 비상콘센트설비에는 다음의 기준에 따른 전원을 설치해야 한다.

2.1.1.1 상용전원회로의 배선은 저압수전인 경우에는 인입개폐기의 직후에서, 고압수전 또는 특고압수전인 경우에는 전력용변압기 2차 측의 주차단기 1차 측 또는 2차 측에서 분기하여 전용배선으로 할 것

2.1.1.2 지하층을 제외한 층수가 7층 이상으로서 연면적이 2000 [m^2] 이상이거나 지하층의 바닥면적의 합계가 3000 [m^2] 이상인 특정소방대상물의 비상콘센트설비에는 자가발전설비, 비상전원수전설비, 축전지설비 또는 전기저장장치(외부 전기에너지를 저장해 두었다가 필요한 때 전기를 공급하는 장치를 말한다)를 비상전원으로 설치할 것. 다만 2 이상의 변전소에서 전력을 동시에 공급받을 수 있거나 하나의 변전소로부터 전력의 공급이 중단되는 때에는 자동으로 다른 변전소로부터 전력을 공급받을 수 있도록 상용전원을 설치한 경우에는 비상전원을 설치하지 않을 수 있다.

2.1.1.3 2.1.1.2에 따른 비상전원 중 자가발전설비, 축전지설비 또는 전기저장장치는 다음 기준에 따라 설치하고, 비상전원수전설비는 「소방시설용 비상전원수전설비의 화재안전기술기준(NFTC 602)」에 따라 설치할 것

2.1.1.3.1 점검에 편리하고 화재 및 침수 등의 재해로 인한 피해를 받을 우려가 없는 곳에 설치할 것

2.1.1.3.2 비상콘센트설비를 유효하게 20분 이상 작동시킬 수 있는 용량으로 할 것

2.1.1.3.3 상용전원으로부터 전력의 공급이 중단된 때에는 자동으로 비상전원으로부터 전력을 공급받을 수 있도록 할 것

2.1.1.3.4 비상전원의 설치장소는 다른 장소와 방화구획할 것. 이 경우 그 장소에는 비상전원의 공급에 필요한 기구나 설비 외의 것(열병합발전설비에 필요한 기구나 설비는 제외한다)을 두어서는 안 된다.
2.1.1.3.5 비상전원을 실내에 설치하는 때에는 그 실내에 비상조명등을 설치할 것
2.1.2 비상콘센트설비의 전원회로(비상콘센트에 전력을 공급하는 회로를 말한다)는 다음의 기준에 따라 설치해야 한다.
2.1.2.1 비상콘센트설비의 전원회로는 단상교류 220 [V]인 것으로서, 그 공급용량은 1.5 [kVA] 이상인 것으로 할 것
2.1.2.2 전원회로는 각 층에 2 이상이 되도록 설치할 것. 다만 설치해야 할 층의 비상콘센트가 1개인 때에는 하나의 회로로 할 수 있다.
2.1.2.3 전원회로는 주배전반에서 전용회로로 할 것. 다만 다른 설비회로의 사고에 따른 영향을 받지 않도록 되어 있는 것은 그렇지 않다.
2.1.2.4 전원으로부터 각 층의 비상콘센트에 분기되는 경우에는 분기배선용 차단기를 보호함 안에 설치할 것
2.1.2.5 콘센트마다 배선용 차단기(KS C 8321)를 설치해야 하며, 충전부가 노출되지 않도록 할 것
2.1.2.6 개폐기에는 “비상콘센트”라고 표시한 표지를 할 것
2.1.2.7 비상콘센트용의 풀박스 등은 방청도장을 한 것으로서, 두께 1.6 [mm] 이상의 철판으로 할 것
2.1.2.8 하나의 전용회로에 설치하는 비상콘센트는 10개 이하로 할 것. 이 경우 전선의 용량은 각 비상콘센트(비상콘센트가 3개 이상인 경우에는 3개)의 공급용량을 합한 용량 이상의 것으로 해야 한다.
2.1.3 비상콘센트의 플러그접속기는 접지형 2극 플러그접속기(KS C 8305)를 사용해야 한다.
2.1.4 비상콘센트의 플러그접속기의 칼받이의 접지극에는 접지공사를 해야 한다.
2.1.5 비상콘센트는 다음의 기준에 따라 설치해야 한다.
2.1.5.1 바닥으로부터 높이 0.8 [m] 이상 1.5 [m] 이하의 위치에 설치할 것
2.1.5.2 비상콘센트의 배치는 바닥면적이 1000 [m^2] 미만인 층은 계단의 출입구(계단의 부속실을 포함하며 계단이 2 이상 있는 경우에는 그중 1개의 계단을 말한다)로부터 5 [m] 이내에, 바닥면적 1000 [m^2] 이상인 층은 각 계단의 출입구 또는 계단부속실의 출입구(계단의 부속실을 포함하며 계단이 3 이상 있는 층의 경우에는 그중 2개의 계단을 말한다)로부터 5 [m] 이내에 설치하되, 그 비상콘센트로부터 그 층의 각 부분까지의 거리가 다음의 기준을 초과하는 경우에는 그 기준 이하가 되도록 비상콘센트를 추가하여 설치할 것〈개정 2024.1.1.〉
2.1.5.2.1 지하상가 또는 지하층의 바닥면적의 합계가 3000 [m^2] 이상인 것은 수평거리 25 [m]
2.1.5.2.2 2.1.5.2.1에 해당하지 아니하는 것은 수평거리 50 [m]
2.1.6 비상콘센트설비의 전원부와 외함 사이의 절연저항 및 절연내력은 다음의 기준에 적합해야 한다.
2.1.6.1 절연저항은 전원부와 외함 사이를 500 [V] 절연저항계로 측정할 때 20 [MΩ] 이상일 것
2.1.6.2 절연내력은 전원부와 외함 사이에 정격전압이 150 [V] 이하인 경우에는 1000 [V]의 실효전압을, 정격전압이 150 [V] 이상인 경우에는 그 정격전압에 2를 곱하여 1000을 더한 실효전압을 가하는 시험에서 1분 이상 견디는 것으로 할 것
2.2 보호함
2.2.1 비상콘센트를 보호하기 위한 비상콘센트보호함은 다음의 기준에 따라 설치해야 한다.

2.2.1.1 보호함에는 쉽게 개폐할 수 있는 문을 설치할 것
2.2.1.2 보호함 표면에 “비상콘센트”라고 표시한 표지를 할 것
2.2.1.3 보호함 상부에 적색의 표시등을 설치할 것. 다만 비상콘센트의 보호함을 옥내소화전함 등과 접속하여 설치하는 경우에는 옥내소화전함 등의 표시등과 겸용할 수 있다.
2.3 배선
2.3.1 비상콘센트설비의 배선은 「전기사업법」 제67조에 따른 「전기설비기술기준」에서 정하는 것 외에 다음의 기준에 따라 설치해야 한다.
2.3.1.1 전원회로의 배선은 내화배선으로, 그 밖의 배선은 내화배선 또는 내열배선으로 할 것
2.3.1.2 2.3.1.1에 따른 내화배선 및 내열배선에 사용하는 전선의 종류 및 설치방법은 「옥내소화전설비의 화재안전기술기준(NFTC 102)」 2.7.2의 표 2.7.2 기준에 따를 것

부분점수

점수	세부기준
8점	소문항을 전부 맞힌 경우 8점 득점
6점	소문항 중 3개만 맞힌 경우 6점 득점
4점	소문항 중 2개만 맞힌 경우 4점 득점
2점	소문항 중 하나만 맞힌 경우 2점 득점
0점	전부 틀린 경우 0점

※ 각 소문항당 2점이다.
(나) 괄호 중 하나라도 틀리면 오답이다.
(다) 계산과 결과값을 전부 맞혀야 정답이다(둘 중 하나라도 틀리면 오답).
(라) 비상콘센트 수와 전선용량 산정방법 전부 맞혀야 정답이다(둘 중 하나라도 틀리면 오답).

07 배점 4점

할론 소화설비 도면

정답

(1) 지적사항
① 하론 수동조작함이 실내에 설치되어 있다.
② 사이렌이 방호구역 외에 설치되어 있다.
③ 하론 방출표시등이 실내의 출입구 부근에 설치되어 있다.
④ 실(A)의 감지기 상호 간 배선가닥수가 2가닥으로 되어 있다.

(2) 이유

① 수동으로 조작 시 조작자가 쉽게 피난할 수 없다.

② 화재 발생 시 방호구역 내 인원을 대피시킬 수 없다.

③ 소화약제 방출 시 방호구역 내로 진입할 우려가 있다.

④ 감지기 회로가 교차회로 방식으로 되어 있지 않으므로 설치 오동작의 우려가 있다.

해설

(1) 가스계 소화설비

① 압력스위치 : 선택밸브의 개방에 의해 소화약제가 방출되면 이 압력에 의해 콘트롤판넬에 신호를 보냄

② 방출표시등 : 소화가스의 방출을 알려 실내로의 입실 금지, 실외 출입구 상부설치(실 밖의 출입문 상부에 설치)

③ 사이렌 : 방호구역 내의 인원대피 위함, 방호구역 내 설치

④ 수동조작반 : 조작자가 쉽게 피난할 수 있는 곳에 설치(방호구역 외 출입구 근처설치), 바닥으로부터 0.8 [m] 이상 1.5 [m] 이하에 설치

(2) 가스계 소화설비 작동순서

① 감지기(A · B) 동시작동(또는 수동조작함 기동)

② 수신반에 신호(화재등 및 지구등 점등) 및 사이렌경보

③ 기동용솔레노이드밸브 작동

④ 소화약제방출

⑤ 압력스위치 작동

⑥ 수신반에 신호

⑦ 방출표시등 점등

핵심이론 대책

(1) 수동조작반을 조작자가 조작 시 피난이 용이한 곳(방호구역 외 출입구 근처 설치)에 설치한다.

(2) 사이렌 등 음향장치는 방호구역 내에 설치한다.

(3) 방출표시등은 방호구역 외부 출입구 상부에 설치한다.

(4) 방호구역 내의 감지기회로는 최소 2회 이상으로 하여 교차회로방식으로 한다.

※ 만약 수등조작함에 종단저항이 하나가 그려져 있다면 이도 틀린 부분이다. 가스계소화설비는 교차회로방식으로 감지기를 결선해야 하기 때문에 수동조작함에 종단저항이 두 개가 그려져 있어야 한다.

부분점수

점수	세부기준
4점	잘못 설계된 점 4가지와 그 이유를 전부 알맞게 기재했을 때 4점 득점
3점	잘못 설계된 점 3가지와 그 이유를 전부 알맞게 기재했을 때 3점 득점
2점	잘못 설계된 점 2가지와 그 이유를 전부 알맞게 기재했을 때 2점 득점
1점	잘못 설계된 점 1가지와 그 이유를 알맞게 기재했을 때 1점 득점
0점	전부 틀린 경우 0점

※ 잘못 설계된 점은 알맞게 적었으나 그 이유가 틀렸다면 오답으로 봄

08 배점 3점

복도통로유도등의 설치기준

정답

- 복도에 설치할 것
- 옥내로부터 직접 지상으로 통하는 출입구 및 그 부속실의 출입구와 직통계단·직통계단의 계단실 및 그 부속실의 출입구에 설치된 피난구유도등 맞은편 복도에 입체형으로 설치하거나 바닥에 설치할 것
- 구부러진 모퉁이 및 옥내로부터 직접 지상으로 통하는 출입구 및 그 부속실과 직통계단실 및 그 부속실에 설치된 피난구유도등를 기점으로 보행거리 20 [m]마다 설치할 것
- 바닥으로부터 높이 1 [m] 이하의 위치에 설치할 것(다만 지하층 또는 무창층의 용도가 도매시장·소매시장·여객자동차터미널·지하역사 또는 지하상가인 경우에는 복도·통로 중앙부분의 바닥에 설치)
- 바닥에 설치하는 통로유도등은 하중에 따라 파괴되지 아니하는 강도의 것으로 할 것

핵심이론 유도등 설치기준

(1) 복도통로유도등
① 설치기준
㉠ 복도에 설치할 것
㉡ 옥내로부터 직접 지상으로 통하는 출입구 및 그 부속실의 출입구 또는 직통계단·직통계단의 계단실 및 그 부속실의 출입구의 경우, 피난구 유도등이 설치된 출입구의 맞은편 복도에는 입체형으로 설치하거나 바닥에 설치할 것
㉢ 구부러진 모퉁이 및 위에 따라 설치된 통로유도등 기점으로 보행거리 20 [m]마다 설치할 것
㉣ 바닥에 설치하는 통로 유도등은 하중에 따라 파괴되지 않는 강도의 것으로 할 것

② 설치 높이

바닥으로부터 높이 1 [m] 이하의 위치에 설치할 것, 다만지하층 또는 무창층의 용도가 도매시장·소매시장·여객자동차터미널·지하역사 또는 지하상가인 경우에는 복도·통로 바닥에 설치

③ 형식승인 및 제품 시 식별도 기준

(1) 상용전원 점등 시 : 직선거리 20 [m] 위치(표시면 화살표 식별 가능)

(2) 비상전원 점등 시 : 직선거리 15 [m] 위치(표시면 화살표 식별 가능)

(2) 거실통로유도등 설치기준

① 거실의 통로에 설치할 것(다만 거실의 통로가 벽체 등으로 구획 시 복도통로유도등을 설치하여야 한다)

② 구부러진 모퉁이 및 보행거리 20 [m]마다 설치할 것

③ 바닥으로부터 높이 1.5 [m] 이상의 위치에 설치(다만 거실 통로에 기둥이 설치 시 기둥부분의 바닥으로부터 1.5 [m] 이하의 위치에 설치 가능)

(3) 계단통로유도등 설치기준

① 각 층의 경사로 참 또는 계단참마다(1개층에 경사로참 또는 계단참이 2 이상 있는 경우에는 2개의 계단참마다)설치할 것

② 바닥으로부터 높이 1 [m] 이하의 위치에 설치할 것

부분점수

점수	세부기준
3점	3가지 전부 알맞게 적었을 때 3점 득점
2점	2가지만 알맞게 적었을 때 2점 득점
1점	1가지만 맞혔을 때 1점 득점
0점	전부 틀린 경우 0점

09 배점 3점

가스누설경보기 예비전원

정답

- 예비전원을 가스누설경보기의 주전원으로 사용하여서는 아니 된다.
- 예비전원을 단락 사고 등으로부터 보호하기 위한 퓨즈 등 과전류 보호장치를 설치하여야 한다.
- 주전원이 정지한 경우에는 자동으로 예비전원으로 전환되고, 주전원이 정상상태로 복귀한 경우에는 자동으로 예비전원으로부터 주전원으로 전환되어야 한다.

핵심이론 가스누설경보기의 형식승인 및 제품검사의 기술기준

가스누설경보기에는 예비전원을 설치할 수 있으며 예비전원을 설치할 경우에는 다음에 적합하여야 한다.

가. 예비전원을 가스누설경보기의 주전원으로 사용하여서는 아니 된다.

나. 예비전원을 단락 사고 등으로부터 보호하기 위한 퓨즈 등 과전류 보호장치를 설치하여야 한다.

다. 주전원이 정지한 경우에는 자동으로 예비전원으로 전환되고, 주전원이 정상상태로 복귀한 경우에는 자동으로 예비전원으로부터 주전원으로 전환되어야 한다.

라. 앞면에 예비전원의 상태를 감시할 수 있는 장치를 하여야 한다.

마. 자동충전장치 및 전기적 기구에 의한 자동과충전방지장치를 설치하여야 한다. 다만 과충전 상태가 되어도 성능 또는 구조에 이상이 생기지 아니하는 축전지를 설치하는 경우에는 자동과충전방지장치를 설치하지 아니할 수 있다.

바. 축전지를 병렬로 접속하는 경우에는 역충전 방지 등의 조치를 하여야 한다.

사. 축전지를 직렬 또는 병렬로 사용하는 경우에는 용량(전압, 전류 등을 말한다)이 균일한 축전지를 사용하여야 한다.

아. 예비전원은 알칼리계 2차 축전지, 리튬계 2차 축전지 또는 무보수밀폐형 연축전지로서 그 용량은 1회선용(단독형 가스누설경보기를 포함한다)의 경우 감시상태를 20분간 계속한 후 유효하게 작동되어 10분간 경보를 발할 수 있어야 하며, 2회로 이상인 가스누설경보기의 경우에는 연결된 모든 회로에 대하여 감시상태를 10분간 계속한 후 2회선을 유효하게 작동시키고 10분간 경보를 발할 수 있는 용량이어야 한다.

부분점수

점수	세부기준
3점	3가지 전부 알맞게 적었을 때 3점 득점
2점	2가지만 알맞게 적었을 때 2점 득점
1점	1가지만 맞혔을 때 1점 득점
0점	전부 틀린 경우 0점

10 배점 6점

배관자재의 용도

정답

배관자재명	용도
노멀밴드	매입배관 공사 시 관을 직각으로 굽히는 곳에 사용
후강전선관	콘크리트 매입배관용
아우트렛 박스	전선의 인출, 전기기구류의 부착 등에 사용
새들	관의 지지관을 지지하는 데 사용
커플링	금속관 상호 간의 접속(관이 고정되어 있지 않을 때)
부싱	전선의 피복 보호

핵심이론 금속관공사재료

명칭	외형	설명
부싱 (Bushing)		전선의 절연피복을 보호하기 위하여 금속관 끝에 취부하여 사용되는 부품
유니언커플링 (Union Coupling)		금속전선관 상호 간을 접속하는 데 사용되는 부품 (관이 고정되어 있을 때)
노멀벤드 (Normal Bend)		매입배관공사를 할 때 직각으로 굽히는 곳에 사용하는 부품
유니버설엘보 (Universal Elbow)	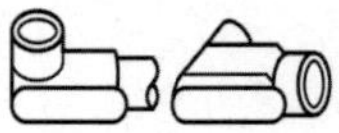	노출배관공사를 할 때 관을 직각으로 굽히는 곳에 사용하는 부품
링리듀서 (Ring Reducer)	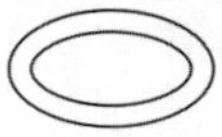	금속관을 아우트렛 박스에 로크 너트만으로 고정하기 어려울 때 보조적으로 사용되는 부품
커플링 (Coupling)	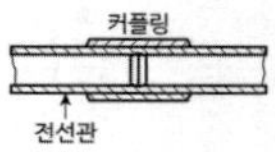	금속전선관 상호 간을 접속하는 데 사용되는 부품(관이 고정되어 있지 않을 때)
새들(Saddle)		관을 지지하는 데 사용하는 재료
로크너트 (Lock Nut)		금속관과 박스를 접속할 때 사용하는 재료로 최소 2개를 사용한다.

명칭	외형	설명
리머 (Reamer)		• 목적 : 금속관 말단의 모를 다듬기 위한 기구 • 사용이유 : 전선의 피복보호
파이프커터 (Pipe Cutter)	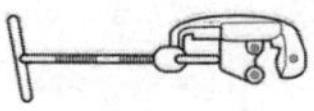	금속관을 절단하는 기구
환형 3방출 정크션박스	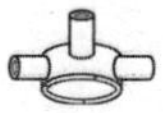	배관을 분기할 때 사용하는 박스
파이프벤더 (Pipe Bender)		금속관(후강전선관, 박강전선관)을 구부릴 때 사용하는 공구
후강전선관		1. 콘크리트 매입 배관용으로 사용되는 강관 2. 관의 호칭은 안지름의 근사치짝수로 표시(16, 22, 28, 36, 42, 54 [mm]……)
박강전선관		1. 노출 배관용, 일반배관용으로 사용되는 강관 2. 관의 호칭은 바깥지름의 근사치를 홀수로 표시(19, 25, 31, 39, 51 [mm]……)
스트레이트 박스 커넥터	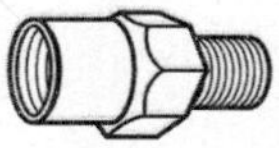	가요전선관과 박스의 연결에 사용되는 부품
콤비네이션 커플링	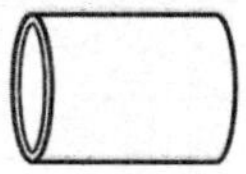	가요전선관과 금속전선관 연결에 사용되는 부품
스프리트 커플링		가요전선관과 가요전선관 연결에 사용되는 부품

부분점수

점수	세부기준
6점	6개의 용도 전부 다 맞히면 6점 득점
5점	6개 중 5개만 맞히면 5점 득점
4점	6개 중 4개만 맞히면 4점 득점
3점	6개 중 3개만 맞히면 3점 득점
2점	6개 중 2개만 맞히면 2점 득점
1점	6개 중 1개만 맞히면 1점 득점
0점	전부 틀리면 0점

11 배점 5점

전동기 소요시간 계산

정답

계산과정

$$t = \frac{9.8 \times 1.1 \times 500 \times 15}{0.8 \times 13} = 7774[\text{sec}]$$

$$\frac{7774}{60} = 130[\text{min}]$$

답 130 [min]

해설

- 전동기 용량

$$P = \frac{9.8KQ[m^3/\text{sec}]H}{\eta} = \frac{9.8K \times Q[m^3/\text{min}] \times H}{\eta \times 60} [\text{kW}]$$

$$\therefore \text{소요시간 } t = \frac{9.8 \times K \times Q \times H}{\eta \times P} = \frac{9.8 \times 1.1 \times 500 \times 15}{0.8 \times 13} = 7774[\text{sec}]$$

- [sec]를 [min]으로 환산하기 위해 60으로 나누면

$$\frac{7774}{60} = 130[\text{min}]$$

핵심이론 전동기 용량 구하는 식

$$P = \frac{9.8KQ[m^3/\text{sec}]H}{\eta} = \frac{9.8K \times Q[m^3/\text{min}] \times H}{\eta \times 60} [\text{kW}]$$

P : 전동기용량 [kW], K : 여유계수, Q : 유량, H : 전양정 [m], η : 효율, t : 시간 [sec]

부분점수

점수	세부기준
5점	계산과정과 정답을 전부 맞히면 5점 득점
0점	계산과정과 정답 중 하나라도 틀리면 0점

12 배점 6점

전동기 계산문제

정답

(1) 계산과정

$N_S = 120 \times \frac{60}{4} = 1800[rpm]$

답 1800 [rpm]

(2) 계산과정

$S = \frac{N_s - N_r}{Ns} \times 100 = \frac{1800-1700}{1800} \times 100 = 5.555\ [\%]$

답 5.56 [%]

핵심이론 전동기

(1) 유도전동기 동기속도와 슬립

① 동기속도 : 회전자계의 회전수를 동기 속도라 하며, 주파수와 극 수에 의해 정해짐

② 동기속도 구하는 식

$$N_s = \frac{120f}{P}\ [\text{rpm}]$$

N_s : 동기속도 [rpm], N : 회전속도 [rpm], f : 주파수 [Hz], P : 극수

우리나라의 상용주파수 : 60 [Hz]

(2) 회전속도 구하는 식

① 슬립(slip) : 3상 유도 전동기는 항상 동기속도(자석의 속도)와 회전자의 속도(아라고 원판의 속도) 사이에 차이가 생기게 됨. 회전자의 늦음 정도를 말함

$$s = \frac{\text{동기속도} - \text{회전속도}}{\text{동기속도}} = \frac{N_s - N}{N_s}$$

f : 주파수, p : 극수, N_s : 동기속도$[rpm]$

N : 회전 속도$[rpm]$, $N = (1-s)N_s[rpm]$

② 회전속도 구하는 식

$$N = \frac{120f}{P}(1-S)\ [\text{rpm}]$$

N_s : 동기속도 [rpm], N : 회전속도 [rpm]

f : 주파수 [Hz], P : 극수, S : 슬립

부분점수

점수	세부기준
6점	(1), (2) 계산과정과 답을 전부 맞힌 경우 6점 득점
3점	(1), (2) 중 한 문항의 계산과정과 답을 맞힌 경우 3점 득점
0점	둘 다 틀린 경우 0점

13

배점 6점

솔레노이드의 단자전압 계산

정답

계산과정

$$e = \frac{35.6 \times 150 \times \frac{48}{24}}{1000 \times 2.5} = 4.27\ [V]$$

$\therefore V_r = 24 - 4.27 = 19.73\ [V]$

답 19.73 [V]

해설

단자전압을 알기 위해 전압강하를 먼저 계산한다. 이때 전압강하 $e = \frac{35.6LI}{1000A}[V]$

위의 전압강하 식에서 모르는 인자가 전류 하나이므로, 전류를 구한다.

전류 $I = \frac{P}{V} = \frac{48}{24} = 2\ [A]$

※ 여기서, 수신기는 정전압출력이라고 하였으므로 V에 24 [V]를 대입한다.

최종적으로, $e = \frac{35.6LI}{1000A} = \frac{35.6 \times 150 \times 2}{1000 \times 2.5} = 4.27\ [V]$이며,

단자전압은 전압강하를 고려하여 $V_r = 24 - 4.27 = 19.73\ [V]$가 된다.

※ 전선의 구경이 아닌, 전선의 단면적이 주어졌으므로 A자리에 단면적을 대입한다.

만약 구경이 주어졌다면 $A = \frac{\pi D^2}{4}$의 식을 이용하여 단면적을 구한 후 대입한다.

핵심이론 전압강하(조건에 저항 없을 때)

전기방식	전압강하
단상 2선식	$e = \frac{35.6LI}{1000A}$
3상 3선식	$e = \frac{30.8LI}{1000A}$
단상 3선식, 3상 4선식	$e = \frac{17.8LI}{1000A}$

여기서, L : 선로길이 [m], I : 전부하전류 [A]
e : 각 선 간의 전압강하 [V], A : 전선의 단면적 [mm^2]

부분점수

점수	세부기준
6점	계산과정과 정답을 전부 맞히면 6점 득점
0점	계산과정과 정답 둘 중 하나라도 틀리면 0점

14 배점 6점

전원설비의 도면

정답

① 자동절환개폐기

② 배선용 차단기

핵심이론 전원설비

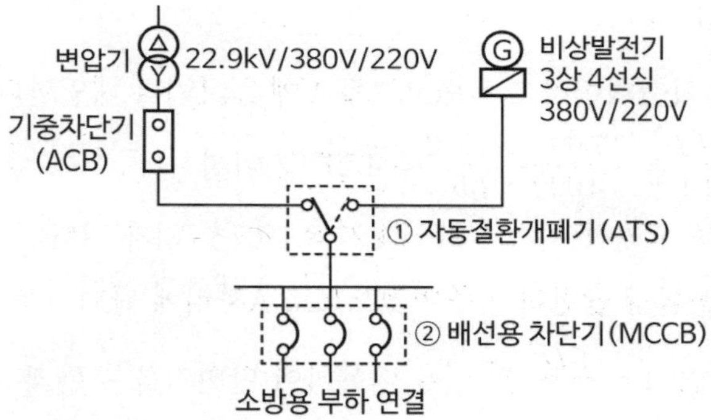

(1) 자동절환개폐기(ATS, Automatic Transfer Switch) = 자동절환스위치
상용전원에서 비상전원으로 자동 절환되는 전기장치

(2) 배선용차단기(Molded-case Circuit Breaker : MCCB(= MCB = NFB, No Fuse Breaker))
과전류, 단락전류 차단(재사용 가능)

부분점수

점수	세부기준
6점	①, ② 전부 맞히면 6점 득점
3점	①, ② 중 하나만 맞히면 3점 득점
0점	둘 다 틀리면 0점

15 배점 8점

축전지용량 계산

정답

(1) 계산과정

- 공칭전압 [V/셀] = $\frac{허용최저전압(V)}{셀수} = \frac{90}{54} = 1.666 ≒ 1.7$ [V/셀]
- $I = \frac{P}{V} = \frac{(30\times120)+(60\times60)}{100} = 72\,[A]$
- $C = \frac{1}{L}KI\,[\text{Ah}] = \frac{1}{0.8}\times1.22\times72 = 109.8\,[\text{Ah}]$

답 109.8 [Ah]

(2) ① CS형 : 부하에 따라 방전전류 일정
② HS형 : 부하에 따라 방전전류 급격한 변화

해설

[연축전지의 용량환산시간 K(상단은 900 ~ 2000 [Ah], 하단은 900 [Ah] 이하)]

형 식	온도 [℃]	10분			30분		
		1.6 [V]	1.7 [V]	1.8 [V]	1.6 [V]	1.7 [V]	1.8 [V]
CS	25	0.9 0.8	1.15 1.06	1.6 1.42	1.41 1.34	1.6 1.55	2.0 1.88
	5	1.15 1.1	1.35 1.25	2.0 1.8	1.75 1.75	1.85 1.8	2.45 2.35
	-5	1.35 1.25	1.6 1.5	2.65 2.65	2.05 2.05	2.2 2.2	3.1 3.0
HS	25	0.58	0.7	0.93	1.03	1.14	1.38
	5	0.62	0.74	1.05	1.11	1.22	1.54
	-5	0.68	0.82	1.15	1.2	1.35	1.68

(1) 축전지용량을 구하는 계산식 $C = \frac{1}{L}KI$에서, K와 I를 구한다. 이때 공칭전압값을 먼저 구해야 위의 표를 이용하여 용량환산시간계수 K값을 구할 수 있다.

공칭전압 [V/셀] = $\frac{허용최저전압(V)}{셀수} = \frac{90}{54} = 1.666 ≒ 1.7$ [V/셀]

※ 용량환산시간계수 K값은 방전시간 30분, 연축전지 HS형 공칭전압 1.7 [V]를 따라가보면 1.22가 나온다. 이어서 I의 값을 구하면 아래와 같이 나온다.

$$I = \frac{P}{V} = \frac{(30 \times 120) + (60 \times 60)}{100} = 72\,[\mathrm{A}]$$

$$\therefore C = \frac{1}{L}KI\,[\mathrm{Ah}] = \frac{1}{0.8} \times 1.22 \times 72 = 109.8\,[\mathrm{Ah}]$$

※ 이때 문제에서 보수율값이 0.8이라고 주어지지 않는 경우도 있으니 보수율은 대부분 0.8인 것을 추가로 암기할 것

C : 축전지용량 [Ah], L : 보수율 (용량저하율), K : 용량환산시간 [h], I : 방전전류 [A]

부분점수

점수	세부기준
8점	(1)의 계산과정과 정답, (2)의 CS형과 HS형 전부 옳게 기재했을 때 8점 득점
7점	(1)의 계산과정과 정답, (2)의 CS형과 HS형 중 하나를 옳게 기재했을 때 7점 득점
6점	(1)의 계산과정과 정답만 맞히면 6점 득점
2점	(2)의 CS형과 HS형 전부 옳게 기재했을 때 2점 득점
1점	(2)의 CS형과 HS형 중 하나만 옳게 기재했을 때 1점 득점
0점	전부 틀리면 0점

16 배점 9점

시퀀스 회로도

정답

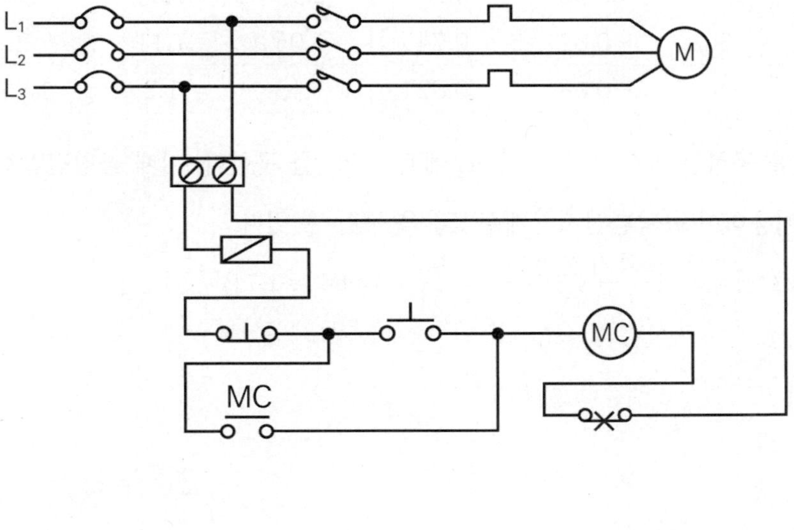

해설

PB-ON 스위치와 병렬로 자기유지접점을 연결하여 PB-ON 스위치에서 손을 떼더라도 계속 유지될 수 있도록 만들어준다. 또한 PB-OFF 스위치와는 직렬로 연결하여 PB-OFF 스위치를 눌렀을 때 즉시 정지되도록 만들어준다.

핵심이론 전전압기동제어방식(직입기동)

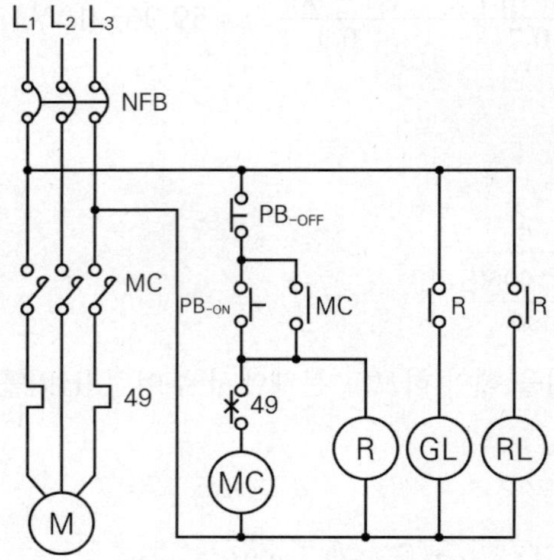

- 기동 버튼 : 병렬연결 및 자기유지
- 정지 버튼 : 직렬연결
- 분기 시 "●"를 찍는다.
- MC 코일 : MC-a로 표기(R 코일 : R-a로 표기)
- 모터정지 : 정지등 GL → b접점
- 모터기동 : 기동등 RL → a접점

부분점수

점수	세부기준
9점	회로도 완성에 오류가 없으면 9점 득점
0점	한 곳이라도 오류가 있으면 0점

17 배점 5점

전력용 콘덴서의 용량 계산

정답

계산과정

$$Q_C = (150 \times 0.746) \times \left(\frac{\sqrt{1-0.7^2}}{0.7} - \frac{\sqrt{1-0.9^2}}{0.9}\right) = 59.965\,[\text{kVA}] ≒ 59.97\,[\text{kVA}]$$

답 59.97 [kVA]

해설

$$Q_c = P\left(\frac{\sqrt{1-\cos\theta_1^2}}{\cos\theta_1} - \frac{\sqrt{1-\cos\theta_2^2}}{\cos\theta_2}\right)$$

이때 P에는 [kW] 단위를 대입을 해야 하므로 문제에서 주어진 [HP]를 [kW]로 환산해주어야 한다.

- 1 [HP] = 0.746 [kW]
- P = (150 × 0.746) [kW]

$$\therefore\ Q_C = (150 \times 0.746) \times \left(\frac{\sqrt{1-0.7^2}}{0.7} - \frac{\sqrt{1-0.9^2}}{0.9}\right) = 59.965\,[\text{kVA}] ≒ 59.97\,[\text{kVA}]$$

핵심이론 역률개선용 콘덴서 용량 구하는 식

$$Q_c = P\left(\frac{\sqrt{1-\cos\theta_1^2}}{\cos\theta_1} - \frac{\sqrt{1-\cos\theta_2^2}}{\cos\theta_2}\right)$$

(P : 유효전력 [kW], $\cos\theta_1$: 개선 전 역률, $\cos\theta_2$: 개선 후 역률)

부분점수

점수	세부기준
5점	계산과정과 정답을 전부 맞히면 5점 득점
0점	계산과정과 정답 중 하나라도 틀리면 0점

18 　배점 10점

준비작동식 스프링클러설비 도면

정답

⑴ a : 2가닥, b : 15가닥, c : 9가닥, d : 4가닥, e : 8가닥

⑵ 압력스위치, 탬퍼스위치, 솔레노이드밸브

⑶ 전원+, -, SV, PS, TS, 사이렌, 감지기(A,B), 감지기공통

⑷ 프리액션밸브는 개방되지 않는다.

⑸ 압력스위치가 작동한 후 사이렌경보

해설

⑴ a : 사이렌2

b : 전원+, -, SV(2), PS(2), TS(2), 사이렌(2), 감지기(A,B)(각각 2), 감지기공통

c : 전원+, -, SV, PS, TS, 사이렌, 감지기(A,B), 감지기공통

d : SV, PS, TS, 공통(프리액션밸브의 공통선을 하나로 한다는 조건이 있기 때문)

e : 준비작동식 스프링클러설비는 교차회로방식을 사용하며, 교차회로방식에 있어서 루프와 말단은 4가닥, 나머지는 8가닥이므로 e는 나머지에 해당하는 8가닥이다.

⑵ [압력스위치, 탬퍼스위치, 솔레노이드밸브] 대신에 [PS, TS, SV]라고 적어도 정답이다.

⑶ SVP - SVP 사이의 가닥수는 9가닥이다. 이때 [전원+, -, SV, PS, TS, 사이렌, 감지기(A,B), 감지기공통]이며, SVP는 슈퍼비조리판넬로 많이 부르지만 프리액션밸브의 수동조작함이 정확한 명칭이다

⑷, ⑸ 준비작동식 스프링클러의 동작순서

① 화재 발생

② 차동식 감지기 2회로(A, B) 동시작동

③ 설비수신반에 신호(화재표시등 및 지구표시등 점등)

④ 전자밸브 작동

⑤ 준비작동식 밸브개방

⑥ 압력스위치 작동

⑦ 설비수신반에 신호(밸브기동표시등 및 밸브개방확인표시등 점등)

⑧ 사이렌 경보

핵심이론 준비작동식 스프링클러설비

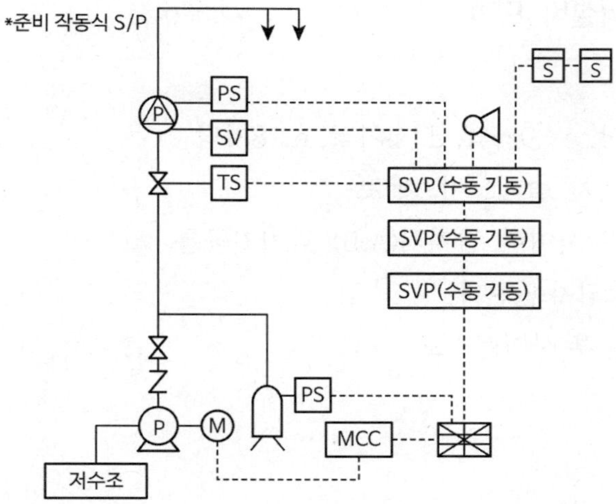

구간	전선수	전선굵기	배선의 용도
감지기 ↔ 감지기	4	1.5 [mm^2] 이상	지구(2), 공통(2)
감지기 ↔ SVP	8	1.5 [mm^2] 이상	지구(4), 공통(4)
SVP ↔ SVP	8	2.5 [mm^2] 이상	전원⊕·⊖, SV, PS, TS, 사이렌, 감지기 A·B
2존일 경우	14	2.5 [mm^2] 이상	전원⊕·⊖, SV(2), PS(2), TS(2), 사이렌(2), 감지기(A·B)(각각 2).
사이렌 ↔ SVP	2	2.5 [mm^2] 이상	사이렌(2)

- 솔레노이드밸브 = 밸브기동 = SV(Solenoid Valve) = SOL
- 압력스위치 = 밸브개방확인 = PS(Pressure Switch)
- 탬퍼스위치 = 밸브주의 = 밸브개폐감시용 스위치 = TS(Tamper Switch)

부분점수

점수	세부기준
10점	(1) ~ (5) 전부 맞힌 경우 10점 득점
8점	(1) ~ (5) 중 한 문항이 틀린 경우 8점 득점
6점	(1) ~ (5) 중 두 문항이 틀린 경우 6점 득점
4점	(1) ~ (5) 중 세 문항이 틀린 경우 4점 득점
2점	(1) ~ (5) 중 하나의 문항만 맞힌 경우 2점 득점
0점	전부 틀린 경우 0점

※ (1)의 가닥수는 a ~ e 전부 맞혀야만 정답으로 처리함
(2), (3) 내용 중 하나라도 틀린 부분이 있으면 오답으로 처리함

소방설비기사 합격!

여러분의 합격은 모아의 보람입니다.

ㄴ. (×) 첫 번째 문단에 따를 때, 고전검사이론에서는 문항의 곤란도는 R/N이다. 그러므로 3번 문항과 5번 문항의 곤란도를 계산하면 3번 문항은 '1/4 = 0.25', 5번 문항은 '3/4 = 0.75'이므로 곤란도는 5번 문항이 더 높다. 옳지 않다.

ㄷ. (○) 첫 번째 문단에 따르면 고전검사이론에 따를 때 이상적인 곤란도는 0.5이다. 4번 문항의 곤란도는 '2/4 = 0.5'이다. 옳다.

ㄹ. (○) ㄱ에서 계산한 바에 따를 때, 고전검사이론에 따르면 4번 문항의 변별도가 6번 문항의 변별도 보다 높으나, 문항반응이론에 따르면 본문의 그림을 통해 6번 문항의 변별도가 더 높음을 알 수 있다. 옳다.

33. 정답 ④

1) 오전 장바구니 상황에 따르면 3종류의 마스크를 모두 구매하고, 종류별로 최대 5세트까지 구매할 예정이다.

2) 덴탈과 KF80을 합치면 KF94와 같게 구매할 예정이므로 경우의 수는 (덴탈, KF80, KF94) = (1, 4, 5), (2, 3, 5), (3, 2, 5), (4, 1, 5)가 였다.

3) 乙의 조언에서 덴탈 마스크를 가장 적게 살 예정이었다는 것을 알 수 있으므로 (3, 2, 5)와 (4, 1, 5)의 경우의 수는 제외된다.

4) 오전 장바구니 상황이 (1, 4, 5)일 경우, 乙과 丙의 조언에 따라 (4, 9, 0)이 된다.

5) 오전 장바구니 상황이 (2, 3, 5)일 경우, 乙과 丙의 조언에 따라 (5, 8, 0)이 된다.

6) 그런데 丁의 조언에서 KF80이 8보다 많아졌음을 알 수 있으므로, 오전 장바구니 상황은 (1, 4, 5)였고 (4, 9, 0)이 된 상황임을 알 수 있다. 丁의 조언까지 반영한 결과 (4, 8, 0)이 된다.

따라서 최종 구매량은 4+8+0=12세트가 된다.

34. 정답 ⑤

먼저, 현재 비어있는 식사 시간에 배치가 가능한 식사메뉴를 배치하면 다음과 같다. 단, 편의상식사메뉴는 첫글자만 표기한다.

	월	화	수	목	금	토
아침	과일과 견과류	–	연/시/닭	연/시	–	과일과 견과류
점심	연어 샐러드	연/닭/과	스테이크 샐러드	연/과	시저 샐러드	시저 샐러드
저녁	닭가슴살 포케	스테이크 샐러드	연/시	닭가슴살 포케	연어 샐러드	스테이크 샐러드

① (×) (가)에 '과일과 견과류'가 배치된다면 (마)에는 '연어 샐러드'만이 배치가 가능하며, 따라서 (다)에는 '시저 샐러드'가 배치된다. 이에 따라 (라)는 거르는 아침 식사가 되며 (나)에 '닭가슴살 포케'가 배치된다. 따라서 이러한 경우에는 주어진 모든 조건을 충족하므로 (가)에 '과일과 견과류'가 배치되는 것이 가능하다. 옳지 않다.

② (×) (나)에 연어샐러드가 배치된다면 (라)는 거르는 아침이 될 것이고, (다)에는 시저 샐러드가 배치되며 (마)에는 과일과 견과류가 배치된다. 따라서 (가)에는 닭가슴살 포케가 배치되어야 한다. 옳지 않다.

③ (×) 여섯 번째 조건에 따라 하나의 식사 메뉴가 모두 아침이나 모두 점심, 모두 저녁에 배치될 수 없으므로 (라)에는 닭가슴살 포케가 배치될 수 없다. 옳지 않다.

④ (×) (마)에 '연어 샐러드'가 배치된다면, (다)에는 '시저 샐러드'가 배치되는 것이 확정된다. 이에 따라 (라)는 거르는 아침 식사로 확정되며 (나)에는 '닭가슴살 포케', (가)에는 '과일과 견과류'가 배치되는 것이 확정된다. 옳지 않다.

⑤ (○) 목요일 아침에 '시저 샐러드'를 배치한다면 세 번째 조건에 따라 수요일 아침은 자동으로 지워지게 되며, 수요일 저녁의 경우 '연어샐러드'로 배치가 확정된다. 이에 따라 목요일 점심에 배치 가능한 식사는 과일이 유일하게 되고, (가)에 해당하는 화요일 점심은 '닭가슴살 포케'를 배치하게 된다. 옳다.

35. 정답 ③

甲과 乙이 뽑은 숫자를 순서대로 각각 a,b,c,d라고 하자. 그러면 2a와 3b, 2c와 3d는 각각 일의 자리 수만 같아야 하고, 십의 자리 수는 같아서는 안 된다. 그런 경우를 만족하는 경우는,

〈조건에 맞는 경우〉

합	a	b
10	8	2
5	1	4
10	4	6
10	2	8
15	7	8

따라서, 답은 10+10 = 10+10 = 5+15 = 20 (어떠한 경우에나 다 성립하게 됨)

36. 정답 ④

산출 방법에 따라 지자체별 점수를 산출하면 다음과 같다.

	교통사고		화재		범죄		자살		총점
	위해	경감	위해	경감	위해	경감	위해	경감	
서울	30	−1	4	0	12	0	4	−1	48
부산	25	0	5	0	12	−1	3	0	44
대구	22	0	4	0	16	0	3	−1	44
인천	35	0	4	0	16	−1	3	−1	56
광주	25	0	3	−1	12.8	−1	2	0	40.8
대전	27	−1	3.5	0	9.6	0	2	0	41.1
울산	28	0	3	0	9.6	0	1	−1	40.6
세종	26	0	2.5	−1	8	0	1	−1	35.5

총점이 낮을수록 높은 등급이 부여되므로 1등급은 세종, 2등급은 울산-광주, 3등급은 대전-부산-대구, 4등급은 서울-인천임을 알 수 있다. 따라서 2등급끼리 옳게 짝지어진 것은 ④ 이다.

37. 정답 ⑤

1) 부장의 첫 번째 대사에서 업종이 고깃집인 A가 제외된다.

2) 부장의 세 번째 대사에서 회사와의 거리가 0.5km로 가장 가까운 B가 제외된다.

3) 부장의 네 번째 대사에서 회사와의 거리가 3km인 C가 제외된다.

4) 부장의 다섯 번째 대사에서 영업 종료 시간이 12시인 D가 제외된다.

5) E는 수용인원 25명 이상, 회사와의 거리 3km 미만, 영업 종료 시간 2시 이후로 업종도 고깃집이 아니므로 모든 조건에 부합한다.

따라서 회식 장소로 최종 선정된 장소는 E이다.

38. 정답 ②

전체 구매금액 중 13,000원은 1+1만으로 이루어져 있어서 통신사 할인이 불가능하다. 이것에 대해 최대 할인을 받기 위해서는 E 포인트를 사용하여 11,000원을 지불한다. 32,000에 대해서는 통신사 할인도 가능하므로, 통신사 할인과 편의점 제휴 카드 할인을 통해 최대 2,800원과 4,000원을 각각 할인받아, 25,200원을 지불한다. 따라서 총 실제 지불금액은 36,200원이다.

39. 정답 ④

① (×) 문항반응이론의 추측도는 가장 능력(θ)이 떨어지는 피험자의 능력수준에서의 정답률인 P(θ)의 값을 결정하는 것이므로 추측도가 낮아져도 문항의 어려운 정도가 높아질 수 있다. 옳지 않다.

② (×) 세 번째 문단에 따르면 시험 대상 집단이 달라질 때마다 문항의 변별도가 달라지는 문제점은 문항반응이론이 아닌 고전검사이론의 문제점이다. 옳지 않다.

③ (×) 두 번째 문단에서 고전검사이론에 따르면 곤란도가 높을수록 어렵지 않은 문항에 해당한다. 옳지 않다.

④ (○) 네 번째 문단에 따르면 문항반응이론에서 정답률 P(θ) = 0.5일 때의 피험자의 능력 수준 θ의 값이 높을수록 어려운 문항에 해당한다. 검사 A의 각 문항별 문항특성곡선을 통해 도출하면 3번 ~ 6번 문항 중에 문항이 어려운 순으로 나열하면 5번, 6번, 3번, 4번 문항의 순이다. 옳다.

⑤ (×) 네 번째 문단에 따르면 변별도는 P(θ) = 0.5일 때의 문항특성곡선의 기울기가 높을수록 변별도가 높다. 그러므로 문항특성곡선에 따를 때 6번 문항의 변별도가 3번 문항에 비해 높다. 옳지 않다.

40. 정답 ④

ㄱ. (×) 각 문항의 변별도를 계산하면, 3번 문항은 '1-0/2 = 0.5', 4번 문항은 '2-0/2 = 1', 5번 문항은 '1-2/2 = -0.5', 6번 문항은 '2-1/2 = 0.5'가 된다. 두 번째 문단에 따르면 변별도가 0.4 이상이어야 '대단히 좋은 문항'에 해당하는바, 이에 해당하는 문항은 3번, 4번, 6번의 3개이다. 그러나 문항의 개수는 총 10개 이므로, <상황>에서 생략된 문항의 변별도는 알 수 없다. 옳지 않다.

총 구매 금액이 6만원을 초과하므로 5% 할인을 받으면 최종 지불금액은 58,425원이 된다.

따라서 주호가 최소 금액만을 지불할 수 있는 방법을 선택하면 총 지불하게 될 금액은 58,425원으로 정답은 ①이다.

27. 정답 ③

① (×) 코를 통한 약물 흡입과 정맥주사를 통한 약물 흡입 중 어떤 방식이 중추신경계에 더 빠르게 작용하는지에 대해서는 주어진 글에서 알 수 없는 내용이다. 틀린 선지이다.

② (×) B의 마약 투약시점을 주어진 식으로 추정해보면 투약시점=22년 9월 - 0.5/1 이 되므로 9월 중에 투약한 것을 알 수 있다. 따라서 8월이 아니므로 틀린 선지이다.

③ (○) C의 모발감정 결과 검출부위길이는 1cm인데 만약 눈썹으로 검사를 실시했다면 눈썹은 하루 0.1mm 정도 성장한다는 사실을 고려할 때 약 4개월 전에 투약한 것으로 추정되므로 C의 마약 투약시점은 22년 10월보다는 이전일 것임을 알 수 있다. 따라서 옳은 선지이다.

④ (×) 주어진 식을 활용하여 마약 투약시점을 추정하면 D와 E는 같게 나올 것이나, 두 번째 무단 마지막 문장에서 남자가 여자보다 모발 성장 속도가 빠르다고 하였으므로, 실제 투약시점은 D가 더 빠를 것임을 추정할 수 있다. 따라서 틀린 선지이다.

⑤ (×) 주어진 글에서 모발감정을 통해 투약한 마약의 양을 알 수는 없다. 틀린 선지이다.

28. 정답 ②

우선 甲의 말을 토대로 표를 채워보면 다음과 같다.

	버스		지하철	
	이용 횟수	이용 요금	이용 횟수	이용 요금
甲	x+4	900(x+4)	450/1200*(x+4)	450(x+4)
乙	x			
丙				

다음으로 乙의 말을 토대로 남은 칸을 채워보면 아래와 같다.

	버스		지하철	
	이용 횟수	이용 요금	이용 횟수	이용 요금
甲	x+4	900(x+4)	450/1200*(x+4)	450(x+4)
乙	x	900x	(900y+600)/1200	900y+600
丙	y	900y		

마지막으로 丙의 말에 따르면 丙의 지하철 이용 횟수는 2회 또는 4회가 되므로 이를 기준으로 표를 채워나가면서 가능한 조합을 구해볼 수 있다.

먼저 丙의 지하철 이용 횟수가 4회인 경우

	버스		지하철	
	이용 횟수	이용 요금	이용 횟수	이용 요금
甲	x+4	900(x+4)	450/1200*(x+4)	450(x+4)
乙	x	900x	(900y+600)/1200	900y+600
丙	y	900y	4	4800

교통수단 이용 횟수는 반드시 자연수이어야 하며, 각 이용 횟수가 1회 이상 20회 미만이므로 이를 고려하여 y가 될 수 있는 값을 구해보면 y=10가 된다. 이에 따라 x는 12가 된다.

다음으로 丙의 지하철 이용 횟수가 2회인 경우

	버스		지하철	
	이용 횟수	이용 요금	이용 횟수	이용 요금
甲	x+4	900(x+4)	450/1200*(x+4)	450(x+4)
乙	x	900x	(900y+600)/1200	900y+600
丙	y	900y	2	2400

조건에 해당하는 y값이 존재하지 않는다.

따라서 x, y값에 따라 다음과 같은 결과를 도출할 수 있다.

	버스		지하철	
	이용 횟수	이용 요금	이용 횟수	이용 요금
甲	16	14,400	6	7,200
乙	12	10,800	8	9,600
丙	10	9,000	4	4,800

이에 따라 乙의 8월 한 달 간 총 이용 요금은 20,400원이 된다. 정답은 ②이다.

29. 정답 ②

대화를 통해 은희와 서현이는 본래 A국에 거주하였고, 서현이가 B국으로 유학을 떠났음을 알 수 있다. 서현이의 발언을 통해 A국에 비하여 B국은 시간이 2시간 30분 느리다는 것을 알 수 있다. 서현이가 점심을 다 먹은 시각은 B국 시간을 기준으로 정오이며, 그로부터 3시간 25분 후에 체육관에 도착해서 1시간 15분 동안 운동을 했으므로 운동을 마친 시각은 오후 4시 40분이 될 것이다. 이를 A국 시간으로 표시하는 경우 오후 7시 10분이 될 것이다. 한편 둘의 대화를 통해 은희가 A국 시간보다 15분 느리게 시간을 맞추어놓았음을 알 수 있으므로, 은희가 선물한 시계가 표시한 시간은 오후 6시 55분이었을 것이다. 다만, 은희의 발언을 통해 시간은 12시까지만 표현이 가능해 오전과 오후를 구분할 수 없음을 알 수 있으므로, 은희가 선물한 시계가 표시하는 시간은 18시 55분이 아닌 6시 55분이 될 것이다. 따라서 정답은 ②이다.

30. 정답 ⑤

ㄱ. (○) 모든 종류의 아이스크림을 200g씩 담는다면 열량은 200+400+400+600+600 =2200kcal로 2000kcal 이상이 된다.

ㄴ. (×)

1) '널라널라 바닐라' 1kg의 열량은 2000kcal, '엄마는 외국인' 1kg의 열량은 3000kcal이다.

2) 이 두 종류로 1kg를 채웠을 때 2700kcal가 되려면 '널라널라 바닐라'와 '엄마는 외국인'을 각각 3:7 비율로 담아야 한다(300g, 700g).

3) 그런데 '널라널라 바닐라'는 200g씩만 담을 수 있으므로 이는 불가능하다.

ㄷ. (○)

1) 4가지 종류를 골라 한 통의 열량이 1500kcal가 되려면 열량이 가장 높은 '엄마는 외국인'과 '바람과 함께 나타나다' 중 하나를 제외한 4가지를 골라야 한다.

2) '레인보우 아이스'를 a, '샤이닝 스타'를 b, '널라널라 바닐라'를 c, '엄마는 외국인' 또는 '바람과 함께 나타나다'를 d라고 하면 100a+100b+200c+100d=1000(ⓐ), 100a+200b+400c+300d=1500(ⓑ)의 식이 성립한다. (a, b, c, d의 단위는 '스쿱'으로 자연수)

3) ⓑ에서 ⓐ를 빼면 100b+200c+200d=50이므로 b=c=d=1일 때 식이 성립 가능하다. 이를 ⓐ나 ⓑ에 다시 대입하면 a=6이 된다.

따라서 '레인보우 아이스' 6스쿱과 나머지 3종류 1스쿱씩을 담으면 한 통의 열량이 1500kcal가 되는 것이 가능하다.

31. 정답 ⑤

다음 표를 보자.

〈연비 표〉

구분	A	B	C	D
비행기 연비	8km/L	10km/L	4km/L	6km/L
엔진 1개 연비	4km/L	5km/L	1km/L	2km/L
최대 비행거리	3000km	2000km	4000km	3600km

일본은 당연히 엔진 1개 연비가 가장 좋은 B가 가야 한다. 또한 베트남도 가장 연비가 좋은 B가 가야 할 것 같지만, 최대 비행거리가 불가능하므로, 최대 비행거리가 들어가는 D가 베트남으로 가게 된다.

㉠ : B

㉡ : D

32. 정답 ⑤

큰 공이 작은 공보다 3분의 4만큼 무거우므로 작은 공의 무게를 3으로, 큰 공의 무게를 4로 두고 계산을 하면 간단해진다. 무거운 쪽의 무게는 3×9=27이고 가벼운 쪽의 무게는 4×1=4이므로 가벼운 쪽에 23의 무게만큼이 더 필요한 상태이다. 이를 무게가 3인 공과 4인 공을 활용하여 채우는 조합은 큰 공 2개-작은 공 5개 또는 큰 공 5개-작은 공 1개인데 최소 개수로 활용하고자 하므로 정답은 ⑤이다.

19. 정답 ③

① (×) 우리나라는 법적으로는 세 가지의 나이가 아니라 '만 나이'와 '연 나이'로 두 개를 혼용하여 사용하고 있다.

② (×) 한 사람의 '만 나이'와 '세는 나이'는 적어도 1살의 차이가 나며 최대 2살의 차이가 난다. 같은 것은 정의상 불가능하다.

③ (○) '세는 나이'에 의하면 12월 31일에 태어났을 때, 1살이고 다음날에는 2살이 된다.

④ (×) 2024년 1월 2일 기준, 1998년 6월 19일에 태어난 아기의 만 나이는 25세이다.

⑤ (×) 반례를 들자면, 2022년 12월 7일 기준 2002년 12월 31일에 태어난 사람의 만 나이는 19세, 연 나이는 20세, 세는 나이는 21세다.

20. 정답 ④

① (×) 수연은 2002년 1월 9일에 태어나 만 나이가 20세로 청소년이 아니다.

② (×) 영지의 만 나이는 17세이다.

③ (×) 1998년생의 경우, 생일과 관계없이 연 나이는 25세이고 세는 나이는 26세이다.

④ (○) 2005년 1월 9일 생의 경우, 지금 청소년에 해당한다.

⑤ (×) <청소년 보호법>은 제1호의 두 번째 문장으로 사실상 연 나이를 도입하고 있다. 따라서 여전히 지영은 청소년의 정의를 만족한다.

21. 정답 ④

① (×) 첫 번째 조문에 따르면 안산시 내 A초등학교 인근의 어린이 식품안전보호구역으로 지정하려면 안산시장은 관할 교육장과 협의하여야 하고(제2항), 이미 지정된 경우 매년 1월 31일까지 지정현황을 작성하여 경기도지사를 거쳐 식품의약품안전처장에게 통보하여야 한다(제4항). 틀린 선지이다.

② (×) 첫 번째 조문 제3항에 따르면 폐교에 따른 구역 지정 해제를 할 수 있는 사람은 영동군수이다. 따라서 틀린 선지이다.

③ (×) [별표]에 따르면 부산 동구는 구 단위이므로 학교 15개당 2명 이상의 전담 관리원이 지정되어야 한다. 부산 동구 내 학교 수는 35개 이므로 최소 6명의 전담 관리원이 지정되어야 하는데 현재 6명이 지정되어 있으므로 동구청장은 더 이상 추가로 지정하지 않아도 된다. 따라서 틀린 선지이다.

④ (○) [별표]에 따르면 최소한 대전 대덕구는 6명, 서울 광진구는 6명의 전담 관리원 지정이 필요하므로 옳은 선지이다.

⑤ (×) 두 번째 조문 2항에 따르면 전담 관리원 운영에 사용되는 경비의 일부를 식품진흥기금에서 지원할 수 있을 뿐 필요한 경비를 식품진흥기금으로 충당하는 것을 원칙으로 한다고 명시되어 있지는 않다. 따라서 틀린 선지이다.

22. 정답 ④

① (×) <□□에 관한 법률 시행령> 제○○조(이하 생략) 제1호 나목에 따르면, 농수축산물의 포장에 사용된 합성수지가 부착된 종이팩뿐만 아니라 알루미늄박이 부착된 종이팩도 재활용의무 대상이다.

② (×) 제1호 다목에 다르면, 세제류(비누 포함)의 포장에 사용된 합성수지재질의 포장재(쟁반형 용기 포함)는 재활용의무 대상이다.

③ (×) 제1호 마목에 따르면, 30밀리리터/30그램 이하의 의약품 중에서도 바이알·앰플·PTP포장 제품이나 병 제품이 아닌 제품만이 재활용의무 대상에서 제외되므로 병 포장 의약품은 재활용의무 대상이다.

④ (○) 제1호 사목에 따르면, 농약은 제외되므로 재활용의무 대상이 아니다.

⑤ (×) 제2호 나목에 따르면, 개인용 컴퓨터(모니터 포함)의 포장에 사용된 합성수지재질의 필름·시트형 포장재는 재활용의무 대상이다.

23. 정답 ①

甲의 경우, 유선사업이면서 총톤수가 5.5톤이므로 첫 번째 조 제2항에 따라 면허를 받아야하는 사업으로, 동조 제1항에 제1호에 해당하므로 유선을 주로 매어두는 장소를 관할하는 시도지사 혹은 지방해양경찰청장이 관할관청이 된다. 그러므로 B시 시장에게 면허를 받은 것은 적법하다. 한편 선박 X의 승선 가능 정원은 갑판탑승부 140제곱미터를 0.35로 나눈 400명에 해당한다. 따라서 선박 X의 승선 인원인 380명은 이를 초과하지 않으므로 甲은 적법하게 운영하는 사람에 해당한다.

乙의 경우, 도선사업이면서 총톤수가 3톤이면서 승객 정원이 25명으로 첫 번째 조 제2항에 따라 면허를 받아야 하는 사업에 해당하는 바, 상황에서 乙은 신고를 하였으므로 적법하지 않다. 따라서 乙은 적법하게 도선사업을 운영하는 사람에 해당하지 않는다.

丙의 경우, 도선사업이면서 총톤수가 2톤이며 정원이 12명으로 첫 번째 조 제2항과 제3항에 따라 신고를 해야 하는 사업에 해당하며, 동조 제1항에 따라 D도지사는 관할관청이 될 수 있다. 따라서 신고대상과 신고의 방식은 적법하다. 그러나 도선에 화물이 실리는 경우 55킬로그램을 승선 가능한 정원 1명으로 하는바, 현재 안전탑승부는 14제곱미터이므로 승선 가능한 정원은 40명인데 반하여 승객 7명과 선원 5명에 화물 1,650킬로그램을 55로 나눈 승선 인원은 30명으로 이를 모두 합하면 승선 인원이 42명이 된다. 따라서 승선 가능 정원을 초과하므로 적법하지 않다. 따라서 丙은 적법하게 도선사업을 운영하는 사람에 해당하지 않는다.

24. 정답 ⑤

① (×) 첫 번째 조문 2항에 따르면 필요한 경우 전무기관으로 하여금 층간소음의 측정을 실시하도록 할 수 있는 권한은 국토교통부장관이 아닌 환경부장관이다. 틀린 선지이다.

② (×) 두 번째 조문 단서에 따르면 다용도실 급수로 인해 발생하는 소음은 층간소음에서 제외되므로 틀린 선지이다.

③ (×) 위층 피아노 소리로 인한 소음은 두 번째 조문 2호의 공기전달 소음에 해당하는데, 이는 5분간 등가소음도로 층간소음 해당여부를 측정하므로 1분간 등가소음도의 측정값으로 이를 판단할 수 없다. 따라서 틀린 선지이다.

④ (×) 위층 발소리로 인한 소음은 두 번째 조문 1호의 직접충격 소음에 해당하는데, 최고소음도 측정방법에 따라 13시부터 1시간 동안 10분 간격으로 소음을 측정한 결과 57dB을 초과한 횟수가 2회에 불가하므로 층간소음에 해당한다고 볼 수 없다. 따라서 틀린 선지이다.

⑤ (○) 두 번째 조문 단서에 따르면 화장실 배수로 인해 발생하는 소음은 층간소음에서 제외되므로 층간소음의 기준 초과여부에 관계없이 층간소음임을 주장하기는 어렵다. 따라서 옳은 선지이다.

25. 정답 ①

ㄱ. (×) 개인형 이동장치를 운전하는 경우는 제외하므로 벌금에 처해지지 않는다.

ㄴ. (○) 혈중알코올 농도가 0.08퍼센트의 사람은 1년 이상 2년 이하의 징역이나 500만원 이상 1천만원 이하의 벌금에 처하므로, 500만원이 가능하다.

ㄷ. (×) 교통안전교육기관 운영의 정지 신고를 하지 아니한 사람에게는 500만원 이하의 과태료를 부과해야 하므로 1천만원의 과태료는 합법적이지 않다.

ㄹ. (×) 어린이통학버스 신고를 하지 아니한 사람의 과태료는 교육감이 부과 징수하여야 한다.

26. 정답 ①

주호가 재료를 구매하는 조건과 상점에서 진행하는 할인행사를 고려할 때 방울과 미니 종을 함께 구매할 수 없으므로 이를 기준으로 구매하는 재료 조합을 나누어볼 수 있다.

1. 방울 구매

1) 별을 구매하지 않는 경우(리본-양말-방울-전구)

리본 15,000원+양말 14,000원+방울 18,000원+전구 20,000원=총 67,000원

총 구매 금액이 6만원을 초과하므로 5% 할인을 받으면 최종 지불금액은 63,650원이 된다.

2) 별을 구매하는 경우(양말-별-방울-전구)

이 경우 리본과 양말 중 양말이 1,000원 더 저렴하므로 양말을 선택하게 된다.

양말 14,000원+별 7,000원+방울 18,000원+전구 20,000원=총 59,000원

2. 미니 종 구매

미니 종을 구매할 경우 별을 1개 증정해주므로 별을 구매하는 것이 합리적 선택이 되므로 주호는 별-양말-미니 종-전구의 조합으로 구매하게 된다.

별 3,500원+양말 14,000원+미니 종 24,000원+전구 20,000원=총 61,500원

14. 정답 ①

주어진 글과 甲~丁의 대화에 따라 가능한 경우의 수를 따져보면 다음과 같다.

ⓐ	1월	2월	3월
甲	춤	노래	노래
乙	춤	노래	춤
丙	춤	노래	노래
丁	노래	춤	춤

ⓑ	1월	2월	3월
甲	춤	노래	노래
乙	춤	춤	노래
丙	춤	노래	노래
丁	노래	춤	춤

ⓒ	1월	2월	3월
甲	춤	노래	노래
乙	춤	노래	노래
丙	춤	노래	노래
丁	노래	춤	춤

ⓓ	1월	2월	3월
甲	노래	노래	춤
乙	노래	춤	춤
丙	노래	노래	춤
丁	춤	춤	노래

ⓔ	1월	2월	3월
甲	노래	노래	춤
乙	노래	춤	춤
丙	노래	노래	춤
丁	춤	춤	노래

ⓕ	1월	2월	3월
甲	노래	노래	춤
乙	춤	노래	춤
丙	노래	노래	춤
丁	춤	춤	노래

ㄱ. (○) 甲이 춤을 배우는 ⓐ~ⓒ 모두 丙도 춤을 배우므로 옳은 선지이다.

ㄴ. (○) 丙이 노래를 배우는 ⓓ~ⓕ 모두 甲도 노래를 배우므로 옳은 선지이다.

ㄷ. (×) 甲이 3월에 노래를 배운 경우는 ⓐ~ⓒ인데, 이 경우 3월에 노래를 배운 학생이 2명인 ⓐ가 존재하므로 틀린 선지이다.

ㄹ. (×) 2월에 노래를 배운 학생이 2명인 경우는 ⓑ, ⓓ, ⓕ인데, 이 경우 丁이 항상 1월에 노래를 배운 것은 아니므로 틀린 선지이다.

따라서 정답은 ㄱ, ㄴ이므로 ①이다.

15. 정답 ④

1) <대화>를 반영한 카드 보유 현황은 다음과 같다.

	산타	루돌프	트리	눈사람
재연				×
인영	○	○	○	×
형민	○		×	
현하	×	×	×	×
수현	○			

2) 산타 카드는 총 3장이므로 재연은 산타 카드를 받지 않았다.

	산타(3)	루돌프(3)	트리(2)	눈사람(1)
재연	×			×
인영	○	○	○	×
형민	○		×	
현하	×	×	×	×
수현	○			

3) 재연이 루돌프 카드를 받을 경우, 수현은 이를 받지 못했으므로 루돌프 카드를 받은 사람은 재연, 인영, 형민이 된다.

4) 그런데 형민이 받은 카드는 수현도 받았으므로 이런 경우는 성립할 수 없다.

5) 따라서 재연은 루돌프 카드를 받지 않았으며 인영, 형민, 수현이 루돌프 카드를 받았음을 알 수 있다.

	산타	루돌프	트리	눈사람
재연	×	×		×
인영	○	○	○	×
형민	○	○	×	
현하	×	×	×	×
수현	○	○		

6) 재연이 받은 카드 1장은 트리 카드이다. 따라서 수현은 트리 카드를 받지 않았다.

	산타	루돌프	트리	눈사람
재연	×	×	○	×
인영	○	○	○	×
형민	○	○	×	
현하	×	×	×	×
수현	○	○	×	

7) 형민이 받은 카드는 수현도 받았는데, 눈사람 카드는 1장이므로 형민은 눈사람 카드를 받지 않았다. 따라서 눈사람 카드를 받은 사람은 수현이다.

	산타	루돌프	트리	눈사람
재연	×	×	○	×
인영	○	○	○	×
형민	○	○	×	×
현하	×	×	×	×
수현	○	○	×	○

① (○) 인영은 트리 카드를 받았으므로 여름에 태어났다.

② (○) 수현은 눈사람 카드를 받았으므로 겨울에 태어났다.

③ (○) 형민은 산타 카드를 받았는데 재연은 산타 카드를 받지 못했으므로 형민이 재연에 비해 영선이와 알고 지낸 지 오래됐다.

④ (×) 재연과 현하는 둘 다 루돌프 카드를 받지 않았으므로 둘 중 누가 영선이와 더 최근에 만났는지는 알 수 없다.

⑤ (○) 트리와 루돌프 카드를 둘 다 받은 사람은 인영뿐이다. 인영은 산타 카드도 받았다.

16. 정답 ④

ㄱ. (×) ⓐ와 상관없이, 최고점은 라 강사가 가지고 있다. (112/3)

ㄴ. (○) 계산을 해보면, 나와 다가 동점이다.

ㄷ. (○) 표를 참고해보자. 나와 라가 받게 된다.

강사	수강생 수	매출 실적	완강 비율	합계
가	$\frac{104}{3}$	$\frac{77}{3}$	$\frac{35}{3}$	$\frac{216}{3}$
나	$\frac{80}{3}$	$\frac{84}{3}$	$\frac{55}{3}$	$\frac{219}{3}$
다	$\frac{88}{3}$	$\frac{77}{3}$	$\frac{45}{3}$	$\frac{210}{3}$
라	$\frac{112}{3}$	$\frac{63}{3}$	$\frac{45}{3}$	$\frac{220}{3}$
마	$\frac{64}{3}$	$\frac{70}{3}$	$\frac{45}{3}$	$\frac{179}{3}$

17. 정답 ②

각 조건 충족여부를 순서대로 살펴보면 다음과 같다.

도진: 연령과 소득기준은 충족하였으며, 취업국가는 선진국 분류국가이다. 8개월을 근속하였고 1차 지원금을 수령하였으므로 2차 지원금을 신청하여 수령하였을 것이다. 따라서 총 수령한 지원금은 300만 원이다.

현우: 연령과 소득기준은 충족하였으며, 취업국가는 지원금 우대국가이다. 6개월을 근속하였고 1차 지원금을 수령하였으므로 2차 지원금을 신청하여 수령하였을 것이다. 따라서 총 수령한 지원금은 400만 원이다.

양철: 연령과 소득기준을 충족하지 못하여 지원금 신청이 불가능하다.

세현: 연령과 소득기준을 충족하였으며, 취업국가는 선진국 분류국가이다. 14개월을 근속하였으나 1차 지원금까지만 신청하여 수령하였으므로 2차 지원금을 신청하여 수령하였을 것이다. 따라서 총 수령한 지원금은 300만 원이다.

민영: 연령과 소득기준을 충족하였으며, 취업국가는 선진국 분류국가이다. 5개월을 근속하였으나 1차 지원금을 신청하지 않았으므로 1차 지원금을 신청하여 수령하였을 것이다. 따라서 초 수령한 지원금은 200만 원이다.

따라서 지원금을 400만 원 이상 받은 자는 현우 1명이므로 정답은 ②이다.

18. 정답 ②

ㄱ. (○) 하디-바인베르크의 원리가 만족되는 집단에서는 유전자형 비율과 대립 유전자 빈도가 모두 일정하다.

ㄴ. (×) Bb와 bb가 겉으로 발현된 형질이 동일하다는 것은 b가 발현되는 것으로 b가 우성이고, B는 열성이다.

ㄷ. (○) 1000마리 중 490이 RR이라는 것은 p×p 의 값이 0.49라는 것으로 p=0.7이다.

ㄹ. (×) 집단 내에 B 유전자의 개수는 100×2+200=400개이다.

옳은 것은 ㄱ, ㄷ이다.

6. 정답 ⑤

1) 전공선택 5학점이 부족하므로 <미시경제학>과 <거시경제학>을 수강해야 한다.(6학점)

2) 영어진행강의 1학점이 부족한데, <신입생세미나>는 신입생만 수강할 수 있어 졸업예정자가 수강할 수 없으므로 <행정학개론>을 수강해야 한다.(2학점)

3) 필수교양 1학점이 부족한데, 마찬가지로 <신입생세미나>는 수강할 수 없으므로 <글쓰기의 이해>를 수강해야 한다.(3학점)

따라서 甲이 졸업을 위해 수강해야 할 학점은 총 6+2-3=11학점이다.

7. 정답 ①

ㄱ. (○) 2문단(일반적으로 분쇄된 ~ 넓어지기 때문이다.), 3문단(연구진은 이보다 ~ 것을 발견했다.)에서 볼 수 있듯이 물의 흐름이 막히지 않는다면 분쇄된 원두 알갱이가 작을수록 물에 닿는 원두의 표면적이 넓어져 커피 추출률이 높아진다.

ㄴ. (×) 2문단(그러나 연구팀이 ~ 나타난 것이다.)에서 볼 수 있듯이 원두 알갱이를 지나치게 작게 분쇄하게 되면 물의 흐름이 막혀 오히려 커피 추출률이 충분히 높아지지 못할 수 있다.

ㄷ. (○) 1문단(언제 어디서든 ~ 공식이 있을까?), 2문단(일반적으로 분쇄된 ~ 경향이 있다.), 3문단(포츠머스대 제이미 ~ 것"이라고 말했다.)에서 볼 수 있듯이 똑같은 맛의 커피를 반복해서 만들기 위해 원두 알갱이를 적당한 크기로 분쇄하는 것이 중요하다.

ㄹ. (×) 4문단(에스프레소 제조에 걸리는 시간은 기존 25초에서 7~14초로 줄어들고)에서 볼 수 있듯이 최대 25초에서 7초로 제조 시간을 줄일 수 있으며, 이는 (18/25)×100=72%에 해당하므로 75% 이상이라는 설명은 옳지 않다.

8. 정답 ③

㉠ 첫 번째 문단의 내용을 통해 적도상에서 동일한 경도의 북쪽 지점을 목적으로 물체를 발사하는 경우, 목표했던 도착지점에 비해 동쪽으로 전향되어 간다는 것을 알 수 있다. A는 적도상에 위치하며, B는 동일한 경도 상에서 북위 40도에 위치한 지점에 해당하므로 A에서 B로 물체를 발사하는 경우 동쪽으로 편향될 것이다.

㉡ 첫 번째 문단에 따르면 발사지점과 도착 지점의 자전 속력 차이가 클수록 전향력의 크기가 크므로 A에서 B를 향해 물체를 발사할 때보다 B에서 C를 향해 물체를 발사할 때가 발사 지점에서 관측했을 때 덜 오른쪽으로 경로가 휘어져 보이게 될 것이다.

㉢ 첫 번째 문단에 따르면 적도상에서 북쪽으로 물체를 발사하는 것과 남쪽으로 물체를 발사하는 경우에는 발사 지점에서 관찰할 때의 휘어지는 방향이 반대가 됨을 알 수 있다. 따라서 남쪽에 있는 D를 향해 물체를 발사하는 경우 오른쪽이 아닌 왼쪽으로 휘어져 보일 것이다.

9. 정답 ③

제시된 분담기준별로 각 도시에서 분담하게 되는 액수는 다음과 같이 정리할 수 있다.

	A 도시	B 도시	C 도시
기준 1	1,000억 원	2,500억 원	2,500억 원
기준 2	200억 원	3,625억 원	2,175억 원
기준 3	2,000억 원	1333,333⋯ 억 원	2,666,666⋯ 억 원

① (○) 기준 1에서보다 기준 2에서 부담비용이 낮아지는 도시는 A, C의 2개이며 기준 1에서 보다 기준 3에서 부담비용이 낮아지는 도시는 B로 1개이다. 따라서 기준 2에서 더 많다. 옳다.

② (○) 기준 1에서 B도시의 부담비용은 2,500억 원, A도시의 부담비용은 1,000억 원이므로 B도시가 A도시의 두 배 이상이다. 옳다.

③ (×) B도시가 기준 2에서 부담하는 비용은 3,625억 원이며 기준 3에서 부담하는 비용은 1333.333⋯ 억 원이므로 기준 2에서가 기준 3에서의 3배 이하이다. 옳지 않다.

④ (○) A도시의 부담비용은 기준 1에서 1,000억 원, 기준 2에서 200억 원, 기준 3에서 2,000억 원이므로 기준 3에서 가장 높다. 옳다.

⑤ (○) C도시의 기준 2에서의 부담비용은 2,175억 원이고 기준 3에서의 부담비용은 2,666.666⋯ 억 원으로 기준 3에서 더 높다. 옳다.

10. 정답 ③

1) 甲이 보낼 메시지 [I see you]는 줄임말을 사용해 [I c you], [I see u], [I c u]로 각각 줄여 쓸 수 있다.

2) <원칙>에 따라 I=18, s=8, e=22, y=2, o=12, u=6, c=24의 코드가 각각 부여된다.

3) [I see you]=18+8+22+22+2+12+6=90, [I c you]=18+24+2+12+6=62
[I see u]=18+8+22+22+6=76, [I c u]=18+24+6=48

4) 메시지 코드가 될 수 있는 것은 90, 62, 76, 48이고, 메시지 코드의 일의 자리에 올 수 있는 숫자는 0, 2, 6, 8이다.

따라서 메시지 코드의 일의 자리 수가 될 수 없는 숫자는 4이다.

11. 정답 ④

주어진 구슬 가져가기 게임에 있어서 모든 참여자가 승리를 위해 최선을 다한다면 구슬을 5개 모두 가져오는 전략보다는 검은 구슬을 3개 가져오는 전략이 실현가능한 전략이며, 이를 위해서는 46번, 42번, 38번, 34번, 30번, 26번, 22번, 18번, 14번, 10번, 6번, 2번 구슬을 해당 차례의 마지막 구슬로 가져오는 것을 통해서 10번, 30번, 50번의 검은 구슬을 확보하는 것이 해당 전략을 실현하기 위한 요건이 된다.

① (○) 해당 게임에서 甲이 처음 구슬을 가져올 기회를 갖게 되므로 2번 구슬을 가져오게 되는 경우 최적의 전략을 실현할 수 있게 되어 승리하게 된다. 옳다.

② (○) 첫 번째 차례에 3개의 구슬을 가져가야 한다면, 乙이 6번 구슬을 가져오게 되며, 이는 결국 乙이 최적의 전략을 실행하는 것을 가능하게 하므로 乙이 6번 구슬을 가져오면 승리하게 된다. 옳다.

③ (○) 甲이 40번 구슬을 가져간다 해도, 이것이 해당 차례 마지막 구슬에 해당하지 않는 경우(예를 들어 39번, 40번 구슬과 41번 구슬을 가져가게 되는 경우 을이 승리하고 40번, 41번, 42번 구슬을 가져가게 되는 경우 갑이 승리한다.)에는 甲과 乙이 모두 승리할 가능성이 있게 된다. 옳다.

④ (×) 甲이 2개의 검은 구슬을 가져오고 30번 구슬을 乙이 가져간 상황에서, 甲이 31번 구슬을 가져가는 상황이 된다면 甲과 乙 모두 승리를 위해 최선을 다하는 경우, 乙이 남은 검은 구슬을 모두 가져오는 방법이 없게 된다. 따라서 이 경우 乙이 승리하지 못하는 경우가 생길 수 있다. 옳지 않다.

⑤ (○) 두 번째 차례까지 3개의 구슬을 가져가야 한다면 乙이 12번 구슬을 가져가게 되며, 甲이 14번 구슬을 가져간 이후에 차례를 마치게 되는 경우, 최적의 전략을 실현할 수 있으므로 甲이 승리하게 된다. 옳다.

12. 정답 ③

편의상 두 롤러코스터 중 21시에서 21시 30분 사이에 먼저 출발한 것을 A, 나중에 출발한 것을 B라고 한다. 주어진 규칙을 고려하여 각 롤러코스터가 21시에서 21시 30분 사이에 출발한 시각과 탑승인원을 정리하면 다음 표와 같다.

운행회차	A		B	
	출발시각	탑승인원	출발시각	탑승인원
1	21:00:10	8	21:00:40	8
2	21:03:40	8	21:04:10	2
3	21:07:10	8	21:08:00	8
4	21:11:40	8	21:12:30	4
5	21:24:10	6	21:25:30	8
6	21:27:40	6		

따라서 21시에서 21시 30분 사이에 롤러코스터가 출발한 횟수는 총11회가 된다.

13. 정답 ④

ㄱ. (○) 甲과 乙이 주사위를 굴렸을 때, 홀수와 짝수가 결정될 확률은 각각 1/2임을 알 수 있다. 따라서 최종위치가 짝수일 확률은 홀수일 확률과 같다.

ㄴ. (×) 6번만 굴리지만, 각각의 숫자가 나올 확률은 모두 같지 않다. 따라서 1/12일 수 없다.

ㄷ. (○) 실제로 계산을 해보면, 5시에 있을 확률은 존재하지 않는다. 하지만 7시에 있을 확률은 1/18이다.

2025년도 국가공무원 5급 공채·외교관후보자 제1차시험·지역인재 7급·법원행시 대비

상 황 판 단

제10회

정답 및 해설

PSAT 상황판단 정답

1	2	3	4	5
①	⑤	②	⑤	②
6	7	8	9	10
⑤	①	③	③	③
11	12	13	14	15
④	③	④	①	④
16	17	18	19	20
④	②	②	③	④
21	22	23	24	25
④	④	①	⑤	①
26	27	28	29	30
①	③	②	②	⑤
31	32	33	34	35
⑤	⑤	④	⑤	③
36	37	38	39	40
④	⑤	②	④	④

PSAT 상황판단 해설

1. 정답 ①

① (×) 첫 번째 조문 2항 4호에 따르면 임원 간담회에 쓰일 다과 구입에는 구매용 법인카드를 사용할 수 없다. 따라서 A는 △교육원 법인카드 사용원칙을 위반한 경우에 해당한다.

② (○) 첫 번째 조문 2항 1호 및 4호에 따르면 공공요금 결제는 구매용 법인카드를 사용하는 것이 원칙이나, 4호 단서에서 구매용 법인카드를 도입하지 않은 경우 업무용 법인카드를 병행하여 사용할 수 있다고 하였으므로 B가 명백히 사용원칙을 위반하였다고 보기 어렵다.

③ (○) 두 번째 조문 2항에 따르면 C는 원칙상 법인카드를 사용할 수 없는 휴무일 및 심야시간대에 사용하였으나, 2항 단서의 예외사유가 존재한다면 사용이 인정될 수 있으므로 C가 명백히 사용원칙을 위반하였다고 보기 어렵다.

④ (○) 네 번째 조문 1항에 따르면 D는 원칙상 법인카드 사용일로부터 7일 이내에 정산해야 하지만 1항 단서의 특별한 사유가 있는 경우라면 법인카드 결제일 3일 전까지만 정산하는 것이 가능하므로 2023.02.16.에 정산하였더라도 법인카드 사용원칙을 위반한 것이 아닌 경우가 존재할 수 있다.

⑤ (○) 네 번째 조문 2항에 따르면 E는 원칙상 지출결의서에 직접 결재해야 하지만 출장, 휴가 등으로 부재중인 경우에는 예외가 인정되므로 E가 명백히 사용원칙을 위반하였다고 보기 어렵다.

2. 정답 ⑤

① (×) 첫 번째 조문 1항에 따르면 경기 시행자는 다음 연도 소싸움경기 시행에 관한 운영계획을 작성하여 매 연도 말까지 농림축산식품부장관의 승인을 받아야 한다. 틀린 선지이다.

② (×) 두 번째 조문 1항에 따르면 농림축산식품부장관이 필요하다고 인정하여 경기 시행자에게 처분을 할 수 있는데, 경기 시행자가 시·군·구일 경우 특별시장·광역시장 또는 도지사를 거쳐야 하지만 B는 시·군·구에 해당하지 않으므로 경북도지사를 거쳐야만 하는 것은 아니다. 따라서 틀린 선지이다.

③ (×) 두 번째 조문 3항에 따르면 공무원이 2항에 따른 검사를 하는 경우 그 권한을 표시하는 증표를 지니고 관계인에게 보여주어야 하므로 틀린 선지이다.

④ (×) 세 번째 조문 1항에 따르면 위력을 사용하여 소싸움경기의 공정한 시행을 방해한 자는 최대 3천만원의 벌금에 처하므로 D는 5천만원의 벌금에 처해질 수 없다. 틀린 선지이다.

⑤ (○) 세 번째 조문 3항에 따르면 심판이 2항 1호의 죄를 저질러 부정한 행위를 하였을 때에는 7년 이하의 징역 또는 7천만 원 이하의 벌금에 처하는데 E가 경기 결과 조작 청탁을 받고 대가를 약속한 것은 2항 1호의 죄에 해당하며 이를 통해 3항에서 말하는 부정한 행위인 실제 결과 조작을 하였으므로 옳은 선지에 해당한다.

3. 정답 ②

① (×) 현재 지역 본부의 경우 A, B, C로 위원회 설치가 가능하나 J 공항의 경우 E, G 2명만 위원회 구성이 가능하므로 위원회 설치가 불가능하다. 틀린 선지이다.

② (○) 지역 본부 내 위원회가 A, B, C로 구성되어 설치되고, A와 B, C 중 한 명만이 출석한 경우 의결 과정에서 1:1 가부동수가 나타날 수 있다. 이 경우 A가 결정권을 행사하게 되므로 옳은 선지이다.

③ (×) H의 출입증 발급에 대한 심의를 하기 위해 합동회의를 개최하려면 출입증 담당관의 요청이 있어야 한다. A는 요청할 수 없으므로 틀린 선지이다.

④ (×) 합동회의 시 최소 인원만으로 개최와 출석이 이루어졌다고 가정하면 2명으로 개최하는 경우를 들 수 있다. 이 경우 2명 중 과반수인 2명이 출석하고 2명의 3분의 2 이상인 2명이 찬성해야만 의결이 가능하다. 따라서 1명의 찬성으로 가결되는 경우는 있을 수 없다. 틀린 선지이다.

⑤ (×) 보안책임자인 직원 I가 신규채용되면 J 공항 위원회 개최와 합동회의의 개최가 모두 가능해진다. 예를 들어 J 공항 위원회가 3명으로 구성되고 이 중 2명이 출석하여 2명이 찬성하는 경우 의결이 이루어지는데, 합동회의에서도 ④에서 살펴본 바와 같이 2명의 찬성으로 의결이 이루어지는 경우가 존재하므로 위원회와 합동회의에서 동일한 인원의 찬성으로 의결이 이루어지는 경우는 있을 수 있다. 따라서 틀린 선지이다.

4. 정답 ⑤

ㄱ. (×) 정당의 등록취소 요건을 갖춘 경우 중앙선거관리위원회가 등록을 취소하게 되므로 틀린 선지이다.

ㄴ. (○) 당헌에 규정이 없어 처분되지 아니한 정당의 잔여재산 처리방식은 등록 취소, 자진해산, 위헌정당해산결정 모두에서 국고에 귀속되는 방식으로 이루어지므로 동일하다.

ㄷ. (○) 등록취소된 정당의 명칭은 등록취소된 날부터 최초로 실시하는 임기만료에 의한 국회의원선거일까지 정당의 명칭으로 사용할 수 없으므로, 그 이후에는 사용가능하다고 볼 수 있다.

ㄹ. (○) 정당이 위헌정당결정에 따라 해산되면 소속 의원은 어떤 방식으로 당선이 되었는지와 관계없이 의원직을 상실하므로 옳은 선지이다.

ㄴ, ㄷ, ㄹ이 옳은 선지이므로 정답은 ⑤이다.

5. 정답 ②

① (○) 민법 제156조는 자연적 계산법, 제157조는 연장적 계산법, 제158조는 예외로서 단축적 계산법을 각각 규정하고 있다.

② (×) 민법 제157조의 연장적 계산법에 따를 때에도, 단서에 따라 그 기간이 오전 0시부터 시작한다면 자연적 계산법에 따랐을 때와 기간이 동일해질 수 있다.

③ (○) 연장적 계산법에 따라 12월 31일부터 90일을 계산하면 만료일은 3월 30일이다.

④ (○) 민법 제158조의 단축적 계산법 또한 역법적 계산법의 한 종류이므로 인위적 조작이 가해진 결과가 맞다.

⑤ (○) 단축적 계산법에 따라 9월 29일부터 계산하면 12월 30일이 93일째 되는 날이다.

② (×) 영업이익이 가장 작은 연도는 2019년이고 순이익이 가장 작은 연도는 2022년이다.

③ (×) 세금이 가장 많은 연도는 2023년이고 순이익이 가장 많은 연도는 2021년이다.

④ (×) 매출원가 대비 판매관리비의 비율이 가장 높은 연도는 약 0.1521의 비율을 보이는 2022년이다. 실제 풀이과정에서는 2019년의 비율이 정확히 15%임을 파악하고 15%보다 높은 비율이 있는 연도가 있는지 찾아보는 것이 좋다. 나머지 연도의 비율은 15%가 이하임을 알 수 있지만, 2022년의 비율은 15%를 넘는다.

⑤ (○) 매출액 대비 영업이익의 비율이 가장 높은 연도는 약 0.428의 비율을 보이는 2021년이다.

36. 정답 ②

① (○) 2020~2022년 '갑'국 방송산업 전체 종사자 수는 2020년은 26,899명, 2021년은 29,483명, 2022년은 30,313명이다.

② (×) 2020~2022년 '갑'국 방송산업 비정규직 종사자 남녀비율은 2020년은 남자가 1,249/(1,249+3,340)×100=27.2%, 여자가 3,340/(1,249+3,340)=72.8%이다. 2021년은 남자가 1,751/(1,751+3,220)×100=35.2%, 여자가 3,220/(1,751+3,220)×100=64.8%, 2022년은 남자가 2,167/(2,167+3,823)×100=36.2%, 여자가 3,823/(2,167+3,823)×100=63.8%이다.

③ (○) 2020~2022년 '갑'국 방송산업 정규직 비정규직 비율은 2020년은 정규직이 (11,961+ 10,349)/26,899×100=82.9%, 비정규직이 17.1%이다. 2021년은 정규직이 (14,120+10,392) /29,483×100=83.1%, 비정규직이 16.9%이다. 2022년은 정규직이 (13,268+11,055)/30,313×100=80.2%, 비정규직이 19.8%이다.

④ (○) 2021~2022년 '갑'국 방송산업 직종별 종사자 수의 전년 대비 증가폭은 2021년은 임원, 경영직, 방송직, 기술직 순서대로 280-259=21, 6,396-6,010=386, 18,304-16,340=1,964, 4,503-4,290=213명이다. 2022년은 마찬가지로 순서대로 나열하면 293-280=13, 6,530-6,396=134, 18,569-18,304=265, 4,921-4,503=418명이다.

⑤ (○) 2021~2022년 '갑'국 방송산업 정규직 종사자 수의 전년 대비 변화율은 2021년은 (14,120+10,392)-(11,961+10,349)/(11,961+10,349)×100=9.9%, 2022년은 (13,268+11,055)-(14,120+10,392)/(14,120+10,392)×100=0.8%이다.

37. 정답 ④

ㄱ. (×) 지상국과 발사대에 모두 참여한 기업체는 2개(40+57-95=2), 연구기관은 1개(6+1-6=1)이다. 따라서 옳지 않다.

ㄴ. (○) 빈칸에 들어갈 수 있는 가장 작은 값은 여러 기관이 중복으로 참여를 하지 않았을 때의 12이므로 과학연구의 3개의 세부분야 모두에서 가장 많이 참여한 기관은 대학이다. 따라서 옳다.

ㄷ. (○) 무인우주탐사와 유인우주탐사에 모두 참여한 연구기관은 1개(3+1-3=1), 대학은 1개(5+2-6)이다. 따라서 옳다.

38. 정답 ①

<표 1>의 빈칸은 주어진 메달 수와 <표 2>의 비율을 통해 알 수 있다. 예를 들어 B국의 은메달 개수는 20이고 금메달 대비 은메달 비율은 2.00이므로 금메달의 수는 20 ÷ 2 = 10이다. 같은 과정을 통해 A~E국의 금메달, 은메달, 동메달 수를 정리하면 아래의 표와 같다.

국가	금메달	은메달	동메달	총계
A	12	17	22	51
B	10	20	17	47
C	5	15	25	45
D	13	8	24	45
E	8	18	19	45

따라서 A~E국 중 가장 많은 메달을 획득한 국가는 51개의 메달을 획득한 A국이다.

39. 정답 ①

두 번째 조건에서 일반사용자의 비율이 90% 미만인 게임은 A(3,102/3,491×100 = 88.9%), B(2,639/2,993×100 = 88.2%)이다. 따라서 웹보드와 롤플레잉은 A 또는 B이다.

세 번째 조건에서 20대·30대 이용자 수 비율은 A는 (562+677)/3,491×100 = 35.5%, B는 (739+692)/2,993×100 = 47.8%, C는 (693+452)/3,213×100 = 35.6%, D는 (632+403)/2,509×100 = 41.3%이다. 따라서 B가 20·30대 이용자 수 비율이 가장 높으므로 B는 롤플레잉, A는 웹보드이다.

네 번째 조건에서 잠재적 위험사용자 수 대비 고위험 사용자 수가 가장 낮은 슈팅은 C 또는 D이다. C는 63/220 = 0.29명이고 D는 42/193 = 0.22명이므로 D가 제일 낮다. D는 슈팅이다.

다섯 번째 조건에서 10대 이용자 수의 비율이 가장 높은 스포츠는 C 또는 D이다. C는 941/3,213 = 0.293, D는 616/2,509 = 0.25이므로 C가 더 높다. 따라서 C는 스포츠이다.

40. 정답 ①

첫 번째 조건을 C 지역이 충족시키지 못한다. 2020, 2021년 모두 2종 운전면허소지자가 1종 운전면허소지자의 50% 미만이다.

두 번째 조건을 B 지역이 충족시키지 못한다. 2020년과 2021년 모두 1종 운전면허 소지자는 606명으로 같다.

세 번째 조건을 C, E 지역이 충족시키지 못한다. 두 지역 모두 2019년의 2종 운전면허 소지자 수가 가장 많다.

네 번째 조건을 D 지역이 충족시키지 못한다. 2019년 대비 2020년 7명 증가하였으나, 2020년 대비 2021년에는 8명 증가하였기 때문이다.

따라서 <보고서>의 내용에 부합하는 마을은 A이다.

29. 정답 ②

ㄱ. (×) 일반축사가 가장 많은 지역은 3,271개의 일반축사가 있는 F지역이다. 한편, 축사는 일반축사와 특수축사로만 구성된다. 따라서 <표>의 빈칸은 축사에서 일반축사 혹은 특수축사의 수는 뺀 값을 통해 알아낼 수 있다. 이때, 특수축사가 가장 많은 지역은 712개의 축사가 있는 B지역이다.

ㄴ. (○) B지역의 일반축사대비 특수축사의 비율은 약 30.8%로 모든 지역 중에 가장 높다. 실제 풀이과정에서는 먼저 B지역의 비율이 대략적으로 30% 정도 임을 알아내야 한다. 그다음 30%를 기준으로 다른 지역의 일반축사 대비 특수축사 비율이 30%를 넘는지 확인해보면 그런 지역을 찾아낼 수 없다.

ㄷ. (○) F지역 전체축사에서 사육하는 돼지 수는 3,710×16 = 59,360이다. 한편 <표>의 각주에 따르면 각 축사에서 사육하는 돼지는 최소 10마리 이상이다. 먼저 특수축사에서 사육하는 돼지의 수가 최대가 되려면 일반축사 모두에서 10마리의 돼지만을 사육하는 경우를 가정해보아야 한다. 그렇게 된다면 특수축사에서 사육하는 돼지의 수는 59,360 - (3,271×10) = 26,750이다. 다음으로 특수축사에서 사육하는 돼지의 수가 최소가 되려면 특수축사 모두에서 10마리의 돼지만을 사육하는 경우를 가정해보아야 한다. 이때 돼지의 수는 439×10 = 4,390이다. 따라서 그 차이는 20,000 이상이다.

ㄹ. (×) 지역에서 사육하는 돼지의 수는 [축사×축사당 사육두수]를 통해 알 수 있다. 이때 가장 많은 돼지를 사육하는 지역은 113,760마리의 돼지를 사육하는 C지역이다. 실제 풀이과정에서는 먼저 A지역에서 사육하는 돼지의 수가 113,511마리임을 알 수 있다. 이때, 모든 지역의 돼지 수를 구하는 것이 아닌 10만이 넘어갈 것으로 보이는 지역의 돼지 수만을 구하여 정답을 찾아가는 것이 좋다. 예를 들어, B지역은 축사당 사육두수가 30마리여도 총 돼지 수는 대략적으로 90,000마리가 될 것이기 때문에, 직접 정확한 수를 구할 필요는 없다.

30. 정답 ⑤

① (○) 주어진 자료에서 2021년 '갑'국 전체 아동학대 사례 건수는 21,579건이고 이는 전년 대비 (21,579-15, 971)/15,971×100=35.1% 증가한 수치로 30% 이상 증가하였다. 또한 2020년 전체 아동학대 사례 건수는 15,569건으로 2021년 전체 아동학대 사례 건수는 전년 대비 (15,971-15,569)/15,569×100= 2.6% 증가한 수치로 5% 이하 증가하였다. 이는 보고서의 내용과 부합한다.

② (○) 보고서에 따라 아동학대 피해아동 남녀비율을 계산해보면, 2019년의 경우 남자는 7,812/15,569×100=50.2%, 여자는 7,757/15,569×100 = 49.8%이다. 2020년의 경우 남자는 6,369/15,971×100=39.9%, 여자는 9,602/15,971×100=60.1%이다. 2021년의 경우 남자는 10,432/21,579×100=48.3%, 여자는 11,147/21,579×100=51.7%이다.

③ (○) 보고서에 따라 아동학대 피해아동 연령대별 비율을 계산해보면, 1세 미만은 747/21,579×100 = 3.5%, 1~4세는 3,450/21,579×100 = 16.0%, 5~8세는 5,132/21,579×100 = 23.8%, 9~12세는 6,182/21,579×100 = 28.6%, 13~17세는 6,068/21,579×100 = 28.1%이다.

④ (○) 주어진 자료에서 유형별 아동학대 사례 건수는 2019~2021년 동안 매년 정서적 학대, 신체적 학대, 방임, 성 학대 순으로 많다. 정서적 학대는 2019년의 경우 7,622/15,569×100=49%, 2020년의 경우 8,732/15,971×100=54.7%, 2021년의 경우 58.1%로 매년 45% 이상을 차지했다.

⑤ (×) 2021년의 경우 전체 아동학대 사례 중 종결된 사례의 비율은 7503/21,579×100 = 34.8%로 33% 초과이다.

31. 정답 ①

기준시점을 정하고 해당 시점 대비 재고량의 증감을 파악해야 해결이 가능한 문제이다. 이를 위해서는 2018년 4/4분기 종료 시점의 재고량을 X가 할 때, 각 연도의 4/4분기 종료 시점 재고를 X를 통하여 표현해보아야 한다.

먼저 2019년 종료 시점의 재고량은 X - 24 - 34 + 39 + 21 = X + 2이다. 2020년 종료 시점의 재고량은 (X + 2) + 48 - 33 - 51 + 29 = X - 5이다(X - 7이 아님을 주의해야 한다). 2021년 종료 시점의 재고량은 (X - 5) + 9 + 36 - 24 - 26 = X - 10이다. 2022년 종료 시점의 재고량은 (X - 10) - 56 + 15 + 21 + 30 = X이다. 2023년 종료 시점의 재고량은 X - 5 - 16 + 28 - 8 = X - 1이다. 따라서 재고량이 가장 많은 연도는 2019년이다.

32. 정답 ④

먼저, 두 번째 조건에 따르면 2020년 4/4분기 종료 시점의 재고량은 91개에서 99개 사이임을 알 수 있다. 2021년 1/4분기의 재고량은 2020년 4/4분기 재고량보다 9개 많다. 이때, 두 자리 숫자에 9를 더하여 세 자리 숫자가 되려면 해당 두 자리 숫자는 91~99중 하나여야 하기 때문이다. 한편 이러한 결론에 따르면 2019년 4/4분기 종료 시점의 재고량은 98~106개 중 하나임을 알 수 있다. 2019년 4/4분기 종료 시점의 재고량은 2020년 4/4분기 종료 시점의 재고량보다 7개 많기 때문이다.

다음으로 첫 번째 조건을 통해 2018년 4/4분기 종료 시점의 재고량은 98개 혹은 99개임을 알 수 있다. 2018년 4/4분기 종료 시점의 재고량은 2019년 4/4분기 종료 시점의 재고량보다 2개 적다. 따라서 2018년 4/4분기 종료 시점의 재고량으로 가능한 것은 96~104이고 이 중 2를 더하여 십의 자리 숫자가 달라지려면 98 혹은 99여야 하기 때문이다.

다음으로 세 번째 조건을 통해 2018년 4/4분기 종료 시점의 재고량은 98임을 확정할 수 있다. 2022년 4/4 분기 종료 시점의 재고량은 31번 문제를 통해 2018년 4/4분기 종료 시점의 재고량과 같음을 알 수 있다. 이때, 2022년 3/4분기 재고량은 2022년 4/4분기 재고량보다 30개가 적다. 즉 [2022년 3/4분기 재고량 = 2018년 4/4분기 재고량 - 30]임을 알 수 있다. 98과 99중 해당 값이 2022년 3/4분기 재고량이 짝수가 되게 하는 숫자는 98이다.

마지막으로 2023년 4/4분기 종료 시점의 재고량은 31번 문제를 통해 2018년 4/4분기 재고량보다 1개 적음을 알 수 있다. 따라서 정답은 97이다.

33. 정답 ③

ㄱ. (○) 2021년과 2022년 건물용도별 동수당 면적은 2021년의 경우 주거용은 6,643/85,711×1000=77.5㎡/호, 상업용은 1,761/15,831×1000=111.2㎡/호, 공업용은 991/3,638×1000=272.4㎡/호이다. 따라서 공업용 건물의 동수당 면적이 가장 크다. 2022년의 경우 주거용은 7,523/90,320×1000=83.3㎡/호, 상업용은 1,867/16,432×1000=113.6㎡/호, 공업용은 1,134/4,324×1000=262.3㎡/호이므로 공업용 건물이 제일 크다.

ㄴ. (○) 2021년 전체 건축물 거래의 동수당 면적은 10,419/107,529×1000=96.9㎡/호, 2022년의 경우 11,510/113,313×1000=101.6㎡/호이므로 2022년이 더 크다.

ㄷ. (×) 2021년 판매자가 개인인 경우 동수당 면적은 6,845/71,832×1000=95.3㎡/호, 판매자가 법인인 경우 동수당 면적은 3,574/35,697×1000=100.1㎡/호이므로 판매자가 법인인 경우가 크다. 2022년 판매자가 개인인 경우 동수당 면적은 7,218/76,774×1000=94.0㎡/호, 판매자가 법인인 경우 동수당 면적은 4,292/36,539×1000=117.5㎡/호이므로 판매자가 법인인 경우가 크다.

34. 정답 ③

ㄱ. (○) 여성 가입 근로자 비율은 2020년의 경우 2945/6647×100=44.31%, 2021년의 경우 3057/6836×100=44.72%이다. 둘 모두 30/75(0.4)를 기준으로 더 크기 때문에 40% 이상임을 빠르게 알 수 있다. 따라서 옳다.

ㄴ. (○) 분모의 값은 2021년에 증가하는 반면(6647→6836), 분자의 값은 2021년에 감소한다(175→174). 따라서 옳다.

ㄷ. (×) IRP 특례는 2021년 가입 근로자 수가 오히려 감소했으므로 계산할 필요가 없다. 확정급여형은 (3136-3132)/3132×100=0.13%, 확정기여형은 (3528-3340)/3340×100=5.63%, 병행형은 (111-110)/110×100=0.91%이다. 따라서 옳지 않다.

35. 정답 ⑤

먼저, 2019~2023년의 영업이익, 세금, 순이익을 정리하면 아래의 표와 같다.

연도	영업이익	세금	순이익
2019	120	18	102
2020	170	25.5	144.5
2021	180	27	153
2022	125	25	100
2023	175	35	140

① (×) 영업이익의 전년 대비 증가율이 가장 높은 연도는 약 41.6%의 증가율을 보이는 2020년이다.

22. 정답 ④

① (○) 전국의 경우 2023년 1월에는 전월 대비 아파트거래량이 감소하고, 2월에는 증가한다. 서울, 부산, 경북, 경남을 제외한 13개의 행정구역이 전국과 증감 방향이 동일하다. 따라서 옳다.

② (○) 2023년 1월에는 4개의 행정구역이, 2월에는 16개의 행정구역이 전월 대비 아파트거래량이 증가했다. 따라서 옳다.

③ (○) 경기도가 2023년 1월과 2월 모두 각각 -8,204, 7,326으로 전월 대비 아파트거래량 증감폭의 절댓값이 가장 크다. 따라서 옳다.

④ (×) 부산은 2023년 2월에 전월 대비 아파트거래량이 감소했다. 따라서 옳지 않다.

⑤ (○) 2022년 12월, 2023년 1, 2월 모두 제주특별자치도의 아파트거래량이 가장 적다. 따라서 옳다.

23. 정답 ③

ㄱ. (×) 먼저 C지역의 대상 인원을 어림잡아 남자 10,000명, 여자 9,000명으로 보고 수검 인원을 어림잡아 남자 9,000명, 여자 8,500명이라고 본다면 각각의 성별에서 수검률이 90% 정도 이므로, 전체 수검률도 90% 정도가 될 것임을 알 수 있다(실제 수검률 또한 약 90.8%이다). 이때, 다른 지역에서는 성별 수검률이 90%에 미치지 못함을 알 수 있는바, 전체 수검률이 가장 높은 지역은 C지역이다.

ㄴ. (○) B지역에서 정상판정을 받은 사람은 17,845명이다. 이때 만약 B지역 남성 모두가 정상판정을 받았다고 하더라도 [17,845 - 10,243 = 7,602]명의 여성이 정상판정을 받아야 한다. 따라서 B지역에서 정상판정을 받은 여성이 최소가 되는 경우에도 그 수는 3,000명을 넘는다.

ㄷ. (○) A지역의 유질환자 수를 알기 위해 수검인원에서 유질환자를 제외한 나머지 판정을 받을 사람의 수를 빼보면 A지역의 유질환자는 16,874 - 11,046 - 4,734 - 894 = 200명이다. 한편 지역별 남성 여성을 합한 전체 수검인원을 각각 16,874, 20,059, 17,859, 41,320명이다. 이를 통해 B지역의 유질환자 비율은 1%를 넘지 않지만 다른 지역의 유질환자 비율은 1%를 넘음을 알 수 있다. 따라서 B지역의 비중이 가장 낮다.

ㄹ. (×) B지역의 질환의심 판정을 받은 사람의 수를 알기 위해 ㄷ과 같은 과정을 거치면 그 수는 493명이다. 한편, 질환의심 판정을 받은 사람이 가장 많은 지역은 D지역으로 그 수는 2,943명이다. 493 × 6 = 2,958이기 때문에, 6배 이상 많다고 할 수는 없다.

24. 정답 ④

ㄱ. (○) 교역국가 수가 1개국인 기업의 업체수당 교역액은 진입기업은 8,312/57,994 = 0.143(백만달러/개, 이하 동일)이고, 퇴출기업은 6,252/59,962=0.104이다. 교역국가 수가 2개국인 기업도 마찬가지로 살펴보면 진입기업은 10,488/9,380=1.118, 퇴출기업은 13,206/20,183=0.654이다. 교역국가 수가 3개국 이상인 기업도 마찬가지로 진입기업은 21,758/13,001=1.674, 퇴출기업은 17,961/13,633=1.317이다. 교역국가 수에 상관없이 기업의 업체수당 교역액은 진입기업이 퇴출기업보다 많다.

ㄴ. (×) 교역국가 수별 휴식기업의 수는 활동기업 업체 수에서 진입기업 업체 수와 퇴출기업 업체 수를 빼서 구할 수 있다. 교역국가가 1개국, 2개국, 3개국 이상인 경우를 각각 살펴보면 131,780-57,994-59,962=13,824, 30,950-9,380-20,183=1,387, 27,162-13,001-13, 633=528개이다. 전체 휴식기업 업체 수는 13,824+1,387+528 =15,739이므로 교역국가수가 1개국인 업체 수가 차지하는 비중은 (13,824/15,739) × 100=87.8%이므로 90% 미만이다.

ㄷ. (○) 업체 수 퇴출률은 교역국가 수가 1개국, 2개국, 3개국 이상인 경우를 각각 살펴보면 (59,962/131,780) × 100=45.5%, (20,183/30,950) × 100=65.2%, (13,633/27,162) × 100= 50.2%이다. 따라서 업체 수 퇴출률이 높은 순서는 교역국가 수별로 2개국, 3개국 이상, 1개국 순이다. 마찬가지로 교역액 퇴출은 교역국가 수가 1개국, 2개국, 3개국 이상인 경우를 각각 살펴보면 (6,252/31,080) × 100=20.1%, (13,206/30,753) × 100=42.9%, (17,961/52,027) × 100=34.5%이다. 따라서 교역액 퇴출률이 높은 순서는 교역국가 수별로 2개국, 3개국 이상, 1개국 순이다 따라서 교역국가 수별 업체 수 퇴출률과 교역액 퇴출률이 높은 순서는 같다.

25. 정답 ③

ㄷ. (×) 2022년의 값은 28개가 아니라 27(=4+3+6+13+1)개이다.

ㄹ. (×) 주어진 그래프의 경우 2022년이 아닌 2021년의 값으로 계산한 것이다.

26. 정답 ⑤

① (○) 2021년 유입된 이민자의 수와 유출된 이민자의 수 차이는 19,400으로 이는 주어진 연도 중 가장 높다. 풀이과정에서 대략적으로 2021년의 수 차이가 19,000명쯤 된다는 것을 파악할 수 있는데, 이와 근접해 보이는 연도는 2020, 2022년 정도 밖에 없으므로, 3개의 연도만을 비교하였어도 충분할 것이다.

② (○) 2021년과 2018년의 총인구를 비교하기 위해서는 2018 ~ 2020년 사이 [출생 + 이민(유입) - 사망 - 이민(유출)]의 값이 양수인지 음수인지 확인하면 된다. 더해지는 인구는 1,046,591명이고 빠지는 인구는 1,010,840명으로 위 값은 양수가 된다. 한편 2018 ~ 2020년 사이 이민은 유입된 이민자가 항상 많다. 출생과 사망 측면에서도 앞 3자리 숫자만을 비교해보아도 출생이 많음을 알 수 있다. 따라서 이런 방법으로도 2021년의 총인구가 더 많음을 추론할 수 있다.

③ (○) 출생은 지속적으로 줄어드는 반면, 이민(유입)은 지속적으로 증가하기 때문에, 2016년의 비율이 가장 높다. 2021년에 이민(유입)의 인구가 한 번 줄어드는 것은 큰 영향을 미치지는 못한다.

④ (○) 출생인구 대비 사망인구의 비율이 가장 낮은 연도는 2016년이다. 출생은 2016년부터 지속적으로 줄어드는 반면, 사망은 지속적으로 늘어나기 때문이다. 한편, 2016년은 유출된 이민자 수 대비 유입된 이민자 수의 비율이 유일하게 1 이하인 연도이기도 하다. 따라서 옳은 선지이다.

⑤ (×) 총인구는 2020년까지 전년도 대비 매년 증가하다가 2021년부터 전년도 대비 매년 감소한다. 따라서 총인구가 가장 많은 연도는 2020년이다. 한편, 유입된 이민자 수가 가장 많은 연도는 2022년이다. 따라서 틀린 선지이다.

27. 정답 ⑤

ㄱ. (○) 전체 스마트 미디어 분야 기업 수는 78+114+121+578=891개이다. 디스플레이와 소셜미디어 분야 기업 수의 합은 114+121=235개이다. (235/891) × 100=26.4%이므로 25% 이상이다.

ㄴ. (○) OTT 분야 중견기업의 비중은 100-(21.8+59.0)=19.2%이고, 가상현실 분야 중견기업의 비중은 100-(96.2+1.7)=2.1%이다. OTT 분야 중견기업의 수는 78 × 0.192 =14.976이고, 가상현실 분야 중견기업의 수는 578 × 0.021=12.138이다. 따라서 OTT 분야 중견기업 수는 가상현실 분야 중견기업 수보다 많다.

ㄷ. (○) 대기업을 제외한 조직형태가 차지하는 비중은 디스플레이 분야에서 100-1.8 = 99=98.2%, 소셜미디어 분야에서 100-4.1=95.9%이다. 대기업을 제외한 디스플레이 분야 기업의 수는 114 × 0.982=111.948, 대기업을 제외한 소셜미디어 분야 기업의 수는 121 × 0.959=116.039이므로 조직형태가 대기업인 경우를 제외하면 소셜미디어 분야의 기업 수는 디스플레이 분야의 기업 수보다 많다.

28. 정답 ⑤

각 지역의 항목 점수와 그 합은 다음과 같다.

	필요액	과거지급액	보조효과	계
갑	7	6	1	14
을	1	8	5	14
병	6	5	4	15

따라서 보조금을 지급할 최종선정지역은 '병'이다.

ㄱ. (○) '병'의 3개 평가 항목 점수의 합은 15점이다. 따라서 옳다.

ㄴ. (○) '갑'의 '과거지급액' 등급이 B에서 A로 변경되면 항목 점수의 합은 14에서 16으로 증가하여, 최종선정지역은 '병'에서 '갑'으로 달라진다. 따라서 옳다.

ㄷ. (○) 배점이 바뀌는 경우 '을'의 항목 점수의 합은 14에서 15로 증가하고, '병'의 항목 점수의 합은 15에서 14로 감소한다. 따라서 옳다.

14. 정답 ①

ㄱ. (○) 2022년 가구형태별 전체 양곡소비량을 알기 위해서는 현재 1인당 양곡비량이 주어져 있으므로 2022년 가구형태별 가구 수와 2022년 가구형태별 평균 가구원 수가 필요하다.

ㄴ. (○) 2020~2022년 가구당 연간 양곡소비량을 알기 위해서는 2020~2022년 가구형태별 가구 수가 필요하다.

ㄷ. (×) 사업체부문 전체 연간 양곡소비량은 주어진 자료를 통해 알 수 있다.

ㄹ. (×) 사업체부문 전체 연간 양곡소비량은 주어진 자료를 통해 알 수 있다.

15. 정답 ③

첫 번째 조건을 B 마을은 2010, 2015년에 충족시키지 못한다.

두 번째 조건을 A, E 마을이 충족시키지 못한다.

세 번째 조건을 A, D 마을이 충족시키지 못한다. 개인농가 인구수는 개인농가 남자 인구수와 여자 인구수를 합한 값이다.

따라서 <보고서>의 내용에 부합하는 마을은 C이다.

16. 정답 ⑤

ㄱ. (×) 사업별로 점수를 알 수 없는 심사위원의 점수에 1점과 10점을 대입하여 사업별로 받을 수 있는 점수의 최대, 최솟값을 구하면 아래의 표와 같다. 따라서 사업안별 심사 점수의 차이는 최대 19점(A의 최댓값과 E의 최솟값)이다.

사업	최솟값	최댓값
A	27	29
B	20	24
C	15	18
D	17	22
E	10	18

ㄴ. (×) 丙이 D사업에 부여한 점수를 제외한 점수의 합은 33점이다. 따라서 丙이 부여한 점수의 평균이 8점 이상이라는 것은 D사업에 부여한 점수가 7점 이상이라는 것과 같다(평균 8점 이상이려면 총합 40점 이상이어야 하기 때문). 이때 가능한 최소 점수인 7점을 D사업에 부여하는 경우 D사업의 심사점수는 20점(= 8 + 7 + 5)이다.

ㄷ. (○) ㄱ의 표에 따르면 사업 C, D, E는 받을 수 있는 심사점수의 구간이 겹친다. 구체적으로 세 사업이 모두 18점을 받는 경우 세 사업의 점수가 같을 수 있다.

ㄹ. (○) A 사업을 제외하고 乙이 부여한 점수의 합은 18점, B사업을 제외하고 戊가 부여한 점수의 합은 27점이다. 따라서 두 사람의 부여점수 평균이 같은 경우는 乙이 A사업에 10점을, 戊가 B사업에 1점을 부여하는 경우 밖에 없다. 이 경우 B사업의 심사점수는 20점이다.

17. 정답 ②

첫 번째 조건에서 상용근로비율이 60% 미만인 산업은 B(1,622,203 / 2,947,678 × 100 = 55.0%), D(653,210 / 1,204,843 × 100 = 54.2%)이다. 금속산업과 IT산업은 B, D 산업 중 하나이다.

두 번째 조건에서 전기산업의 종사자수는 금속산업과 화학산업 종사자수의 평균 이상이므로 전기산업은 C, D산업이 될 수 없고 가능한 것은 A, B산업이다. 전기산업은 A, C산업 중 하나이므로 전기산업은 A산업이고, 화학산업은 C산업이다.

세 번째 조건에서 사업체당 종사자수는 금속산업이 IT산업보다 많으므로 금속산업은 B(2,947,678/13,208 = 223.2명), IT산업은 D(1,204,843/5,683 = 212.0명)이다.

네 번째 조건에서 평균급여액은 D(4,604,640/1,204,843 = 3.82백만 원)가 제일 많으므로 IT산업은 D, 금속산업은 B이다.

18. 정답 ②

ㄱ. (×) 다른 연도는 전부 동일하나, 2019년의 경우 공연단체의 수는 전년 대비 증가하였으나 그 전체 종사자 수는 전년 대비 감소하였다. 합계를 구하지 않아도 단원과 지원인력 모두 감소한 것을 통해 알 수 있다.

ㄴ. (×) 주어진 단위가 각각 백만 원, 억 원인 것에 유의한다. 2020년을 제외하고는 중앙정부의 문화예술예산은 공연단체의 매출액의 10배가 되지 못한다.

ㄷ. (○) 다른 시기의 경우 중앙정부와 지방자치단체의 예산이 모두 증가하기에 명백하고, 실질적으로는 2018년의 문화예산의 전년 대비 증감만 확인하면 충분하다. 2017년은 122,085억 원(= 27,804+94,281), 2018년은 122,771억 원(= 28,931+93,840)이므로 증가하였다.

19. 정답 ③

③ (×) 2019년의 값으로 주어진 55,118명은 2019년이 아니라 2020년의 값이다. 2019년 전년 대비 단원과 지원인력 모두 감소하고 있음에도 불구하고 그래프에서는 2018년보다 증가한 것으로 나타낸 점에 유의한다.

20. 정답 ③

① (○) 2022년 '식료품' 산업 사업체 수의 전년 대비 증가율은 약 10.47%이고 2023년의 전년 대비 증가율은 약 12.86%이므로 옳은 선지이다. 2022년의 증가율은 10% 정도인데, 2023년의 증가율은 이보다는 크다는 점을 통해서도 추론할 수 있다.

② (○) 2022년 전체 생산액에서 식료품 산업의 생산액이 차지하는 비중은 대략적으로 10/15 = 2/3정도임을 알 수 있다. 이는 67%와 비슷한 수치이므로 60% 이상임을 알 수 있다.

③ (×) 2021년 전체 사업체 수는 12,038개, 2023년 전체 사업체 수는 14,469개이다. 이때, 2022년의 전년 대비 증가율은 약 8.51%로 10%이하이고 2023년의 전년 대비 증가율은 약 10.77%로 10% 이상이다. 따라서 2023년의 증가율이 더 높다.

④ (○) 전체 생산액에서 '목재'산업 생산액이 차지하는 비중은 연도별로 각각 약 4.4%, 4.0%, 3.9%이다. 따라서 비중이 가장 큰 연도는 2021년이다.

⑤ (○) 2023년 '가죽'산업 생산액의 증가분이 500 이상이므로 전년 대비 증가율은 10% 이상임을 알 수 있다. 이때, 다른 산업의 생산액 증가율이 10% 이상인지를 살펴보면, 10% 이상의 증가율을 보여주는 산업은 없다. 따라서 '가죽'산업이 전년 대비 증가율이 가장 크다는 것을 알 수 있다.

21. 정답 ②

두 번째 정보에서 2020년 대비 2022년 1급 등록장애인의 증가율은 다음과 같다.

A : (35,232-33,240)/33,240 × 100 = 6.0%,

B : (7,230-6,982)/6,982 × 100 = 3.5%

C : (26,340-31,697)/31,697 × 100 = -16.9%

D : (12,345-10,472)/10,472 × 100 = 17.9%

따라서 D는 자폐이다.

세 번째 정보에서 2020~2022년 전체 등록 장애인 수는 다음과 같다.

연도	A(지체)	B(청각)	C(시각)	D(자폐)
2020	245,158	95,660	50,351	26,703
2021	265,034	97,767	43,615	29,975
2022	249,758	88,910	45,784	26,027

이때 증감방향이 동일한 장애유형은 A, B, D이다. D는 자폐이므로 지체장애와 청각장애는 A 또는 B이다.

네 번째 정보에서 2020~2022년 동안 2급 대비 3급 등록장애인 수는 지체장애가 시각장애보다 항상 많다. 지체장애와 청각장애는 A 또는 B이므로 2급 대비 3급 등록장애인수를 비교하면 A는 매년 2보다 크고, B는 매년 2보다 작다. 따라서 지체장애는 A, 청각장애는 B이다. 나머지 C는 청각장애이다.

ㄱ. (○) 위의 표에서 지체, 청각, 시각, 자폐 순으로 전체 등록장애인의 수가 많다.

ㄴ. (×) 2020~2022년 동안 매년 3급 장애가 장애등급 중 가장 많은 유형은 A(지체)뿐이다.

ㄷ. (○) 2020~2022년 동안 매년 2급 등록장애인 수가 감소한 장애유형은 B(청각), C(시각)이다.

ㄹ. (×) 2020~2022년 동안 매년 1급장애의 비율이 가장 큰 장애유형은 C(시각)이다. 오직 C만 매년 1급 장애가 제일 많은 것을 알 수 있다.

⑤ (○) 수출액이 세 번째로 큰 연도는 2017년이고, 수입액이 세 번째로 큰 연도는 2019년이다. 따라서 옳은 선지이다.

7. 정답 ④

ㄱ. (○) 표의 주어진 식에 따르면 [비경제활동인구 = 생산가능인구 - 경제활동인구]이다. '이민자'의 비경제활동인구수는 (726 + 627) - (583 + 331) = 439이고 '외국인'의 비경제활동 인구수는 (717 + 584) - (576 + 303) = 422이다. 따라서 옳은 선지이다.

ㄴ. (×) '귀화허가자' 중 '남자'의 생산가능인구 대비 경제활동인구 비율은 7/10 = 0.7이고 '여자'의 비율은 28/42 = 0.67이기 때문에 남자의 비율이 더 높다.

ㄷ. (○) 경제활동인구 대비 취업자의 비율이 가장 낮은 유형은 반대로 경제활동인구 대비 실업자의 비율이 가장 높은 유형과 같다. '이민자'와 '외국인'의 경제활동인구 대비 실업자의 비율은 5%를 넘지 않지만, '귀화허가자'의 경제활동인구 대비 실업자의 비율은 5%를 초과한다. 따라서 옳은 선지이다.

ㄹ. (○) 표의 주어진 식에 따르면 [실업자 = 경제활동인구 - 취업자]이다. 이때, '이민자' 중 여자의 취업자 대비 실업자 비율은 20 / 311 = 0.064이고 '외국인' 중 여자의 취업자 대비 실업자 비율은 19 / 284 = 0.066이므로 옳은 선지이다. 20에서 19로의 감소율이 정확히 5%이기 때문에, 311에서 284로의 감소율이 5% 이상인지 이하인지를 확인하는 것이 좋을 것이다.

8. 정답 ④

ㄱ. (○) 학교 수가 문화시설 수의 10배 이상인 지역은 전국 14개 지역 중 세종특별자치시, 경상도를 제외한 12개 지역이다.

ㄴ. (○) 전국 학교 수는 13,292개로 이 중 경기도 학교 수는 3,089개이다. 따라서 20% 이상이다.

ㄷ. (○) 전국 문화시설 수는 1,128개로 14개 지역의 평균은 80.57개이다. 문화시설 수가 81개 이상인 지역은 서울특별시, 경기도, 충청도, 전라도, 경상도로 5개 지역이다.

ㄹ. (×) 제주특별자치도를 제외하고 시설당 면적이 가장 큰 지역은 학교의 경우 대전광역시(45,822㎡), 문화시설의 경우 세종특별자치시(37,775㎡)이다.

9. 정답 ①

각 사업의 항목 점수와 그 합은 다음과 같다.

	위험	수익률	시급성	계
갑	1	8	7	16
을	2	7	5	14
병	3	3	9	15

따라서 우선순위는 '갑', '병', '을'의 순서이다.

ㄱ. (○) '갑' 사업의 수익률 등급이 A로 가장 높다. 따라서 옳다.

ㄴ. (×) '을'의 '위험' 등급이 C에서 B로 변경되면 항목 점수의 합은 14에서 15로 증가하나, 여전히 투자사업은 '갑'이다. 따라서 옳지 않다.

ㄷ. (×) 기존 우선순위 하에서 투자사업이 '갑', '병'이므로 '병'의 항목 점수의 합이 증가한다 하여도 투자사업은 달라지지 않는다. 따라서 옳지 않다.

10. 정답 ①

① (×) 2022년 세부업종별 전년 대비 사업체 수 변화율은 일반여행업은 (2,136-1,624) / 1,624 × 100=31.5%, 국내여행업은 (1,915-1,714) / 1,714 × 100 = 11.7%, 국외여행업은 (3,891-3,495) / 3,495 × 100 = 11.3%, 관광호텔업은 (777-656) / 656 × 100 = 18.4%, 기타호텔업은 (107-71) / 71 × 100 = 50.7%, 휴양콘도업은 (189-193) / 193 × 100 = -2.1%이므로 틀린 선지이다.

② (○) 2022년 여행업 세부업종별 사업체 수 비중은 일반여행업의 경우 (2,136/7,942) × 100 = 26.9%, 국내여행업의 경우 (1,915/7,942) × 100 = 24.1%, 국외 여행업의 경우 (3,891/7,946) × 100 = 49.0%이므로 옳은 선지이다.

③ (○) 2020년 ~ 2022년 숙박업 전체 사업체 수는 2020년은 660+62+174 = 896개, 2021년은 656+71+193 = 920개, 2022년은 777+107+189 = 1,073개이므로 옳은 선지이다.

④ (○) 2020년 여행업·숙박업 사업체 수 비중은 여행업은 5,664 / (5,664+896) × 100 = 86.3%, 숙박업은 896 / (5,664+896) × 100 = 13.7%이며 2021년의 경우 여행업은 6,833 / (6,833+920) × 100 = 88.1%, 숙박업은 920 / (6,833+920) × 100 = 11.9%이므로 옳은 선지이다.

⑤ (○) 2021년 세부업종별 사업체 수는 일반여행업, 국내여행업, 국외여행업, 관광호텔업, 기타호텔업, 휴양콘도업 순서대로 1,624, 1,714, 3,495, 656, 71, 193개이다. 2022년도 마찬가지로 순서대로 2,136, 1,915, 3,891, 777, 107, 189개이므로 옳은 선지이다.

11. 정답 ②

ㄱ. (○) <표>에 따르면, 기타소득의 과세율은 1000만 원 이하 구간에서 사업소득보다 높으며 1000만 원 초과 구간에서는 같다. 이 경우 소득이 매우 높다고 하더라도, 1000만 원 초과분에 부과되는 세금은 같지만, 그 아래 구간에서 부과된 세금이 '사업소득'이 더 적다. 따라서 같은 액수의 소득에 대해서는 항상 '기타소득'에 부과되는 세금이 '사업소득'에 부과되는 세금보다 높다.

ㄴ. (×) 1000만 원의 세금을 모두 '근로소득'으로 보는 경우 부과되는 세금은 165만 원(= 200 × 0.1 + 300 × 0.15 + 500 × 0.2)이고 '사업소득'으로 보는 경우 부과되는 세금은 175만 원(= 200 × 0.1 + 300 × 0.1 + 500 × 0.25)이다.

ㄷ. (○) 500만 원에 부과되는 세금이 가장 많은 경우는 소득의 전부를 기타소득으로 보는 경우이다. 이 경우 부과되는 세금은 115만 원(200 × 0.2 + 300 × 0.25)이다.

ㄹ. (×) 직접적인 세금의 계산 없이도 정오판단이 가능한 선지이다. 만약 3000만 원이 모두 '근로소득'인 경우 1000만 원을 초과하는 2000만 원의 소득에 적용되는 과세율은 35%인데, 만약 그 2000만 원을 1000만 원씩 나누어 '사업소득'과 '기타소득'으로 보유한다면 적용되는 과세율은 35% 이하이기 때문이다.

12. 정답 ⑤

ㄱ. (○) 2019년의 건당 피해면적의 값은 3,255/653=4.98, 2020년의 건당 피해면적의 값은 2,920/620=4.7이다. 따라서 옳다.

ㄴ. (○) 2021년은 2020년 대비 피해금액이 절반 이상 감소했으므로 2019년 대비 2020년 감소율만 파악하면 충분하다. 140,141/268,910의 값은 15/25(0.6)보다 작으므로 40% 이상 감소했음을 알 수 있으며, 구체적인 값은 -47.89%이다. 따라서 옳다.

ㄷ. (○) 2021년의 건당 피해면적의 값은 766/349=2.19이므로 2020년의 값은 2021년의 2배 이상이다. 따라서 옳다.

13. 정답 ③

① (○) 주어진 그래프에 따르면 일반 고등학교와 특수 고등학교의 비중을 합하면 84%이다. 이는 <보고서>의 세 번째 문단에서 설명하는 바와 일치한다.

② (○) 주어진 그래프에 따르면 '갑'국의 고등학생 수는 지속적으로 감소하고 있는 반면 교사 수는 지속적으로 증가하고 있다. 한편, 2019년 교사 대비 고등학생 수는 약 20.2명으로 20명 이상이며 2023년 교사 대비 고등학생 수는 약 12.7명으로 13명 이하이다. 이는 <보고서>의 첫 번째 문단에서 설명하는 바와 일치한다.

③ (×) 주어진 표에 따르면 2023년 '갑'국 전체 고등학생 중 A, B지역의 고등학생이 차지하는 비중은 약 72.2%로 70% 이상이다. 하지만, '갑'국 전체 학교 중 A, B지역 학교가 차지하는 비중은 약 60.9%로 70% 이하이다. 이는 <보고서>의 네 번째 문단의 내용과 부합하지 않는다.

④ (○) 주어진 그래프에 따르면 2021년 '갑'국 고등학교 교육서비스 만족도는 79.4로 77.9인 중학교보다 높다. 또한, 2023년 중학교와 고등학교의 만족도 점수 차이는 2.2로 주어진 연도 중 가장 큰 차이를 보인다. 이는 <보고서>의 네 번째 문단에서 설명하는 바와 일치한다.

⑤ (○) 주어진 표에 따르면 '갑'국 학교수는 꾸준히 감소하는 반면 배정된 예산은 꾸준히 증가한다. 또한, 2022년 학교 수는 994개로 주어진 연도 중 처음으로 1000개 이하를 기록하였다. 이는 <보고서>의 두 번째 문단에서 설명하는 바와 일치한다.

자 료 해 석

제10회

정답 및 해설

PSAT 자료해석 정답

1	2	3	4	5
③	④	①	①	⑤
6	7	8	9	10
④	④	④	①	①
11	12	13	14	15
②	⑤	③	①	③
16	17	18	19	20
⑤	②	②	③	③
21	22	23	24	25
②	④	③	④	③
26	27	28	29	30
⑤	⑤	⑤	②	⑤
31	32	33	34	35
①	④	③	③	⑤
36	37	38	39	40
②	④	①	①	①

PSAT 자료해석 해설

1. 정답 ③

ㄱ. (×) <표1>의 주어진 식에 따르면 [유형별 총 건물 수 = (유형별 화재건수×100)/화재비율]이다. 이에 따라 유형별 건물 수를 표의 차례대로 나열하면 각각 1040, 1075, 130, 375, 160이다. 따라서 총 건물수가 가장 많은 유형은 '다중주택'이다.

ㄴ. (○) ㄱ의 나열한 값에 따르면 '연립주택'과 '아파트'의 총 건물 수 차이는 245개로 250개 이하이다.

ㄷ. (○) 먼저 화재 건수 대비 일반 화재의 비율이 50%를 넘지 않는 '연립주택'과 '기숙사'는 쉽게 제외할 수 있다. 다음으로 '아파트'의 일반화재 비율은 정확히 2/3인데, '다중주택'의 일반화재 비율이 2/3가 되려면 화재 건수가 45가 되어야 한다. 따라서 '다중주택'의 일반화재 비율이 더 높다. 마지막으로 '단독주택'과 '다중주택'을 비교하자면 '단독주택'의 일반화재 비율은 70% 이상인 반면, '다중주택'의 화재비율은 70% 이하이다. 결론적으로 일반화재 비율이 가장 높은 유형은 '단독주택'이다.

ㄹ. (×) 일반화재 대비 유류화재 비율이 1 이상인 건물유형이 '연립주택'과 '기숙사'로 2개가 있다. 따라서 1 이하인 '아파트'가 비율이 두 번째로 높을 수는 없다.

2. 정답 ④

ㄱ. (○) 2019~2021년 주요 고속도로 노선별 전체 이용량 순위는 경부선, 수도권제1순환선, 영동선, 중앙선, 남해선, 중부선, 서해안선, 호남선 순으로 변함없다.

ㄴ. (○) 2019~2021년 주요 고속도로 노선별 2종차량 이용량 순위는 경부선, 수도권제1순환선, 영동선, 중부선, 중앙선, 서해안선, 남해선, 호남선 순으로 변함없다.

ㄷ. (○) 2019년 주요 고속도로 노선별 전체이용량의 합계는 4,074,754대이고 경부선은 1,108,674대이므로 25% 이상이다. 2020년의 경우 전체 합계가 4,010,044대이고 경부선은 1,080,961대로 25% 이상이다. 2021년 또한 전체 합계가 4,309,664대이고 경부선은 1,188,130대로 25%이상이다.

ㄹ. (×) 중앙선의 경우 2020년 1종차량 이용량과 2종차량 이용량이 전년대비 모두 증가하였다.

ㅁ. (○) 2021년 노선별 1종차량 이용량 증가량이 가장 큰 노선은 경부선으로 107,623대만큼 증가하였고, 노선별 2종차량 이용량의 감소량이 가장 작은 노선은 영동선으로 34대만큼 감소하였다.

3. 정답 ①

ㄱ. (○) 2010년대의 서울 식중독 발생건수 평균을 구하기 위해서 필요하다.

ㄴ. (×) 발생건수만 평균을 도출하기 위해 필요하고, 원인별 환자수는 필요하지 않다.

ㄷ. (×) 원인균 규명률은 1-(불명건수/전체건수)를 통해 구할 수 있다. 실제로 주어진 <표 1>을 통해 원인균 규명률을 구하면 <보고서>의 수치가 도출되므로 필요하지 않다.

ㄹ. (×) 주어진 <표 2>를 통해 시설별 서울 식중독 건당 환자수를 도출할 수 있으므로 필요하지 않다.

4. 정답 ①

첫 번째 조건에서, D국의 핸드폰 가격은 모든 용량에서 2014년 대비 2015년 100달러 미만으로 증가하였다.

두 번째 조건에서, C국 핸드폰 가격의 증가율은 128G 핸드폰보다 512G 핸드폰이 더 높다.

세 번째 조건에서, 2015년 256G 핸드폰 가격의 평균은 (999+1295+1225+1076+1094) ÷5 = 1137.8 인데, B국 핸드폰 가격은 이보다 높다.

네 번째 조건에서, E국 핸드폰 가격이 15% 증가하였다면 그 가격은 940+141 = 1081달러가 되어야 하는데, 1094는 그보다 높으므로, E국 핸드폰 가격의 증가율은 15% 이상이다.

따라서 <보고서>의 모든 조건을 만족하는 '갑'국은 A국 뿐이다.

5. 정답 ⑤

① (○) 전체 가스사고 발생 건수는 2018년부터 2022년까지 순서대로 121, 101, 98, 78, 73건으로 매년 전년대비 감소하였다.

② (○) 도시가스 가스사고 발생 건수가 전체 가스사고 발생 건수 중 차지하는 비중은 2018~2022년까지 순서대로 22.31%, 20.79%, 23.46%, 21.79%, 17.80% 이다. 따라서 2022년을 제외하고 매년 20% 이상이다.

③ (○) 전체 가스사고 발생 건수의 전년 대비 감소율은 2019년부터 2022년까지 순서대로 16.52%, 2.97%, 20.41%, 6.41%이다. 따라서 2021년의 감소율이 가장 크다.

④ (○) 고압가스 가스사고의 전년 대비 변화율은 2019년부터 2022년까지 순서대로 -62.5%, 11.11%, -10%. 11.11%이다. 따라서 변화율의 절댓값은 매년 10% 이상이다.

⑤ (×) 전체 가스사고 발생 건수 중 도시가스와 이동식 부탄연소기 가스사고 발생 건수 합의 비중은 2019년에 38.61%, 2022년에 39.72%로 40%보다 낮다.

6. 정답 ④

① (○) 매년 전년 대비 수입 기업 수의 증가분이 수출 기업 수의 증감폭보다 훨씬 큰 것을 확인할 수 있다. 구체적인 값은 다음과 같다.

	2017	2018	2019	2020	2021
수출입 기업 수	275,840	284,837	293,567	299,313	307,430

② (○) 무역수지는 다음과 같다.

	2017	2018	2019	2020	2021
무역수지	95	69	39	45	29

③ (○) 수출액 대비 수입액의 구체적인 값은 다음과 같다.

	2017	2018	2019	2020	2021
수입액/수출액	83.42%	88.58%	92.80%	91.21%	95.50%

④ (×) 수입 기업수의 전년 대비 증가분은 다음과 같다.

	2018	2019	2020	2021
수입 기업 수 증가분	6,829	7,564	6,050	10,609

2019년에는 전년 대비 7,564개 증가하나, 2020년에는 전년 대비 6,050개 증가한다. 따라서 옳지 않다.

국가공무원 5급 공개경쟁채용 및 외교관후보자 선발 제1차시험 답안지 (1교시)

컴퓨터용 흑색사인펜만 사용	
성 명	(자필기재)
응시직렬	(자필기재)
성 별	○ 남 ○ 여
학력현황	○ 대학재학 ○ 대학졸업
2차시험 응시경험	○ 있다 ○ 없다
감 독 관 확 인 란	

공인영어종류
○ TOEFL
○ TOEIC
○ TEPS
○ G-TELP
○ FLEX

계열구분 (전공)
○ 공학
○ 농학
○ 법학
○ 사범
○ 사회
○ 상경
○ 약학
○ 예체능
○ 의학
○ 인문
○ 자연
○ 기타

응 시 직 렬
○ 일반행정
○ 재경직
○ 국제통상
○ 법무행정
○ 교육행정
○ 인사조직
○ 사회복지
○ 검찰직
○ 기술직
○ 외교관후보
○ 법원행정
○ 지역인재

응 시 번 호							
⓪	⓪	⓪	⓪	⓪	⓪	⓪	⓪
①	①	①	①	①	①	①	①
②	②	②	②	②	②	②	②
③	③	③	③	③	③	③	③
④	④	④	④	④	④	④	④
⑤	⑤	⑤	⑤	⑤	⑤	⑤	⑤
⑥	⑥	⑥	⑥	⑥	⑥	⑥	⑥
⑦	⑦	⑦	⑦	⑦	⑦	⑦	⑦
⑧	⑧	⑧	⑧	⑧	⑧	⑧	⑧
⑨	⑨	⑨	⑨	⑨	⑨	⑨	⑨

생 년 월 일					
년		월		일	
⓪	⓪	⓪	⓪	⓪	⓪
①	①	①	①	①	①
②	②		②	②	②
③	③		③	③	③
④	④		④		④
⑤	⑤		⑤		⑤
⑥	⑥		⑥		⑥
⑦	⑦		⑦		⑦
⑧	⑧		⑧		⑧
⑨	⑨		⑨		⑨

성적확인용 비밀번호			
⓪	⓪	⓪	⓪
①	①	①	①
②	②	②	②
③	③	③	③
④	④	④	④
⑤	⑤	⑤	⑤
⑥	⑥	⑥	⑥
⑦	⑦	⑦	⑦
⑧	⑧	⑧	⑧
⑨	⑨	⑨	⑨

헌 법 (1~10번)				
1	①	②	③	④
2	①	②	③	④
3	①	②	③	④
4	①	②	③	④
5	①	②	③	④
6	①	②	③	④
7	①	②	③	④
8	①	②	③	④
9	①	②	③	④
10	①	②	③	④

헌 법 (11~20번)				
11	①	②	③	④
12	①	②	③	④
13	①	②	③	④
14	①	②	③	④
15	①	②	③	④
16	①	②	③	④
17	①	②	③	④
18	①	②	③	④
19	①	②	③	④
20	①	②	③	④

헌 법 (21~25번)				
21	①	②	③	④
22	①	②	③	④
23	①	②	③	④
24	①	②	③	④
25	①	②	③	④

언어논리영역 (1~10번)					
1	①	②	③	④	⑤
2	①	②	③	④	⑤
3	①	②	③	④	⑤
4	①	②	③	④	⑤
5	①	②	③	④	⑤
6	①	②	③	④	⑤
7	①	②	③	④	⑤
8	①	②	③	④	⑤
9	①	②	③	④	⑤
10	①	②	③	④	⑤

언어논리영역 (11~20번)					
11	①	②	③	④	⑤
12	①	②	③	④	⑤
13	①	②	③	④	⑤
14	①	②	③	④	⑤
15	①	②	③	④	⑤
16	①	②	③	④	⑤
17	①	②	③	④	⑤
18	①	②	③	④	⑤
19	①	②	③	④	⑤
20	①	②	③	④	⑤

언어논리영역 (21~30번)					
21	①	②	③	④	⑤
22	①	②	③	④	⑤
23	①	②	③	④	⑤
24	①	②	③	④	⑤
25	①	②	③	④	⑤
26	①	②	③	④	⑤
27	①	②	③	④	⑤
28	①	②	③	④	⑤
29	①	②	③	④	⑤
30	①	②	③	④	⑤

언어논리영역 (31~40번)					
31	①	②	③	④	⑤
32	①	②	③	④	⑤
33	①	②	③	④	⑤
34	①	②	③	④	⑤
35	①	②	③	④	⑤
36	①	②	③	④	⑤
37	①	②	③	④	⑤
38	①	②	③	④	⑤
39	①	②	③	④	⑤
40	①	②	③	④	⑤

국가공무원 5급 공개경쟁채용 및 외교관후보자 선발 제1차시험 답안지 (2교시)

컴퓨터용 흑색사인펜만 사용

책형

【필적감정용 기재】
*아래 예시문을 옮겨 적으시오
본인은 OOO(응시자성명)임을 확인함

기 재 란

성 명	
자필성명	본인 성명 기재
응시직렬	
시험장소	
감 독 관 확 인 란	

응 시 직 렬
○ 일반행정
○ 재경직
○ 국제통상
○ 법무행정
○ 교육행정
○ 인사조직
○ 사회복지
○ 검찰직
○ 기술직
○ 외교관후보
○ 법원행정
○ 지역인재

응 시 번 호							
⓪	⓪	⓪	⓪	⓪	⓪	⓪	⓪
①	①	①	①	①	①	①	①
②	②	②	②	②	②	②	②
③	③	③	③	③	③	③	③
④	④	④	④	④	④	④	④
⑤	⑤	⑤	⑤	⑤	⑤	⑤	⑤
⑥	⑥	⑥	⑥	⑥	⑥	⑥	⑥
⑦	⑦	⑦	⑦	⑦	⑦	⑦	⑦
⑧	⑧	⑧	⑧	⑧	⑧	⑧	⑧
⑨	⑨	⑨	⑨	⑨	⑨	⑨	⑨

생 년 월 일					
년		월		일	
⓪	⓪	⓪	⓪	⓪	⓪
①	①	①	①	①	①
②	②		②	②	②
③	③		③	③	③
④	④		④		④
⑤	⑤		⑤		⑤
⑥	⑥		⑥		⑥
⑦	⑦		⑦		⑦
⑧	⑧		⑧		⑧
⑨	⑨		⑨		⑨

성적확인용 비밀번호			
⓪	⓪	⓪	⓪
①	①	①	①
②	②	②	②
③	③	③	③
④	④	④	④
⑤	⑤	⑤	⑤
⑥	⑥	⑥	⑥
⑦	⑦	⑦	⑦
⑧	⑧	⑧	⑧
⑨	⑨	⑨	⑨

자료해석 영역 (1 ~ 10번)					
1	①	②	③	④	⑤
2	①	②	③	④	⑤
3	①	②	③	④	⑤
4	①	②	③	④	⑤
5	①	②	③	④	⑤
6	①	②	③	④	⑤
7	①	②	③	④	⑤
8	①	②	③	④	⑤
9	①	②	③	④	⑤
10	①	②	③	④	⑤

자료해석 영역 (11 ~ 20번)					
11	①	②	③	④	⑤
12	①	②	③	④	⑤
13	①	②	③	④	⑤
14	①	②	③	④	⑤
15	①	②	③	④	⑤
16	①	②	③	④	⑤
17	①	②	③	④	⑤
18	①	②	③	④	⑤
19	①	②	③	④	⑤
20	①	②	③	④	⑤

자료해석 영역 (21 ~ 30번)					
21	①	②	③	④	⑤
22	①	②	③	④	⑤
23	①	②	③	④	⑤
24	①	②	③	④	⑤
25	①	②	③	④	⑤
26	①	②	③	④	⑤
27	①	②	③	④	⑤
28	①	②	③	④	⑤
29	①	②	③	④	⑤
30	①	②	③	④	⑤

자료해석 영역 (31 ~ 40번)					
31	①	②	③	④	⑤
32	①	②	③	④	⑤
33	①	②	③	④	⑤
34	①	②	③	④	⑤
35	①	②	③	④	⑤
36	①	②	③	④	⑤
37	①	②	③	④	⑤
38	①	②	③	④	⑤
39	①	②	③	④	⑤
40	①	②	③	④	⑤

국가공무원 5급 공개경쟁채용 및 외교관후보자 선발 제1차시험 답안지 (3교시)

컴퓨터용 흑색사인펜만 사용

책형

【필적감정용 기재】
*아래 예시문을 옮겨 적으시오
본인은 OOO(응시자성명)임을 확인함

기 재 란

성 명	
자필성명	본인 성명 기재
응시직렬	
시험장소	
감 독 관 확 인 란	

응 시 직 렬

- ○ 일반행정
- ○ 재경직
- ○ 국제통상
- ○ 법무행정
- ○ 교육행정
- ○ 인사조직
- ○ 사회복지
- ○ 검찰직
- ○ 기술직
- ○ 외교관후보
- ○ 법원행정
- ○ 지역인재

응 시 번 호

⓪	⓪	⓪	⓪	⓪	⓪	⓪	⓪
①	①	①	①	①	①	①	①
②	②	②	②	②	②	②	②
③	③	③	③	③	③	③	③
④	④	④	④	④	④	④	④
⑤	⑤	⑤	⑤	⑤	⑤	⑤	⑤
⑥	⑥	⑥	⑥	⑥	⑥	⑥	⑥
⑦	⑦	⑦	⑦	⑦	⑦	⑦	⑦
⑧	⑧	⑧	⑧	⑧	⑧	⑧	⑧
⑨	⑨	⑨	⑨	⑨	⑨	⑨	⑨

생 년 월 일

년		월		일	
⓪	⓪	⓪	⓪	⓪	⓪
①	①	①	①	①	①
②	②		②	②	②
③	③		③	③	③
④	④		④		④
⑤	⑤		⑤		⑤
⑥	⑥		⑥		⑥
⑦	⑦		⑦		⑦
⑧	⑧		⑧		⑧
⑨	⑨		⑨		⑨

성적확인용 비 밀 번 호

⓪	⓪	⓪	⓪
①	①	①	①
②	②	②	②
③	③	③	③
④	④	④	④
⑤	⑤	⑤	⑤
⑥	⑥	⑥	⑥
⑦	⑦	⑦	⑦
⑧	⑧	⑧	⑧
⑨	⑨	⑨	⑨

상 황 판 단 영 역 (1 ~ 10번)

1	①	②	③	④	⑤
2	①	②	③	④	⑤
3	①	②	③	④	⑤
4	①	②	③	④	⑤
5	①	②	③	④	⑤
6	①	②	③	④	⑤
7	①	②	③	④	⑤
8	①	②	③	④	⑤
9	①	②	③	④	⑤
10	①	②	③	④	⑤

상 황 판 단 영 역 (11 ~ 20번)

11	①	②	③	④	⑤
12	①	②	③	④	⑤
13	①	②	③	④	⑤
14	①	②	③	④	⑤
15	①	②	③	④	⑤
16	①	②	③	④	⑤
17	①	②	③	④	⑤
18	①	②	③	④	⑤
19	①	②	③	④	⑤
20	①	②	③	④	⑤

상 황 판 단 영 역 (21 ~ 30번)

21	①	②	③	④	⑤
22	①	②	③	④	⑤
23	①	②	③	④	⑤
24	①	②	③	④	⑤
25	①	②	③	④	⑤
26	①	②	③	④	⑤
27	①	②	③	④	⑤
28	①	②	③	④	⑤
29	①	②	③	④	⑤
30	①	②	③	④	⑤

상 황 판 단 영 역 (31 ~ 40번)

31	①	②	③	④	⑤
32	①	②	③	④	⑤
33	①	②	③	④	⑤
34	①	②	③	④	⑤
35	①	②	③	④	⑤
36	①	②	③	④	⑤
37	①	②	③	④	⑤
38	①	②	③	④	⑤
39	①	②	③	④	⑤
40	①	②	③	④	⑤

④ (×) 전자가 입자, 파동의 이중적 성질을 갖고 있는 것은 '각각'의 파동함수로 표현하는 것이 아니라, 두 파동함수의 중첩으로 표현되는 것이다.

⑤ (×) 관측 장비를 통해 전자의 통과 슬릿을 확인할 때, 간섭무늬가 나타나지 않았으므로, 이는 전자의 파동으로서의 성질이 사라진 것이다.

37. 정답 ⑤

ㄱ. (○) 피노키오 역설과 같은 경우에는 최소 고정점에서 진리값을 부여받지 못하는 문장이고, 참도 거짓도 아니기에 이 의미에서 진리 술어를 부분적으로 정의된 술어로 본다. (2문단) 따라서 (가)에 따르면 '[~의 코는] 커진다.'는 술어는 완전히 정의되는 술어가 아니다.

ㄴ. (○) 어떤 세계에도 모순이 실재할 수 없지만, 세계를 일상언어로 기술할 때 모순이 등장하게 된다. (3문단) 따라서 (나)에 따르면 언어로 기술하기 전에는 피노키오 역설이 발생하지 않는다.

ㄷ. (○) (가)의 경우에는 참도 거짓도 부여할 수 없으므로 부분적으로 정의되는 진술로 보고 있는 반면, (나)의 경우에는 세계에는 실재한다는 점에서 참이지만, 언어 기술상의 문제로 인해 모순인 것으로 보고 있다. 따라서 (가)와 (나)의 진리값은 같지 않다.

38. 정답 ⑤

[퍼트넘 입장 정리] 진리라는 것 자체를 폐기하지는 않는다는 점에서 진리 자체를 부정하지는 않는다. 다만, 합리적 수용 가능성이라는 개념으로 제한을 한다. 이때, 합리적 수용 가능성이란 '우리의 경험과 생물학적 특성'에 기반한 것이므로 해당 공동체의 믿음을 기반으로 성립된다.

ㄱ. (○) 태초부터 신이 정해진 결과대로 움직인다는 신의 눈 관점과 달리, 공동체의 믿음에 따라 세계를 인식하게 된다는 내재적 인식론은 세계에 대해 여러 이론 또는 기술이 존재한다고 본다. (신이 태초부터 정한 유일한 참된 이론이나 기술이 존재하는 것은 아니다.)

ㄴ. (○) 공동체의 경험에 따라 세계에 대한 인식이 달라지는 만큼, 세계에 대한 해석은 결국 해당 공동체 내에서 의미 있는 것이 된다. 다른 공동체에서는 자신의 공동체와 세계에 대한 해석이 다를 수 있기 때문이다.

ㄷ. (○) 퍼트넘은 합리적 수용 가능성을 "우리의 믿음과 우리의 믿음 체계 속에서 표상된 경험 자체로서의 경험 간에 성립되는 몇몇 종류의 이상적 정합"이라고 말한다. (2문단) 따라서 우리가 목도해 온 과학의 성공은 시공을 초월하기 보다는 우리의 생물학적 특성과 우리의 문화에 의존하여 구성해낸 것이다라는 선지가 퍼트넘의 내재적 인식론에 가까운 진술이다.

39. 정답 ⑤

ㄱ. (○) 다음 3가지 조건(S1~S3)을 만족시키면 오직 그 경우에만 'a와 b는 썸을 탄다'고 말할 수 있다. (S2) a는, b가 자신에게 이성적인 호감을 가지고 있다는 어떤 긍정적인 증거들을 가지고 있지만, 그 증거들은 이를 확실하게 보장해 주기에는 충분하지 않고, b 역시도 a에 대해 마찬가지이다. (1문단) 따라서 갑에 따르면, a와 달리 b는 자신에게 이성적인 호감을 가지고 있다는 긍정적인 증거를 가지고 있지 않다면, 'a와 b는 썸을 탄다'고 말할 수 없다.

ㄴ. (○) 을은 조건 S1과 S2가 정면으로 상충한다는 표현을 사용하며 갑의 정의에 오류가 있음을 논증하고 있다. 따라서 을은 갑의 썸에 대한 정의에 있어 일부 조건이 서로 모순임을 주장하고 있다.

ㄷ. (○)

갑: 다만, 상대방의 심리에 대한 오해로 인해 잘못된 믿음이 생기는 경우가 있는데, 이 경우는 썸을 탄다고 착각하는 것에 불과하다. (갑 제시문 인용) 따라서 갑은 자신이 누군가와 썸을 타고 있다는 자기 자신의 믿음이 오류일 수도 있으므로 오류불가능한 자기지식이 되지 못한다고 볼 것이다.

을: 예를 들어, "나는 a와 썸을 타고 있는 줄 알았는데, 알고 보니 그건 나만의 착각이었어"라고 말하는 것처럼, 요즘 a와 썸을 타고 있다는 자신의 믿음은 오류불가능한 자기지식이 되지 못한다. (을 제시문 인용)

40. 정답 ③

ㄱ. (○) 갑: 불확실성은 상대방과의 만남을 이어가면서 상대방이 제시하는 특정한 종류의 증거를 통해 상대방의 심리에 대한 충분한 정보를 획득함으로써 해소될 수 있다. (갑 제시문)
신문기사: 썸은 해당 이성을 만날 가치가 있는지 탐색하는 것이라고 기술하였기에 증거 수집을 통해 상대방에 대한 무지를 해소하는 과정으로 이해한다고 할 수 있다.

ㄴ. (×) 갑: 상대방이 자신에게 이성적 호감이 있는지를 탐색하는 것이 정보 탐색의 핵심이다.
신문기사: 단순한 이성적 호감보다는 상대방을 만날 만한 가치가 있는지를 탐색하는 것이 정보 탐색의 핵심이다.
따라서 정보의 내용에 있어서 갑과 신문기사의 입장이 일치하지 않는다.

ㄷ. (○) '하루 종일 머릿속에 네 미소만'이라는 구절은 자신의 의도와는 무관하게 자꾸만 상대방에게 마음이 향하는 화자의 심경을 표현한다. 화자는 현재 이성에게 호감을 느끼고 있다. 그런데 그 호감을 어떻게 받아들여야 할지에 대하여 화자는 혼란스러운 상태이다. '사라져 아니 사라지지 마'라는 구절을 이렇게 혼란스러워하고 갈피를 잡지 못하는 화자의 심경을 표현하고 있는 것이다. 이는 이성이 자신에게 관심이 있는지에 대한 정보 불확실성 보다는 상대방에게 끌리는 자신의 마음을 어떻게 받아들여야 할지, 그것을 자신의 진정한 자아로 수용해야 할지 아니면 하나의 탈법적인 침입자로 간주해야 할지를 결정하지 못하는 '의지적 불확실성'이 두드러진다. 따라서 갑보다는 을의 입장이 강화된다.

허구적 윤리적 결함:

예술가는 작품 속 비윤리적 태도의 성격을 인지하고 있으며, 의도된 관객들도 그것을 인지할 수 있다.

비윤리적 태도는 허구적 인물과 사건에만 국한된다.

비윤리적 태도는 실제 세계로 확장되지 않으며, 관객들이 이를 상상 속에서만 받아들인다.

실제적 윤리적 결함:

예술가는 작품 속 비윤리적 태도를 인지하지 못하며, 관객들 또한 그것을 비윤리적이라고 인식하도록 의도되지 않는다.

비윤리적 태도는 실제 세계의 비윤리적 세계관을 반영하며, 허구 세계를 넘어 실제 세계에까지 영향을 미친다.

㉤에서 다루는 내용은 이 두 결함의 차이를 요약적으로 드러내는 문장으로, 원문에서 "하나가 가짜이고 다른 하나가 진짜인 방식으로 구분된다"라고 되어 있는데, 이는 클라벨-베즈케즈의 설명과 정확히 맞지 않는다. 그는 허구적 결함과 실제적 결함을 가짜(허구)냐 진짜(실제)냐의 차원에서 구분하는 것이 아니라, 비윤리적 태도가 허구 세계에 국한되느냐, 실제 세계로 연장되느냐의 차원에서 구분하기 때문이다.

32. 정답 ③

① (×) 언론에 따라 범죄 잔혹성에 대한 보도 묘사 정도가 다르다는 것은 해당 제시문에서 알 수 없는 내용이다.

② (×) 일부 언론의 경우에는 예방적 시각과 프레임으로 범죄현상을 해석한다는 내용은 해당 제시문에서 알 수 없는 내용이다.

③ (○) "동기화된 범죄자는 그들 나름의 범죄자적 필터와 프레임이 있다. 그들은 범죄 보도라는 습득 정보를 범죄자 시각의 필터, 프레임을 통해 인식하고 해석하므로 일반인이 볼 수 없거나 보기 힘든 상세한 부분을 찾아내 이용한다." 따라서 범죄자가 다양한 형태의 매체를 통해 접한 정보를 범죄적 시각의 필터와 프레임으로 해석·수용했다는 것이 ㄱ의 근거가 된다.

④ (×) 모든 사람은 경험을 통한 자기 합리화와 정당화를 하고, 불리한 생각을 의식적으로 축출하는 능력이 존재한다는 내용만으로는 모방범죄가 범죄사건 보도 탓이라고 보기 어렵다는 주장을 뒷받침하기 어렵다. 만약, 모든 사람이 아닌, 범죄자만으로 한정한 경우라면 범죄자의 심리적 배제 매커니즘에 대한 설명이므로 적절한 근거가 된다.

⑤ (×) 언론이 범죄 방법 등에 대한 범행내용을 구체적으로 묘사했다는 것은 ㄱ의 근거가 되지 못한다.

33. 정답 ④

① (×) C가 회의에서 논의되었다고 할 때

A	B	C	D	E
O	?	O	O	?

② (×) D가 회의에서 논의되었다고 할 때

A	B	C	D	E
?	?	?	O	?

③ (×) E가 회의에서 논의되었다고 할 때

A	B	C	D	E
O	X	?	?	O

④ (○) A가 회의에서 논의되지 않았다고 할 때

A	B	C	D	E
X	O	X	O	X

⑤ (×) B가 회의에서 논의되지 않았다고 할 때

A	B	C	D	E
O	X	?	?	?

34. 정답 ④

을과 병이 제시한 진술에 공통된 진술 ("을은 아랫마을에 산다.")이 있으므로 을의 출신 마을을 기준으로 경우의 수를 확인해본다.

1) 을이 아랫마을 사람인 경우 (을의 말이 참인 경우)

을과 병이 참말을 하고 있으므로 을과 병이 아랫마을, 나머지 갑과 정이 윗마을 사람이 된다.

또한 을과 병의 두 번째 진술에 따라, 갑: 2, 을:2, 병:1, 정:1 (자격증개수)가 된다.
이후 위 내용이 갑, 정의 진술 내용과 일치하지 않는지를 확인해야 한다.

갑은 윗마을에 사는 사람이므로 거짓을 얘기하는데, 아랫마을에 산다고 했으므로 거짓말을 했다.

정은 윗마을에 사는 사람이므로 거짓을 얘기하는데, 을과 병이 윗마을에 산다고 했으므로 거짓말을 했다.

따라서 모순되는 부분이 없으므로 을이 아랫마을 사람일 경우 결과를 정리하면 다음과 같다.

	갑	을	병	정
마을	윗	아래	아래	윗
자격증 수	2	2	1	1

2) 을이 윗마을 사람인 경우 (을의 말이 거짓인 경우)

을과 병이 거짓말을 하고 있으므로 을과 병이 윗마을, 나머지 갑과 정이 아랫마을 사람이 된다.

실제로 갑과 정의 진술은 위 사실과 부합하는 진술이다.

그리고 을과 병의 두 번째 진술 역시 거짓이어야 하므로, 이를 고려하여 자격증 수를 결정하면

갑: 1, 을:1, 병:2, 정:2이 된다.

모든 진술을 고려하였을 때, 모순되는 부분이 없으므로 을이 윗마을 사람일 경우 결과를 정리하면 다음과 같다.

	갑	을	병	정
마을	아래	윗	윗	아래
자격증 수	1	1	2	2

ㄱ. (×) 갑은 윗마을 사람일 수도 있고 (첫 번째 경우), 아랫마을 사람일 수도 있다. (두 번째 경우)

ㄴ. (○) 을과 병은 어떤 경우에서든 같은 마을 사람이다.

ㄷ. (○) 갑이 병보다 더 많은 자격증을 가지고 있는 경우는 첫 번째 경우이다. 이때 갑과 을의 자격증 수의 합은 2+2=4이다.

35. 정답 ②

ㄱ. (×) <연구 1>의 경우 A는 100만 엔 × 1= 100만 엔, B는 200만 엔 × 0.5 + 0 × 0.5= 100만 엔이다. <연구 2>의 경우 A는 -100 × 1 = -100만 엔, B는 -200만 엔 × 0.5 + 0×0.5 = -100만 엔이다. 따라서 <연구 1>, <연구 2> 모두 각 선택지의 기댓값은 같다.

ㄴ. (×) '전망 이론'에 따르면 '잃는다'고 하면 위험을 무릅쓰는 쪽을 택하는 사람이 많다. 따라서 손실의 경우인 <연구 2>에서 다수는 A가 아닌 B를 선택한다.

ㄷ. (○) 개인의 '선택에 대한 선호'가 일관적이라고 가정할 경우, <질문 2>에서 A를 고른 개인은 잃는 상황에서 확실한 쪽을 고른 개인이므로, 마찬가지로 잃는 상황인 <연구 2>에서도 확실한 쪽인 A를 고를 것이다.

36. 정답 ③

① (×) 전자가 입자와 파동의 성질을 모두 갖고 있다는 것은 고양이 사고 실험에서 관찰 전 생/사 상태의 중첩에 대응되는 것이지, 입자, 파동의 이중성이 각각 생, 사에 대응된다고는 볼 수 없다.

② (×) 빛을 쏘아 주는 경우에도 검출기에는 두 줄이 생기는 것이 아니라 파동성 때문에 간섭무늬가 생기게 된다. (4문단) 따라서 전자도 입자성이 아닌 파동성으로 인해 간섭무늬가 생기게 되는 것이다.

③ (○) 관측 장비를 통해 전자가 어느 슬릿을 통과했는지를 확인하면 중첩 상태가 붕괴되고, 전자는 하나의 슬릿만을 통과한 것으로 확정된다. 이로 인해 간섭무늬는 사라지고 입자적인 흔적만 관측된다. 이는 양자역학에서 관측 행위가 파동함수의 중첩성을 붕괴시킨다는 것을 잘 보여주는 사례이다.

26. 정답 ②

① (×) 렘수면의 길이는 1회 평균 14분 정도다. 렘수면은 전체 수면에서 신생아의 경우는 75%를 차지하고, 어린아이는 50% 정도, 성인은 20~25% 정도를 차지한다. (3문단) 즉, 렘수면의 총 길이가 14분이 아니므로, 어린아이의 평균 꿈 꾸는 시간이 7분이라고 단정할 수 없다.

② (○) 비렘수면으로 불리며, 이것은 뇌의 기능이 저하되었거나 억제된 휴식, 정지된 상태이며, 수면이 진행됨에 따라 뇌파가 느긋해진 파동인 서파가 된다는 것에서 서파수면이라고도 한다. (1문단) + 초기 주기에서는 깊은 잠인 서파수면의 비율이 높고, 그에 비하여 렘수면은 짧다. (3문단) 따라서 수면 주기 초반에는 비렘수면(서파수면)의 비중이 렘수면의 비중보다 크다.

③ (×) 본문에서 "렘수면 중에는 안구가 천천히 움직이거나 두리번거린다"고 명확히 언급되어 있지만, 비렘수면 중에는 안구 움직임이 정지한다고는 나와 있지 않다.

④ (×) 사람이 자면서 꿈을 꾸는 것은 대부분 렘수면 중에 이루어지며~ (3문단) + 렘수면 중에는 골격근육이 거의 완전하게 이완되어 있음에도 불구하고 뇌파는 깨어 있을 때와 유사하게 뇌의 활동이 활발하며~ (1문단)

⑤ (×) 렘수면 중에는 골격근육이 거의 완전하게 이완되어 있음에도 불구하고 뇌파는 깨어 있을 때와 유사하게 뇌의 활동이 활발하며~ (1문단)

27. 정답 ②

(가) : 여럿의 완전자가 서로 구분되는 여럿이라면 각자는 다른 것이 가진 완전성을 갖지 못할 것이다. 이렇게 한 완전자는 다른 완전자가 갖는 완전성을 결여한다는 점에서 궁극적 완전자일 수 없다. (1문단) 따라서 여럿의 완전자는 다른 완전자가 갖는 완전성을 결여하므로 궁극적 완전성을 갖지 못한다. 그러므로 '불완전한 존재이다'가 옳은 선지이다.

(나) : 어떤 방식으로든 불완전한 존재자이기 때문에 갖는 악을 형이상학적 악~(1문단), 인간은 여전히 인간이지 신일 수 없으므로 궁극적 완전자일 수 없다. (3문단) 따라서 궁극적 완전자가 아닌 모든 존재자는 궁극적 완전성을 갖지 못한다는 점에서 형이상학적 악이라고 할 수 있을 것이다. 따라서 '궁극적 완전성을 갖지 못한다는', '불완전한 존재라는'이 옳은 선지가 된다.

28. 정답 ④

[제시문에서의 논리 전개]

흄주의자의 주장:

흄주의자는 "증언적 보고가 항상 틀리는 공동체(화성인과 같은 존재)가 있을 수 있다"고 주장.

이 경우, 그러한 공동체의 증언은 정당화될 수 없다는 입장을 제시.

논증의 비판:

제시문은 "항상 틀리는 증언적 보고"라는 개념 자체가 성립 불가능함을 논증.

이유:

증언을 이해하려면 화자 발언과 세계의 사물 사이에 상관관계가 있어야 함.

그러나 "화성인 공동체"는 그러한 상관관계가 존재하지 않아 번역이나 이해가 불가능.

즉, "항상 틀린 보고"라는 평가 자체를 성립시키는 기준이 없으므로, 그런 공동체는 개념적으로 존재할 수 없음.

결론:

제시문은 "화성인 같은 존재는 개념적으로 상상도 할 수 없다"고 결론짓고 있음.
이는 흄주의자가 상정한 "항상 틀리는 공동체가 존재할 가능성"이 성립할 수 없다는 비판으로 이어짐.

① (×) 해당 화성인 논증은 증언이 항상 틀리는 집단은 허용할 수 없다는 결론을 도출하는 것이지, 때로 그를 수 있다는 것을 허용할 수 없다는 결론은 아니다. (화성인은 항상 틀린 내용을 진술하는데, 그러한 공동체는 상상할 수 없다는 것이 결론)

② (×) 화성인 논증 결과, 결국 화성인들의 낱말들은 의미를 알아낼 수 없고, 이 낱말이 의미 있는 발언으로 간주되지 않을 것이기 때문에 '증언'적 보고로 볼 수 없다. 즉, 증언 자체로 간주할 수 없다는 것이다. 그러므로, 화성인은 언제나 그른 '증언'을 하는 공동체가 아니라 '증언' 자체가 제시되지 않는 공동체가 맞는 표현이다.

③ (×) 위 2번 선지의 해설과 연계

④ (○) 화성인 논증은 실제로는 존재할 수 없는 공동체인 '화성인'이 흄주의자 주장에서는 존재할 수 있는 집단이다. 그러나 해당 논증을 통해 그러한 집단은 존재할 수 없다는 점을 증명하여 흄주의자의 주장에 결함이 있다는 점을 보여준다. 따라서 실제로는 존재할 수 없는 공동체가 흄주의자의 입장에서는 존재할 수 있으므로 흄주의자의 주장은 결함이 있다라고 표현하는 것이 옳은 선지이다.

⑤ (×) 우리가 화성인의 낱말을 배울 수 없을 뿐만 아니라, 화성인 자신들도 각자가 얘기하는 낱말의 의미를 배울 수 없다.

* 자세히 예를 들어 설명해보면 다음과 같다.
그들은 아르마딜로 그림을 가리킬 때 언제나 '아르마딜로'라고 말해야 한다. 그렇지만 화성인 시나리오에서는 사정이 그렇지 않다. 우리가 상상한다고 가정한 공동체는 선생의 발언과 진리 사이에 상관관계가 없는 공동체이기도 하다. 따라서 화성인의 아이는 그 자신의 언어를 획득할 수 없다.

29. 정답 ①

① (○) 소비자에게 고품질의 차의 가치가 3,000이라면, 완전 정보하에서도 판매자가 생각하는 가치보다 낮으므로 고품질 차는 거래되지 못한다. 따라서 정보 습득 여부와 관계없이 시장에서 고품질 차는 거래되지 않는다.

② (×) 역선택 현상은 거래 상대방 중 한 쪽이 재화의 품질 등을 알지 못함으로써 발생하는 문제이므로, 비대칭 정보 유형 중 '숨겨진 특성'에 해당한다.

③ (×) 소비자가 품질에 대한 정보를 모르는 경우, 자동차 거래 결과 소비자의 이익이 발생하는지는 알 수 없다.

④ (×) 판매자에게 고품질의 차의 가치가 2,000이라면, 완전정보의 경우 소비자 가치가 더 크므로 거래된다. 또한, 비대칭적 정보 하에서도 소비자의 기대 가치인 2,500보다 작으므로, 시장에서 거래될 수 있다.

⑤ (×) 고품질 차와 저품질 차의 존재 비율이 4:1이라면, 소비자의 기대가치는 $5,000 \times 0.8 + 0 \times 0.2 = 4,000$이다. 이 경우 소비자의 기대가치와 판매자의 가치가 동일하므로 4,000에 거래될 수 있다.

30. 정답 ④

① (○) 스태그플레이션(Stagflation)이 발생했고 보수당 정부와 노동당 정부가 재정적자를 동원하여 수요를 진작하는 케인스 정책으로 대응했으나 실업도 인플레이션도 해결하지 못했다. (1문단)

② (○) 통화주의 모델이 제시하는 정책대안은 이자율을 올려 신용창출을 억제하고 정부가 예산과 지출을 줄이고 노조의 임금인상 요구를 차단하여 통화량을 줄이는 것이다. (1문단)

③ (○) 신현확 경제부총리의 건의에 따라 금리를 인상했고 9월에는 물가안정을 위해 일반 여신한도를 규제했다. (2문단) + 통화주의 모델이 제시하는 정책대안은 이자율을 올려 신용창출을 억제하고~ (1문단) 따라서 신현확 경제부총리의 건의는 케인즈 모델보다 통화주의 모델에 가깝다.

④ (×) 정부재정 증가율이 1981년 21.9% 1982년에는 16.1%로 감소했고 1983년부터는 재정증가율이 10%대를 넘지 않았다. (3문단) 즉, 증가율의 감소이지, 여전히 증가율은 (+)의 값이므로 정부 재정의 절대적 규모는 해당 기간동안 감소하지 않았다.

⑤ (○) 통화주의 모델이 제시하는 정책대안은 이자율을 올려 신용창출을 억제하고 정부가 예산과 지출을 줄이고 노조의 임금인상 요구를 차단하여 통화량을 줄이는 것이다. (1문단) + 제5공화국 정부의 인플레이션 정책의 핵심은 '정부재정 증가율 축소'에 있다. (3문단) 따라서 제5공화국 정부는 정부재정 증가율 축소라는 통화주의적 요소를 포함했다.

31. 정답 ⑤

클라벨-베즈케즈는 허구적 윤리적 결함과 실제적 윤리적 결함을 구분하면서, 그 기준을 비윤리적 태도가 허구 세계에만 머무르느냐 아니면 실제 세계까지 연장되느냐로 삼고 있다. 제시문에서 이 두 결함의 차이를 다음과 같이 설명한다.

19. 정답 ③

① (×) 국가의 관리가 사용료를 받는 토지도 사전이다.

② (×) 사전의 농민은 전조만 납부하고 국고에 전세를 납부하는 주체는 사전의 수조권자인 관리나 공신 등이다.

③ (○) 제시문에 나와있듯이, 전세는 1결당 2두로 정액세의 성격을 갖고 있다. 그리고 이 전세는 수조권자가 자신의 수조지에서 농민에게 받은 전조 중 일부를 국가에 납부하는 성격이다. 따라서 전조가 감면되면, 수조권자가 농민에게 받는 전조가 감소하지만, 국가에 납부하는 전세 양은 동일하므로, 실질적 부담이 증가한다.

④ (×) 사전은 수조권자 또는 관리가 조사한다.

⑤ (×) 대동미 등 주요 전세에도 적용되었다.

20. 정답 ③

① (×) 손재가 8분(分) 이상인 경우 전액이 감면된다.

② (×) ㉠은 1결 30두, ㉡은 1결 20두 이므로 ㉠이 더 크다.

③ (○) ㉡ 적용 시 하하년이면 1결 4두, ㉢은 1결에 4두이므로 세액이 동일할 수 있다.

④ (×) ㉢도 토지의 비옥도를 고려한다.

⑤ (×) ㉠, ㉡, ㉣ 3개이다.

21. 정답 ⑤

① (×) 지문 내에는 조선공산당과 보통선거제 등의 의회민주주의 정책을 공동수립했다는 내용이 나타나지 않아 알 수 없는 선지이다.

② (×) 조만식이 하지에게 보낸 밀서에서 북한 주민들이 대체로 소련 군정의 개혁을 만족하고 있다고 했을 뿐, 하지가 소련 군정의 개혁 정책에 대해 어떤 입장을 취했는지는 알 수 없다.

③ (×) 당시 소련군은 반일 민주주의 정당과 단체의 동맹에 기초해서 권력을 만들어갈 것을 지시받은 터였다. 그에 따라 소련은 조선민주당의 창당에 호의적이었다. (1문단) 따라서 소련은 조선민주당의 창당을 반대하지 않았다.

④ (×) 조선민주당은 민족자본가, 도시 소자산가, 기독교인들을 주요 기반으로 표방했다. 그러나 지방 조직에는 중소지주 등도 참여하고 있었고, 반공주의 성향의 인물들이 정치 조직의 필요성을 느껴 참여하는 경우도 있었다. (3문단)

⑤ (○) 조만식은 처음에 김일성에게 입당을 권유했지만, 김일성이 같은 동북항일연군 출신인 최용건을 추천하여 그가 대신 참여했다. (2문단) 따라서 조만식은 동북항일연군 출신인 김일성에게 입당을 권유한 적이 있다.

22. 정답 ③

① (×) 탄금대전투의 패배로 최후의 방어선마저 무너지자, 조선 정부는 더 이상 한양을 지키기 어려울 것으로 판단하였다. 이에 북쪽으로의 몽진을 결정하였다. (3문단) 북천전투가 아닌 탄금대 전투 패배 이후이다.

② (×) 신립은 군대를 탄금대로 이동시켜 기병 중심의 학익진(鶴翼陣)의 전술을 폈다. (3문단) 학익진 전술을 펼친 군대는 신립의 조선군이다.

③ (○) 기병전이 아닌 지형이 험한 조령에서 매복했다가 기습공격을 해야 한다고 주장했고, 종사관 김여물(金汝岉) 역시 이 의견에 동조했다. 그러나 신립은 탄금대 앞에 펼쳐진 평야를 전투지로 선택하여 자신의 주특기인 기병전을 펼치고자 했다. (2문단) 기병전으로 북방 야인(野人) 소탕으로 명성을 떨치던 신립을~ (1문단) 이를 종합하여 정리하면, 신립은 김여물의 의견과 달리, 북방 야인 소탕에 활용하던 전술을 일본군과의 전투에서도 활용하고자 했다.

④ (×) 충주에 도착한 신립은 충주 남쪽의 단월역(丹月驛)에서 북천전투의 패장(敗將)인 이일(李鎰)을 만났다. (2문단) 따라서 이일은 북천전투에서 전사하지 않았음을 알 수 있다.

⑤ (×) 김효원(金孝元) 등이 일본군의 충주 진입을 알렸으나, 신립은 김효원이 잘못된 정보로 아군을 놀라게 했다면서 목을 베었다. (2문단) 김효원이 조령 매복을 주장했는지는 알 수 없다.

23. 정답 ⑤

① (×) 미국의 금 매입이나 금 판매로 인해 금 수출입점 밖으로 이동할 수 없다. (4문단)

② (×) 달러가 평가하락 하는 경향은 미국으로부터의 금 수송에 의해 좌절된다. (4문단) 즉, 미국에서 영국으로 금이 이동한다.

③ (×) 1파운드의 가치가 있는 금을 뉴욕과 런던 간에 운반하는 데 드는 수송비가 약 3센트이므로 달러와 파운드 간의 환율은 주조평가의 상하 3센트 이상 변동할 수 없다. (2문단) 따라서 환율은 4.84~4.90 사이에서만 변동이 가능하다. 그러므로 4.91달러로의 변동할 수 있다는 선지는 틀린 선지이다.

④ (×) 아무도 1파운드에 대하여 4.84달러 이하를 받으려고 하지 않기 때문이다. (3문단)

⑤ (○) 이것은 파운드의 달러 표시 가격 또는 환율이 R=$/£=113.0016/23.22=4.87임을 의미하며, 이를 주조평가라 한다. (1문단) 따라서 각 화폐의 금 함유량이 동일한 비율로 증가하면, 주조평가는 불변임을 알 수 있다.

24. 정답 ③

① (×) 원칙적으로 계약당사자는 아니기 때문에 수익자의 의사에 따라 계약을 해제할 수는 없다. (3문단) 따라서 수익자인 C는 자신의 의사에 따라 A,B사이의 계약 (본계약)을 해제할 수 없다.

② (×) 대가관계가 무효가 되거나 취소되더라도 본계약에는 어떠한 영향도 미치지 못한다. (4문단) 따라서 대가관계가 무효라고 하더라도, 보상관계의 효력이 상실하는 것이 아니다.

③ (○) 계약관계는 아니지만, 수익자가 낙약자에게 수익의 의사표시를 한 이후에는 낙약자에 대하여 급부청구권이 발생한다. (3문단) 수익자인 C가 낙약자인 A에게 수익의 의사표시를 하면, C는 A에 대하여 급부청구권이 발생한다.

④ (×) (수익관계에 대한 본문 내용) 계약이 무효인 경우에는 손해배상청구권 자체가 소멸한다. (3문단) 따라서 A, B 사이의 계약(본계약)이 무효일 경우, C는 A에게 손해배상을 청구할 권리 자체가 소멸하므로, 손해배상을 청구할 수 없다.

⑤ (×) 낙약자 A가 물건을 먼저 수익자 C에게 준 다음에, 요약자 B로부터 대금을 받아야 하는데, B가 대금을 주지 않는 경우 채무불이행으로 계약을 해제할 수 있다. (2문단) 따라서 A가 물건을 C에게 인도한 뒤, B가 대금 지불을 거부하면 C가 아닌 A가 계약 불이행으로 계약을 해제할 수 있다. (1번 선지에서도 언급했듯이 C는 계약 해제를 할 수 없다. 다만, C는 본 계약이 취소됨에 대한 손해배상을 청구할 수 있다.)

25. 정답 ②

① (○) 깨끗한 공기라든가 물 혹은 잘 보존된 숲의 가치 같은 것들은 시장가격이 존재하지 않아 그것들이 과연 얼마만큼의 가치를 갖는지 알기 힘들다. (1문단)

② (×) 우회적 방법에 의해 환경정책의 편익을 평가할 수 밖에 없는데, 대표적인 방법으로 '헤도닉가격 접근법', '조건부평가법' 등이 있다. (1문단) 이 주택 가격 상승폭을 환경정책에서 나오는 편익으로 간주할 수 있다고 한다. (2문단) 따라서, 헤도닉가격 접근법은 해당 환경정책의 내용을 직접 시장가격화하는 직접적 방법으로 환경정책의 편익을 측정하는 방법이 아니다. (우회적, 간접적 방식이다.)

③ (○) 이 주택 가격 상승폭을 환경정책에서 나오는 편익으로 간주할 수 있다고 한다. (2문단) 따라서, 헤도닉가격 접근법에 따르면, 환경정책 시행 후 주택 가격이 1억 원 상승했다면, 해당 정책의 편익은 1억 원 가치를 갖는다고 평가할 수 있다.

④ (○) 조건부평가법이란 이름은 가상적인 환경 개선의 가능성을 제시하고 사람들로 하여금 이에 대한 평가를 하게 만든다는 데서 나왔다. (3문단) 헤도닉가격 접근법은 정책 시행 후 주택가격 상승분을 편익으로 간주하는 정책이다. 이 점들을 고려하면, 조건부평가법은 헤도닉가격 접근법과 달리 측정하고자 하는 환경정책을 실제로 시행하여 측정하는 방법이 아니다.

⑤ (○) 한강의 수질을 개선시킨다는 가상적 시나리오를 제시하고, 이런 결과를 가져오기 위해 얼마의 추가적 세금을 부담할 용의가 있는지를 묻는다. (3문단) 따라서 한강 개선 시나리오에 대해 사람들의 답변이 1억 원이라면, 해당 정책의 편익은 1억 원 가치를 갖는다고 평가할 수 있다.

법률저널

② (×) 첫판에 가위로 비겼다면, 다음 판에는 각자 바위나 보를 낼 확률이 77.2%이다. 따라서 보를 내면 77.2% 확률로 지지 않을 수 있다. 따라서 보를 내는 것이 유리하다.

③ (×) 첫판에 보로 비겼다면, 다음 판에 가위가 아닌 바위를 내면 77.2% 확률로 지지 않는다.

④ (×) 자신이 첫판에 가위를 냈을 때 이길 확률은 상대방이 첫판에 보를 냈을 확률이므로, 31.7%이다.

⑤ (×) 자신이 첫판에 보를 냈을 때 이길 확률은 상대방이 첫판에 바위를 냈을 확률이므로, 35.0%이다.

13. 정답 ④

① (×) 원자핵의 전하는 전자에 대한 인력을 증가시킨다. (1문단) 이온화 에너지는 기체 상태의 원자, 분자 혹은 이온으로부터 가장 느슨하게 결합한 전자, 즉 원자가 전자(valence electron) 1개를 제거하는 데 필요한 에너지이다. (1문단) 따라서 전자에 대한 인력이 약할수록 전자 제거시 필요한 에너지, 즉 이온화 에너지는 작아진다. 그러므로 원자핵의 전하가 클수록 전자에 대한 인력이 커지므로 이온화 에너지는 커진다.

② (×) 알칼리 금속의 경우 원자핵과의 거리가 멀수록 전자를 떼어내기가 쉽다. (4문단) 그리고 앞서 언급했던 이온화 에너지의 정의를 고려할 때, 원자핵과의 거리가 멀수록 전자를 떼어내기 쉬우므로 이온화 에너지는 작아진다.

③ (×) 알칼리 금속(1족)의 이온화 에너지는 Li, Na, K 순서로 작아진다. 이온화 에너지가 작은 금속일수록 이온화되기 쉽다. (3문단) 따라서 기체 상태에서 이온화되기 쉬운 순서는 K > Na > Li 순이다.

④ (○) 기체 상태의 금속 원자를 금속 양이온으로 만들 때 사용되는 에너지가 이온화 에너지이다. 이 과정은 에너지를 흡수하는 흡열과정 (1문단)이므로 기체 상태의 금속 원자를 금속 양이온으로 만드는 과정에서 에너지가 흡수된다.

⑤ (×) 리튬이온이 물분자에 의해 둘러싸이면 매우 안정한 상태가 된다고 볼 수 있다. 따라서 리튬은 기체 상태에서는 칼륨보다 이온화하기가 어렵지만 수용액 속에서는 이온화 경향이 크다. (4문단) 따라서 이온이 물분자에 의해 둘러싸였을 때 안정성이 높을수록 이온화 에너지가 아닌 이온화 경향이 크다.

14. 정답 ⑤

① (×) 자유팽창과정이다. 자유팽창은 계와 주위 사이에 열전달이 없고, 계가 일도 하지 않는 단열과정의 일종이다. (4문단) 따라서 외부로부터의 열 출입이 존재하지 않는다.

② (×) 등적과정에서는 W=0이므로, 내부에너지는 Q에 의해 결정된다. 따라서 계가 열을 흡수하면 계의 내부에너지는 증가한다.

③ (×) 자유팽창과정에서 △E = 0이지만, Q=W=0이지만, 열전달도 없고, 계가 일도 하지 않는다.

④ (×) 외부로부터 열의 출입이 완전히 차단되는 되는 것은 Q=0임을 의미한다.

⑤ (○) 등온과정에서는 Q=W이다. 이 때 W는 계가 한 일임을 고려할 때, 계에 행해진 일은 -W가 된다. 따라서 계에 흡수되는 열 (Q)과 계에 행해진 일 (-W)을 더하면 0이 된다.

15. 정답 ④

[제시문 정리] 제시문에 주어진 기준에 따라 가능한 경우의 수를 작성하면 다음과 같다.

1) 첫 번째 경우

	A	B	C	D
갑				O
을	O			
병	O			
정			O	

2) 두 번째 경우

	A	B	C	D
갑				O
을			O	
병			O	
정	O			

3) 세 번째 경우

	A	B	C	D
갑				O
을			O	
병			O	
정		O		

① (×) 갑이 D국에 파견되는 것은 이미 확정된 사실이므로 이것만으로는 모든 외교관의 파견 여부를 확정할 수 없다.

② (×) 을과 병이 B국에 파견되지 않는다는 것은 이미 확정된 사실이므로 이것만으로는 모든 외교관의 파견 여부를 확정할 수 없다.

③ (×) 갑이 D국에 파견되므로, 3번 선지가 추가되면, 을과 병이 B국에 파견되지 않는다는 것이 도출된다. 이는 2번선지 내용과 마찬가지로 나머지 외교관의 파견 여부 확정에 도움을 주지 못하는 정보이다.

④ (○) 을과 병이 B국에 파견되지 않으므로, 4번 선지가 추가되면, 정이 A국에 파견되는 것이 확정된다. 이는 두 번째 경우 케이스로 확정되므로 모든 외교관의 파견 여부를 확정할 수 있다.

⑤ (×) 5번 선지가 추가되어도, 1~3번 경우 모두 성립가능하므로 확정할 수 없다.

16. 정답 ④

[제시문 정리] 제시문에 주어진 기준에 따라 가능한 경우의 수를 작성하면 다음과 같다.

	A	B	C	D	E
1	X	O	X	X	X
2	X	X	X	X	X
3	X	O	X	O	O
4	X	O	X	X	O
5	X	X	X	O	O
6	X	X	X	X	O

* 밑줄 표시 된 경우가 회의가 개최되는 경우임.

① (×) A는 참석하지 않는다.

② (×) D의 참석 여부는 알 수 없다. (확정되지 않음.)

③ (×) 5번 경우와 같이 B가 참석하지 않지만, 회의가 개최되는 경우가 존재한다.

④ (○) E가 참석하지 않는 경우는 1, 2번 경우이므로 회의는 개최되지 않는다.

⑤ (×) 6번 경우와 같이 E가 참석하지만 회의가 개최되지 않는 경우가 존재한다.

17. 정답 ①

ㄱ. (○) A는 행복이 사실상 쾌락과 동일함을 주장하고 있다. 한편, 좋음은 궁극적으로 쾌락으로 귀결되며, 또한 좋음은 선이라고 주장한다. 따라서 행복=쾌락, 좋음=쾌락, 좋음=선 도식에 따라 행복=선이라고 할 수 있다.

ㄴ. (×) B는 "현재 물리적이고 현상적으로 발생하고 있는 정서적 경험뿐만 아니라 비경험적인 감정이나 정서적 분위기(기분)까지 포함한다. 반면에 정서적인 상태와 직접적으로 연결되지 않는 쾌락은 행복의 조건에서 배제된다." 지문을 통해, **정서적 상태와 직접적 관련이 없는 쾌락은 행복의 조건에서 배제**된다고 볼 뿐, 모든 종류의 쾌락이 행복에 기여하지 않는다고 보지 않았다.

ㄷ. (×) A와 달리 B는 정서적 상태와 직접적 상관이 없는 쾌락은 행복의 조건에서 배제한다. 따라서 A에서 '행복하다'라고 판단되는 경우라 하더라도, 그 쾌락이 정서적 상태와 직접적 상관이 없는 쾌락의 경우라면 B에서 '행복하다'라고 판단하지 않을 것이다.

18. 정답 ①

ㄱ. (○) 갑은 저출산 문제의 핵심 원인으로 자녀 양육 부담을 지적하고 있다. 정책적 지원이 저출산 문제를 완화시킨다는 근거가 있다면 갑의 논리가 강화된다.

ㄴ. (×) 을은 기술진보를 통해 저출산으로 인해 부족한 노동력을 보충할 수 있다고 주장한다. 그러나, AI와 로봇이 노동력 대체에 한계가 있다면, 을의 주장은 약화된다.

ㄷ. (×) 갑의 핵심 주장은 저출산의 핵심 원인이 육아 부담에 있다는 것이다. 따라서 고령화에 따른 부양 부담 관련 결과는 갑의 주장을 강화하지도, 약화하지도 않는다.

② (○) 이 욕구를 충족시키기 위하여 자신이 일체감을 갖는 집단을 다른 집단에 비해 상대적으로 더 긍정적으로 평가하려 하고 나아가 소속 집단의 지위를 유지하고 상승시키려 노력한다. 즉, 지지 정당의 지위를 방어하고 상승시켜 결과적으로 스스로의 자존감을 유지하고 고양하려 한다는 것이다. (2문단) 따라서 정서적 양극화 정도가 강할수록 유권자들은 자신이 일체감을 가지고 있는 정당과 상대 정당에 대해 상반된 평가를 내린다. (지지정당에는 무조건적 지지를, 상대 정당에는 무조건적 반대, 부정 평가를 한다.)

③ (×) 높은 수준의 정서적 양극화가 유권자들 사이에서 민주주의 원칙과 규범에 대한 지지를 약화시키는 한편~ (2문단)

④ (×) 제시문에서는 '조국사태'를 정서적 양극화 현상이 나타난 대표적 사례로 제시하고 있을 뿐, 정서적 양극화 현상의 시초인지는 알 수 없다.

⑤ (×) 자신이 일체감을 갖는 집단을 다른 집단에 비해 상대적으로 더 긍정적으로 평가하려 하고 나아가 소속 집단의 지위를 유지하고 상승시키려 노력한다. 즉, 지지 정당의 지위를 방어하고 상승시켜 결과적으로 스스로의 자존감을 유지하고 고양하려 한다는 것이다. (2문단) 따라서 정서적 양극화가 심화될수록 유권자들은 자신이 지지하는 정당에 대한 감정적 선호가 강할 것이다.

6. 정답 ①

① (×) 에프론의 연구는 대뇌 지배성의 의미가 단순히 배타성을 의미하는 것이 아닌, 특정 분야에 상대적인 전문성이 있음을 의미하는 것임을 보여준다. 즉, 언어적 기능의 비대칭성에 있어서 '지배적'인 반구가 모든 언어기능에서 다른 반구보다 우수하다는 의미는 아닌 것이다. (3문단) 그러나 이 의미가 좌반구가 언어적 기능에 있어 우반구에 비해 우수하지 않다는 것은 아니다. 좌반구가 언어적 기능 중 특정 분야에 우반구에 비해 전문화되어있음을 나타내고 있다. (짧은 시간동안에 변화하는 청각신호의 변화를 탐지하는 분야)

② (○) 즉, 언어적 기능의 비대칭성에 있어서 '지배적'인 반구가 모든 언어기능에서 다른 반구보다 우수하다는 의미는 아닌 것이다. 따라서, 언어의 대뇌 전문화란 언어행위의 일부요소들의 통제 및 특정 정보 파라미터들의 판단에 전문화되어 있다는 것을 뜻한다고 보아야 할 것이다. (3문단)

③ (○) 좌반구의 전두엽의 일부 손상이 우반구에서의 유사한 손상 후에는 일어나지 않는 언어적 장애(실어증)을 가져온다는 연구 (1문단)

④ (○) 좌반구가 우반구에 비해 아주 짧은 시간동안에 변화하는 청각신호의 변화를 탐지하는 데 있어 우세한 반면에 우반구는 좌반구와 달리 음성신호의 음운적 구성의 분석을 요하지 않는 화자의 억양, 멜로디 및 음색을 판단하는데 더 우월하다고 나타났다. (3문단) 따라서 좌반구는 상대적으로 음운적 구성의 분석을 요하는 파라미터 판단에 전문화되어있다고 볼 수 있다.

⑤ (○) 19세기 중반까지, 인간의 두 대뇌반구는 구조적으로뿐만 아니라 기능적으로도 동등하다는 것이 동물연구들을 통해 일반적으로 받아들여진 정설이었다. (1문단)

7. 정답 ③

① (○) 모든 재질은 각각 다른 량의 방사선을 흡수한다. (2문단) 따라서 납과 구리가 흡수하는 방사선의 양은 다르다.

② (○) 감마선과 X-선은 구리 같은 대부분의 물질을 투과한다. 다만 자연계에서 가장 무겁고 두꺼운 납은 통과하지 못한다. (3문단) 실제로 조선시대의 시한폭탄이라는 별명을 가진 '비격진천뢰'에 대해 감마선 투과 조사를 통해 내부구조를 파악할 수 있었다. (4문단) 일반적으로 밀도가 높은 재질일수록 방사선을 더 많이 흡수한다. (2문단) 이는 감마선이 비격진천뢰를 투과했다는 것을 의미하므로, 비격진천뢰의 밀도가 납보다 낮음을 알 수 있다.

③ (×) 감마선과 X-선은 구리 같은 대부분의 물질을 투과한다. 다만 자연계에서 가장 무겁고 두꺼운 납은 통과하지 못한다. (3문단) 일반적으로 밀도가 높은 재질일수록 방사선을 더 많이 흡수한다. (2문단) 따라서 납이 구리에 비해 밀도가 높은 재질임을 알 수 있다.

④ (○) 방사선의 하나인 감마선은 파장이 짧고 물질 투과성이 강한 전자기파로 질량과 전하가 없다. (1문단)

⑤ (○) 1903년 러더퍼드가 그리스 문자를 사용해 물질을 투과하는 정도에 따라 알파선(α-선), 베타선(β-선), 감마선(γ-선)이라고 명명했다. (1문단) 알파선은 종이 한 장도 뚫지 못하고 베타선은 얇은 금속판에서 튕겨져 나오지만, 감마선과 X-선은 구리 같은 대부분의 물질을 투과한다. 다만 자연계에서 가장 무겁고 두꺼운 납은 통과하지 못한다. (3문단) 따라서 감마선이 베타선보다, 베타선이 알파선보다 물질을 잘 투과한다.

8. 정답 ④

(가) : 2문단의 사례를 통해, 엔이 저수익통화, 달러가 고수익통화임을 파악할 수 있다. 그리고, 달러가 엔에 비해 평가하락하면 투자자는 더 적은 이익 또는 손실을 보게 되는 것으로 나타난다. 따라서, 투자기간동안 양의 이자율 차보다 고수익통화가 저수익통화에 비해 더 높은 백분율 차이로 평가하락하면 투자자는 손실을 보게 된다.

(나) / (다) : 3문단에서 엔의 급속한 평가상승이 캐리 트레이드 거래를 위축시켰다고 제시하고 있다. 앞선 1문단의 캐리 트레이드 개념을 고려할 때, 저수익통화의 평가상승이 캐리 트레이드를 하는 투자자에게 손실을 가져오므로, 거래가 위축될 것으로 예상할 수 있다. 따라서, 엔의 평가상승에 따른 거래 위축은 엔이 저수익통화, 달러가 고수익통화임을 나타낸다.

9. 정답 ③

A견해에서 죽음이 나쁜 이유는 절대적인 것이 아니라, 가능성에 대한 상대적 비교이다. 소월1과 소월2를 비교하면서, 소월1이 누리지 못한 것들이 소월2에게는 가능했을 것이기 때문에, 죽음은 소월1에게 나쁜 것으로 간주된다.

즉, A견해에 따르면 죽음은 소월1이 죽지 않았더라면 누릴 수 있었던 소월2의 삶의 좋은 것들을 박탈했기 때문에 나쁜 것이다. 또한, 소월1과 2는 동일한 김소월이라는 점을 제시문에서 언급하고 있다. 그러므로, 소월1과 소월2의 비교를 통해 소월1에게 죽음이 나쁘다고 설명함으로써 김소월에게 죽음은 나쁜 것이다라는 점을 설명한 3번 선지가 가장 적절하다.

10. 정답 ④

해당 문단은 언어가 사고에 영향을 주는 것은 맞으나, 언어가 사고에 반드시 필요한지에 대해서는 의문을 제기한다. 그 대표적인 사례로, 샬러의 사례를 들고 있다. 따라서, '그러나'라는 접속사로 연결되어 제시되는 샬러의 사례를 고려할 때, '언어가 사고를 결정한다면 수화를 배우기 이전의 사고는 가능하지 않을 것이다'의 문장이 오는 것이 적절하다. (언어가 사고에 필수적이라는 내용이 들어가야 문맥상 적절함. 그 뒤에 '그러나'로 연결되면서 이에 반대되는 샬러의 사례가 나오기 때문임.)

11. 정답 ③

① (○) 상급기관의 정책기조와 일치할수록 수직적 책임성이 높아진다. (2문단) 따라서 상급기관의 정책방향이나 운영방침과 일치된 사업계획을 수립하고 집행할 때 수직적 책임성이 높아진다.

② (○) 환경보전이나 지역사회에 대한 공헌을 통해서 일반 국민으로부터의 높은 신뢰를 받는 경우 상대적으로 사회적 책임성이 높아진다고 볼 수 있다. (5문단) 따라서 공해를 줄이기 위한 공공기관의 차량 2부제 실시는 사회적 책임성을 높인다.

③ (×) 자율성이 높을수록 수직성 책임성이 높아진다. (2문단) 따라서 예산편성, 재무관리 등에서 상급기관의 통제를 적게 받을수록 수직적 책임성이 낮아지는 것이 아니라, 높아진다.

④ (○) 고객의견 반영 정도, 고객헌장의 구비 여부, 서비스 전문성 정도 등이 높을 때 공공기관의 고객책임성이 높아진다고 볼 수 있다. (4문단) 따라서 서비스 제공과 관련하여 고객의 민원 응답률이 낮을수록 고객책임성이 낮아진다.

⑤ (○) 관리투명성, 관리효율성, 관리형평성 및 목표지향성이 높을 때 내부적 책임성이 높아진다고 볼 수 있다. (3문단) 따라서 공공기관 내부의 의사결정과정이 폐쇄적일수록 관리투명성 측면에서 내부적 책임성이 낮아진다.

12. 정답 ①

① (○) 첫판에 보로 비겼다면, 다음 판에 각자 바위나 가위를 낼 확률이 77.2%이다. 따라서 바위를 내면 77.2% 확률로 지지 않을 수 있다. 따라서 바위를 내는 것이 유리하다.

언 어 논 리

제10회

정답 및 해설

PSAT 언어논리 정답

1	2	3	4	5
①	②	⑤	③	②
6	7	8	9	10
①	③	④	③	④
11	12	13	14	15
③	①	④	⑤	④
16	17	18	19	20
④	①	①	③	③
21	22	23	24	25
⑤	③	⑤	③	②
26	27	28	29	30
②	②	④	①	④
31	32	33	34	35
⑤	③	④	④	②
36	37	38	39	40
③	⑤	⑤	⑤	③

PSAT 언어논리 해설

1. 정답 ①

① (○) 거란이 압록강 연안의 강동6주를 고려에 양여하는 조건으로 강화하였다. 이후 고려는 시중 박양유를 예폐사로 삼아 거란에 보냈고, 강동6주를 개척하도록 하였으며, 거란의 연호를 사용하기 시작했다. (1문단)

② (×) 고려는 사실상 거란의 책봉국이 되었으나, 994년·999년·1003년에 잇달아 송에 사신을 보내 거란이 침입한 실정을 알리고 거란군을 막기 위해 송의 군사를 보내줄 것을 요청하였다. 그 이전에 송이 거란을 제압하고자 고려에 도움을 요청했던 것과 정반대의 상황이 되었다. (2문단)

③ (×) 1014년·1015년에 송에 사신을 보내 방물을 바친 것이다. 이에 대해 거란도 압록강 가운데 있는 섬인 보주(保州)를 점령하여 고려를 곤경에 빠트렸다. (2문단) 따라서 거란이 압록강 가운데에 있는 섬인 보주를 점령하자 고려는 송에 방물을 바치며 군사를 요청하였다는 선지는 틀린 선지이다.

④ (×) 거란은 송을 침공하여 동북아의 패자(霸者)가 되기 위해서 배후의 고려를 제압해야 한다는 전략적 목적하에 993년에 대규모 군사를 이끌고 고려를 공격하였다. (1문단) 또한 그 이후 '갑작스런 침입으로 위기에 처했던 고려~'라는 문단을 고려할 때, 고려가 송에 거란을 제압하기 위한 지원을 요청하자 거란이 993년 대규모 군사를 이끌고 침입하였다는 선지는 틀린 선지이다.

⑤ (×) 1036년에 상서우승 김원충을 진봉겸고주사로 임명하여 송에 보냈다가, 배가 파손되어 중도에 돌아온 뒤에 30여년간 사신을 보내지 않았다. (3문단) 박양유는 1차 침입 이후 등장한 인물이다. (1문단 참고)

2. 정답 ②

① (×) 1930년대 중반 이후 딱 한 차례 서울의 인구가 폭발적으로 증가했는데, 이는 서울이 인근 지역을 새로 편입하면서 나타난 현상이었지 자연증가는 아니었다. (4문단)

② (○) 10년 동안 인구증가율이 가장 높은 곳은 신의주(248.6%), 청진(239.0%)으로 모두 전통도시가 아니라 식민지 수탈의 거점도시였다. (3문단) 신의주와 청진은 1920~30년대 인구 증가하는 속도가 가장 빠른 도시라고 할 수 있다.

③ (×) 실제로 지방행정구역 개편에 따라 부나 지정면으로 지정된 도시 가운데 경성, 대구, 평양 등만 조선시대부터 발전한 전통도시였고, 나머지 대부분의 도시는 일본인 거류지를 중심으로 급속하게 도시화가 진행된 곳이었다.
상대적으로 조선인 중심으로 도시화가 진행되던 전통도시가 새롭게 부로 지정된 것은 1930년대 이후였다. (1~2문단) 서울(경성)의 경우, 이미 부로 지정된 상태이고, 2문단에 제시되는 다른 도시들이 30년대에 들어오면서 부로 지정되었다.

④ (×) 여기서 한 가지 간과하지 말아야 할 것은, 도시에 거주하는 조선인 가운데 상당수가 산미증식계획 같은 일제의 농업 정책과 1920년대 말의 농업공황에 의해 몰락한 뒤 어쩔 수 없이 도시로 이주한 이른바 '토막민', 곧 도시 빈민이었다는 사실이다. (3문단)

⑤ (×) 일제강점기에 도시가 차지하는 위상은 어느 정도였을까? 이와 관련해 전체 인구 중 도시 인구가 차지하는 비율이 비교적 낮았다는 점을 주목할 필요가 있다. (1문단)

3. 정답 ⑤

① (×) 초기 형태가 일본의 게다와 같은 조선의 신은 '나막신'이다. (5문단 참고) 나막신은 서민이 신었다. (2문단 참고) 또한, 조선 시대는 신의 착용이 계급에 따라 엄격히 제한되었다는 점 (2문단)을 고려할 때, 나막신은 서민층 남녀노소가 사용한 것으로 해석함이 타당하다.

② (×) 홍색 바탕에 청색 무늬를 놓은 것은 청목댕이, 청색 바탕에 홍색 무늬를 놓은 것은 홍목댕이라 하며, 청목댕이는 좀 나이 든 사람이 신었다. (4문단) 따라서, 선지의 당혜는 청목댕이가 아닌 '홍목댕이'이다. 따라서 해당 선지는 틀린 선지이다.

③ (×) 운혜는 온혜라고도 하며 (4문단) + 가죽으로 만드는 갖신은 갠 날 신는 마른 신과, 눈비 오는 궂은 날에 신는 진신으로 나누어 볼 수 있다. 마른 신은 태사혜, 당혜, 운혜 등이고~ (3문단)

④ (×) 혜는 남방계의 신인데, 우리나라의 지리 및 기후 조건으로 이질적인 두 계통의 신을 신게 된 것이다. (1문단)

⑤ (○) 여염집 부녀가 신었던 신은 '운혜'이다. (4문단) 운혜의 형태는 당혜와 같다. (4문단) 당혜는 상류층 부녀자나 양반집 규수가 혼수를 장만할 때 준비하는 귀한 신이었다. (4문단) 따라서 여염집 부녀가 신었던 신의 형태는 상류층 부녀자가 혼수를 장만할 때 준비하는 신의 형태와 같다.

4. 정답 ③

① (×) 고대 그리스의 올림픽은 8년 주기였다. 그 이유는 의외로 간단하다. 태양의 신인 아폴론과 달의 여신인 아르테미스가 만나는 것이 8년 주기였기 때문이다. (3문단) 따라서 고대 올림픽은 원래부터 8년 주기로 열리던 경기이다.

② (×) 고대 올림픽은 제우스 신을 모시는 제전경기로 시작했다가 나중에는 하나의 제전의식으로 발전하게 되었다. (3문단)

③ (○) 92년 이후 하계, 동계 올림픽이 교차로 2년마다 열린다. (2문단) 또한 94년 릴리함메르 올림픽 뒤 4년 뒤 열린 나가노 올림픽은 '동계' 올림픽이었다. (2문단) 따라서 릴리함메르 올림픽도 동계 올림픽이라는 점을 알 수 있다. 따라서 92년 하계 바르셀로나 올림픽과 94년 릴리함메르 동계 올림픽은 서로 개최된 계절이 다르다.

④ (×) 근대 올림픽은 쿠베르탱이 창설 당시부터 4년 원칙을 수립하였다. 8년 주기를 4년 주기로 변경했다는 내용은 알 수 없다. 또한 상업적 이유를 근거로 4년 주기를 선택했다는 내용 또한 알 수 없다. (상업적 이유를 근거로 4년 주기를 선택한 것은 현대에 들어와서이다.)

⑤ (×) 쿠베르탱은 다른 스포츠 제전과의 시간 차를 고려하여 4년마다 올림픽을 개최한다는 원칙을 수립했다는 내용은 알 수 없다. 현대에 들어와 다른 스포츠 제전과의 시간 차를 고려하여 하계/동계 올림픽을 교차 개최했다는 점만을 알 수 있다.

5. 정답 ②

① (×) 정서적 양극화 정도가 강할수록 지지하는 정당 내부의 이견에 대한 관용이 감소할 것이라고 예상한다. (3문단)

이해충돌행위에 대한 민법상 부당이득반환청구 등 각종 일반적 구제수단의 존재 등을 고려하면, 심판대상조항이 청구인 강□□의 아동으로서의 인간다운 생활을 할 권리를 아동의 최선의 이익이라는 입법재량의 한계를 일탈하여 침해하였다고 보기 어렵다(헌재 2024.4.25. 2021헌마473).

23. 정답 ①

① (×) 국가가 개인정보보호법 등으로 정보보호를 위한 조치를 취하고 있더라도, 여전히 주민등록번호를 처리하거나 수집·이용할 수 있는 경우가 적지 아니하며, 이미 유출되어 발생된 피해에 대해서는 뚜렷한 해결책을 제시해 주지 못하므로, 국민의 개인정보를 충분히 보호하고 있다고 보기 어렵다(헌재 2015.12.23. 2013헌바68).

② (○) 주민등록번호는 표준식별번호로 기능함으로써 개인정보를 통합하는 연결자로 사용되고 있어, 불법 유출 또는 오·남용될 경우 개인의 사생활뿐만 아니라 생명·신체·재산까지 침해될 소지가 크므로 이를 관리하는 국가는 이러한 사례가 발생하지 않도록 철저히 관리하여야 하고, 이러한 문제가 발생한 경우 그로 인한 피해가 최소화되도록 제도를 정비하고 보완하여야 할 의무가 있다. 그럼에도 불구하고 주민등록번호 유출 또는 오·남용으로 인하여 발생할 수 있는 피해 등에 대한 아무런 고려 없이 주민등록번호 변경을 일체 허용하지 않는 것은 그 자체로 개인정보자기결정권에 대한 과도한 침해가 될 수 있다(헌재 2015.12.23. 2013헌바68).

③ (○) 심판대상조항의 위헌성은 주민등록번호 변경이 필요한 경우가 있음에도 그 변경에 관하여 규정하지 아니한 부작위에 있다. 그런데 위와 같은 부작위의 위헌성을 이유로 심판대상조항에 대해 단순위헌결정을 할 경우 주민등록번호제도 자체에 관한 근거규정이 사라지게 되어 용인하기 어려운 법적 공백이 생기게 된다. 더욱이 입법자는 주민등록번호 변경제도를 형성함에 있어 기술적인 문제나 소요되는 비용 등을 고려하여 어떤 경우에 변경을 허용할 것인지, 변경 절차나 방법을 어떻게 할 것인지, 변경 허용 여부에 관한 판단을 누가 하도록 할 것인지 등에 관하여 광범위한 입법재량을 가진다(헌재 2015.12.23. 2013헌바68).

④ (○) 개별적인 주민등록번호 변경을 허용하더라도 변경 전 주민등록번호와의 연계 시스템을 구축하여 활용한다면 개인식별기능 및 본인 동일성 증명기능에 혼란이 발생할 가능성이 없고, 일정한 요건 하에 객관성과 공정성을 갖춘 기관의심사를 거쳐 변경할 수 있도록 한다면 주민등록번호 변경절차를 악용하려는 시도를 차단할 수 있으며, 사회적으로 큰 혼란을 불러일으키지도 않을 것이다. 따라서 주민등록번호 변경에 관한 규정을 두고 있지 않은 심판대상조항은 과잉금지원칙에 위배되어 개인정보자기결정권을 침해한다(헌재 2015.12.23. 2013헌바68).

24. 정답 ②

① (○) 유치장 수용자에 대한 신체수색은 유치장의 관리주체인 경찰이 피의자 등을 유치함에 있어 피의자 등의 생명·신체에 대한 위해를 방지하고, 유치장 내의 안전과 질서유지를 위하여 실시하는 것으로서 그 우월적 지위에서 피의자 등에게 일방적으로 강제하는 성격을 가진 것이므로 권력적 사실행위라 할 것이며, 이는 헌법소원심판청구의 대상의 되는 헌법재판소법 제68조 제1항의 공권력의 행사에 포함된다(헌재 2002.7.18. 2000헌마327).

② (×) 국군을 외국에 파견하려면, … 대통령이 국회의 동의를 얻어 파병 결정을 하고, 이에 따라 국방부장관 및 파견 대상 군 참모총장이 구체적, 개별적인 명령을 발함으로써 비로소 해당 국민, 즉 파견 군인 등에게 직접적인 법률효과를 발생시키는 것이고, 대통령이 국회에 파병동의안을 제출하기 전에 대통령을 보좌하기 위하여 파병 정책을 심의, 의결한 국무회의의 의결은 국가기관의 내부적 의사결정행위에 불과하여 그 자체로 국민에 대하여 직접적인 법률효과를 발생시키는 행위가 아니므로 헌법재판소법 제68조 제1항에서 말하는 공권력의 행사에 해당하지 아니한다(헌재 2003.12.18. 2003헌마225).

③ (○) 국민의 신청에 대한 행정청의 거부행위가 헌법소원심판의 대상인 공권력의 행사가 되기 위해서는 국민이 행정청에 대하여 신청에 따른 행위를 해 줄 것을 요구할 수 있는 권리가 있어야 하는데(헌재 1999.6.24. 97헌마315), 헌법이나 법률 어디에도 감사원장에 대하여 공익사항에 관한 감사원 감사청구를 할 수 있는 권리를 규정하고 있지 않고, 달리 조리상 이러한 권리를 인정할 만한 사정도 보이지 않는다. 따라서 이 사건 감사청구 거부결정은 헌법재판소법 제68조 제1항의 공권력 행사에 해당한다고 볼 수 없으므로, 이를 대상으로 한 이 사건 심판청구는 부적법하다(헌재 2014.4.8. 2014헌마256).

④ (○) **헌법재판소법 제70조 (국선대리인)** ④ 헌법재판소가 국선대리인을 선정하지 아니한다는 결정을 한 때에는 지체 없이 그 사실을 신청인에게 통지하여야 한다. 이 경우 신청인이 선임신청을 한 날부터 그 통지를 받은 날까지의 기간은 제69조의 청구기간에 산입하지 아니한다.

25. 정답 ①

① (×) 헌법재판소법 제75조 제7항은 '제68조 제2항의 규정에 의한 헌법소원이 인용된 경우에 당해 헌법소원과 관련된 소송사건이 이미 확정된 때에는 당사자는 재심을 청구할 수 있다'고 규정하면서 같은 조 제8항에서 위 조항에 의한 재심에 있어 형사사건에 대하여는 형사소송법의 규정을 준용하도록 하고 있다. 한편, 형사소송법 제420조, 제421조는 '유죄의 확정판결에 대하여 그 선고를 받은 자의 이익을 위하여', '항소 또는 상고기각판결에 대하여는 그 선고를 받은 자의 이익을 위하여' 재심을 청구할 수 있다고 각 규정하고 있다. 따라서 당해사건인 형사사건에서 무죄의 확정판결을 받은 때에는 처벌조항의 위헌확인을 구하는 헌법소원이 인용되더라도 재심을 청구할 수 없고, 청구인에 대한 무죄판결은 종국적으로 다툴 수 없게 되므로 더 이상 재판의 전제성이 인정되지 아니하는 것으로 보아야 할 것이다(헌재 2008.7.31. 2004헌바28).

② (○) 헌법재판소법 제68조 제2항의 규정에 의한 헌법소원심판청구는 법률이 헌법에 위반되는 여부가 재판의 전제가 되는 때에 당사자가 위헌제청신청을 하였음에도 불구하고 법원이 이를 배척하였을 경우에 법원의 제청에 갈음하여 당사자가 직접 헌법재판소에 헌법소원의 형태로서 심판청구를 하는 것이므로 그 심판의 대상은 재판의 전제가 되는 법률인 것이지 대통령령이나 시행규칙은 될 수 없다(헌재 1998.6.25. 95헌바24).

③ (○) 법원에서 당해 소송사건에 적용되는 재판규범 중 위헌제청신청대상이 아닌 관련 법률에서 규정한 소송요건을 구비하지 못하였기 때문에 부적법하다는 이유로 소각하 판결을 선고하고 그 판결이 확정되거나, 소각하판결이 확정되지 않았더라도 당해 소송사건이 부적법하여 각하될 수밖에 없는 경우에는 당해 소송사건에 관한 재판의 전제성 요건이 흠결되어 부적법하다(헌재 2005.3.31. 2003헌바113).

④ (○) 법원으로부터 법률의 위헌여부 심판의 제청을 받은 헌법재판소로서는 법률이 재판의 전제가 되는 요건을 갖추고 있는지의 여부를 심판함에 있어서는 제청법원의 견해를 존중하는 것이 원칙이나, 재판의 전제와 관련된 제청법원의 법률적 견해가 유지될 수 없는 것으로 보이면 헌법재판소가 직권으로 조사할 수도 있는 것이다(헌재 1997.9.25. 97헌가5).

미결수용자의 종교의 자유를 나머지 수용자의 종교의 자유보다 더욱 엄격하게 제한한 것이다. 나아가 공범 등이 없는 경우 내지 공범 등이 있는 경우라도 공범이나 동일 사건 관련자를 분리하여 종교행사 등에의 참석을 허용하는 등의 방법으로 미결수용자의 기본권을 덜 침해하는 수단이 존재함에도 불구하고 이를 전혀 고려하지 아니하였으므로 이 사건 종교행사 등 참석불허 처우는 침해의 최소성 요건을 충족하였다고 보기 어렵다. 그리고, 이 사건 종교행사 등 참석불허 처우로 얻어질 공익의 정도가 무죄추정의 원칙이 적용되는 미결수용자들이 종교행사 등에 참석을 하지 못함으로써 입게 되는 종교의 자유의 제한이라는 불이익에 비하여 결코 크다고 단정하기 어려우므로 법익의 균형성 요건 또한 충족하였다고 할 수 없다. 따라서, 이 사건 종교행사 등 참석불허 처우는 과잉금지원칙을 위반하여 청구인의 종교의 자유를 침해하였다(헌재 2011.12.29. 2009헌마527).

③ (×) 이 사건 법률조항은 정화구역 내의 납골시설 설치·운영을 일반적으로 금지하고 있다. 종교단체의 납골시설은 사자의 죽음을 추모하고 사후의 평안을 기원하는 종교적 행사를 하기 위한 시설이라고 할 수 있다. 종교단체가 설치·운영하고자 하는 납골시설이 금지되는 경우에는 종교의 자유에 대한 제한 문제가 발생한다. 그리고 개인이 조상이나 가족을 위하여 설치하는 납골시설 또는 문중·종중이 구성원을 위하여 설치하는 납골시설이 금지되는 경우에는 행복추구권 제한의 문제가 발생한다. 납골시설의 설치·운영을 직업으로서 수행하고자 하는 자에게는 이 사건 법률조항이 직업의 자유를 제한하게 된다(헌재 2009.7.30. 2008헌가2).

④ (○) 군대 내에서 군종장교는 국가공무원인 참모장교로서의 신분뿐 아니라 성직자로서의 신분을 함께 가지고 소속 종단으로부터 부여된 권한에 따라 설교·강론 또는 설법을 행하거나 종교의식 및 성례를 할 수 있는 종교의 자유를 가지는 것이므로, 군종장교가 최소한 성직자의 신분에서 주재하는 종교활동을 수행함에 있어 소속종단의 종교를 선전하거나 다른 종교를 비판하였다고 할지라도 그것만으로 종교적 중립을 준수할 의무를 위반한 직무상의 위법이 있다고 할 수 없다(대판 2007.4.26. 2006다879003).

20. 정답 ②

① (○) **계엄법 제11조 (계엄의 해제)** ① 대통령은 제2조제2항 또는 제3항에 따른 계엄상황이 평상상태로 회복되거나 국회가 계엄의 해제를 요구한 경우에는 지체 없이 계엄을 해제하고 이를 공고하여야 한다.
② 대통령이 제1항에 따라 계엄을 해제하려는 경우에는 국무회의의 심의를 거쳐야 한다.
③ 국방부장관 또는 행정안전부장관은 제2조 제2항 또는 제3항에 따른 계엄 상황이 평상상태로 회복된 경우에는 국무총리를 거쳐 대통령에게 계엄의 해제를 건의할 수 있다.

② (×) **헌법 제77조** ③ 비상계엄이 선포된 때에는 법률이 정하는 바에 의하여 영장제도, 언론·출판·집회·결사의 자유, 정부나 법원의 권한에 관하여 특별한 조치를 할 수 있다.
④ 계엄을 선포한 때에는 대통령은 지체없이 국회에 통고하여야 한다.

③ (○) **헌법 제76조** ① 대통령은 내우·외환·천재·지변 또는 중대한 재정·경제상의 위기에 있어서 국가의 안전보장 또는 공공의 안녕질서를 유지하기 위하여 긴급한 조치가 필요하고 국회의 집회를 기다릴 여유가 없을 때에 한하여 최소한으로 필요한 재정·경제상의 처분을 하거나 이에 관하여 법률의 효력을 가지는 명령을 발할 수 있다.

④ (○) **헌법 제76조** ② 대통령은 국가의 안위에 관계되는 중대한 교전상태에 있어서 국가를 보위하기 위하여 긴급한 조치가 필요하고 국회의 집회가 불가능한 때에 한하여 법률의 효력을 가지는 명령을 발할 수 있다.
③ 대통령은 제1항과 제2항의 처분 또는 명령을 한 때에는 지체없이 국회에 보고하여 그 승인을 얻어야 한다.
⑤ 대통령은 제3항과 제4항의 사유를 지체없이 공포하여야 한다.

21. 정답 ③

① (×) 심판대상조항의 입법취지와 목적, 다른 공직선거법 규정과의 관계, 문언적 의미 등을 종합하면, '기타 어떠한 방법으로도'가 연설·대담을 방해할 정도에 이르지 않더라도 자유롭고 평온한 분위기를 깨뜨려 후보자 등과 선거인 사이에 원활한 소통을 저해하거나 사고가 발생할 우려가 있는 모든 행위태양을 의미한다는 것을 알 수 있다. 따라서 심판대상조항은 죄형법정주의의 명확성원칙에 위배되지 않는다(헌재 2023.5.25. 2019헌가13).

② (×) 예시적 입법형식에 있어서 일반조항 규정이 지나치게 포괄적이어서 법관의 자의적인 해석이 개입되어 그 적용범위가 확장될 가능성이 있다면 이는 명확성의 원칙에 어긋난다. 따라서 예시적 입법형식이 법률 명확성의 원칙에 위배되지 않으려면 예시한 구체적인 사례들이 그 자체로 일반조항의 해석을 위한 판단지침을 내포하고 있어야 할 뿐 아니라, 그 일반조항 자체가 그러한 구체적인 예시들을 포괄할 수 있는 의미를 담고 있는 개념이어야 한다(헌재 2000.4.27. 98헌바95 등).

③ (○) 국적법 제14조 제1항 본문의 '외국에 주소가 있는 경우'라는 표현은 입법취지 및 그에 사용된 단어의 사전적 의미 등을 고려할 때 다른 나라에 생활근거가 있는 경우를 뜻함이 명확하므로 명확성원칙에 위배되지 아니한다(헌재 2023.2.23. 2020헌바603).

④ (×) 이 사건 법률조항은 비록 법문상으로는 "정당한 이유"라는 일반추상적 용어를 사용하고 있으나 일반인이라도 법률전문가의 도움을 받아 무엇이 금지되는 것인지 여부에 관하여 예측하는 것이 가능한 정도라고 할 것이어서 수범자인 사용자가 해고에 관하여 자신의 행위를 결정해 나가기에 충분한 기준이 될 정도의 의미내용을 가지고 있다. … 헌법상 명확성의 원칙에 반하지 아니한다(헌재 2005.3.31. 2003헌바12).

22. 정답 ④

① (○) 공영방송은 민주주의를 실현하기 위한 필수조건인 다양하고 민주적인 여론을 매개하고, 공적 정보를 제공함으로써 시민의 알 권리를 보장하며, 사회·문화·경제적 약자나 소외계층이 마땅히 누려야 할 문화에 대한 접근기회를 보장하여 인간다운 생활을 할 권리를 실현하는 기능을 수행하므로 우리 헌법상 그 존립가치와 책무가 크다(헌재 2024.5.30. 2023헌마820).

② (○) 노동능력의 상실이나 감소의 정도에 따라 지급되는 장해급여와 달리 휴업급여는 '요양'이나 '재요양'을 전제로 지급되는 급여이므로, 요양의 필요성 인정 여부와 상관없이 진폐 판정 당시의 임금을 기준으로 휴업급여를 지급하는 것은 휴업급여의 본질에 부합하지 아니하고 다른 재해근로자와의 형평에도 어긋난다. 더욱이 진폐근로자라 하더라도 노동능력을 상실한 정도의 장해에 이르지 않는 한 재취업을 할 수 있고, 재취업한 사업장의 임금이 최초 진폐진단 시의 평균임금에 증감을 거쳐 산정된 금액보다 더 큰 경우도 얼마든지 상정할 수 있으므로, 재요양 당시의 임금을 기준으로 휴업급여를 산정하도록 한 것이 반드시 진폐근로자에게 불리하다고 단정할 수도 없다. 또한 이 사건 휴업급여조항은 재요양 당시에 평균임금 산정의 대상이 되는 임금이 없는 경우에는 최저임금액 수준으로라도 휴업급여를 지급하도록 규정하고 있어서, 진폐근로자의 보호에 미흡하다거나 근로자의 통상적인 생활수준을 보장하고자 한 평균임금제도의 취지에 반한다고 보기 어렵다. 사정이 이와 같다면, 이 사건 휴업급여조항은 그 내용이 현저히 불합리하여 헌법상 용인될 수 있는 재량의 범위를 명백히 일탈한 경우에 해당하지 아니하므로, 인간다운 생활을 할 권리를 침해하지 아니한다(헌재 2024.4.25. 2021헌마316).

③ (○) 청구인의 인간다운 생활을 할 권리가 침해되었는지 여부는 그에게 지급되는 재해보상의 실질을 가진 급여를 모두 포함하여도 공무상 부상 또는 질병으로 인해 발생한 소득 공백이 보전되고 있지 않은지 여부를 살펴보아야 한다. 공무상 질병 또는 부상으로 인한 공무원의 병가 및 공무상 질병휴직 기간에는 봉급이 전액 지급되고, 그 휴직기간이 지나면 직무에 복귀할 수도 있으며, 직무 복귀가 불가능하여 퇴직할 경우 장해급여를 지급받을 수도 있다. 장해급여가 지급될 수 있는 요건을 충족하지 못하는 경우에도 요양급여와 함께 공무원연금법에 따른 퇴직일시금 또는 퇴직연금이 지급된다. 재해보상으로서의 휴업급여 내지 상병보상연금과, 공무원연금법에서의 퇴직연금 내지 퇴직일시금은, 지급원인이나 지급수준이 다르기는 하나 직무에 종사하지 못해 소득공백이 있는 경우 생계를 보장하기 위한 사회보장적 급여라는 점에서는 같은 기능을 수행한다. 이를 종합하면, 심판대상조항이 현저히 불합리하여 인간다운 생활을 할 권리를 침해할 정도에 이르렀다고 할 수는 없다(헌재 2024.2.28. 2020헌마1587).

④ (×) 심판대상조항에 따르면 대출을 신청하는 자는 친권자 내지 후견인인 반면, 상환의무를 부담하는 자는 유자녀로서 이러한 이원화구조를 취함에 따라 법정대리인과 유자녀 간의 이해충돌이라는 부작용이 일부 발생할 가능성이 있지만, 이를 이유로 생활자금 대출 사업 전체를 폐지하면, 대출로라도 생활자금의 조달이 필요한 유자녀에게 불이익이 돌아가게 될 수 있다. 이를 비롯하여 유자녀에 대한 적기의 경제적 지원 목적 달성 및 자동차 피해지원사업의 지속가능성 확보의 중요성, 대출 신청자의

15. 정답 ③

① (○) 조세(租稅)의 감면(減免)에 관한 규정(規定)은 조세(租稅)의 부과(賦課)·징수(徵收)의 요건이나 절차와 직접 관련되는 것은 아니지만, 조세(租稅)란 공공경비(公共經費)를 국민에게 강제적으로 배분하는 것으로서 납세의무자(納稅義務者) 상호간에는 조세(租稅)의 전가관계가 있으므로 특정인이나 특정계층에 대하여 정당한 이유없이 조세감면(租稅減免)의 우대조치(優待措置)를 하는 것은 특정한 납세자군(納稅者群)이 조세(租稅)의 부담을 다른 납세자군(納稅者群)의 부담으로 떠맡기는 것에 다름 아니므로 조세감면(租稅減免)의 근거 역시 법률(法律)로 정하여야만 하는 것이 국민주권주의(國民主權主義)나 법치주의(法治主義)의 원리에 부응하는 것이다(헌재 1996.6.26. 93헌바2).

② (○) 조세포탈은 국가의 존립기반 중 하나인 재정수입의 부실을 초래할 뿐만 아니라, 선량한 납세자에게 조세부담을 전가시킴으로써 조세부담의 공평성을 손상시키고, 공평한 납세에 대한 국민의 신뢰를 저해하여 조세제도 자체가 작동하지 않도록 할 우려가 있으므로, 합당한 제재를 할 필요성이 있다. 특히 문제되는 조세포탈이 단순한 조세채무불이행의 차원을 넘는 반사회성·비윤리성을 가지고 있고 가산세 등과 같은 행정적 제재만으로 불충분한 경우에는, 형사처벌의 방법으로 제재하는 것 역시 필요하다(헌재 2010.9.30. 2009헌가17 참조).

③ (×) 조세채권은 국세징수법에 의하여 우선권 및 자력집행권 등이 인정되는 권리로서 사적 자치가 인정되는 사법상의 채권과 그 성질을 달리할 뿐 아니라, 부당한 조세징수로부터 국민을 보호하고 조세부담의 공평을 기하기 위하여 그 성립과 행사는 법률에 의해서만 가능하고 법률의 규정과 달리 당사자가 그 내용 등을 임의로 정할 수 없으며, … (대판 2017.8.29. 2016다224961).

④ (○) … 조세에 관한 법률이 아닌 사법상 계약에 의하여 납세의무 없는 자에게 조세채무를 부담하게 하거나 이를 보증하게 하여 이들로부터 조세채권의 종국적 만족을 실현하는 것은 앞서 본 조세의 본질적 성격에 반할 뿐 아니라 과세관청이 과세징수상의 편의만을 위해 법률의 규정 없이 조세채권의 성립 및 행사 범위를 임의로 확대하는 것으로서 허용될 수 없다(대판 2017.8.29. 2016다224961).

16. 정답 ④

① (○) **헌법 제39조** ① 모든 국민은 법률이 정하는 바에 의하여 국방의 의무를 진다.

② (○) 민주국가에서 병역의무는 납세의무와 더불어 국가라는 정치적 공동체의 존립·유지를 위하여 국가 구성원인 국민에게 그 부담이 돌아갈 수밖에 없는 것으로서, 병역의무의 부과를 통하여 국가방위를 도모하는 것은 국가공동체에 필연적으로 내재하는 헌법적 가치라 할 수 있는바, 우리 헌법 제5조 제2항, 제39조는 국방과 병역의무가 지닌 이러한 헌법적 가치성을 분명히 밝히고 있다(헌재 2004.8.26. 2002헌바13).

③ (○) 입법자는 이러한 국방의무를 법률로써 구체적으로 형성할 수 있는바, 국가의 안보상황, 재정능력 등의 여러 가지 사정을 고려하여 국가의 독립을 유지하고 영토를 보전함에 필요한 범위내에서 병역의무를 부과할 수 있다. 다만, 병역의무를 부과하게 되면 그 의무자의 기본권은 여러 가지 면에서(일반적 행동의 자유, 신체의 자유, 거주이전의 자유, 직업의 자유, 양심의 자유 등) 제약을 받으므로, 법률에 의한 병역의무의 형성에도 헌법적 한계가 없다고 할 수 없고 헌법의 일반원칙, 기본권보장의 정신에 의한 한계를 준수하여야 한다(헌재 1999.2.25. 97헌바3).

④ (×) 이 사건 공고는 현역군인 신분자에게 다른 직종의 시험응시기회를 제한하고 있으나 이는 병역의무 그 자체를 이행하느라 받는 불이익으로서 병역의무 중에 입는 불이익에 해당될 뿐, 병역의무의 이행을 이유로 한 불이익은 아니므로 이 사건 공고로 인하여 현역군인이 타 직종에 시험응시를 하지 못하는 것은 헌법 제39조 제2항에서 금지하는 '불이익한 처우'라 볼 수 없다(헌재 2007.5.31. 2006헌마627).

17. 정답 ①

① (×) … 심판대상조항은 수입 쌀이나 묵은 쌀의 유통이나 판매 자체를 금지하는 것이 아니라 혼합한 상태로 유통 내지 판매하는 것을 금지할 뿐이어서 청구인의 직업수행의 자유가 크게 제한되지도 않아, 법익의 균형성이 인정된다. 따라서 심판대상조항이 과잉금지원칙을 위반하여 청구인의 직업수행의 자유를 침해한다고 볼 수 없다(헌재 2017.5.25. 2015헌마869).

② (○) 심판대상조항은 생활폐기물 수집·운반 업무의 공정성 및 적정성을 저하할 수 있는 일부 범죄만을 특정하여 계약제외 대상으로 삼고 있고, 경미한 범행의 경우에는 계약제외 대상이 되지 않도록 하고 있으며, 그러한 범행이 대행계약과 관련성이 있는 경우에만 계약제외 대상이 되도록 하고 있다. 그리고 계약대상 제외도 3년의 기간 동안 한시적으로 이루어진다. 따라서 심판대상조항은 과잉금지원칙에 위배되어 청구인의 직업수행의 자유를 침해한다고 볼 수 없다(헌재 2023.12.21. 2020헌바189).

③ (○) 입찰참가자격제한 처분을 받은 사람이 입는 피해가 그를 일정기간 동안 국가 중앙관서, 공기업 등이 집행하는 공개입찰에서 배제함으로써 계약의 공정성과 적정한 이행을 담보하고 이를 통해 궁극적으로 국가 중앙관서, 공기업 등이 수행하고 있는 공적 목적을 달성하려는 공익보다 더 중요한 것이라고는 볼 수 없다. 따라서 심판대상조항은 법익의 균형성도 갖추었다(헌재 2005.4.28. 2003헌바40 참조). 심판대상조항이 법률유보원칙이나 과잉금지원칙에 위배하여 청구인의 직업의 자유를 침해한다고 볼 수 없다(헌재 2023.7.20. 2017헌마1376).

④ (○) 이 사건 법률조항이 규정하고 있는 요양기관 강제지정제는 의료보장체계의 기능 확보 및 국민의 의료보험수급권 보장이라는 정당한 입법목적을 달성하기 위한 적정한 수단이다. 요양기관 계약지정제를 선택하거나 요양기관 강제지정제를 선택하면서도 예외를 허용하는 경우에는 의료보장체계의 원활한 기능 확보를 달성하기 어렵다고 본 입법자의 판단이 잘못된 것이라고 할 수 없고, 의료보험의 시행은 인간의 존엄성 실현과 인간다운 생활의 보장을 위하여 헌법상 부여된 국가의 사회보장의무의 일환으로 모든 현실적 여건이 성숙될 때까지 미룰 수 없는 중요한 과제이므로,요양기관강제지정제는 최소침해원칙에 위배되지 않는다. 요양기관 강제지정제를 통하여 달성하려는 공익적 성과와 이로 인한 의료기관 개설자의 직업수행의 자유의 제한 정도가 합리적인 비례관계를 현저하게 벗어났다고 볼 수도 없으므로, 이 사건 법률조항이 청구인들의 의료기관 개설자로서의 직업수행의 자유를 침해한다고 볼 수 없다(헌재 2014.4.24. 2012헌마865).

18. 정답 ④

① (○) **헌법 제41조** ② 국회의원의 수는 법률로 정하되, 200인 이상으로 한다.
공직선거법 제21조 (국회의 의원정수) ① 국회의 의원정수는 지역구국회의원 254명과 비례대표국회의원 46명을 합하여 300명으로 한다.

② (○) **공직선거법 제21조 (국회의 의원정수)** ② 하나의 국회의원지역선거구(이하 "국회의원지역구"라 한다)에서 선출할 국회의원의 정수는 1인으로 한다.

③ (○) **국회법 제99조 (발언의 허가)** ① 의원은 발언을 하려면 미리 의장에게 통지하여 허가를 받아야 한다.
② 발언 통지를 하지 아니한 의원은 통지를 한 의원의 발언이 끝난 다음 의장의 허가를 받아 발언할 수 있다.

④ (×) **국회법 제136조 (퇴직)** ② 의원이 법률에 규정된 피선거권이 없게 되었을 때에는 퇴직한다.
③ 의원에 대하여 제2항의 피선거권이 없게 되는 사유에 해당하는 형을 선고한 법원은 그 판결이 확정되었을 때에 그 사실을 지체 없이 국회에 통지하여야 한다.

19. 정답 ③

① (○) 고등학교 평준화정책 및 교육 내지 사립학교의 공공성, 학교법인의 종교의 자유 및 운영의 자유가 학생들의 기본권이나 다른 헌법적 가치 앞에서 가지는 한계를 고려하고, 종립학교에서의 종교교육은 필요하고 또한 순기능을 가진다는 것을 간과하여서는 아니 되나 한편으로 종교교육으로 인하여 학생들이 입을 수 있는 피해는 그 정도가 가볍지 아니하며 그 구제수단이 별달리 없음에 반하여 학교법인은 제한된 범위 내에서 종교의 자유 및 운영의 자유를 실현할 가능성이 있다는 점을 감안하면, 비록 종립학교의 학교법인이 국·공립학교의 경우와는 달리 종교교육을 할 자유와 운영의 자유를 가진다고 하더라도, 그 종립학교가 공교육체계에 편입되어 있는 이상 원칙적으로 학생의 종교의 자유, 교육을 받을 권리를 고려한 대책을 마련하는 등의 조치를 취하는 속에서 그러한 자유를 누린다고 해석하여야 한다(대판 2010.4.22. 2008다38288).

② (○) '형의 집행 및 수용자의 처우에 관한 법률' 제45조는 종교행사 등에의 참석 대상을 "수용자"로 규정하고 있어 수형자와 미결수용자를 구분하고 있지도 아니하고, 무죄추정의 원칙이 적용되는 미결수용자들에 대한 기본권 제한은 징역형 등의 선고를 받아 그 형이 확정된 수형자의 경우보다는 더 완화되어야 할 것임에도, 피청구인이 수용자 중 미결수용자에 대하여만 일률적으로 종교행사 등에의 참석을 불허한 것은

공개하지 아니할 수 있다.
③ 제1항 단서의 결정을 한 경우에도 재판장은 적당하다고 인정되는 사람에 대해서는 법정 안에 있는 것을 허가할 수 있다.

② (○) **법원조직법 제2조 (법원의 권한)** ③ 법원은 등기, 가족관계등록, 공탁, 집행관, 법무사에 관한 사무를 관장하거나 감독한다.

③ (○) **법원조직법 제7조 (심판권의 행사)** ① 대법원의 심판권은 대법관 전원의 3분의 2 이상의 합의체에서 행사하며, 대법원장이 재판장이 된다. 다만, 대법관 3명 이상으로 구성된 부(部)에서 먼저 사건을 심리(審理)하여 의견이 일치한 경우에 한정하여 다음 각 호의 경우를 제외하고 그 부에서 재판할 수 있다.
1. 명령 또는 규칙이 헌법에 위반된다고 인정하는 경우
2. 명령 또는 규칙이 법률에 위반된다고 인정하는 경우

④ (○) **행정소송법 제6조 (명령·규칙의 위헌판결등 공고)** ① 행정소송에 대한 대법원 판결에 의하여 명령·규칙이 헌법 또는 법률에 위반된다는 것이 확정된 경우에는 대법원은 지체없이 그 사유를 행정안전부장관에게 통보하여야 한다.

10. 정답 ④

① (○) **헌법재판소법 제12조의2 (헌법재판소장의 권한대행)** ① 헌법재판소장이 일시적인 사고로 인하여 직무를 수행할 수 없을 때에는 재판관 중 임명일자 순으로 그 권한을 대행한다. 다만, 임명일자가 같을 때에는 연장자 순으로 대행한다.

② (○) **헌법재판소법 제12조의2 (헌법재판소장의 권한대행)** ② 헌법재판소장이 궐위(闕位)되거나 1개월 이상 사고로 인하여 직무를 수행할 수 없을 때에는 재판관 중 재판관회의에서 선출된 사람이 그 권한을 대행한다. 다만, 그 권한대행자가 선출될 때까지는 제1항에 해당하는 사람이 권한을 대행한다.

③ (○) **헌법재판소법 제6조 (재판관의 임명)** ③ 재판관의 임기가 만료되거나 정년이 도래하는 경우에는 임기만료일 또는 정년도래일까지 후임자를 임명하여야 한다.

④ (×) **헌법 제112조** ① 헌법재판소 재판관의 임기는 6년으로 하며, 법률이 정하는 바에 의하여 연임할 수 있다.
헌법재판소법 제7조 (재판관의 임기) ② 재판관의 정년은 70세로 한다.
→ 현행 헌법에서는 헌법재판소 재판관의 임기와 연임 여부에 대하여만 명시적으로 규정하고 있고, 재판관의 정년에 대해서는 별도의 규정을 두고 있지 않다. 재판관의 정년은 헌법재판소법에서 규정하고 있다.

11. 정답 ①

① (○) **선거관리위원회법 제4조 (위원의 임명 및 위촉)** ① 중앙선거관리위원회는 대통령이 임명하는 3인, 국회에서 선출하는 3인과 대법원장이 지명하는 3인의 위원으로 구성한다. 이 경우 위원은 국회의 인사청문을 거쳐 임명·선출 또는 지명하여야 한다.

② (×) **헌법 제116조** ① 선거운동은 각급 선거관리위원회의 관리하에 법률이 정하는 범위 안에서 하되, 균등한 기회가 보장되어야 한다.

③ (×) **헌법 제114조** ⑤ 위원은 탄핵 또는 금고 이상의 형의 선고에 의하지 아니하고는 파면되지 아니한다.

④ (×) **헌법 제114조** ⑥ 중앙선거관리위원회는 법령의 범위 안에서 선거관리·국민투표관리 또는 정당사무에 관한 규칙을 제정할 수 있으며, 법률에 저촉되지 아니하는 범위 안에서 내부규율에 관한 규칙을 제정할 수 있다.

12. 정답 ②

① (○) 현행 헌법 제1조 내지 제5조에서는 "대한민국은(의) …"이라고 하여, 헌법 명문으로 우리나라의 국명을 대한민국으로 지칭하고 있다.

② (×) **현행 헌법 전문** "유구한 역사와 전통에 빛나는 우리 대한국민은 3·1운동으로 건립된 대한민국임시정부의 법통과 불의에 항거한 4·19민주이념을 계승하고, … "

③ (○) **현행 헌법 부칙 제2조** ① 이 헌법에 의한 최초의 대통령선거는 이 헌법시행일 40일 전까지 실시한다.
② 이 헌법에 의한 최초의 대통령의 임기는 이 헌법시행일로부터 개시한다.

④ (○) **현행 헌법 전문** "… 1948년 7월 12일에 제정되고 8차에 걸쳐 개정된 헌법을 이제 국회의 의결을 거쳐 국민투표에 의하여 개정한다."

13. 정답 ③

① (○) 국민주권의 원리는 공권력의 구성·행사·통제를 지배하는 우리 통치질서의 기본원리이므로, 공권력의 일종인 지방자치권이나 국가교육권(교육입법권·교육행정권·교육감독권 등)도 이 원리에 따른 국민적 정당성 기반을 갖추어야만 한다(헌재 2008.6.26. 2007헌마1175).

② (○) 국민주권주의는 국가권력의 민주적 정당성을 의미하는 것이기는 하나, 그렇다고 하여 국민전체가 직접 국가기관으로서 통치권을 행사하여야 한다는 것은 아니므로 주권의 소재와 통치권의 담당자가 언제나 같을 것을 요구하는 것이 아니고, 예외적으로 국민이 주권을 직접 행사하는 경우 이외에는 국민의 의사에 따라 통치권의 담당자가 정해짐으로써 국가권력의 행사도 궁극적으로 국민의 의사에 의하여 정당화될 것을 요구하는 것이다(헌재 2009.3.26. 2007헌마843).

③ (×) … 청구인은 심판대상조항으로 인하여 '대법관과 검찰총장을 국민이 직접 선출할 권리'가 침해되었다고 주장하고 있다. 그러나 헌법의 기본원리인 국민주권주의와 권력분립원칙으로부터 청구인이 주장하는 바와 같은 기본권이 도출된다고 볼 수 없고, 결국 청구인의 주장은 심판대상조항이 헌법상의 국민주권주의와 권력분립원칙 및 그 근거가 되는 헌법규정(헌법 제1조, 제40조, 제66조, 제101조 등)에 위배된다는 것으로서, 그로 인하여 곧바로 청구인의 구체적 기본권이 침해될 가능성은 없다고 할 것이다. 뿐만 아니라 청구인이 심판대상으로 삼고 있는 헌법 제78조와 제104조는 헌법의 개별조항으로서 위헌심사의 대상이 될 수도 없다(헌재 2016.12.27. 2016헌마1074).

④ (○) 헌법 제8조 제4항이 의미하는 '민주적 기본질서'는, 개인의 자율적 이성을 신뢰하고 모든 정치적 견해들이 각각 상대적 진리성과 합리성을 지닌다고 전제하는 다원적 세계관에 입각한 것으로서, 모든 폭력적·자의적 지배를 배제하고, 다수를 존중하면서도 소수를 배려하는 민주적 의사결정과 자유·평등을 기본원리로 하여 구성되고 운영되는 정치적 질서를 말하며, 구체적으로는 국민주권의 원리, 기본적 인권의 존중, 권력분립제도, 복수정당제도 등이 현행 헌법상 주요한 요소라고 볼 수 있다(헌재 2014.12.19. 2013헌다1).

14. 정답 ④

① (○) 공직자가 국가기관의 지위에서 순수한 직무상의 권한행사와 관련하여 기본권 침해를 주장하는 경우에는 기본권의 주체성을 인정하기 어렵다 할 것이나, 그 외의 사적인 영역에 있어서는 기본권의 주체가 될 수 있는 것이다. 청구인은 선출직 공무원인 하남시장으로서 이 사건 법률 조항으로 인하여 공무담임권 등이 침해된다고 주장하여, 순수하게 직무상의 권한행사와 관련된 것이라기보다는 공직의 상실이라는 개인적인 불이익과 연관된 공무담임권을 다투고 있으므로, 이 사건에서 청구인에게는 기본권의 주체성이 인정된다 할 것이다(헌재 2009.3.26. 2007헌마843).

② (○) 중소기업중앙회는, 비록 국가가 그 육성을 위해 재정을 보조해주고 중앙회의 업무에 적극 협력할 의무를 부담할 뿐만 아니라 중소기업 전체의 발전을 위한 업무, 국가나 지방자치단체가 위탁하는 업무 등 공공성이 매우 큰 업무를 담당하여 상당한 정도의 공익단체성, 공법인성을 가지고 있다고 하더라도, 기본적으로는 회원 간의 상호부조, 협동을 통해 중소기업자의 경제적 지위를 향상시키기 위한 자조조직(自助組織)으로서 사법인에 해당한다. 따라서 결사의 자유를 누릴 수 있는 단체에 해당하고, 이러한 결사의 자유에는 당연히 그 내부기관 구성의 자유가 포함되므로, 중앙회 회장선거에 있어 선거운동을 제한하는 것은 단체구성원들의 결사의 자유를 제한하는 것이 된다(헌재 2021.7.15. 2020헌가9).

③ (○) 청구인들(주 : 중국국적동포)이 주장하는 바는 대한민국 국민과의 관계가 아닌 외국국적동포들 사이에 '재외동포의 출입국과 법적 지위에 관한 법률'(이하 '재외동포법'이라 한다)의 수혜대상에서 차별하는 것이 평등권 침해라는 것으로서, 참정권과 같이 관련 기본권의 성질상 제한을 받는 것이 아니고 상호주의가 문제되는 것도 아니므로, 외국인인 청구인들은 이 사건에서 기본권주체성이 인정된다(헌재 2014.4.24. 2011헌마474).

④ (×) 헌법재판소법 제68조 제1항 소정의 헌법소원은 기본권의 주체이어야만 청구할 수 있는데, 단순히 '국민의 권리'가 아니라 '인간의 권리'로 볼 수 있는 기본권에 대해서는 외국인도 기본권의 주체가 될 수 있다(헌재 2012.8.23. 2008헌마430).
→ 고려인은 카자흐스탄 국적의 외국인이고, 외국인은 '국민의 권리'가 아니라, '인간의 권리'로 볼 수 있는 기본권에 대해서 그 주체성이 인정된다.

5. 정답 ④

① (○) **헌법 제54조** ② 정부는 회계연도마다 예산안을 편성하여 회계연도 개시 90일 전까지 국회에 제출하고, 국회는 회계연도 개시 30일 전까지 이를 의결하여야 한다.

헌법 제89조 다음 사항은 국무회의의 심의를 거쳐야 한다.

4. 예산안·결산·국유재산처분의 기본계획·국가의 부담이 될 계약 기타 재정에 관한 중요사항

② (○) **국회법 제45조 (예산결산특별위원회)** ① 예산안, 기금운용계획안 및 결산(세입세출결산과 기금결산을 말한다. 이하 같다)을 심사하기 위하여 예산결산특별위원회를 둔다.

⑤ 예산결산특별위원회에 대해서는 제44조 제2항 및 제3항을 적용하지 아니한다.

국회법 제44조 (특별위원회) ② 제1항에 따른 특별위원회를 구성할 때에는 그 활동기간을 정하여야 한다. 다만, 본회의 의결로 그 기간을 연장할 수 있다.

③ (○) **국회법 제49조의2 (위원회 의사일정의 작성기준)** ② 위원회(소위원회는 제외한다)는 매월 2회 이상 개회한다. 다만, 다음 각 호의 어느 하나에 해당하는 경우에는 그러하지 아니하다.

1. 해당 위원회의 국정감사 또는 국정조사 실시기간
2. 그 밖에 회의를 개회하기 어렵다고 의장이 인정하는 기간

③ 제2항에도 불구하고, 국회운영위원회, 정보위원회, 여성가족위원회, 특별위원회 및 예산결산특별위원회의 경우에는 위원장이 개회 횟수를 달리 정할 수 있다.

④ (×) **국회법 제84조 (예산안·결산의 회부 및 심사)** ① 예산안과 결산은 소관 상임위원회에 회부하고, 소관 상임위원회는 예비심사를 하여 그 결과를 의장에게 보고한다. 이 경우 예산안에 대해서는 본회의에서 정부의 시정연설을 듣는다.

② 의장은 예산안과 결산에 제1항의 보고서를 첨부하여 이를 예산결산특별위원회에 회부하고 그 심사가 끝난 후 본회의에 부의한다. 결산의 심사 결과 위법하거나 부당한 사항이 있는 경우에 국회는 본회의 의결 후 정부 또는 해당 기관에 변상 및 징계조치 등 그 시정을 요구하고, 정부 또는 해당 기관은 시정 요구를 받은 사항을 지체 없이 처리하여 그 결과를 국회에 보고하여야 한다.

④ 정보위원회는 제1항과 제2항에도 불구하고 국가정보원 소관 예산안과 결산, 「국가정보원법」 제4조제1항제5호에 따른 정보 및 보안 업무의 기획·조정 대상 부처 소관의 정보 예산안과 결산에 대한 심사를 하여 그 결과를 해당 부처별 총액으로 하여 의장에게 보고하고, 의장은 정보위원회에서 심사한 예산안과 결산에 대하여 총액으로 예산결산특별위원회에 통보한다. 이 경우 정보위원회의 심사는 예산결산특별위원회의 심사로 본다.

6. 정답 ②

① (×) 헌법 제8조 제4항은 정당해산심판의 사유를 "정당의 목적이나 활동이 민주적 기본질서에 위배될 때"로 규정하고 있는데, 여기서 말하는 민주적 기본질서의 '위배'란, 민주적 기본질서에 대한 단순한 위반이나 저촉을 의미하는 것이 아니라, 민주사회의 불가결한 요소인 정당의 존립을 제약해야 할 만큼 그 정당의 목적이나 활동이 우리 사회의 민주적 기본질서에 대하여 실질적인 해악을 끼칠 수 있는 구체적 위험성을 초래하는 경우를 가리킨다(헌재 2014.12.19. 2013헌다1).

② (○) 정당법 제4조 제1항은 "정당은 중앙당이 중앙선거관리위원회에 등록함으로써 성립한다."라고 규정하여 정당설립의 요건으로 정당등록을 들고 있다. 정당법은 이러한 정당등록의 요건으로 시·도당 수 및 시·도당의 당원 수(제4조 제2항, 제17조, 제18조), 등록신청서의 기재사항(제12조 제1항, 제2항), 유사명칭 등의 사용금지(제41조) 등을 규정하고 있고, 정당등록신청을 받은 관할 선거관리위원회는 형식적 요건을 구비하는 한 이를 거부하지 못한다(제15조). 정당법에 따라 중앙선거관리위원회에 등록된 정당은 그 결사가 정당임을 법적으로 확인받게 된다. 이와 같은 정당등록에 관한 규정에 의하면 중앙선거관리위원회 위원장은 정당이 정당법에 정한 형식적 요건을 구비한 경우 등록을 수리하여야 하고, 정당법에 명시된 요건이 아닌 다른 사유로 정당등록신청을 거부하는 등으로 정당설립의 자유를 제한할 수 없다(대판 2021.12.30. 2020수5011).

③ (×) … 민사소송에 관한 법령의 준용이 배제되어 법률의 공백이 생기는 부분에 대하여는 헌법재판소가 정당해산심판의 성질에 맞는 절차를 창설하여 이를 메울 수밖에 없다. 이와 같이 법률의 공백이 있는 경우 정당해산심판제도의 목적과 취지에 맞는 절차를 창설하여 실체적 진실을 발견하고 이에 근거하여 헌법정신에 맞는 결론을 도출해내는 것은 헌법이 헌법재판소에 부여한 고유한 권한이자 의무이다(헌재 2014.2.27. 2014헌마7).

④ (×) **헌법 제8조** ④ 정당의 목적이나 활동이 민주적 기본질서에 위배될 때에는 정부는 헌법재판소에 그 해산을 제소할 수 있고, 정당은 헌법재판소의 심판에 의하여 해산된다.

7. 정답 ③

① (○) … 형사소송에서 재심의 제기기간을 제한하지 않은 것과 달리 재심기간제한조항이 행정소송에서 재심의 제기기간을 제한하는 것에는 합리적인 이유가 있으므로, 재심기간제한조항은 행정소송 당사자의 평등권을 침해하지 아니한다(헌재 2023.9.26. 2020헌바258).

② (○) 표준휠체어를 이용할 수 없는 장애인에 대한 고려 없이 표준휠체어만을 기준으로 고정설비의 안전기준을 정하는 것은 불합리하고, 특별교통수단에 장착되는 휠체어 탑승설비 연구·개발사업 등을 추진할 국가의 의무를 제대로 이행한 것이라 보기도 어렵다. …따라서 심판대상조항은 합리적 이유 없이 표준휠체어를 이용할 수 있는 장애인과 표준휠체어를 이용할 수 없는 장애인을 달리 취급하여 청구인의 평등권을 침해한다(헌재 2023.5.25. 2019헌마1234).

③ (×) 이 사건 법률조항에서 '계속근로기간이 1년 미만인 근로자'를 퇴직급여 대상에서 제외하여 '계속근로기간이 1년 이상인 근로자'와 차별취급하는 것은, 퇴직급여가 1년 이상 장기간 근속한 근로자의 공로를 보상하고 업무의 효율성과 생산성의 증대 등을 위해 장기간 근무를 장려하기 위한 것으로 볼 수 있으며, 입법자가 퇴직급여법의 확대 적용을 위한 지속적인 노력을 기울이는 과정에서 한편으로 사용자의 재정적 부담능력 등의 현실적인 측면을 고려하고, 다른 한편으로 퇴직급여제도 이외에 국민연금제도나 실업급여제도 등 퇴직 근로자의 생활을 보장하기 위한 다른 사회보장적 제도도 함께 고려하였다고 할 것이다. 따라서, 그 차별에 합리적 이유가 있으므로 청구인의 평등권이 침해되었다고 보기 어렵다(헌재 2011.7.28. 2009헌마408).

④ (○) 형사사건의 다수를 차지하는 단독판사 관할사건까지 국민참여재판의 대상사건으로 할 경우, 한정된 인적·물적자원만으로는 현실적으로 제도 운영에 어려움이 있는 점, 합의부 관할사건이 일반적으로 단독판사 관할사건보다 사회적 파급력이 큰 점 등에 비추어 보면, 이 사건 법률조항이 단독판사 관할사건으로 재판받는 피고인과 합의부 관할사건으로 재판받는 피고인을 다르게 취급하고 있는 것은 합리적인 이유가 있으므로 이 사건 법률조항은 평등권을 침해하지 않는다(헌재 2015.7.30. 2014헌바447).

8. 정답 ②

① (○) 변호인의 조력을 받을 권리에 대한 헌법과 법률의 규정 및 취지에 비추어 보면, '형사사건에서 변호인의 조력을 받을 권리'를 의미한다고 보아야 할 것이므로 형사절차가 종료되어 교정시설에 수용 중인 수형자나 미결수용자가 형사사건의 변호인이 아닌 민사재판, 행정재판, 헌법재판 등에서 변호사와 접견할 경우에는 원칙적으로 헌법상 변호인의 조력을 받을 권리의 주체가 될 수 없다(헌재 1998.8.27. 96헌마398 등 참조). 따라서 이 사건 접견조항에 의하여 헌법상 변호인의 조력을 받을 권리가 제한된다고 볼 수는 없다(헌재 2013.8.29. 2011헌마122).

② (×) 헌법 제12조 제4항 단서는, 국선변호인의 조력을 받을 권리에 관하여는 (구속 여부를 불문하고) 피고인에게만 이를 보장하고 있으므로, 그 본문인 (사선)변호인의 조력을 받은 권리는 (구속 여부를 불문하고) 피의자·피고인 모두에게 인정됨을 전제로 하는 규정이라고 해석해야만 본문과 단서의 관계가 자연스럽고 논리적이다(헌재 2004.9.23. 2000헌마138).

③ (○) 헌법 제12조 제4항 본문이 '체포 또는 구속을 당한' 경우 변호인의 조력을 받을 권리가 있다고 규정한 것은 불구속 피의자·피고인에 대한 변호인의 조력을 받을 권리를 배제하기 위해서가 아니라 이를 전제로 하여 체포 또는 구속을 당한 피의자·피고인의 변호인의 조력을 받을 권리를 특별히 더 강조하기 위한 것이라고 보아야 한다(헌재 2004.9.23. 2000헌마138).

④ (○) 청구인들이 침해받았다고 주장하고 있는 신체의 자유, 주거의 자유, 변호인의 조력을 받을 권리, 재판청구권 등은 성질상 인간의 권리에 해당한다고 볼 수 있으므로, 위 기본권들에 관하여는 청구인들의 기본권 주체성이 인정된다(헌재 2012.8.23. 2008헌마430).

9. 정답 ①

① (×) **법원조직법 제57조 (재판의 공개)** ① 재판의 심리와 판결은 공개한다. 다만, 심리는 국가의 안전보장, 안녕질서 또는 선량한 풍속을 해칠 우려가 있는 경우에는 결정으로

2025년도 국가공무원 5급 공채·외교관후보자 제1차시험·
지역인재 7급·법원행시 대비

헌 법

제10회

정답 및 해설

PSAT 헌법 정답

1	2	3	4	5
③	④	①	②	④
6	7	8	9	10
②	③	②	①	④
11	12	13	14	15
①	②	③	④	③
16	17	18	19	20
④	①	④	③	②
21	22	23	24	25
③	④	①	②	①

PSAT 헌법 해설

1. 정답 ③

① (○) **헌법 제31조** ④ 교육의 자주성·전문성·정치적 중립성 및 대학의 자율성은 법률이 정하는 바에 의하여 보장된다.

② (○) 교수(교수)의 자유는 대학 등 고등교육기관에서 교수 및 연구자가 자신의 학문적 연구와 성과에 따라 가르치고 강의를 할 수 있는 자유로서 교수의 내용과 방법 등에 있어 어떠한 지시나 간섭·통제를 받지 아니할 자유를 의미한다. 이러한 교수의 자유는 헌법 제22조 제1항이 보장하는 학문의 자유의 한 내용으로서 보호되고, 헌법 제31조 제4항도 학문적 연구와 교수의 자유의 기초가 되는 대학의 자율성을 보장하고 있다(대판 2018.7.12. 2014도3923).

③ (×) 청구인은 심판대상조항이 사립학교 교원의 신분보장과 대학의 자율성을 침해한다고 주장한다. 그러나 이 사건에서 교원의 신분을 보장받을 권리를 위 직업의 자유 논의와 별도로 보장되는 헌법상 기본권으로 보기 어렵고, 사립대학의 교수인 청구인 또한 대학의 자율성의 주체가 될 수 있으나(헌재 2006.4.27. 2005헌마1047 등 참조), 대학의 자율성은 대학시설의 관리·운영이나 연구와 교육의 내용, 방법과 대상, 교과과정의 편성, 학생의 선발, 학생의 전형 등을 보호영역으로 한다고 할 것인데(헌재 2015.12.23. 2014헌마1149 참조), 대학 교수 개개인의 퇴직 여부 등 인사에 관한 사항을 스스로 결정할 권리가 해당 교수의 대학의 자율성의 보호영역에 포함된다고 보기 어려우며, 심판대상조항이 학교법인 또는 교수회의 교원에 대한 징계의 자율성을 배제하여 대학의 자율성을 침해하는지 여부가 문제된다 하더라도 이를 교수인 청구인에 대하여 제한되는 기본권이라고 볼 수 없으므로, 이하에서는 심판대상조항이 직업의 자유를 침해하는지 여부에 대해서만 판단하기로 한다(헌재 2021.9.30. 2019헌마747).

④ (○) 헌법 제31조 제4항은 "교육의 자주성·전문성·정치적 중립성 및 대학의 자율성은 법률이 정하는 바에 의하여 보장된다."라고 규정하여 교육의 자주성·대학의 자율성을 보장하고 있는데, 이는 대학에 대한 공권력 등 외부세력의 간섭을 배제하고 대학구성원 자신이 대학을 자주적으로 운영할 수 있도록 함으로써 대학인으로 하여금 연구와 교육을 자유롭게 하여 진리탐구와 지도적 인격의 도야라는 대학의 기능을 충분히 발휘할 수 있도록 하기 위한 것이다(헌재 1992.10.1. 92헌마68 등).

2. 정답 ④

① (○) **헌법 제65조** ② 제1항의 탄핵소추는 국회재적의원 3분의 1 이상의 발의가 있어야 하며, 그 의결은 국회재적의원 과반수의 찬성이 있어야 한다. 다만, 대통령에 대한 탄핵소추는 국회재적의원 과반수의 발의와 국회재적의원 3분의 2 이상의 찬성이 있어야 한다.

② (○) **헌법 제66조** ② 대통령은 국가의 독립·영토의 보전·국가의 계속성과 헌법을 수호할 책무를 진다.

③ (○) **헌법 제80조** 대통령은 법률이 정하는 바에 의하여 훈장 기타의 영전을 수여한다.
헌법 제11조 ③ 훈장등의 영전은 이를 받은 자에게만 효력이 있고, 어떠한 특권도 이에 따르지 아니한다.

④ (×) **헌법 제86조** ① 국무총리는 국회의 동의를 얻어 대통령이 임명한다.
헌법 제87조 ① 국무위원은 국무총리의 제청으로 대통령이 임명한다.
헌법 제94조 행정각부의 장은 국무위원 중에서 국무총리의 제청으로 대통령이 임명한다.
헌법 제104조 ① 대법원장은 국회의 동의를 얻어 대통령이 임명한다.
② 대법관은 대법원장의 제청으로 국회의 동의를 얻어 대통령이 임명한다.
③ 대법원장과 대법관이 아닌 법관은 대법관회의의 동의를 얻어 대법원장이 임명한다.
헌법 제111조 ② 헌법재판소는 법관의 자격을 가진 9인의 재판관으로 구성하며, 재판관은 대통령이 임명한다.
③ 제2항의 재판관 중 3인은 국회에서 선출하는 자를, 3인은 대법원장이 지명하는 자를 임명한다.
④ 헌법재판소의 장은 국회의 동의를 얻어 재판관 중에서 대통령이 임명한다.
→ 대법원장과 대법관 아닌 법관은, 대통령이 아닌, 대법원장이 임명한다.

3. 정답 ①

① (○) **정부조직법 제11조 (대통령의 행정감독권)** ① 대통령은 정부의 수반으로서 법령에 따라 모든 중앙행정기관의 장을 지휘·감독한다.

② (×) **정부조직법 제18조 (국무총리의 행정감독권)** ① 국무총리는 대통령의 명을 받아 각 중앙행정기관의 장을 지휘·감독한다.

③ (×) **정부조직법 제19조 (부총리)** ① 국무총리가 특별히 위임하는 사무를 수행하기 위하여 부총리 2명을 둔다.

④ (×) **정부조직법 제26조 (행정각부)** ② 행정각부에 장관 1명과 차관 1명을 두되, 장관은 국무위원으로 보하고, 차관은 정무직으로 한다. 다만, 기획재정부·과학기술정보통신부·외교부·문화체육관광부·산업통상자원부·보건복지부·국토교통부에는 차관 2명을 둔다.

4. 정답 ②

①(○), ②(×) 국회는 국민의 대표기관이자 입법기관으로서 특별정족수를 비롯한 의사와 내부규율에 관한 1차적 자치규범인 국회법 등의 제·개정은 물론 실제 국회운영 등에 관하여 폭넓은 자율권을 가지므로, 국회의 의사절차나 입법절차에 관한 국회법의 내용에 헌법 규정을 명백히 위반한 흠이 있는 경우가 아닌 한 권력분립의 원칙이나 국회의 위상과 기능에 비추어 그 자율권은 존중되어야 한다. 따라서 그 자율권의 범위 내에 속하는 국회의 의사와 내부규율 사항에 관한 국회의 판단, 즉 국회법의 내용에 대하여는 다른 국가기관이 개입하여 그 정당성을 가리는 것은 바람직하지 않고, 헌법재판소도 그 예외가 아니다(헌재 2016.5.26. 2015헌라1).

③ (○) 국회의 권위를 지키고 원활한 회의운영을 하기 위하여는 국회의 질서가 엄격하게 유지될 필요가 있다. 국회는 다른 국가기관의 간섭을 받지 아니하고, 헌법과 법률 그리고 국회규칙에 따라 의사와 내부사항을 독자적으로 결정할 수 있는 권한, 즉 자율권을 가진다. 질서유지권은 집회 등에 관한 자율권, 내부조직에 관한 자율권, 국회규칙의 자율적 제정권(헌법 제64조 제1항), 의사에 관한 자율권, 의원신분에 관한 자율권(헌법 제64조 제2항)과 더불어 국회의 자율권의 한 내용을 이룬다(헌재 2010.12.28. 2008헌라7).

④ (○) 헌법 제49조는 "국회는 헌법 또는 법률에 특별한 규정이 없는 한 재적의원 과반수의 출석과 출석의원 과반수의 찬성으로 의결한다. 가부동수인 때에는 부결된 것으로 본다."고 규정하고 있다. 이 규정은 의회민주주의의 기본원리인 다수결원리를 선언한 것으로서 이는 단순히 재적의원 과반수의 출석과 출석의원 과반수에 의한 찬성을 형식적으로 요구하는 것에 그치지 않는다. 헌법 제49조는 국회의 의결은 통지가 가능한 국회의원 모두에게 회의에 출석할 기회가 부여된 바탕위에 재적의원 과반수의 출석과 출석의원 과반수의 찬성으로 이루어져야 한다는 것으로 해석하여야 한다(헌재 1997.7.16. 96헌라2).

PSAT

전국모의고사

제10회

시행일 : 2025.3.1.

정답 및 해설

헌 법 · 언어논리 · 자료해석 · 상황판단

법률저널

2025년 3월 1일 시행(제10회)

2025년도 국가공무원 5급 공채·외교관후보자 제1차시험·지역인재 7급·법원행시 대비

헌 법

1 교시

응시번호

성 명

출제자 : 조창훈 변호사
- 서울시립대학교 문학사(철학 전공)
- 인하대학교 법학전문대학원 법무석사
- 한양대학교 일반대학원 석사수료(헌법 전공)
- 2022년 제11회 변호사시험 합격
- 현) 해커스변호사 공법 전임 강사
- 현) 법률저널 PSAT 전국모의고사 헌법 출제위원
- 현) 법률사무소 창조 대표변호사

문제책형

㉠ 저

응시자 주의사항

1. **시험시작 전 시험문제를 열람하는 행위나 시험종료 후 답안을 작성하는 행위를 한 사람**은 「공무원임용시험령」 제51조에 의거 **부정행위자**로 처리됩니다.
2. **답안지 책형 표기는 시험시작 전** 감독관의 지시에 따라 **문제책 앞면에 인쇄된 문제책형을 확인**한 후, **답안지 책형란에 해당 책형(1개)을 '●'로 표기**하여야 합니다.
3. 시험이 시작되면 문제를 주의 깊게 읽은 후, **문항의 취지에 가장 적합한 하나의 정답만을 고르며,** 문제내용에 관한 질문은 할 수 없습니다.
4. **답안을 잘못 표기하였을 경우에는 답안지를 교체하여 작성**하거나 **수정할 수 있으며,** 표기한 답안을 수정할 때는 **응시자 본인이 가져온 수정테이프만을 사용**하여 해당 부분을 완전히 지우고 부착된 수정테이프가 떨어지지 않도록 손으로 눌러주어야 합니다. **(수정액 또는 수정스티커 등은 사용 불가)**
   ▪ **불량한 수정테이프의 사용과 불완전한 수정처리로 발생하는 모든 문제는 응시자 본인에게 책임이 있습니다.**
5. **시험시간 관리의 책임은 응시자 본인에게 있습니다.**
6. **성적확인용 비밀번호**는 성적확인시 꼭 필요하니 **임의로 4자리를 마킹**하고 기억해야 합니다.
   ※ 문제책은 시험종료 후 가지고 갈 수 있습니다.

정답공개 및 이의제기 안내

1. 최종정답 공개 : 3.6(목) 오후 5시 네이버 카페 'PSAT의 정석'(cafe.naver.com/lecpsat)에 공지
2. 이의제기 : 3.3(월) 오후 2시까지 / 네이버 카페 'PSAT의 정석'(cafe.naver.com/lecpsat) '이의제기 신청 게시판'에서 연결된 구글폼에 입력
3. 성적확인 안내
   - 각 과목별 성적통계는 3.7(금)에 네이버 카페 'PSAT의 정석'(cafe.naver.com/lecpsat) '통계 게시판'에서 확인
   - 개인 성적표는 3.7(금)에 법률저널 접수페이지의 '성적확인페이지'에서 확인
4. 면학장학금 신청자는 3월 18일까지 관련 서류를 제출 바랍니다.
5. 법률저널 예측시스템 운영(3월 8일 오후 5시부터 법률저널 홈페이지 및 네이버 카페 PSAT의 정석)

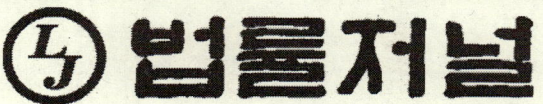

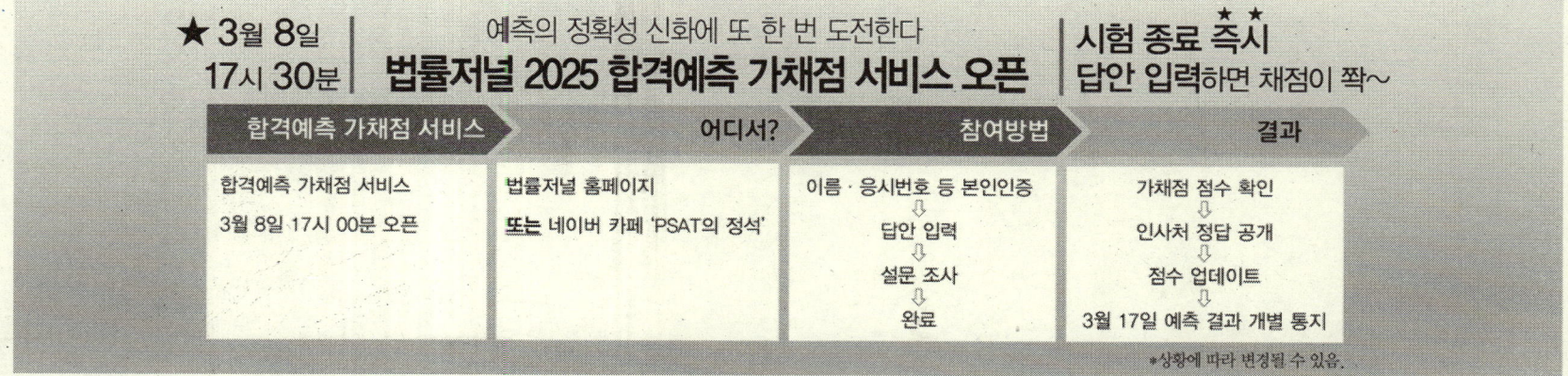

지문의 내용에 대해 학설의 대립 등 다툼이 있는 경우 판례에 의함

1. 학문의 자유와 대학의 자율성에 대한 설명으로 옳지 않은 것은?
① 헌법은 학문적 연구와 교수의 자유의 기초가 되는 대학의 자율성이 법률이 정하는 바에 의하여 보장되도록 하고 있다.
② 교수의 자유는 학문의 자유의 한 내용으로서, 교수의 내용과 방법 등에 있어 어떠한 지시나 간섭·통제를 받지 아니할 자유를 의미한다.
③ 대학 교수 개개인의 퇴직 여부 등 인사에 관한 사항을 스스로 결정할 권리도 해당 교수의 대학의 자율성의 보호영역에 포함된다.
④ 헌법이 대학의 자율을 보장하는 취지는 대학에 대한 공권력 등 외부세력의 간섭을 배제하고 대학구성원 자신이 대학을 자주적으로 운영할 수 있도록 하기 위함이다.

2. 대통령에 대한 설명으로 옳지 않은 것은?
① 대통령에 대한 탄핵소추는 국회재적의원 과반수의 발의와 국회재적의원 3분의 2 이상의 찬성이 있어야 한다.
② 대통령은 국가의 독립·영토의 보전·국가의 계속성과 헌법을 수호할 책무를 진다.
③ 대통령은 법률이 정하는 바에 의하여 훈장 기타의 영전을 수여하는데, 훈장 등의 영전은 이를 받은 자에게만 효력이 있고, 어떠한 특권도 이에 따르지 아니한다.
④ 국무총리, 국무위원, 행정각부의 장, 대법원장, 대법관, 대법원장과 대법관이 아닌 법관, 헌법재판소의 장, 헌법재판소 재판관은 대통령이 임명한다.

3. 정부조직에 대한 설명으로 옳은 것은?
① 대통령은 정부의 수반으로서 법령에 따라 모든 중앙행정기관의 장을 지휘·감독한다.
② 국무총리는 헌법과 법률에 부여된 권한에 따라 독립하여 각 중앙 및 지방행정기관의 장을 지휘·감독한다.
③ 국무총리는 특별히 위임하는 사무를 수행하기 위하여 대통령의 명을 받아 필요한 수의 부총리를 둘 수 있다.
④ 행정각부에 장관 1명과 차관 2명을 두되, 장관은 정무직으로 보하고, 차관은 정무직 또는 일반직으로 한다.

4. 국회에 대한 설명으로 옳지 않은 것은?
① 국회법의 내용에 대하여는 다른 국가기관이 개입하여 그 정당성을 가리는 것은 바람직하지 않고, 헌법재판소도 그 예외가 아니다.
② 국회법의 내용에 헌법 규정을 명백히 위반한 흠이 있는 경우라도, 권력분립의 원칙과 국회의 위상과 기능에 비추어 그 자율권은 존중되어야 한다.
③ 국회의 권위를 지키고 원활한 회의운영을 하기 위하여는 국회의 질서가 엄격하게 유지될 필요가 있다.
④ 국회의 의결은 통지가 가능한 국회의원 모두에게 회의에 출석할 기회가 부여된 바탕 위에 이루어져야 한다.

5. 예산에 대한 설명으로 가장 옳지 않은 것은?
① 정부는 회계연도마다 예산안을 편성하여 회계연도 개시 90일 전까지 국회에 제출하는데, 이때의 예산안은 국무회의의 심의를 거쳐야 한다.
② 예산안 등을 심사하기 위하여 국회에 예산결산특별위원회를 두는데, 예산결산특별위원회는, 다른 특별위원회와 달리, 구성할 때 그 활동기간을 정하여야 할 필요가 없다.
③ 예산결산특별위원회의 경우에는 매월 2회 이상 개회하여야 하는 다른 위원회와 달리, 위원장이 그 개회 횟수를 달리 정할 수 있다.
④ 예산결산특별위원회는 국회의 각 소관 상임위원회에게 각 회부되어 예비심사된 모든 예산안을 심사한다.

6. 정당제도 및 정당해산심판에 대한 설명으로 옳은 것은?
① 헌법 제8조 제4항에서 말하는 민주적 기본질서의 위배란, 정당의 목적이나 활동이 우리 사회의 민주적 기본질서에 대하여 실질적인 해악을 끼칠 수 있는 구체적 위험성을 초래하는 경우뿐만 아니라 민주적 기본질서에 대한 단순한 위반이나 저촉까지도 포함하는 넓은 개념이다.
② 정당의 등록신청을 받은 관할 선거관리위원회는 정당의 이념적 목적이 민주적 기본질서에 반한다고 인정되는 경우라고 하더라도, 정당법에서 정한 형식적 요건을 모두 구비하였다면, 등록을 거부할 수 없다.
③ 정당해산심판절차에서 민사소송에 관한 법령이 준용되지 않아 법률의 공백이 생긴다고 하더라도, 헌법재판소가 정당해산심판의 성질에 맞는 절차를 창설할 수 없다.
④ 정당의 그 목적·조직이나 활동이 민주적 기본질서에 위배될 때에는 정부는 헌법재판소에 그 해산을 제소할 수 있고, 정당은 헌법재판소의 심판에 의하여 해산된다.

7. 평등권 내지 평등원칙에 대한 설명으로 옳지 않은 것은?
① 형사소송에서 재심의 제기기간을 제한하지 않은 것과 달리, 행정소송의 재심제기기간을 30일로 한 것은 합리적인 이유가 있으므로, 행정소송 당사자의 평등권을 침해하지 않는다..
② 특별교통수단에 있어 표준휠체어만을 기준으로 휠체어 고정설비의 안전기준을 정하고 있는 「교통약자의 이동편의 증진법 시행규칙」 조항은 표준휠체어를 이용할 수 없는 장애인의 평등권을 침해한다.
③ '계속근로기간 1년 미만인 근로자'를 퇴직급여 지급대상에서 제외하여 '계속근로기간이 1년 이상인 근로자'와 차별 취급하는 것은 합리적 이유 없는 차별로서 평등원칙에 위반된다.
④ 국민참여재판의 대상사건을 형사사건 중 합의부 관할사건으로 한정한 법률 규정이 단독판사 관할사건으로 재판받는 피고인과 합의부 관할사건으로 재판받는 피고인을 다르게 취급하고 있는 것은 합리적인 이유가 있으므로 평등권을 침해하지 않는다.

8. 변호인의 조력을 받을 권리에 대한 설명으로 가장 옳지 않은 것은?
① 헌법과 법률의 규정 및 취지에 비추어 보면, 변호인의 조력을 받을 권리는 '형사사건에서 변호인의 조력을 받을 권리'를 의미한다.
② 국선변호인의 조력을 받을 권리는 피고인뿐만 아니라 체포 또는 구속을 당한 피의자에게도 인정된다.
③ 인신의 구속 여부를 불문하고 피의자와 피고인 모두 변호인의 조력을 받을 권리의 주체가 된다.
④ 변호인의 조력을 받을 권리는 성질상 인간의 권리에 해당하므로 외국인도 그 주체가 된다.

9. 법원에 대한 설명으로 옳지 않은 것은?
① 재판의 심리는 국가의 안전보장, 안녕질서 또는 선량한 풍속을 해칠 우려가 있는 경우에는 결정으로 공개하지 아니할 수 있는데, 이 경우 법정 안에 있는 사람은 예외 없이 모두 퇴정하여야 한다.
② 법원은 등기, 가족관계등록, 공탁, 집행관, 법무사에 관한 사무를 관장하거나 감독한다.
③ 대법원은 명령 또는 규칙이 헌법이나 법률에 위반된다고 인정하는 경우, 대법관 전원의 3분의 2 이상의 합의체에서 재판하여야 한다.
④ 행정소송에 대한 대법원판결에 의하여 명령·규칙이 헌법 또는 법률에 위반된다는 것이 확정된 경우에는 대법원은 지체없이 그 사유를 행정안전부장관에게 통보하여야 한다.

10. 헌법재판소에 대한 설명으로 옳지 않은 것은?
① 헌법재판소장이 일시적인 사고로 인하여 직무를 수행할 수 없는 때에는 재판관 중 임명일자 순으로 그 권한을 대행한다.
② 헌법재판소장이 1개월 이상 사고로 인하여 직무를 수행할 수 없을 때에는 재판관 중 재판관회의에서 선출된 사람이 그 권한을 대행한다.
③ 재판관의 임기가 만료되거나 정년이 도래하는 경우에는 임기만료일 또는 정년도래일까지 후임자를 임명하여야 한다.
④ 헌법에 따르면, 헌법재판소 재판관의 임기는 6년이고, 법률이 정하는 바에 의하여 연임할 수 있으며, 그 정년은 70세이다.

11. 선거관리위원회에 대한 설명으로 가장 옳은 것은?
① 중앙선거관리위원회는 대통령이 임명하는 3인, 국회에서 선출하는 3인과 대법원장이 지명하는 3인의 위원으로 구성한다. 이 경우 위원은 국회의 인사청문을 거쳐 임명·선출 또는 지명하여야 한다.
② 선거운동은 중앙선거관리위원회의 관리하에 법률이 정하는 범위 안에서 하되, 균등한 기회가 보장되도록 노력하여야 한다.
③ 위원은 탄핵 또는 징역 이상의 형의 선고에 의하지 아니하고는 파면되지 아니한다.
④ 각급 선거관리위원회는 법령의 범위 안에서 선거관리·국민투표관리 또는 정당사무에 관한 규칙을 제정할 수 있으며, 법률에 저촉되지 아니하는 범위 안에서 내부규율에 관한 규칙을 제정할 수 있다.

12. 헌법 및 헌법전문에 대한 설명으로 가장 옳지 않은 것은?
① 헌법은 우리나라의 국명을 '대한민국'으로 명시하고 있다.
② 현행 헌법 전문에서는 3·1운동으로 건립된 대한민국임시정부의 법통과 불의에 항거한 5·16혁명이념을 계승한다고 규정되어 있다.
③ 현행 헌법에서는 부칙조항으로 "이 헌법에 의한 최초의 대통령선거는 이 헌법 시행일 40일 전까지 실시토록 하고, 그 최초의 대통령의 임기는 이 헌법시행일로부터 개시"하도록 규정하였다.
④ 현행 헌법은 1948년 7월 17일에 제정되고 9차에 걸쳐 개정된 헌법으로서, 국회의 의결을 거쳐 국민투표에 의하여 개정된 것이다.

13. 국민주권 및 민주주의 원리에 대한 설명으로 옳지 않은 것은?
① 국민주권의 원리는 공권력의 구성·행사·통제를 지배하는 우리 통치질서의 기본원리이므로, 공권력의 일종인 지방자치권과 국가교육권도 이 원리에 따른 국민적 정당성기반을 갖추어야만 한다.
② 국민주권주의는 국가권력의 민주적 정당성을 의미하는 것이기는 하나, 이것이 주권의 소재와 통치권의 담당자가 언제나 같을 것을 요구하는 것이 아니다.
③ 헌법과 법률에서 대법관과 검찰총장의 임명권을 대통령에게 부여한 것은 국민주권주의에 따라 국민이 대법권과 검찰총장을 직접 선출할 권리를 침해하는 것이다.
④ 국민주권의 원리는 기본적 인권의 존중, 권력분립제도 등과 함께 헌법 제8조 제4항의 민주적 기본질서의 주요한 요소이다.

14. 기본권주체에 대한 설명으로 옳지 않은 것은?
① 지방자치단체의 장이 「주민 소환에 관한 법률」에서 주민소환의 청구사유에 제한을 두지 아니한 것이 자신의 공무담임권 등을 침해한다고 주장하며 다투는 경우라면, 그 기본권 주체성이 인정된다.
② 중소기업중앙회는 상당한 정도의 공법인적 성격을 가지고 있다고 하더라도, 기본적으로 자조조직으로서의 사법인에 해당하므로, 결사의 자유를 누릴 수 있는 단체에 해당한다.
③ 중국국적동포가 대한민국 국민과의 관계가 아닌 외국국적동포들 사이에 「재외동포의 출입국과 법적 지위에 관한 법률」의 수혜대상에서 차별하는 것이 평등권 침해라고 주장하는 사안에서, 외국인인 중국국적동포의 기본권주체성이 인정된다.
④ 카자흐스탄 국적의 고려인은 외국국적동포로서 '인간의 권리' 뿐만 아니라 '국민의 권리'에 대해서도 기본권주체성이 있다.

15. 조세제도 내지 조세법률주의에 대한 설명으로 옳지 않은 것은?
① 조세의 감면에 관한 규정은 조세의 부과·징수의 요건이나 절차와 직접 관련되는 것은 아니라고 할지라도, 이러한 조세감면에 관한 근거 역시 법률로 정하여야만 한다.
② 조세포탈은 국가의 존립기반 중 하나인 재정수입의 부실을 초래할 뿐만 아니라, 선량한 납세자에게 조세부담을 전가시킴으로써 조세부담의 공평성을 손상시키고, 공평한 납세에 대한 국민의 신뢰를 저해하여 조세제도 자체가 작동하지 않도록 할 우려가 있으므로, 합당한 제재를 할 필요성이 있다.
③ 조세채권과 사법상의 채권은 그 성질을 달리 볼 합리적인 이유가 없으므로, 조세채권의 성립과 행사에 대하여도 법률의 규정과 달리 당사자가 그 내용 등을 임의로 정할 수 있다.
④ 조세에 관한 법률이 아닌 사법상 계약에 의하여 납세의무 없는 자에게 조세채무를 부담하게 하거나 이를 보증하게 하여 이들로부터 조세채권의 종국적 만족을 실현하는 것은 과세관청이 과세징수상의 편의만을 위해 법률의 규정 없이 조세채권의 성립 및 행사 범위를 임의로 확대하는 것으로서 허용될 수 없다.

16. 국방의 의무에 대한 설명으로 옳지 않은 것은?
① 헌법상 남녀를 불문하고 모든 국민은 법률이 정하는 바에 의하여 국방의 의무를 진다.
② 민주국가에서 병역의무는 국가 구성원인 국민에게 그 부담이 돌아갈 수밖에 없는 것으로서, 병역의무 부과를 통해서 국가방위를 도모하는 것은 국가공동체에 필연적으로 내재하는 헌법적 가치이다.
③ 병역의무를 부과하게 되면 그 의무자의 기본권은 여러 가지 면에서 제약을 받으므로, 법률에 의한 병역의무 형성에도 헌법의 일반원칙, 기본권보장 정신에 의한 한계를 준수하여야 한다.
④ 국가정보원이 주관하는 신규채용경쟁시험에서 현역군인 신분자의 시험응시기회를 제한하는 것은 병역의무를 이행하느라 받는 불이익이므로 헌법 제39조 제2항에서 금지하는 '불이익한 처우'에 해당한다.

17. 직업수행의 자유에 대한 설명으로 옳지 않은 것은?
① 국산 미곡 등과 같은 종류의 수입 미곡 등, 생산연도가 다른 미곡 등을 혼합하여 유통하거나 판매하는 행위를 금지하는 양곡관리법 해당 조항은 양곡매매업자의 직업수행의 자유를 침해한다.
② 생활폐기물 수집·운반 대행계약과 관련하여 뇌물공여, 사기 등 범죄를 범한 자를 일정 기간 동안 대행계약 대상에서 제외하도록 규정한 폐기물관리법 해당 조항은 과잉금지원칙에 위배되어 직업수행의 자유를 침해한다고 볼 수 없다.
③ 공기업 등으로부터 입찰참가자격제한처분을 받은 자가 국가 중앙관서나 다른 공기업 등이 집행하는 입찰에 참가할 수 없도록 한 구 국가를 당사자로 하는 계약에 관한 법률 시행령 해당 조항은 직업수행의 자유를 침해하지 않는다.
④ 의료법에 따라 개설된 의료기관이 당연히 국민건강보험 요양기관이 되도록 규정한 국민건강보험법 해당 조항은 의료기관 개설자로서의 직업수행의 자유를 침해한다고 볼 수 없다.

18. 국회의원에 대한 설명으로 가장 옳지 않은 것은?
① 헌법에서는 국회의원의 수를 200인 이상으로 하도록 규정하고 있으나, 공직선거법에서는 국회의 의원정수를 지역구국회의원 254명과 비례대표국회의원 46명을 합하여 총 300명으로 규정하였다.
② 하나의 국회의원지역선거구에서 선출할 국회의원의 정수는 1인이다.
③ 국회의원은 발언을 하려면 미리 의장에게 통지하여 허가를 받아야 하며, 발언 통지를 하지 아니한 의원은 통지를 한 의원의 발언이 끝난 다음 의장의 허가를 받아 발언할 수 있다.
④ 어떤 국회의원이 국회의원의 임기가 개시한 이후 비로소 법원의 판결 등을 이유로 피선거권이 없게 된 경우라면, 해당 국회의원은 당연 퇴직하지 아니한다.

19. 종교의 자유에 대한 설명으로 옳지 않은 것은?
① 종립학교가 공교육체계에 편입되어 있는 이상 원칙적으로 학생의 종교의 자유, 교육을 받을 권리를 고려한 대책을 마련하는 등의 조치를 취하는 속에서 종교교육을 할 자유 등을 누린다.
② 수용자 중 미결수용자에 대하여만 일률적으로 종교행사 등에의 참석을 불허하는 것은 미결수용자의 종교의 자유를 나머지 수용자의 종교의 자유보다 더욱 엄격하게 제한한 것으로서 과잉금지원칙을 위반한 것이다.
③ 종교단체가 종교적 행사를 위하여 종교집회장 내에 납골시설을 설치하여 운영하는 것은 종교행사의 자유와 관련된 것으로 보기 어려우므로, 그러한 납골시설의 설치를 금지하는 것은 종교행사의 자유를 제한하지 않는다.
④ 군대 내에서 군종장교가 최소한 성직자의 신분에서 주재하는 종교활동을 수행함에 있어 소속종단의 종교를 선전하거나 다른 종교를 비판하였다고 할지라도 그것만으로 종교적 중립을 준수할 의무를 위반한 직무상의 위법이 있다고 할 수 없다.

20. 대통령의 국가긴급권에 대한 설명으로 가장 옳지 않은 것은?
① 국방부장관 또는 행정안전부장관은 계엄 상황이 평상상태로 회복된 경우에는 국무총리를 거쳐 대통령에게 계엄의 해제를 건의할 수 있다.
② 대통령은 계엄을 선포한 때에는 지체없이 국회에 통고하여야 하며, 계엄 중 비상계엄이 선포된 때에는 법률이 정하는 바에 의하여 정부나 법원, 국회의 권한에 관하여 특별한 조치를 할 수 있다.
③ 대통령이 중대한 재정·경제상의 위기에 있어서 국가의 안전보장 또는 공공의 안녕질서를 유지하기 위하여 긴급한 조치가 필요하고 국회의 집회를 기다릴 여유가 없을 때 한하여 발하는 명령은 법률의 효력을 가진다.
④ 대통령이 국가의 안위에 관계되는 중대한 교전상태에 있어서 국가를 보위하기 위하여 긴급한 조치가 필요하고 국회의 집회가 불가능한 때에 한하여 발하는 명령은 그 명령을 한 때에 지체없이 국회에 보고하여 그 승인을 얻어야 하고, 대통령은 그 사유를 지체없이 공포하여야 한다.

21. 명확성원칙에 대한 설명으로 옳은 것은?
① 누구든지 이 법의 규정에 의한 공개장소에서의 연설·대담장소에서 기타 어떠한 방법으로도 연설·대담장소 등의 질서를 문란하게 하는 행위를 금지하고 있는 「공직선거법」 조항 중 '기타 어떠한 방법으로도' 부분은 죄형법정주의의 명확성원칙에 위배된다.
② 예시적 입법형식이 명확성원칙에 위배되지 않으려면, 일반조항 자체가 구체적인 예시들을 포괄할 수 있는 의미를 담고 있는 개념이어야 하지만, 예시한 구체적인 사례들이 그 자체로 일반조항의 해석을 위한 판단지침까지 내포하고 있어야 하는 것은 아니다.
③ 복수국적자로서 외국 국적을 선택하려는 자는 외국에 주소가 있는 경우에만 국적이탈을 허용하고 있는 「국적법」 조항에서 '외국에 주소가 있는 경우'는 명확성원칙에 위배되지 않는다.
④ 사용자가 근로자에 대하여 '정당한 이유' 없이 해고 등을 한 경우 처벌하도록 한 「근로기준법」 조항은 일반인으로서는 '정당한 이유'에 무엇이 해당하는지 예측하기 어려우므로 명확성원칙에 위배된다.

22. 인간다운 생활을 할 권리에 대한 설명으로 옳지 않은 것은?
① 공영방송은 사회·문화·경제적 약자나 소외계층이 마땅히 누려야 할 문화에 대한 접근기회를 보장하여 인간다운 생활을 할 권리를 실현하는 기능을 수행한다.
② 재요양을 받는 경우에 재요양 당시의 임금을 기준으로 휴업급여를 산정하도록 한 구 「산업재해보상보험법」 조항은 진폐 근로자의 인간다운 생활을 할 권리를 침해하지 아니한다.
③ 공무원에게 재해보상을 위하여 실시되는 급여의 종류로 휴업급여 또는 상병보상연금 규정을 두고 있지 않은 「공무원 재해보상법」 제8조는 인간다운 생활을 할 권리를 침해하지 않는다.
④ 자동차사고 피해가족 중 유자녀에 대한 대출을 규정한 구 「자동차손해배상 보장법 시행령」 조항 중 '유자녀의 경우에는 생계유지 및 학업을 위한 자금의 대출' 부분은, 대출을 신청한 법정대리인이 아닌, 그 유자녀가 상환의무를 부담하므로, 유자녀의 아동으로서의 인간다운 생활을 할 권리를 침해한다.

23. 개인자기정보결정권에 대한 설명으로 옳지 않은 것은?
① 국가가 이미 유출되어 발생된 피해에 대해서 뚜렷한 해결책을 제시해 주지 못하더라도, 개인정보보호법 등으로 정보보호를 위한 조치를 취하고 있는 이상, 국민의 개인정보를 이미 충분히 보호하고 있다고 볼 수 있다.
② 주민등록번호 유출 또는 오·남용으로 인하여 발생할 수 있는 피해 등에 대한 아무런 고려 없이 주민등록번호 변경을 일체 허용하지 않는 것은 그 자체로 개인정보자기결정권에 대한 과도한 침해가 될 수 있다.
③ 입법자는 주민등록번호 변경제도를 형성함에 있어 기술적인 문제나 소요되는 비용 등을 고려하여 어떤 경우에 변경을 허용할 것인지, 변경 절차나 방법을 어떻게 할 것인지, 변경 허용 여부에 관한 판단을 누가 하도록 할 것인지 등에 관하여 광범위한 입법재량을 가진다.
④ 개인별로 주민등록번호를 부여하면서 주민등록번호 변경에 관한 규정을 두고 있지 않은 구 「주민등록법」 제7조는 과잉금지원칙에 위배되어 개인정보자기결정권을 침해한다.

24. 「헌법재판소법」 제68조 제1항의 헌법소원심판에 대한 설명으로 옳지 않은 것은?
① 유치장 수용자에 대한 신체수색은 유치장의 관리주체인 경찰이 우월적 지위에서 피의자 등에게 일방적으로 강제하는 성격을 지닌 것이므로 권력적 사실행위로서, 헌법재판소법 제68조 제1항의 공권력의 행사에 해당한다.
② 대통령이 국회에 파병동의안을 제출하기 전에 대통령을 보좌하기 위하여 파병정책을 심의·의결한 국무회의의 의결은 헌법소원의 대상이 되는 공권력의 행사에 해당한다.
③ 국민의 신청에 대한 행정청의 거부행위가 헌법소원심판의 대상인 공권력의 행사가 되기 위해서는 국민이 행정청에 대하여 신청에 따른 행위를 해줄 것을 요구할 수 있는 권리가 있어야 한다.
④ 헌법재판소가 국선대리인선임신청에 대하여 국선대리인을 선정하지 않는다는 결정을 한 경우, 신청인이 선임신청을 한 날부터 그 통지를 받은 날까지의 기간은 헌법소원의 청구기간에 산입되지 않는다.

25. 재판의 전제성에 대한 설명으로 옳지 않은 것은?
① 헌법재판소법 제68조 제2항에 의한 헌법소원심판 청구인이 당해사건인 형사사건에서 '무죄'의 확정판결을 받은 때에도 그 당해사건인 형사사건에 적용된 처벌조항의 위헌확인을 구하는 이상, 재판의 전제성이 인정된다.
② 헌법재판소법 제68조 제2항에 의한 헌법소원심판청구는 그 심판의 대상이 재판의 전제가 되는 법률인 것이지, 대통령령이나 부령 등의 하위법령은 심판의 대상이 될 수 없다.
③ 심판대상조항이 아닌 다른 법률조항에서 규정한 소송요건을 구비하지 못하여 부적법하다는 이유로 법원이 소 각하 판결을 선고하고 그 판결이 확정되거나, 아직 확정되지 않았더라도 부적법하여 소 각하될 것이 명백한 경우에는 재판의 전제성이 인정되지 아니한다.
④ 제청법원이 재판의 전제성이 인정됨을 전제로 위헌법률심판제청을 하였으나, 헌법재판소가 재판의 전제와 관련된 제청법원의 법률적 견해를 유지할 수 없다고 판단하는 경우 헌법재판소는 이를 직권으로 조사할 수도 있다.

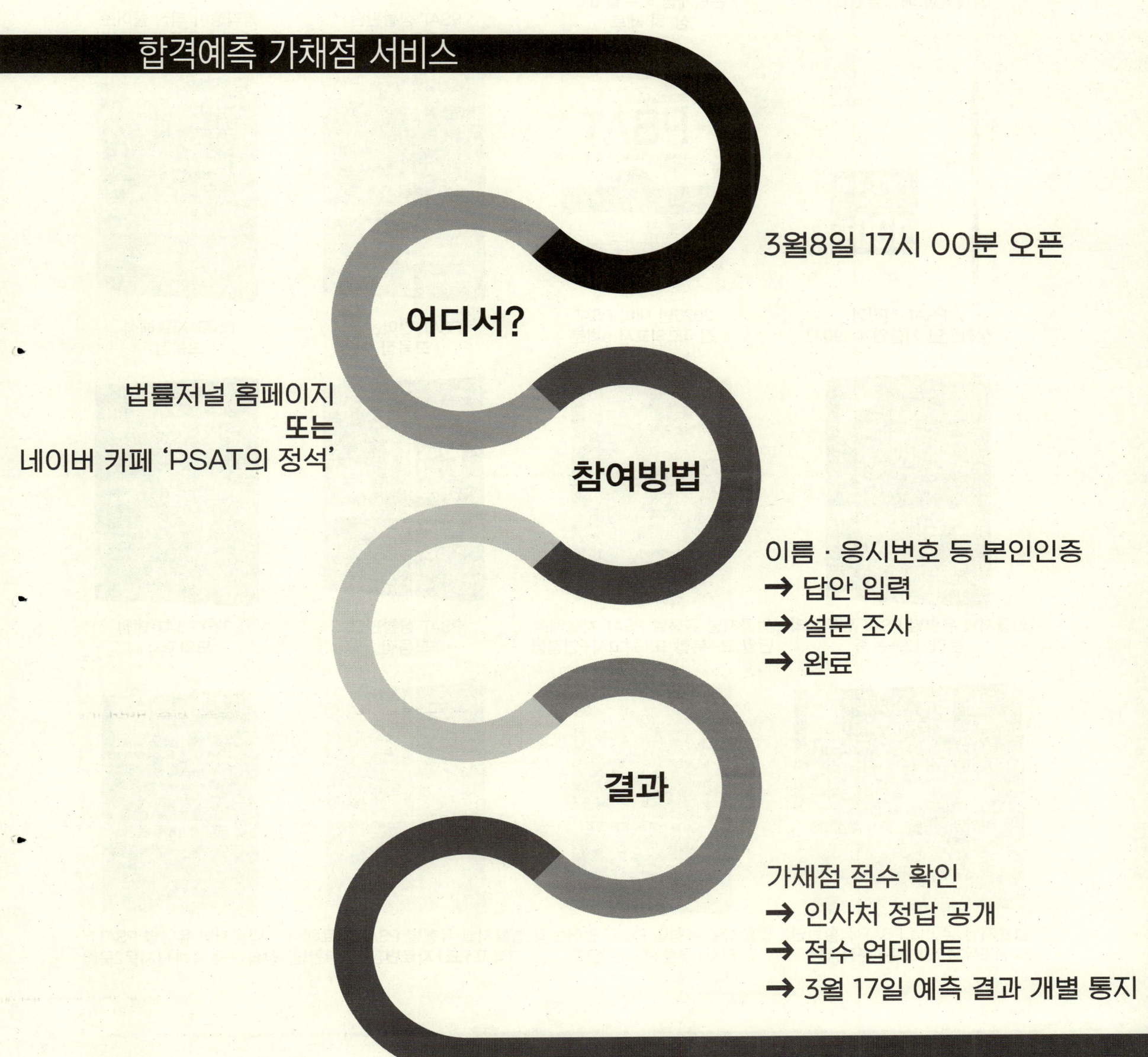

2025년 3월 1일 시행(제10회)

2025년도 국가공무원 5급 공채·외교관후보자 제1차시험·지역인재 7급·법원행시 대비

언어논리영역

1 교시

응시번호	
성 명	

문제책형

㉲

응시자 주의사항

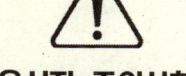

1. **시험시작 전 시험문제를 열람하는 행위나 시험종료 후 답안을 작성하는 행위를 한 사람**은 「공무원 임용시험령」 제51조에 의거 **부정행위자**로 처리됩니다.
2. **답안지 책형 표기는 시험시작 전** 감독관의 지시에 따라 **문제책 앞면에 인쇄된 문제책형을 확인**한 후, **답안지 책형란에 해당 책형(1개)을 '●'로 표기**하여야 합니다.
3. 시험이 시작되면 문제를 주의 깊게 읽은 후, **문항의 취지에 가장 적합한 하나의 정답만을 고르며,** 문제내용에 관한 질문은 할 수 없습니다.
4. **답안을 잘못 표기하였을 경우에는 답안지를 교체하여 작성**하거나 **수정할 수 있으며,** 표기한 답안을 수정할 때는 **응시자 본인이 가져온 수정테이프만을 사용**하여 해당 부분을 완전히 지우고 부착된 수정테이프가 떨어지지 않도록 손으로 눌러주어야 합니다. **(수정액 또는 수정스티커 등은 사용 불가)**
   - ■ **불량한 수정테이프의 사용과 불완전한 수정처리로 발생하는 모든 문제는 응시자 본인에게 책임이 있습니다.**
5. **시험시간 관리의 책임은 응시자 본인에게 있습니다.**
6. **성적확인용 비밀번호**는 성적확인시 꼭 필요하니 **임의로 4자리를 마킹**하고 기억해야 합니다.

※ 문제책은 시험종료 후 가지고 갈 수 있습니다.

정답공개 및 이의제기 안내

1. 최종정답 공개 : 3.6(목) 오후 5시 네이버 카페 'PSAT의 정석'(cafe.naver.com/lecpsat)에 공지
2. 이의제기 : 3.3(월) 오후 2시까지 / 네이버 카페 'PSAT의 정석'(cafe.naver.com/lecpsat) '이의제기 신청 게시판'에서 연결된 구글폼에 입력
3. 성적확인 안내
   - 각 과목별 성적통계는 3.7(금)에 네이버 카페 'PSAT의 정석'(cafe.naver.com/lecpsat) '통계 게시판'에서 확인
   - 개인 성적표는 3.7(금)에 법률저널 접수페이지의 '성적확인페이지'에서 확인
4. 면학장학금 신청자는 3월 18일까지 관련 서류를 제출 바랍니다.
5. 법률저널 예측시스템 운영(3월 8일 오후 5시부터 법률저널 홈페이지 및 네이버 카페 PSAT의 정석)

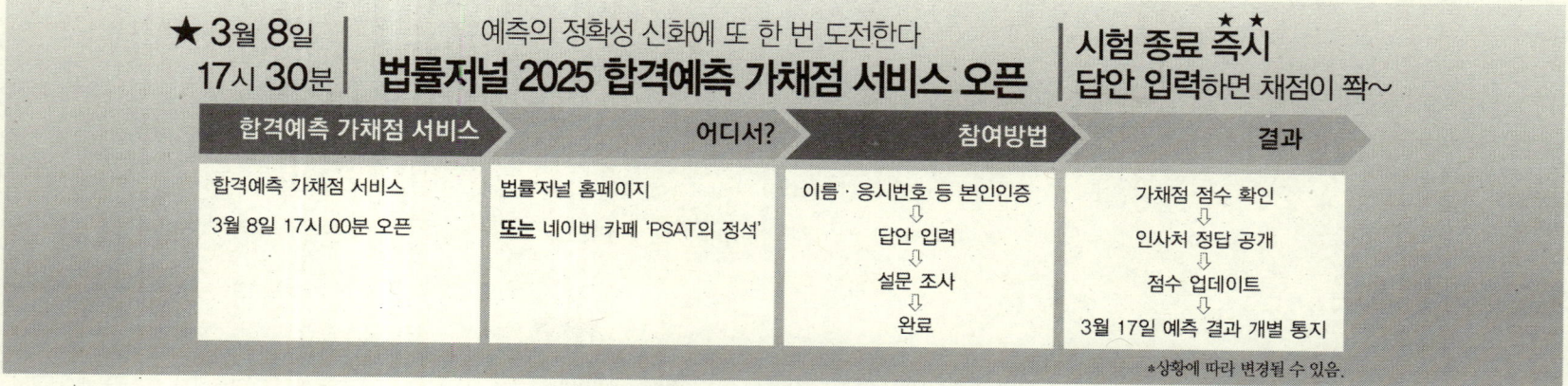

1. 다음 글의 내용과 부합하는 것은?

> 거란은 송을 침공하여 동북아의 패자(覇者)가 되기 위해서 배후의 고려를 제압해야한다는 전략적 목적하에 993년에 대규모 군사를 이끌고 고려를 공격하였다. 거란의 갑작스런 침입으로 위기에 처했던 고려는 서희와 소손녕의 담판을 통해 고려가 거란에 대한 조공을 약속하는 대신에, 거란이 압록강 연안의 강동6주를 고려에 양여하는 조건으로 강화하였다. 이후 고려는 시중 박양유를 예폐사로 삼아 거란에 보냈고, 강동6주를 개척하도록 하였으며, 거란의 연호를 사용하기 시작했다.
>
> 고려는 사실상 거란의 책봉국이 되었으나, 994년·999년·1003년에 잇달아 송에 사신을 보내 거란이 침입한 실정을 알리고 거란군을 막기 위해 송의 군사를 보내줄 것을 요청하였다. 그 이전에 송이 거란을 제압하고자 고려에 도움을 요청했던 것과 정반대의 상황이 되었다. 그보다 더한 고려의 처사는 1010년 거란과의 2차전쟁 때에는 현종이 친조를 약속해서 간신히 거란을 물러가게 한 뒤에도 1014년·1015년에 송에 사신을 보내 방물을 바친 것이다. 이에 대해 거란도 압록강 가운데 있는 섬인 보주(保州)를 점령하여 고려를 곤경에 빠트렸다.
>
> 고려는 거란과의 3차전쟁에서 승리를 거두었지만, 더 이상의 충돌이 양국의 국익에 도움이 되지 않을 것이라고 판단하였다. 이에 고려는 거란과 다시 화의를 맺고 조공 책봉관계를 회복하기로 했다. 그러나 송과의 외교적 관계를 유지하려는 노력은 포기하지 않았다. 다만, 1036년에 상서우승 김원충을 진봉겸고주사로 임명하여 송에 보냈다가, 배가 파손되어 중도에 돌아온 뒤에 30여년간 사신을 보내지 않았다.

① 993년 거란의 침입 이후 고려는 강동6주를 얻은 한편, 거란의 연호를 사용하였다.
② 고려와 달리 송은 고려에게 거란 공격을 위한 군사를 요청한 적이 없다.
③ 거란이 압록강 가운데에 있는 섬인 보주를 점령하자 고려는 송에 방물을 바치며 군사를 요청하였다.
④ 고려가 송에 거란을 제압하기 위한 지원을 요청하자 거란은 993년 대규모 군사를 이끌고 침입하였다.
⑤ 고려는 박양유를 송에 사신으로 보냈다가, 배가 파손되어 돌아온 뒤에 30여년 간 송에 사신을 보내지 않았다.

2. 다음 글의 내용과 부합하는 것은?

> 일제강점기에 도시가 차지하는 위상은 어느 정도였을까? 이와 관련해 전체 인구 중 도시 인구가 차지하는 비율이 비교적 낮았다는 점을 주목할 필요가 있다. 그나마 도시 인구 가운데서도 일본인의 비중이 높았다. 1910년 대한제국 멸망 직후 이루어진 지방행정구역 개편에 따라 부나 지정면으로 지정된 도시 가운데 경성(서울), 대구, 평양 등만 조선시대부터 발전한 전통도시였고, 나머지 대부분의 도시는 일본인 거류지를 중심으로 급속하게 도시화가 진행된 곳이었다.
>
> 상대적으로 조선인 중심으로 도시화가 진행되던 전통도시가 새롭게 부로 지정된 것은 1930년대 이후였다. 이 시기에 일제는 이른바 지방 유지들을 적극적으로 포섭하기 위해 부분적인 참정권 허용이라는 미명 아래 '지방자치제도'를 확대하는 한편, 개성·함흥·전주·광주·해주·진주 등 상당수의 전통도시를 차례로 부로 지정했다.
>
> 여기서 한 가지 간과하지 말아야 할 것은, 도시에 거주하는 조선인 가운데 상당수가 산미증식계획 같은 일제의 농업 정책과 1920년대 말의 농업공황에 의해 몰락한 뒤 어쩔 수 없이 도시로 이주한 이른바 '토막민', 곧 도시 빈민이었다는 사실이다. 조선인의 이동과 관련해 도시화의 요인으로 산업화라는 흡입요인보다 농민의 몰락이라는 배출요인이 크게 작용했다는 것은, 조선 후기 이래의 전통적이고 자생적인 도시화가 일제의 식민지 지배 정책에 의해 왜곡되었음을 보여준다.
>
> 일제강점기 도시는 대부분 일본인이 많이 거주하는 곳이었다. 1920년부터 1930년 사이의 부 지역 인구증가율은 1921년~1925년의 5년간 46.5%, 1926년~1930년의 5년간은 28.5%였다. 10년 동안 인구증가율이 가장 높은 곳은 신의주(248.6%), 청진(239.0%)으로 모두 전통도시가 아니라 식민지 수탈의 거점도시였다.
>
> 반면에 서울을 비롯한 전통도시의 인구성장은 상대적으로 미미했다. 심지어 국망 이후 정치적 상황의 변화에 따라 서울에서는 인구가 줄어드는 시기도 있었다. 뒤에 인구가 늘어나기는 했지만 기껏해야 30% 정도였다. 1930년대 중반 이후 딱 한 차례 서울의 인구가 폭발적으로 증가했는데, 이는 서울이 인근 지역을 새로 편입하면서 나타난 현상이었지 자연증가는 아니었다.

① 1930년대 중반 서울의 인구는 자연증가에 의해 폭발적으로 증가하였다.
② 신의주와 청진은 1920년에서 1930년까지 10년간 인구 증가 속도가 가장 빠른 도시이다.
③ 전통도시인 서울을 새롭게 부로 지정한 것은 1930년대 이후이다.
④ 일제는 상당수의 전통도시를 차례로 부로 지정하였는데, 해당 도시들은 조선인의 절대 다수가 지방 유지와 같은 부유층이다.
⑤ 일제강점기 당시 도시화가 진행되면서 전체 인구 중 도시 인구가 차지하는 비중이 상당히 높았다.

3. 다음 글에서 알 수 있는 것은?

> 우리나라의 신은 삼국 시대의 고분 벽화와 출토 유물로 미루어 볼 때, 조선 시대까지 그 기본형에는 거의 변화가 없다. 형태에 따라 크게 장화처럼 목이 높이 달린 화(靴)와 고무신처럼 목이 없고 운두만 있는 혜(鞋)로 나눌 수 있다. 원래 화는 북방 유목 민족의 신이고 혜는 남방계의 신인데, 우리나라의 지리 및 기후 조건으로 이질적인 두 계통의 신을 신게 된 것이다.
>
> 조선 시대는 어느 때보다도 문화가 발달하고 신분 계급 등이 복잡한 사회였으므로 신의 종류도 다양하고 착용도 엄격히 제한되었다. 양반층에서는 태사혜, 발막신, 투혜, 진신, 당혜 등을 신었고 서민은 미투리, 짚신, 나막신 등을 신었다.
>
> 가죽으로 만드는 갖신은 갠 날 신는 마른 신과, 눈비 오는 궂은 날에 신는 진신으로 나누어 볼 수 있다. 마른 신은 태사혜, 당혜, 운혜 등이고 진신은 물이 스며들지 않게 하려고 가죽을 기름에다 결어 바닥에 징을 박아 만든 것으로 유혜 또는 징신이라고 하였다.
>
> 당혜는 상류층 부녀자나 양반집 규수가 혼수를 장만할 때 준비하는 귀한 신이었다. 신코에 당초문을 수놓았는데, 홍색 바탕에 청색 무늬를 놓은 것은 청목댕이, 청색 바탕에 홍색 무늬를 놓은 것은 홍목댕이라 하며, 청목댕이는 좀 나이 든 사람이 신었다. 운혜는 온혜라고도 하며, 형태는 당혜와 같다. 바닥은 가죽을 댄 단창이며, 융 같은 것을 대고 곱게 기워 아름답게 꾸몄다. 제비부리같이 생겼다 하여 '제비부리신'이라고도 하였으며, 여염집 부녀가 신었다.
>
> 나막신은 나무로 만들어 서민 남녀노소가 모두 신었다. 초기 형태는 평판에 끈을 달아 일본의 게다와 같았는데, 거기에 사방 울을 하고 굽을 다는 형식으로 발달하면서 나무를 배 모양으로 파고 밑에 굽이 두 개 달린 오늘날 볼 수 있는 나막신으로 변했다.

① 초기 형태가 일본의 게다와 같은 조선의 신은 양반부터 서민에 이르기까지 모든 계급의 남녀노소가 신었다.
② 청색 바탕에 홍색 무늬를 놓은 당혜는 주로 좀 나이 든 사람이 신었다.
③ 온혜에는 물이 스며드는 것을 방지하기 위해 가죽을 기름에다 결어 바닥에 박은 징이 있다.
④ 우리나라는 지리적 조건에 따라 남방계의 신인 '혜'만 신게 되었다.
⑤ 여염집 부녀가 신었던 신의 형태는 상류층 부녀자가 혼수를 장만할 때 준비하는 신의 형태와 같다.

4. 다음 글에서 알 수 있는 것은?

> 근대에 올림픽 부흥운동을 시작해 국제올림픽위원회를 창설한 프랑스인 쿠베르탱은 고대 올림픽을 근거로 4년마다 올림픽을 개최한다는 원칙을 세웠다. 그러나 현대에 들어와서는 올림픽 개최를 4년에 한 번씩 여는 것은 상업적인 이유가 더 강하다.
>
> 원래 동계 올림픽은 하계 올림픽이 열리는 해에 같이 열리는 것이었으나 1992년 이후 하계·동계 올림픽이 교차로 2년마다 열린다. 상대적으로 하계에 비해 흥행이 안 된다는 이유와 방송사의 압력 때문에 1992년 바르셀로나 하계 올림픽과 알베르빌 동계 올림픽이 같이 개최된 이후, 2년 뒤인 1994년 릴레함메르에서 올림픽이 개최되었고, 이후 4년 주기로 1998년 나가노 동계 올림픽, 2002년 솔트레이크시티, 2006년 토리노, 2010년 밴쿠버까지 이어졌다. 여기에 다시 다른 스포츠 제전(대표적으로 월드컵, 아시안 게임)과의 시간 차를 고려해야 했다.
>
> 고대 올림픽은 제우스 신을 모시는 제전경기로 시작했다가 나중에는 하나의 제전의식으로 발전하게 되었다. 하지만 원래는 올림픽이라고 하나의 행사를 콕 집어서 시작한 운동회는 아니었다. 또한 제우스 외에 다른 신을 위한 제전경기도 열렸다. 그리고 이 경기들 즉, 고대 그리스의 올림픽은 8년 주기였다. 고대 그리스에서는 숫자 8을 완전무결하게 맞아 떨어지는 것으로 보았다. 8이라는 숫자는 일상생활 속에서도 깊숙이 자리잡았는데 당시 스파르타 왕의 임기도 8년이었고 토지 분배도 8년을 기준으로 했다. 태양의 신인 아폴론과 달의 여신인 아르테미스가 만나는 것이 8년 주기였기 때문이다.

① 태양과 달의 신의 존재를 고려하여 고대 그리스는 4년마다 열리던 올림픽을 8년으로 변경하였다.
② 고대 올림픽은 제우스 외의 신을 모시는 제전 경기로 시작했다가 나중에 하나의 제전의식으로 발전했다.
③ 1992년 바르셀로나 올림픽과 1994년 릴리함메르 올림픽은 서로 다른 계절에 열렸다.
④ 근대 올림픽은 상업적 이유를 주된 근거로 개최 주기를 8년에서 4년으로 변경하였다.
⑤ 쿠베르탱은 다른 스포츠 제전과의 시간 차를 고려하여 4년마다 올림픽을 개최한다는 원칙을 수립했다.

5. 다음 글에서 알 수 있는 것은?

최근 들어 주요 정당 내 당원과 열성 지지자들의 결집력과 영향력이 지나치게 커지면서 소위 '팬덤정치'에 대한 우려가 커지고 있다. 당원 및 지지자들이 정당의 운영과 행사에 적극적으로 참여하여 목소리를 내는 것은 정당 민주주의를 위해 필요하고도 바람직한 일이지만, 문제는 이러한 참여가 당내 다양한 의견의 개진을 막는 억압적 분위기를 가져올 수 있다는 점이다. 소위 '조국사태'에서, 소속 정당의 당론과 다른 목소리를 내는 정치인 혹은 동료 유권자에 대해 비판을 넘어선 비난을 보내고, 정당(구성원)의 잘못에 대한 자성과 자정보다는 무조건적인 옹호와 추종에 몰두하는 모습을 볼 수 있었다.

그렇다면 주요 정당 지지자들이 당내 이견에 대해 보이는 부정적 태도는 어디에서 유래한 것일까? 최근 한국 정치가 경험하고 있는 정서적 양극화이다. 해당 이론에 따르면 인간은 기본적으로 자존감을 유지 및 고양하고자 하는 욕구를 갖고 있으며, 이 욕구를 충족시키기 위하여 자신이 일체감을 갖는 집단을 다른 집단에 비해 상대적으로 더 긍정적으로 평가하려 하고 나아가 소속 집단의 지위를 유지하고 상승시키려 노력한다. 즉, 지지 정당의 지위를 방어하고 상승시켜 결과적으로 스스로의 자존감을 유지하고 고양하려 한다는 것이다. 높은 수준의 정서적 양극화가 유권자들 사이에서 민주주의 원칙과 규범에 대한 지지를 약화시키는 한편, 집권당을 지지하는 유권자들이 정부의 비민주적 행태를 용인함으로서 정치적 책임성을 후퇴시킨다.

따라서 정서적 양극화 정도가 강할수록 지지하는 정당 내부의 이견에 대한 관용이 감소할 것이라고 예상한다. 왜냐하면 정당 내부의 이견은 정당의 단합력을 약화시켜 정당 간 대결에도 부정적인 영향을 끼치므로, 지지하는 정당에 대한 감정적 선호가 강한 시민은 이를 막는 것이 그 정당의 정치적 지위가 유지 혹은 개선되는데 중요하다고 생각할 것이기 때문이다.

① 정서적 양극화 정도가 강할수록 정당 내부의 이견을 수용하는 정도가 증가한다.
② 정서적 양극화 정도가 강할수록 유권자들은 자신이 일체감을 가지고 있는 정당과 상대 정당에 대해 상반된 평가를 내린다.
③ 정서적 양극화가 심화될수록 자신이 지지하는 정당에 대한 보호를 촉발시켜 민주주의 원칙과 규범에 대한 지지를 강화한다.
④ 한국의 정서적 양극화 현상은 '조국사태'를 계기로 처음 발생하였고, 이후 한국 정치에서 보편화되었다.
⑤ 정서적 양극화가 심화될수록 유권자들은 자신이 지지하는 정당에 대한 감정적 선호가 약화될 것이다.

6. 다음 글에서 알 수 없는 것은?

19세기 중반까지, 인간의 두 대뇌반구는 구조적으로뿐만 아니라 기능적으로도 동등하다는 것이 동물연구들을 통해 일반적으로 받아들여진 정설이었다. 그러나 좌반구의 전두엽의 일부 손상이 우반구에서의 유사한 손상 후에는 일어나지 않는 언어적 장애(실어증)을 가져온다는 연구는 신경학적 결함과 인지적 혹은 행동적 기능부전간의 상관연구에 새로운 장을 도입하게 되었다. 즉, 두 개의 대뇌반구는 각기 다른 기능을 소유하고 있으며, 이러한 기능 중 일부는 한쪽 반구가 다른쪽 반구보다 더 우세한 능력을 보인다는 대뇌 지배성의 개념은 임상 및 실험 연구영역에서 수많은 연구들을 가능하게 하였다.

언어에 대한 대뇌 지배성은 인간의 언어적 기능들이 두 반구간에 동등하게 분포되어 있지 않다는 것을 가정하는 개념이다. 이러한 개념은 좌반구는 언어의 이해와 생성에 전문화되어 있는 반면, 우반구는 자극의 비언어적, 혹은 시공간적 측면의 처리에 더 우세하다는 결론을 유도하는 광범위한 경험적 증거들에 그 기초를 두고 있다. 다만, '지배성'이라는 단어는 한 반구가 다른 반구보다 우세하며 그러한 쪽이 주된 반구이고 나머지 다른 한쪽은 덜 중요하다는 인상을 주기 때문에 매우 오해되기 쉽다. 사실, 반구는 그들의 기능에 있어 상호배타적이고 우월하고 경쟁적이기 보다는 오히려 더 협력적이고 상호보완적이며 대등하다고 보는 것이 올바른 이해라 할 것이다.

실제로 에프론의 연구에 따르면, 두 반구간의 협응은 언어지각에 있어 좌반구가 우반구에 비해 아주 짧은 시간 동안에 변화하는 청각 신호의 변화를 탐지하는데 있어 우세한 반면에 우반구는 좌반구와 달리 음성신호의 음운적 구성의 분석을 요하지 않는 화자의 억양, 멜로디 및 음색을 판단하는데 더 우월하다고 나타났다. 즉, 언어적 기능의 비대칭성에 있어서 '지배적'인 반구가 모든 언어기능에서 다른 반구보다 우수하다는 의미는 아닌 것이다. 따라서, 언어의 대뇌 전문화란 언어행위의 일부요소들의 통제 및 특정 정보 파라미터들의 판단에 전문화되어 있다는 것을 뜻한다고 보아야 할 것이다.

① 에프론의 연구는 실제로는 좌반구가 언어적 기능에 있어 우반구에 비해 우수하지 않다는 점을 보여주었다.
② 에프론은 '지배성'이 좌반구와 우반구 중 어느 한쪽의 우월성을 의미하는 것이 아님을 보여주었다.
③ 실어증은 우반구가 아닌 좌반구가 손상된 경우 발생한다.
④ 좌반구는 음운적 구성의 분석을 요하는 파라미터 판단에 전문화되어 있다.
⑤ 19세기 중반까지, 좌반구와 우반구의 언어적 기능이 동일하다고 여겨졌다.

7. 다음 글에서 알 수 없는 것은?

방사선의 하나인 감마선은 파장이 짧고 물질 투과성이 강한 전자기파로 질량과 전하가 없다. 금속 내부 결함을 탐지하거나, X-선이 투과할 수 없는 영역을 탐구하는 데 주로 쓰인다. 1903년 러더퍼드가 그리스 문자를 사용해 물질을 투과하는 정도에 따라 알파선(α-선), 베타선(β-선), 감마선(γ-선)이라고 명명했다.

모든 재질은 각각 다른 양의 방사선을 흡수한다. 보통 방사선이 물체에 들어가면 일부만 흡수되어 없어지고, 나머지 방사선은 물체를 통과한다. 원자번호가 높은 납이나 금속은 더 많이 흡수한다. 일반적으로 밀도가 높은 재질일수록 방사선을 더 많이 흡수한다.

알파선은 종이 한 장도 뚫지 못하고 베타선은 얇은 금속판에서 튕겨져 나오지만, 감마선과 X-선은 구리 같은 대부분의 물질을 투과한다. 다만 자연계에서 가장 무겁고 두꺼운 납은 통과하지 못한다.

감마선은 X-선보다 파장이 짧고 에너지가 높아 두껍고 크기가 큰 대형 철제 유물이나 총포류의 경우 감마선을 이용하여 비파괴 조사를 실시한다. 실제로 조선시대의 시한폭탄이라는 별명을 가진 '비격진천뢰'에 대해 감마선 투과 조사를 통해 내부구조를 파악할 수 있었다.

① 납과 구리가 흡수하는 방사선의 양은 다르다.
② 비격진천뢰는 납보다는 밀도가 낮은 재질로 이루어졌다.
③ 밀도 이외의 조건이 동일하다면 구리는 납에 비해 밀도가 높다.
④ 감마선 투과 조사에서 사용되는 방사선은 질량과 전하가 없다.
⑤ 감마선이 베타선보다, 베타선이 알파선보다 물질을 잘 투과한다.

8. 다음 글의 (가)~(다)에 들어갈 말을 적절하게 나열한 것은?

캐리 트레이드란 투자자가 저수익통화를 차입하여 고수익통화를 대여(투자)하는 전략이다. 즉, 투자자가 비교적 이자율이 낮은 통화를 차입한 후 그 펀드를 사용하여 이자율이 높은 다른 통화를 구입하는 전략이다. 따라서 투자기간 동안 양의 이자율 차보다 고수익통화가 저수익통화에 비해 더 높은 백분율의 차이로 평가하락하면 투자자는 [(가)] 을 보게 된다.

예를 들어, 엔 캐리 트레이드에서 투자자가 일본은행에서 엔을 1%의 이자율로 차입하고 그것을 당시의 환율로 달러로 교환한 후 4%의 이자를 지급하는 미국 채권을 구입한다고 가정하자. 투자기간에 엔-달러 환율이 변화하지 않는다면 투자자는 3%의 이익을 얻을 것이다. 한편 투자기간 동안 달러가 엔에 비해 평가하락하면 투자자는 더 작은 이익을 얻거나 손익분기점 또는 손실을 볼 수도 있을 것이다. 정확히 3% 평가하락하면 손익분기점이 될 것이며 (거래비용은 없다고 가정) 3% 이상 평가하락하면 투자자의 손실은 달러의 평가하락률과 이자율 차이와 간격이 될 것이다. 이와 같이 캐리 트레이드에서의 위험은 환율의 불확실성에 기인한다.

미국 달러와 엔은 1990년대 이후 캐리 트레이드 거래에서 가장 빈번히 사용되어 온 통화로서 엔은 [(나)], 달러는 [(다)] 의 역할을 하였다. 2007년 초 엔 캐리 트레이드는 최고조에 도달하였으며 규모는 약 1조 달러에 이르렀다. 2008년에는 엔의 급속한 평가상승으로 그 거래는 크게 위축되었다. 이로 인해 엔화 표시 부채의 위험을 커버하기 위해 외국통화를 엔으로의 전환 압력을 받았고, 이것은 엔의 평가상승을 더욱 가속화시켰다.

	(가)	(나)	(다)
①	이익	고수익통화	펀드
②	이익	저수익통화	고수익통화
③	이익	고수익통화	저수익통화
④	손실	저수익통화	고수익통화
⑤	손실	고수익통화	저수익통화

9. 다음 글의 빈칸에 들어갈 내용으로 가장 적절한 것은?

> 죽음 자체가 나쁜지를 묻기 위해서는, 죽음이 죽은 자에게 나쁜지를 물어야 한다. 그런데 여기서 의문이 생겨난다. 어떻게, 죽음이 죽은 자에게 나쁠 수 있을까? 굶주리고 있는 사람에게 굶주림에서 비롯된 고통은 나쁜 것이다. 이 경우 그 고통이 그에게 나쁘기 위해서는 그는 존재해야 한다. 무엇이 어떤 이에게 나쁘다고 말하기 위해서 그 사람이 존재해야 한다면, 죽음은 죽은 자에게 나쁜 것이 될 수 없다. 비슷한 이유에서 무엇이 어떤 이에게 좋다고 말하기 위해서 그 사람이 존재해야 한다면, 죽음은 죽은 자에게 좋은 것도 될 수 없다. 즉, 죽음은 좋다거나 나쁘다고 말할 수 있는 것이 아니게 된다.
>
> 이런 결론을 피할 수 있는 방법은 무엇인가? 한 가지 방법은 '어떤 것이 어떤 사람에게 나쁘다고 말하기 위해서는 적어도 그 사람이 존재해야 한다'는 요구를 받아들이지 않는 것이다. A견해는 이런 방법을 통해서 죽음이 나쁘지 않다는 결론을 부정하고자 한다. A견해에 따르자면, 죽음 자체가 나쁜 이유는 죽지 않았으면 누렸을 삶의 좋은 것들을 죽음이 죽음을 당한 자로부터 박탈해 가기 때문이다. 이 견해에 따르면, 죽음이 나쁜 것은 절대적인 의미가 아니라 상대적인 의미이다 즉, 죽지 않았을 경우 내가 누렸을 것과 죽음의 상태를 비교할 때 죽음은 나쁘다는 것이다.
>
> 1902년에 태어나 1934년 33세의 나이로 세상을 떠난 김소월의 사례를 A견해에 따라 설명해 보자. 우리는 젊은 나이에 세상을 떠난 김소월과 자살을 하지 않았다면 보다 오랜 기간을 살았을 김소월을 비교한다. 전자를 '소월1'로, 후자를 '소월2'라고 하자. 이 둘은 동일한 인물, 김소월이다. A견해에 따르면, ＿＿＿＿＿＿.

① 소월1은 33세 이후의 인생을 누리지 못하기 때문에 죽음은 김소월에게 나쁜 것이다.
② 소월1과 달리 소월2는 실제로 태어난 적이 없는 존재이므로 소월2에게 죽음은 나쁜 것이 아니다.
③ 죽음은 소월1로부터 소월2가 갖고 있는 것을 박탈해가기 때문에 죽음은 김소월에게 나쁜 것이다.
④ 소월2와 달리 실제 존재했던 소월1은 1934년에 죽은 이후에 세상에 존재하지 않으므로 죽음은 김소월에게 나쁜 것이 아니다.
⑤ 33세 이후의 인생이 박탈된 소월1에게는 죽음이 나쁜 것이지만, 33세 이후의 인생을 누릴 수 있는 소월2에게는 죽음이 나쁜 것이 아니다.

10. 다음 글의 ㉠~㉤을 문맥에 맞게 수정한 것으로 가장 적절한 것은?

> 말은 생각을 표현하는 도구에 지나지 않는 것인가? 아니면 사람들은 언어를 구사할 수 있는 만큼만 생각을 할 수 있는 것인가? 흔히 ㉠<u>말이 사고를 반영한다</u>고 한다. 우리나라의 경우 가족에 대한 호칭이 많고, 에스키모인의 경우 눈에 대한 표현이 매우 많은데, 이를 흔히 우리는 가족에 대한 개념이 풍부하고 에스키모인은 눈에 대한 개념이 풍부한 것으로 해석하기도 한다.
>
> 언어학자인 벤저민 워프는 언어가 사고의 기본 생각을 만들어 낸다고 보았다. 따라서 ㉡<u>문화권마다 어휘가 차이가 난다면 사람들의 생각하는 방식도 다르게 된다</u>. 예를 들어, 한 방에는 휘발유로 채워진 기름통이 있고 다른 방에는 빈 휘발유통이 있을 때, 빈 휘발유통의 경우 기화된 가스가 꽉 차 있어 휘발유로 채워진 기름통보다 더 위험하다. 그런데 사람들은 휘발유로 채워진 기름통을 더 위험하다고 생각한다. 기화된 가스가 꽉 찬 기름통을 빈 기름통이라고 기술하는 습관 때문이다.
>
> 또 다른 예로, 호피족 언어에는 서양 언어와는 달리 시제가 없기 때문에 그들은 세계가 일정한 속도로 진행되는 연속체로서의 시간 개념을 가지고 있지 않다고 본다. 즉 그들은 ㉢<u>시제가 아닌 사건 중심의 관점에서</u> 시간적 사고를 하고 있다.
>
> 언어가 사고에 영향을 주는 것은 분명한 것으로 보이지만, 언어가 사고에 필수적인 것인가에 대한 의견은 다르다. 만약 언어가 사고를 결정한다면 ㉣<u>수화를 배우기 이전의 사고는 가능할 것이다</u>. 그러나, 샬러에 따르면, 청각 장애인 중에 성인이 되어서야 수화를 배운 사람은 수화를 배우기 이전의 경험들에 대해서도 수화를 통하여 말할 수 있었다.
>
> 또, 대표적으로 바틀릿의 유명한 실험이 있다. '$o-o$'을 아령 또는 안경이라고 명명한 다음 기억하게 하였다. 시간이 지난 후에 기억된 것을 회상하여 그리게 하였을 때, 아령이라고 한 경우에는 '$O-o$', 안경이라고 한 경우에는 '$O-O$'로 회상하였다. 이는 기억이 조직화된다는 것을 보여주는 것이기는 하지만, ㉤<u>언어가 기억에 영향을 미친다는 것</u>을 보여주는 것이기도 하다.

① ㉠을 "사고가 말을 반영한다"로 고친다.
② ㉡을 "문화권마다 어휘가 차이가 나는 것이 사람들의 사고 방식 차이로 이어지지는 않는다"으로 고친다.
③ ㉢을 "사건이 아닌 시제 중심의 관점에서"로 고친다.
④ ㉣을 "수화를 배우기 이전의 사고는 가능하지 않을 것이다"로 고친다.
⑤ ㉤을 "언어가 기억에 영향을 미치지 못한다는 것"으로 고친다.

11. 다음 글의 ㉠에 대한 판단으로 가장 적절하지 않은 것은? (단, 선지에서 언급한 이외 요소는 고려하지 않음.)

> ㉠공공기관의 책임성 유형은 Hoek의 연구를 적용해보면 수직적 책임, 내부적 책임, 고객 책임, 사회적 책임 등 4가지 유형으로 구분될 수 있다.
>
> 첫째, 수직적 책임성은 공공기관이 상위부처 및 감독기관에 갖는 책임성으로 그 구성요소로 합법성, 정책반영도, 성과 및 보상, 자율성 등을 들 수 있다. 공공기관이 법률에 명시된 설립목적에 충실할 때, 상급기관의 정책기조와 일치할수록, 성과평가 결과에 따라 상급기관으로부터 적절한 인센티브를 받을 때, 자율성이 높을수록 수직성 책임성이 높아진다.
>
> 둘째, 내부적 책임성은 공공기관이 기관 내부적으로 갖고 있는 관리, 통제, 성과시스템을 의미한다고 볼 수 있다. 세부요소인 관리 투명성, 관리효율성, 관리형평성 및 목표지향성이 높을 때 내부적 책임성이 높아진다고 볼 수 있다.
>
> 셋째, 고객에 대한 책임성은 공공기관이 생산 또는 공급하는 재화 및 서비스를 소비하는 고객에 대한 책임성을 의미한다. 공공기관의 고객책임성을 구성하는 세부요소로서비스의 질, 서비스 만족도, 고객의견 반영 정도, 고객헌장의 구비 여부, 서비스 전문성 정도 등이 높을 때 공공기관의 고객책임성이 높아진다고 볼 수 있다.
>
> 넷째, 사회적 책임성은 공공기관이 사회 전체 또는 국민에 대해 갖는 포괄적인 책임성이라 할 수 있다. 사회적 책임성은 다소 모호할지라도 공공기관의 궁극적 주인이 국민이라는 점에서 가장 근본적인 책임이라고 볼 수 있다. 세부요소로는 경영 및 성과공시의 충실도, 공익 및 사회통합 기여도, 사회적 신뢰, 지속가능한 경영 등을 들 수 있다. 공시를 통해 경영계획과 성과를 외부에 투명하게 알리고, 사회취약계층을 채용하며, 저렴한 가격에 서비스를 제공하는 경우, 또한 환경보전이나 지역사회에 대한 공헌을 통해서 일반 국민으로부터의 높은 신뢰를 받는 경우 상대적으로 사회적 책임성이 높아진다고 볼 수 있다.

① 상급기관의 정책방향이나 운영방침과 일치된 사업계획을 수립하고 집행할 때 수직적 책임성이 높아진다.
② 공해를 줄이기 위한 공공기관의 차량 2부제 실시는 사회적 책임성을 높인다.
③ 예산편성, 재무관리 등에서 상급기관의 통제를 적게 받을수록 수직적 책임성이 낮아진다.
④ 서비스 제공과 관련한 고객의 민원 응답률이 낮을수록 고객책임성이 낮아진다.
⑤ 공공기관 내부의 의사결정과정이 폐쇄적일수록 내부적 책임성이 낮아진다.

12. 다음 글에서 추론할 수 있는 것은?

> 2009년 <일본경제신문>에 실린, 요시자와 미쓰오 교수의 '가위바위보 연구 결과'에 따르면 학생 참가자 725명을 대상으로 가위바위보를 총 1만 1567번 시행한 결과, 각 손 모양이 나온 횟수를 고려하여 가위, 바위, 보가 나올 확률을 계산했다. 바위를 낼 확률은 4054/11567=35.0%, 가위를 낼 확률은 3849/11567=33.3%, 보를 낼 확률은 3664/11567=31.7%였다.
>
> 따라서 자신이 바위를 냈을 때 이기는 경우는 상대방이 가위를 냈을 때이므로, 바위를 내고 이길 확률은 33.3%이다. 나머지 경우도 같은 방식으로 계산할 수 있다. 그 결과 '보를 내는 것이 이길 확률이 가장 높은 전략'임을 확인할 수 있었다. 이러한 승률 차이가 '오차범위' 내에 있는 것이라고 생각할 수도 있지만, 이는 통계적으로 유의미한 차이라고 확인되었다.
>
> 요시자와 교수의 연구에서는 '비겼을 때는 다음 판에 무엇을 내는 게 유리한가'에 대해서도 알아보았다. 연구 결과, 비겼을 때 다음에도 같은 것을 낼 확률은 22.8%였다. 이는 무작위로 가위, 바위, 보 중 하나를 냈을 때의 예상되는 확률인 1/3보다 꽤 낮은 수치이다.
>
> 따라서 위와 같은 요시자와 교수의 연구 결과인 '상대방이 같은 것을 연속으로 낼 확률은 낮다'는 점을 이용해 비긴 후 다음 판에서 이길 확률을 높이는 방법을 스스로 생각해 볼 수 있을 것이다. 예를 들어, 자신과 상대방이 모두 바위를 내서 비겼다고 하자. 다음 판에 상대방이 또 바위를 낼 확률은 22.8%이므로, 가위나 보를 낼 확률은 77.2%(100%−22.8%)이다. 그러니 가위를 내면 77.2% 확률로 지지 않는다. 이와 같은 방식으로 가위나 보를 내서 비겼을 때 다음 판에 지지 않을 확률도 계산할 수 있을 것이다.

① 첫판에 보로 비겼다면, 다음 판에는 바위를 내는 것이 유리하다.
② 첫판에 가위로 비겼다면, 다음 판에는 바위를 내는 것이 유리하다.
③ 첫판에 보로 비겼다면, 다음 판에 가위를 내면 77.2% 확률로지지 않는다.
④ 자신이 첫판에 가위를 냈을 때 이길 확률은 35.0%이다.
⑤ 자신이 첫판에 보를 냈을 때 이길 확률은 31.7%이다.

13. 다음 글에서 추론할 수 있는 것은?

원자핵의 전하는 전자에 대한 인력을 증가시키는데, 이온화 에너지는 기체 상태의 원자, 분자 혹은 이온으로부터 가장 느슨하게 결합한 전자, 즉 원자가 전자 1개를 제거하는 데 필요한 에너지로 정의된다. 따라서 이 과정은 에너지를 흡수하는 흡열 과정이다.

금속 원소간의 화학반응을 설명하기 위해 이온화 에너지의 개념을 흔히 사용한다. 그런데 흔히 이온화 에너지의 개념을 이온화 경향과 혼동하는 경우가 많다. 앞서 말했듯이, 이온화 에너지는 기체 상태의 금속 원자로부터 전자 하나를 떼어내 금속의 양이온으로 만드는 데 필요한 에너지를 말한다.

알칼리 금속(1족)의 이온화 에너지는 Li > Na > K 순서로 작아진다. 이온화 에너지가 작은 금속일수록 이온화되기 쉽다. 그러나 이들 금속이 수용액 속에서는 다른 경향을 나타낸다. 이온화 경향은 기체 상태가 아닌 수용액 상태에서 이온화되기 쉬운 정도를 나타낸다. 수용액 상태에서의 이온화 경향은 Li > K > Na 의 순서다.

기체 상태인 금속 원자에서 단순히 최외각전자를 떼어낼 경우에 알칼리 금속의 경우 원자핵과의 거리가 멀수록 전자를 떼어내기가 쉽다. 그러나 수용액 상태에서는 금속 이온이 물분자에 의해 어떻게 둘러싸여 있는가에 따라 안정성이 달라진다. 리튬의 경우에 수용액 속에서 이온화해 리튬이온이 물분자에 의해 둘러싸이면 매우 안정한 상태가 된다고 볼 수 있다. 따라서 리튬은 기체 상태에서는 칼륨보다 이온화하기가 어렵지만 수용액 속에서는 이온화 경향이 크다.

① 원자핵의 전하가 클수록 이온화 에너지는 작아진다.
② 알칼리 금속의 경우 원자핵과의 거리가 멀수록 이온화 에너지는 커진다.
③ 기체 상태에서 이온화되기 쉬운 순서는 Li > Na > K 순이다.
④ 기체 상태의 금속 원자를 금속 양이온으로 만드는 과정에서 에너지가 흡수된다.
⑤ 이온이 물분자에 의해 둘러싸였을 때 안정성이 높을수록 이온화 에너지가 크다.

14. 다음 글에서 추론할 수 있는 것은?

열역학 제1법칙을 간단히 수식으로 써보면 다음과 같다. “△E = Q − W”. 여기서 E는 내부 에너지, Q는 계에 흡수되는 열, W는 계가 한 일이다. 계가 열 Q를 흡수하면 내부에너지는 증가하고 방출하면 내부에너지는 감소한다. 그리고 계가 일을 하면 내부에너지는 감소하고, 계가 외부로부터 일을 받으면 내부에너지는 증가한다. 이때 W는 계가 행한 일을 의미하여 앞에 마이너스 부호를 붙이는데, 계에 행해진 일로 해석하여 ‘△E = Q + W’로 나타내기도 한다.

열역학 제1법칙의 특수한 경우로 단열팽창/단열압축 과정, 자유팽창과정, 등적과정, 등온과정의 4가지가 있다.

첫째, 단열팽창 또는 단열압축 과정이다. 열역학 제1법칙 △E = Q − W에서 Q = 0인 경우이다. 즉 외부로부터 열의 출입이 없는 경우이다. 따라서 계가 일을 하면 내부에너지는 그만큼 감소하고, 반대로 계가 외부로부터 일을 받으면 내부에너지는 그만큼 증가한다.

둘째, 자유팽창과정이다. 자유팽창은 계와 주위 사이에 열전달이 없고, 계가 일도 하지 않는 단열과정의 일종이다. 열역학 제1법칙 △E = Q − W에서 Q = W = 0인 경우이다.

셋째, 등적과정이다. 열역학 제1법칙 △E = Q − W에서 W = 0인 경우이다. 이 경우 부피가 일정하다.

넷째, 등온과정이다. 온도를 일정하게 유지하고 압력과 부피를 변화시키는 과정으로, 열역학 제1법칙 △E = Q − W에서 △E = 0인 경우이다. 따라서 Q = W가 된다. 등온과정을 따르므로, 즉 온도 변화가 없으므로 내부 에너지가 일정하고, 외부에서 공급되는 열에너지는 모두 일로 변한다.

① 자유팽창과정에서는 외부로부터 열의 출입이 존재한다.
② 등적과정에서 계가 열을 흡수하면 계의 내부에너지는 감소한다.
③ 자유팽창과정에서 △E = 0이므로, 외부에서 공급되는 열에너지가 모두 일로 변한다.
④ 외부로부터 열의 출입이 완전히 차단되면 △E = 0이다.
⑤ 등온과정에서 계에 흡수되는 열과 계에 행해진 일을 더하면 0이 된다.

15. 다음 글의 빈칸에 들어갈 내용으로 적절한 것은?

> △△부에서는 아프리카 국가 A~D에 외교관 갑~정을 파견하기로 했다. 파견 내용에 대해 다음과 같은 사실이 알려져 있다. (외교관은 각자 한 나라에만 파견된다.)
>
> ○ 세 명 이상의 외교관이 파견되는 국가는 없다.
> ○ 갑은 B국에 파견되지 않는다.
> ○ 을과 병은 같은 국가에 파견된다.
> ○ 병이 B국에 파견되면, 갑은 D국에 파견되지 않는다.
> ○ 갑이 A국에 파견되면, 을은 C국에 파견되지 않는다.
> ○ D국에는 한 명만 파견된다.
> ○ 정은 D국에 파견되지 않는다.
>
> 위의 기준으로는 외교관의 파견 여부 전부가 결정되지는 않는다. 하지만 “ ”를 기준으로 추가하면, 모든 외교관의 파견 여부를 확정할 수 있다.

① 갑은 D국에 파견된다.
② 을과 병은 B국에 파견되지 않는다.
③ 을과 병이 B국에 파견된다면, 갑은 D국에 파견되지 않는다.
④ 을과 병이 B국에 파견되지 않는다면, 정은 A국에 파견된다.
⑤ 정이 C국에 파견되지 않는다면, 을과 병은 C국에 파견된다.

16. 다음 글의 참일 때 반드시 참인 것은?

> OO부에서는 물가 안정 대책을 마련하기 위해 관련 전문가 A~E에게 참석 요청 문자를 발송하였다. 물가 안정 대책 회의는 관련 전문가 2명 이상이 참석해야만 개최된다. 관련 전문가들의 참석 정보는 다음과 같이 알려져 있다.
>
> ○ C는 참석하지 않는다.
> ○ D가 참석한다면, A와 E 중 한 명은 참석한다.
> ○ A가 참석하면 B와 C도 참석한다.

① A는 참석한다.
② D는 참석하지 않는다.
③ B가 참석하지 않는다면, 회의는 개최되지 않는다.
④ E가 참석하지 않는다면, 회의는 개최되지 않는다.
⑤ E가 참석하는 경우 회의는 개최된다.

17. 다음 글의 A와 B에 대한 분석으로 적절한 것만을 <보기>에서 모두 고르면?

> 행복이란 무엇인가? 다음은 행복에 대한 두 철학자의 견해이다.
>
> A : 행복은 개인이 가진 쾌락과 고통의 총합을 계산하고, 쾌락이 더 많고 고통이 더 적은 상태를 의미한다. 인간이 행하는 거의 모든 행위는 어떤 목적이나 동기에 의해 이루어진다고 볼 수 있다. 그리고 그 모든 행위의 동기에 자리 잡고 있는 좋음이란, 어떤 대상이 있고 그 대상의 기능이 잘 발현되고 있는 상태를 가리킨다. 이러한 좋음은 궁극적으로 쾌락으로 귀결될 수밖에 없다. 또한, 좋음은 선이다.
>
> B : 행복은 삶의 주체의 전반적인 감정적(정서적) 조건(상태)으로 규정되므로, 행복이란 소위 '정서적인 잘 있음'이다. 여기서 '정서적인 잘 있음'은 현재 물리적이고 현상적으로 발생하고 있는 정서적 경험뿐만 아니라 비경험적인 감정이나 정서적 분위기(기분)까지 포함한다. 반면에 쾌락 중에서도 정서적인 상태와 직접적으로 연결되지 않는 쾌락은 행복의 조건에서 배제된다. 삶의 전체 또는 어떤 사건과 결부된 일정 기간의 전반적인 정서나 기분에 의거하여 행복을 산정한다.

<보 기>

ㄱ. A는 행복과 선은 궁극적으로 같다고 본다.
ㄴ. B는 모든 종류의 쾌락이 행복에 기여할 수 없다고 본다.
ㄷ. A에서 '행복하다'라고 판단되는 경우는 모두 B에서도 '행복하다'라고 판단한다.

① ㄱ
② ㄷ
③ ㄱ, ㄴ
④ ㄴ, ㄷ
⑤ ㄱ, ㄴ, ㄷ

18. 다음 갑과 을의 논쟁에 대한 평가로 적절한 것만을 <보기>에서 모두 고르면?

> 갑: 저출산으로 인해 젊은 연령층의 인구 감소로 이어져 신규 노동력 부족으로 인한 생산성 저하와, 고령화 추세와 맞물려 부양 부담 문제, 나아가 국가경쟁력 약화가 심각한 문제로 예측되고 있다. 이와 같은 출산율 감소의 핵심적 원인은 자녀 양육에 따른 부담 과중이다. 일/가정 양립의 어려움, 자녀 사교육비 문제 등으로 인해 자녀 출산을 기피하는 것이다. 추가로, 과거에 비해 결혼에 대한 가치관이 크게 달라짐에 따라 결혼에 무관심하거나 부정적인 생각을 가지고 있는 젊은 사람들이 늘어난 것도 하나의 원인이다.
>
> 을: 저출산으로 인해 생산성 저하 등으로 국가 경쟁력이 약화될 것이라는 주장은 옳지 않다. 현재 세계 사회는 노동집약적 사회가 아닌 기술진보에 기반한 노동비집약적 사회이다. 물론 현재 인구 추세를 고려할 때, 젊은 세대에 비해 노년 세대의 비중이 급증하면서, 젊은 세대의 영향력이 감소함에 따라 젊은 세대의 불만이 증가할 수 있다. 그러나 부족한 노동력을 AI와 로봇 등 발전한 과학 기술을 통해 해결할 수 있다. 몸이 힘들고 움직이기 어려운 노인들을 도울 노동력이 젊은 세대가 아닌 AI와 로봇에서 나올 수 있는 것이다.

<보 기>

ㄱ. 자녀 양육 부담 감소를 위한 정책적 지원이 저출산 문제를 실질적으로 완화시킨다는 연구 결과가 있다면, 갑의 주장은 강화된다.
ㄴ. 과학 기술 발전에 따른 AI와 로봇이 인간 노동력 대체하는 것에 한계가 있다면, 을의 주장은 강화된다.
ㄷ. 고령화에 따른 부양 부담이 실제로 젊은 세대의 경제적 안정성을 심각하게 저해하지 않는다는 연구 결과가 나온다면, 갑과 을의 주장은 강화된다.

① ㄱ
② ㄴ
③ ㄱ, ㄷ
④ ㄴ, ㄷ
⑤ ㄱ, ㄴ, ㄷ

[19~20] 다음 글을 읽고 물음에 답하시오.

이성계와 조준 등 신진세력은 새로운 전제(田制)의 기준이 되는 과전법을 공포한다. 과전법에 의한 전제개혁은 신흥사대부에 의한 새 왕조 조선조 개창의 경제적 기반이 되었다. 전국의 토지를 국가 수조지로 편성한 뒤 수조권*을 정부 각처와 양반 직역자에게 분급한 것으로 귀속 여하에 따라 사전과 공전으로 구분하였다.

이처럼 과전법 하에서 토지는 국가가 사용료를 받는 공전과 개인이 토지사용료를 받는 사전으로 구분된다. 공전은 국가가 소유한 토지에 대하여 지세를 받는 토지이고, 사전은 관리에게 주는 과전과 공신에게 주는 공신전이 있다. 농민에게 경작권을 주면서 사전을 받은 자가 농민들에게 세금을 받았다. 이는 경작자가 수조권자에게 납부하는 전조를 의미하며, 수조권자가 국가에 납부하는 전세와는 다른 개념이다. 전세는 수조권자가 국고에 납부하는 것으로, 경작자로부터 받은 전조 중 1결당 2두를 고정적으로 국고에 수납하는 형식이다.

과전법 시행으로 전호*가 전주에게 50%의 조세를 바치던 병작반수제가 금지되고 수확의 1/10(1결당 30두)을 징수하였다. 조선 건국 당시의 토지에 대한 세금은 기본적으로 수확량의 10%이며, 1결당 생산량을 300두로 추정하였으므로 30두를 납부하였다. 30두는 최고 세액이며, 수확의 감수 정도를 반영하여 조세를 감면하는 ㉠답험손실법을 적용하였다. 손(損)과 실(實)을 각각 10분(分)으로 나누어 손재가 1분(分)에 이를 때마다 3두씩 감세하였으며, 손재가 8분(分)에 이르면 전액 감면하도록 하였다.

답험손실법은 비옥도에 따라 토지 등급을 상·중·하로 나누고, 이를 위해 농작상황을 조사하게 된다. 풍년이면 세금을 높게 부르지만, 흉년이면 그만큼 손실을 감소해 준다. 공전은 지방관인 수령이 답험하고, 사전은 전주, 관리가 직접 답험한다. 이처럼 수확의 정도에 따라 조세를 납부한다는 취지에서 공평한 과세로 평가할 수 있으나, 그 방식 즉 답험에 있어서 문제가 제기되었다. 관원의 부정행위, 수조권자가 직접 답험함에 따라 흉년이 들어도 이를 반영하지 않는 문제등이 발생했고, 이에 대응할 만한 세제 변화가 필요하게 되자, ㉡공법이 제정된다.

전국 토지 등급 재조정 및 최고세액 조정 등 제도적 시행착오를 거쳐 비옥도에 따라 6등급, 풍흉년에 따라 9등급으로 구분하고, 1등급 상상년에는 1결당 20두, 6등급 하하년에는 1결당 4두로 징수하는 개편된 공법이 확정되었다. 즉, 토지의 기름진 정도에 따라 6등급으로 나누어 등급별로 1결의 면적을 달리하여 구성하였다. 또한 매년 흉·풍년의 정도에 따라 9등급으로 각각의 연도의 작황에 따라 세금을 감면 정도를 정하였다.

그러나 위의 공법 체계는 판정과 운영이 복잡하고 세율도 높아 현실적으로 시행되지 못하였다. 1635년 1결당 4두로 고정시키는 정액세제 방식으로 전환하기에 이르는데, 이것이 ㉢영정법이다. 해당 법은 풍흉에 관계없이 토지의 비옥도만을 반영하여 결당 4두로 고정화한 것으로 공평한 조세로 평가하기 어려운 측면이 있고, 또한 농지에는 대동미, 삼수미, 결작 등 조정의 부세와 여러 명목의 잡부금이 부가되어 소작농의 부담이 컸으며, 이로 인해 전세 수취에 문제가 되었다.

영정법에 문제가 있음을 인지하고 영조 시기 ㉣비총법을 제정하고 시행하게 된다. 이는 당해 연도 농사 풍흉을 고려하여 이를 이전의 유사한 연도와 비교하여 올해 징수할 총액을 결정하고 그 총액을 할당 징수하는 방식이다. 따라서 '비총'은 총액을 당해 연도와 유사한 연도와 비교한다는 의미이다. 비총법은 대동미, 삼수미 등 주요 전세 외에도 노비의 신공(身貢), 어세(漁稅), 염세(鹽稅), 선세(船稅) 등 잡세 징수에 광범하게 적용되었다. 비총법은 이후 1894년 갑오개혁 때까지 시행하게 된다.

* 수조권 : 해당 토지에서 조세를 걷을 수 있는 권리
* 전호 : 토지를 빌려 경작하고 소작료를 지불하는 농민

19. 윗글에서 알 수 있는 것은?

① 공전은 국가의 관리가 사용료를 받는 토지이고, 사전은 공신 등이 사용료를 받는 토지이다.
② 사전에서 경작권을 받은 농민은 토지 소유자에게 전조를, 국고에 전세를 납부한다.
③ 공신전의 전조가 감면되면, 수조권자인 공신이 국가에 납부하는 전세의 실질적 부담은 증가한다.
④ 답험손실법 하에서 토지의 농작상황은 지방관인 수령이 담당하여 조사한다.
⑤ 비총법은 노비의 신공, 어세, 염세 등 잡세 징수에만 적용되었다.

20. ㉠~㉣에 대한 이해로 가장 적절한 것은?

① ㉠ 하에서 손재가 9분(分)에 이를 경우, 1결당 3두를 징수한다.
② ㉠보다 ㉡ 하에서 1결당 최고세액이 크다.
③ 동일 토지에 대해 ㉡을 적용할 때와 ㉢을 적용할 때의 세액이 동일할 수 있다.
④ ㉢은 ㉣과 달리 세액 산정에 있어 토지의 비옥도를 고려하지 않는다.
⑤ ㉠~㉣ 중 당해 풍작 상황을 세액 산정에 고려하는 제도는 2개이다.

21. 다음 글의 내용과 부합하는 것은?

사회주의자들이 조선공산당에 결집하고 있던 시기, 북한의 민족주의자들은 조만식을 중심으로 조선민주당 창당에 나섰다. 당시 소련군은 반일 민주주의 정당과 단체의 동맹에 기초해서 권력을 만들어갈 것을 지시받은 터였다. 그에 따라 소련은 조선민주당의 창당에 호의적이었다.

1945년 11월 3일, '조선민주당'이 창당되었다. 조만식은 소련군이 주둔해 있는 상황에서 공산주의자들과의 협조가 필요함을 인식하고 있었다. 조만식은 처음에 김일성에게 입당을 권유했지만, 김일성이 같은 동북항일연군 출신인 최용건을 추천하여 그가 대신 참여했다.

창당한 지 한 달도 지나지 않아 조선민주당은 공산당보다 더 많은 당원을 확보했다. 또 세 달도 못되어 당원 수는 수만 명으로 증가했다. 조선민주당은 민족자본가, 도시 소자산가, 기독교인들을 주요 기반으로 표방했다. 그러나 지방 조직에는 중소지주 등도 참여하고 있었고, 반공주의 성향의 인물들이 정치 조직의 필요성을 느껴 참여하는 경우도 있었다.

조선민주당은 창당하면서 소련 등 연합국과 협조하면서 '민주주의 공화국'을 수립하겠다고 천명했다. 그런데 조선민주당은 소련 및 사회주의자들과 우호적으로 지내기에는 보수적인 성향이 강했다. 강령과 정책에 친일 세력의 청산이나 토지개혁에 대한 언급이 전혀 없는 것만 봐도 그랬다.

정치적으로는 의회 제도와 보통선거제를 실시하는 등 의회민주주의를 지향했다. 전반적으로 조선민주당 창당 당시의 강령은 남한의 한국민주당 강령보다 오히려 더 보수적이라 할 정도였다. 소련과 협조한다는 자세를 가지고 있었지만, 기본적인 지향점은 보수적인 성향을 보이고 있었던 것이다.

1945년 12월까지 조선민주당과 소련군 및 공산당 사이에는 대체로 근본적인 대립이나 갈등은 벌어지지 않았다. 조만식은 12월에 미군정 사령관 하지에게 보낸 밀서에서 "소련 군정이 북한에서 나름대로 적절한 개혁을 수행하여 북한 주민들은 소련군의 정책에 만족하고 있다"고 했다. 신탁통치 문제가 발생하기 전까지 조만식은 북한에서의 소련군 정책에 긍정적이었다.

① 조선민주당은 조선공산당과 협조하면서 보통선거제 등 의회민주주의의 정책을 공동수립했다.
② 하지는 소련 군정의 북한 내 개혁에 대해 긍정적인 입장이다.
③ 소련은 북한 내의 조선공산당 이외의 정당 창설을 반대하였다.
④ 조선민주당은 소련과 협력하면서 반공주의 세력의 입당을 허용하지 않았다.
⑤ 조만식은 동북항일연군 출신 인물에게 입당을 권유한 적이 있다.

22. 다음 글에서 알 수 있는 것은?

임진왜란이 일어나자 경상도 지역의 관군들은 유사시 방어체계에 따라 주요 군사 거점으로 이동하여 일본군을 맞았다. 그러나 미처 전열을 가다듬지 못한 상태에서 손쉽게 무너졌고, 정부에서는 순변사 이일을 파견하여 일본군을 막도록 했으나, 그 역시 상주 북천전투에서 패하고 말았다. 그러자, 조정에서는 기병전을 통한 북방 야인 소탕으로 명성을 떨치던 신립을 삼도도순변사로 임명하여 충주로 보냈다.

4월 26일 충주에 도착한 신립은 충주 남쪽의 단월역에서 북천 전투의 패장인 이일을 만났다. 이일은 이미 조총의 위력을 실감한 터라, 기병전이 아닌 지형이 험한 조령에서 매복했다가 기습공격을 해야 한다고 주장했고, 종사관 김여물 역시 이 의견에 동조했다. 그러나 신립은 탄금대 앞에 펼쳐진 평야를 전투지로 선택하여 자신의 주특기인 기병전을 펼치고자 했다. 27일, 척후병 김효원 등이 일본군의 충주 진입을 알렸으나, 신립은 김효원이 잘못된 정보로 아군을 놀라게 했다면서 목을 베었다.

이튿날인 28일, 고니시 유키나가가 이끄는 일본군은 신립의 예상보다 빨리 충주성을 향해 진격해 왔다. 신립은 군대를 탄금대로 이동시켜 기병 중심의 학익진의 전술을 폈다. 중앙군과 지방군이 합세한 조선군의 총공세에 일본군은 크게 당황했다. 그러나 탄금대 지역은 길이 좁고 논이 많아서 말을 몰기가 어려웠다. 일본군의 조총 공격에 기병은 힘없이 쓰러졌고, 사기가 떨어진 조선군은 백병전에서도 일본군을 당해내지 못했다. 등 뒤의 달천으로 인해 퇴로가 막히자 조선군은 강물로 뛰어들었고, 신립과 김여물도 투신하였다. 탄금대전투의 패배로 최후의 방어선마저 무너지자, 조선 정부는 더 이상 한양을 지키기 어려울 것으로 판단하였다. 이에 북쪽으로의 몽진을 결정하였다.

① 조선 정부는 북천 전투에서의 패배로 북쪽으로의 몽진을 결정하였다.
② 고시니 유키나가는 학익진 전술을 펼쳐 탄금대에서 조선군에 승리를 거두었다.
③ 신립은 김여물의 의견과 달리, 북방 야인 소탕에 활용하던 전술을 일본군과의 전투에서도 활용하고자 했다.
④ 순변사 이일은 상주 북천 전투에서 일본군과의 전투해서 패해 전사하였다.
⑤ 신립은 조령에 매복하여 기습공격을 펼쳐야 한다고 주장한 김효원을 잘못된 정보로 군을 혼란케 했다는 이유를 들어 처형했다.

23. 다음 글에서 알 수 있는 것은?

금본위제도에서 각국은 자국통화에 포함되는 금의 함량을 정의하고 이 가격에서 어떤 양의 금도 수동적으로 사거나 팔 준비가 되어 있다. 각국 통화 1단위에 포함되어 있는 금의 함량은 고정되어 있으므로 환율 역시 고정된다. 예를 들면 금본위제도에서 미국에서 1달러의 금화는 순금 23.22 그레인을 함유하고 있는 반면, 영국에서 1파운드의 금화는 순금 113.0016 그레인을 함유하고 있다. 이것은 파운드의 달러 표시 가격 또는 환율이 R=$/£=113.0016/23.22=4.87임을 의미하며, 이를 주조평가라 한다.

1파운드의 가치가 있는 금을 뉴욕과 런던 간에 운반하는 데 드는 수송비가 약 3센트이므로 달러와 파운드 간의 환율은 주조평가의 상하 3센트 이상 변동할 수 없다. 그 이유는 누구나 미국 재무부에서 4.87달러 어치의 금을 매입하여 3센트의 비용으로 런던에 운반하고 이를 잉글랜드은행(영국중앙은행)에서 1파운드와 교환할 수 있으므로 아무도 1파운드에 대하여 4.90달러 이상을 지불하지 않기 때문이다. 따라서 미국의 파운드화 공급곡선은 R=$4.90/£1에서 무한탄력적(수평)이 되며, 이것이 미국의 금 수출점이다.

반대로 달러와 파운드 사이의 환율은 4.84달러 이하로 하락할 수 없다. 그 이유는 누구나 1파운드 상당의 금을 영국에서 구입하여 3센트의 비용으로 뉴욕으로 운반하고 4.87달러와 교환(따라서 받는 순금액은 4.84달러가 됨)할 수 있으므로 아무도 1파운드에 대하여 4.84달러 이하를 받으려고 하지 않기 때문이다. 따라서 미국의 파운드화에 대한 수요곡선은 R=$4.84/£1에서 무한탄력적(수평)이 되며, 이것이 미국의 금 수입점이다.

달러와 파운드 간의 환율은 미국의 파운드화 수요곡선과 공급곡선이 금 수출입점 사이의 교차점에서 결정되었으며, 미국의 금 매입이나 금 판매로 인해 금 수출입점 밖으로 이동할 수 없다. 즉, 달러가 평가하락 하는 경향은 미국으로부터의 금 수송에 의해 좌절된다. 이러한 금의 유출은 미국의 국제수지 적자 규모를 측정한다. 반대로 달러가 평가상승하는 경향은 미국으로의 금 수송에 의해 좌절되며, 이러한 금의 유입은 미국의 국제수지 흑자 규모를 측정한다.

① 각 국가의 금 매입이나 판매를 통해 환율이 금 수출입점 밖으로 변동할 수 있다.
② 미국의 달러가치가 평가하락하려는 경우, 영국에서 미국으로 금이 이동한다.
③ 제시문의 주조평가, 운송비를 가정할 때, 달러와 파운드 간의 환율은 R=$4.91/£1로 변동할 수 있다.
④ 제시문의 주조평가, 운송비를 가정할 때, 누구도 1파운드에 4.84달러 이상을 받으려고 하지 않는다.
⑤ 달러와 파운드의 금 함유량이 각 10%씩 상승하더라도 주조평가는 불변이다.

24. 다음 글에서 알 수 있는 것은?

A가 B에게 물건을 파는데, B가 자기에게 물건을 지급하지 말고 C에게 물건을 넘기라고 계약하는 경우가 있는데, 이 때의 계약을 '제삼자를 위한 계약'이라고 한다. 이 때, 다른 사람에게 물건을 지급하라고 요청하는 B를 요약자, B의 요청을 승낙한 A를 낙약자, 물건을 받는 C를 수익자라고 한다.

이처럼 세 명이 계약에 등장하는 만큼 계약 관계도 3개가 나타난다. 첫 번째가 '보상관계'이다. 원칙적으로 A와 B 사이의 계약만이 계약관계이고 민법의 계약 법률 조항을 모두 적용받는다. 따라서 무효, 취소, 해제 등이 모두 적용되며, 낙약자의 급부채무가 발생하는 원인은 보상관계에서 비롯된다. 이 관계에서 요약자는 낙약자에게 반대급부를 지급하는 관계에 있다. 기본적인 계약관계이기 때문에 해제, 무효에 따른 원상회복청구권이나 부당이득 등은 원칙적으로 이 관계 내에서 해결하여야 한다. 예를 들어, 낙약자 A가 물건을 먼저 수익자 C에게 준 다음에, 요약자 B로부터 대금을 받아야 하는데, B가 대금을 주지 않는 경우 채무불이행으로 계약을 해제할 수 있다. 이때, A는 수익자인 C로부터 물건을 돌려받지는 못하고 요약자인 B에게만 원상회복을 청구할 수 있다.

두 번째는 '수익관계'이다. 계약관계는 아니지만, 수익자가 낙약자에게 수익의 의사표시를 한 이후에는 낙약자에 대하여 급부청구권이 발생한다. 만약 본 계약이 취소되거나, 급부가 하자가 있을 경우에는 급부청구권에 기하여 채무불이행 또는 하자담보에 따른 손해배상청구권을 제시할 수 있다. 반대로 계약이 무효인 경우에는 손해배상청구권 자체가 소멸한다. 그렇지만 원칙적으로 계약당사자는 아니기 때문에 수익자의 의사에 따라 계약을 해제할 수는 없다. 반대로 낙약자는 수익자에게 제542조에 의하여 계약에 기한 항변으로 대항할 수 있다.

마지막, '대가관계'이다. 계약관계가 아닐뿐더러, 제3자를 위한 계약에서는 기본적으로 어떤 권리관계도 없다. 그럼에도 대가관계라고 말하는 것은, 이 계약 이전에 요약자(B)가 수익자(C)에게 일정한 채무를 진 경우가 많기 때문이다. 제3자를 위한 계약은 대부분 요약자(B)가 수익자(C)에게 빚을 진 상태이고, 채무를 매매계약에서 물건으로 갚으려고 하는 것이 이러한 대가관계이다. 이러한 특성으로 인해 대가관계가 무효가 되거나 취소되더라도 본계약에는 어떠한 영향도 미치지 못한다.

① C는 자신의 의사에 따라 A, B사이의 계약을 해제할 수 있다.
② 대가관계가 무효인 경우, 보상관계도 효력을 상실한다.
③ C가 A에게 수익의 의사표시를 하면, C는 A에 대하여 급부청구권이 발생한다.
④ A, B 사이의 계약이 무효일 경우, C는 A에게 손해배상을 청구할 수 있다.
⑤ A가 물건을 C에게 인도한 뒤, B가 대금 지불 거부하면 C는 계약불이행으로 계약을 해제할 수 있다.

25. 다음 글에서 알 수 없는 것은?

> 환경정책에서 나오는 편익은 그 본질상 정확한 평가가 매우 어렵다는 특징이 있다. 예를 들어 깨끗한 공기라든가 물 혹은 잘 보존된 숲의 가치 같은 것들은 시장가격이 존재하지 않아 그것들이 과연 얼마만큼의 가치를 갖는지 알기 힘들다. 따라서 우회적 방법에 의해 환경정책의 편익을 평가할 수밖에 없는데, 대표적인 방법으로 '헤도닉가격 접근법', '조건부평가법' 등이 있다.
>
> 주어진 크기의 주택이 있다고 할 때, 그 가격은 그것이 갖는 여러 가지 특성에 의해 결정된다고 볼 수 있다. 예를 들어 그 주택이 위치하고 있는 지역의 학군, 도심지로부터의 거리 등 여러 특성에 의해 그것의 가격이 결정된다고 본다는 뜻이다. 그러므로 어떤 주택의 가격이 3억원이라고 하면, 그것은 각 특성별로 부여된 가치의 합이라고 해석할 수 있다. 말하자면 좋은 학군에 부여되는 가치가 5천만원, 쾌적한 주변 환경에 부여되는 가치가 7천만원 등 각 특성에 부여된 가치의 합으로서 주택 가격이 결정되는 식으로 말할 수 있다는 것이다. 이와 같이 주택가격을 그것이 갖는 여러 가지 특성의 가치로 분해할 수 있다는 것이 '헤도닉가격'의 개념이다. 따라서 이 접근법에 따르면 환경정책 시행 후 주택 가격 상승폭을 환경정책에서 나오는 편익으로 간주할 수 있다고 한다.
>
> 조건부평가법이란 이름은 가상적인 환경 개선의 가능성을 제시하고 사람들로 하여금 이에 대한 평가를 하게 만든다는 데서 나왔다. 예를 들어 수영을 즐길 수 있을 정도로 한강의 수질을 개선시킨다는 가상적 시나리오를 제시하고, 이런 결과를 가져오기 위해 얼마의 추가적 세금을 부담할 용의가 있는지를 묻는다. 이 물음에 대한 사람들의 대답을 모은 다음 이를 통계적으로 처리함으로써 그와 같은 결과를 가져오기 위한 환경정책에서 나오는 편익을 계산하는 것이 조건부평가법의 특징이다.

① 깨끗한 공기, 잘 보존된 숲의 가치를 시장가격을 통해 측정할 수 없다.
② 헤도닉가격 접근법은 해당 환경정책의 내용을 시장가격화하는 직접적 방법으로 환경정책의 편익을 측정하는 방법이다.
③ 헤도닉가격 접근법에 따르면, 환경정책 시행 후 주택 가격이 1억원 상승했다면, 해당 정책의 편익은 1억원 가치를 갖는다고 평가할 수 있다.
④ 조건부평가법은 헤도닉가격 접근법과 달리 측정하고자 하는 환경정책을 실제로 시행하여 측정하는 방법이 아니다.
⑤ 조건부평가법에 따르면, 한강 개선 시나리오에 대해 사람들의 답변이 1억원이라면, 해당 정책의 편익은 1억원 가치를 갖는다고 평가할 수 있다.

26. 다음 글에서 알 수 있는 것은?

> 렘수면 중에는 골격근육이 거의 완전하게 이완되어 있음에도 불구하고 뇌파는 깨어 있을 때와 유사하게 뇌의 활동이 활발하며, 안구는 천천히 움직이거나 두리번거리며, 안면근육과 팔다리근육을 가볍게 움직이기도 한다. 또 맥박은 빨라지고 혈압은 높아지며 호흡은 불규칙해진다. 말하자면 뇌파는 잠이 깨어 있는 상태지만 실제로는 자고 있는 것을 말한다. 이와 달리 렘을 수반하지 않는 수면은 비렘수면으로 불리며, 이것은 뇌의 기능이 저하되었거나 억제된 휴식, 정지된 상태이며, 수면이 진행됨에 따라 뇌파가 느긋해진 파동인 서파가 된다는 것에서 서파수면이라고도 한다.
>
> 수면주기를 보면, 수면은 렘수면과 비렘수면으로 나누어지고, 수면 중에 이 두 가지가 서로 반복된다. 비렘수면은 뇌파의 종류에 따라 4단계로 구분되는데, 제1, 2단계는 얕은 비렘수면으로서 얕은 수면 또는 방추파수면이고, 제3, 4단계는 숙면기로서 깊은 수면 또는 서파수면에 해당한다. 수면에 들어가면 비렘수면이 나타나고 얕은 수면에서 깊은 수면으로 들어가 이윽고 렘수면으로 들어간 뒤, 다시 얕은 수면이 된다. 이러한 수면주기의 시간은 90~100분 정도이며, 주기는 3~6회 정도 반복된다.
>
> 초기 주기에서는 깊은 잠인 서파수면의 비율이 높고, 그에 비하여 렘수면은 짧다. 그러나 시간이 경과하면서 서파수면은 짧아지고, 그에 반비례하듯이 렘수면은 길어진다. 사람이 자면서 꿈을 꾸는 것은 대부분 렘수면 중에 이루어지며, 렘수면의 길이는 1회 평균 14분 정도다. 렘수면은 전체 수면에서 신생아의 경우는 75%를 차지하고, 어린아이는 50% 정도, 성인은 20~25% 정도를 차지한다.

① 어린아이는 전체 수면 중 평균 7분 정도 꿈을 꾼다.
② 수면 주기 초반에는 비렘수면의 비중이 렘수면의 비중보다 크다.
③ 렘수면 중에는 안구가 천천히 움직이거나 두리번거리며, 비렘수면 중에는 안구의 움직임이 완전히 정지한다.
④ 사람들이 자면서 대부분 꿈을 꾸는 수면 상태에서 뇌의 기능이 저하되거나 정지된 상태이다.
⑤ 렘수면 중에는 골격근육이 거의 완전하게 이완되어 있어 안면근육이나 팔다리근육이 움직이지 않는다.

27. 다음 글의 (가)와 (나)에 들어갈 말을 적절하게 나열한 것은?

> 악의 종류는 존재자의 완전성이 어떤 방식으로 결여하는가에 따라 달라진다. 만약 궁극적 완전자가 있다면 여럿일 수 없을 것이다. 여럿의 완전자가 서로 구분되는 여럿이라면 각자는 다른 것이 가진 완전성을 갖지 못할 것이다. 이렇게 한 완전자는 다른 완전자가 갖는 완전성을 결여한다는 점에서 궁극적 완전자일 수 없다. 여럿의 완전자는 [(가)]. 이제 궁극적 완전자가 아닌 다른 존재자들은 궁극적 완전성을 갖지 못하므로 불완전할 수 밖에 없다. 이렇게 어떤 방식으로든 불완전한 존재자이기 때문에 갖는 악을 형이상학적 악이라고 한다.
>
> 그러나 불완전한 피조물이라고 해서 그 자체로 악인가? 피조물은 제한된 존재라는 점에서 어떤 제한도 없는 존재자체인 신과 구분된다. 이렇게 피조물은 궁극적 완전자가 아니라는 점에서 불완전하고 완전성을 결여하므로 악이라고 규정된다는 것이다. 그러나 제한된 완전성을 갖기 때문에 결함이 있는 것은 사실이지만 이런 결함이 곧 있어야 할 것을 결여하는 것은 아니다.
>
> 궁극적 완전성을 갖지 못하는 존재자가 모두 완전성을 결여한다고 할 수 있는가? 궁극적 완전자가 아닌 인간이 자신의 본성을 완벽하게 실현한 상태가 불가능한가? 만약에 인간이 신의 본질을 보는 지복직관의 경지에 이른다면 인간 본성의 완전한 실현이라고 할 수 있을 것이다. 이런경지에 있는 인간을 존재자의 완전성을 결여한 악이라고 할 수 있는가? 그러나 아무리 자기 본성을 완전히 실현한다고 해도 인간은 여전히 인간이지 신일 수 없으므로 궁극적 완전자일 수 없다. 이런 경우 궁극적 완전자가 아닌 모든 존재자는 [(나)] 점에서 형이상학적 악이라고 할 수 있다.

① (가) : 불완전한 존재이다
  (나) : 자기 본성을 완전히 실현할 수 있다는
② (가) : 불완전한 존재이다
  (나) : 궁극적 완전성을 갖지 못한다는
③ (가) : 완전한 존재이다
  (나) : 궁극적 완전성을 갖지 못한다는
④ (가) : 완전한 존재이다
  (나) : 자기 본성을 완전히 실현할 수 있다는
⑤ (가) : 완전한 존재이다
  (나) : 불완전한 존재라는

28. 다음 글의 빈칸에 들어갈 내용으로 가장 적절한 것은?

> 흄주의자들은 증언에 의한 믿음이 어떻게 정당화될 수 있는지에 대해 설명을 제시한다. 만일 내가 누군가가 좋은 실적을 갖고 있다는 것을 안다면, 즉 만일 내가 누군가가 그 전에도 옳은 것을 신뢰할 만하게 말해 왔다는 것을 안다면, 내가 그가 말한 것을 믿는 일이 비로소 정당화된다. 그렇다면, 만일 어떤 공동체의 증언적 보고들이 언제나 틀린 것으로 판명된다면, 우리가 그런 화자들이 말하는 것을 믿는 일은 전혀 정당화되지 못한다고 흄주의자는 주장할 것이다. 즉, 흄주의자들의 입장에서는 '증언적 보고가 절대 올바르지 않은 공동체가 있을 가능성이 있다'고 주장할 수 있다.
>
> 위와 같은 흄주의자의 주장에 대해 다음과 같은 논증을 고려해 보자. 우선 우리 공동체에서는 이 말이 사실이 아니지만, 흄주의자의 설명에 따른 그러한 신뢰할 수 없는 보고자 집단을 '화성인'이라고 하자.
>
> 낯선 외국어를 이해할 수 있으려면 화자들이 말하는 것과 세계 속에 존재하는 것 사이에 지각가능한 상관관계가 있어야 한다. 그러한 상관관계를 통해 우리는 그들의 발언을 번역할 수 있고, 그래서 그들의 언어를 이해할 수 있게 된다. 만일 가정된 생각하는 존재 집단이 아르마딜로가 있는 경우에 언제나 '랄-팝'이라는 소리를 발화한다면, 이 사람들을 이해하는 쪽으로 향하는 그럴듯한 첫 단계는 '랄팝'을 '아르마딜로'로 번역하는 일이다. 그렇지만 화성인의 경우에 세계에 관한 그들의 보고가 언제나 틀리다는 주장 때문에 그 일을 작동시킬 그러한 상관관계가 없으므로 이 첫 단계를 취할 수 없다.
>
> 그래서 우리는 그들이 말하는 것을 번역할 수 없다. 왜냐하면 세계 속 사물에 대한 그들 낱말의 올바른 적용을 알아낼 수 있게 해주는 상관관계가 없기 때문이다. 결국 우리는 그러한 공동체에서 '랄팝'이라는 낱말의 의미를 알아낼 수 없을 것이며, 이 낱말이 의미 있는 발언으로 간주되지 않을 것이기 때문에 '증언'적 보고로 볼 수 없다.
>
> 결론적으로, 위 논증에 의해 우리가 화성인과 같은 존재를 상상도 할 수 없으며, "[ ]"라고 결론지을 수 있다.

① 우리는 증언이 때로는 그를 수 있다는 것을 허용할 수 없다.
② 화성인은 언제나 그른 '증언'을 하는 공동체이다.
③ 화성인은 언제나 옳은 '증언'을 하는 공동체이다.
④ 실제로는 존재할 수 없는 공동체가 흄주의자의 입장에서는 존재할 수 있으므로 흄주의자의 주장은 결함이 있다.
⑤ 우리가 화성인의 낱말의 의미를 배울 수 없다 할지라도 화성인 자신들은 자신들의 공동체 내에서 배울 수 있다.

29. 다음 글에서 추론할 수 있는 것은?

> 생각해보면 인생에 있어 거래의 한쪽이 상대방과는 다른 정보를 갖게 되는 상황은 자주 일어난다. 이처럼 판매자와 구매자 사이의 지식 격차를 비대칭 정보라고 한다. 비대칭 정보에는 크게 두 가지 유형이 있는데, '숨겨진 특성'과 '숨겨진 행동'이다.
>
> 첫째, 숨겨진 특성은 거래의 한쪽이 상대방은 관찰하지 못하는 상품이나 재화에 대한 어떤 정보들을 관찰하는 경우이다. 둘째, 숨겨진 행동은 거래의 한쪽이 상대방에게는 의미는 있지만 관찰할 수 없는 행위를 하는 경우이다. 이러한 정보 비대칭성은 어떻게 시장에 영향을 미칠까?
>
> 현재 당신은 두 종류의 차를 살 수 있고, 해당 차는 고품질 차와 저품질 차 두 가지로 나뉜다. 저품질 차는 계속해서 고장이 나고, 종종 수리를 맡겨야 하기 때문에 당신이나 판매자 입장에서는 가치가 영(0)이다. 반면 고품질의 차는 당신이나 판매자 모두에게 가치가 있는데, 당신에게는 5,000이고 판매자에게는 4,000이라고 하자.
>
> 만약 당신과 판매자 모두 차에 대한 품질을 알 수 있는 상황이라면, 저품질 차는 가격이 0이 될 것이다. 반면, 고품질의 차는 판매자와 구매자 수의 따라 4,000과 5,000 사이의 어딘가가 될 것이다. 따라서 고품질의 차만 거래될 것이고, 구매자가 판매자보다 차량의 가치를 더 높게 평가하기 때문에 거래의 이익이 발생할 것이다. 물론 소비자와 생산자의 평가가치가 동일한 경우에도 거래는 성사된다.
>
> 반면, 판매자는 차의 품질을 알지만, 당신은 품질을 알 수 없는 경우를 가정해보자. 당신이 아는 것은 자동차 중 절반은 고품질, 절반은 저품질이라는 점이다. 위험중립자로 가정한다면, 기댓값으로 위험을 평가할 것이므로 $5{,}000 \times 1/2 + 0 \times 1/2 = 2{,}500$이다. 즉 당신의 기대가치는 2,500이므로 2,500보다 더 많이 주고 차를 사려고 하지 않는다. 이 경우, 판매자는 고품질의 차를 적어도 4,000 이상 받고자 하나, 당신은 2,500 이상은 지불하지 않으므로 고품질의 차는 거래되지 못하고, 결국 시장에는 저품질의 차만 존재하게 된다. 이러한 현상을 '역선택' 현상이라고 한다.

① 소비자에게 고품질의 차의 가치가 3,000이라면, 소비자의 차의 품질에 대한 정보 습득 여부에 관계없이 시장에서 고품질 차는 거래되지 않는다.
② 역선택 현상은 비대칭 정보 유형 중 '숨겨진 행동'에 해당한다.
③ 소비자가 품질에 대한 정보를 모르는 경우, 자동차 거래 결과 소비자의 이익이 발생한다.
④ 판매자에게 고품질의 차의 가치가 2,000이라면, 소비자의 차의 품질에 대한 정보 습득 여부에 관계없이 시장에서 고품질 차는 거래되지 않는다.
⑤ 고품질 차와 저품질 차의 존재 비율이 4:1이라는 점을 소비자가 아는 경우, 비대칭적 정보 상황 하에서 고품질 차는 거래되지 않는다.

30. 다음 글에서 추론할 수 없는 것은?

> 통화주의 모델은 고전적 시장경제 모델에 새로운 변형을 가미한 것이다. 케인스 모델과 달리 통화주의 모델은 인플레이션을 가장 큰 경제적 해악으로 취급한다. 1970년대 오일쇼크로 인해 인플레이션과 실업이 동시에 발생하는 스태그플레이션이 발생했고 보수당 정부와 노동당 정부가 재정적자를 동원하여 수요를 진작하는케인스 정책으로 대응했으나 실업도 인플레이션도 해결하지 못했다. 케인스 정책이 가정하는 필립스 곡선 즉, 인플레이션과 실업률의 단기적 반비례 관계가 무너진 것이다. 그래서 케인스 모델에 관한 사회적 의심이 발생했고 1979년에 대처정부가 통화주의 모델을 도입했다. 통화주의 모델은 인플레이션의 원인을 지나친 통화공급에서 찾는다. 이 모델은 방정식 MV=PT로 요약된다. 통화공급(M)을 화폐회전율(V)과 곱한 값이 거래(T)의 가격(P)이라는 것이다. 통화주의자는 재화와 서비스의 수준이 쉽게 변하지 않기 때문에 화폐회전율(V)도 변하지 않으며 따라서 통화공급이 증가하면 인플레이션이 발생한다고 주장한다. 그들은 소득과 지출이 발생하기 전에 증가한 통화공급이 인플레이션의 원인이라고 믿는다. 인플레이션 억제를 위해 통화주의 모델이 제시하는 정책대안은 이자율을 올려 신용창출을 억제하고 정부가 예산과 지출을 줄이고 노조의 임금인상 요구를 차단하여 통화량을 줄이는 것이다.
>
> 1979년 6월 박정희 대통령이 신현확 경제부총리의 건의에 따라 금리를 인상했고 9월에는 물가안정을 위해 일반 여신한도를 규제했다. 1979년 말 금리를 18.6%에서 24%로 올렸고 수출금융 지원 금리도 9%에서 15%로 크게 올렸다.
>
> 1980년대 제5공화국 정부는 1980년 5월 대출금리를 25%에서 10%로 낮췄고 1982년 6.28조치까지 금리를 9번 내렸다. 통화(M1)의 경우, 1984년에 총통화(M2)는 1983년과 1984년에 긴축이 있었으나 인플레이션이 급감한 1982년에는 유동성을 크게 늘렸다. 제5공화국 정부의 인플레이션 정책의 핵심은 '정부재정 증가율 축소'에 있다. 1970년대 연평균 30~40%에 달했던 정부재정 증가율이 1981년 21.9% 1982년에는 16.1%로 감소했고 1983년부터는 재정증가율이 10%대를 넘지 않았다.

① 1970년대 스태그플레이션 사태에 케인즈 모델은 실효성이 없었다.
② 통화주의 모델에 따르면, 신용창출 억제는 인플레이션에 대처하는 방안 중 하나이다.
③ 신현확 경제부총리의 건의는 케인즈 모델보다 통화주의 모델에 가깝다.
④ 제5공화국 정부는 정부 재정의 절대적 규모를 81~83년 기간 동안 줄임으로써 인플레이션에 대처했다.
⑤ 제5공화국 정부는 정부재정 증가율 축소라는 통화주의적 요소를 포함했다.

31. 다음 글의 ㉠~㉤을 문맥에 맞게 수정한 것으로 가장 적절한 것은?

> 클라벨-베즈케즈는 '격리' 개념을 중심으로, 작품의 윤리적 결함이 허구 세계에만 머무르는 것일 경우 그것을 허구적인 윤리적 결함으로 간주하고, 실제 세계로 연장되는 결함의 경우에는 그것을 실제적인 윤리적 결함으로 간주하자고 주장했다.
>
> 그는 격리의 개념을 보다 구체적으로 설명한다. 허구적 윤리적 결함의 경우 예술가는 작품에서 표현되고 규정된 태도의 비윤리적 성격을 인지하고 있으며 의도된 관객들도 그것을 인지할 수 있는 위치에 놓이며, 작품의 비윤리적 태도는 허구적 사건과 인물만을 향한다. 반면, 실제적 윤리적 결함의 경우 예술가는 작품에서 표현되고 규정된 태도의 비윤리적 성격을 인지하고 있지 않으며 의도된 관객들도 그것을 인지하도록 의도되지 않는다. 또한 그 비윤리적 성격은 실제로 승인된 비윤리적인 실제 세계 세계관을 반영한다. 즉, ㉠작품의 비윤리적 태도는 허구와 실제 세계 모두를 향한다.
>
> 한편, 이러한 분류 시도에 대해 클라벨-베즈케즈의 ㉡허구적 결함은 윤리적 결함에 해당한다고 볼 수 없다는 비판이 제기된다. 그러나 클라벨-베즈케즈는 이런 식의 주장이 중요한 지점을 놓치고 있다고 지적한다. 그것은 허구적 결함을 가진 작품이 윤리적 결함을 가진 일반적 주장을 승인하도록 규정하지는 않을지 몰라도 비윤리적 인물과 행위를 승인하도록 하는 비윤리적 태도를 채택하도록 규정하기는 한다는 것이다.
>
> 예를 들어, 악인들을 잔인하게 죽임으로써 심판을 하는 영화의 경우, ㉢살인이 허용될 수 있다는 일반적 주장을 승인하도록 규정하지는 않더라도, 작품 속에서 주인공이 악인들을 잔인하게 죽이는 일은 통쾌하고 즐거운 것이라 승인하도록 규정한다. 그리고 이러한 비윤리적 태도에 참여하는 것은 내러티브상 적절한 것으로 여겨진다.
>
> 여기서 중요한 것은 클라벨-베즈케즈가 이것을 허구적 결함이라고 부르는 것이 윤리적으로 결함이 있는 태도가 가짜 태도이거나 그저 상상된 태도임을 의미하기 위해서가 아니라는 것이다. 그것은 ㉣그러한 태도가 작품에 재현된 허구적 인물과 사건을 향한다는 것을 의미한다.
>
> 즉, 허구적 결함과 실제적 결함은 감상자가 허구 세계에 가지도록 규정되는 비윤리적 태도가 ㉤하나가 가짜이고 다른 하나가 진짜인 방식으로 구분되는 것이다.

① ㉠을 "작품의 비윤리적 태도는 실제 세계만을 향한다"로 고친다.
② ㉡을 "실제적 결함"으로 고친다.
③ ㉢을 살인이 허용될 수 있다는 일반적 주장을 승인하도록 규정하고"로 고친다.
④ ㉣을 "그러한 태도가 실제 세계의 인물과 사건을 향한다는 것을 의미한다"로 고친다.
⑤ ㉤을 "허구 세계에 한정되는가 아니면 실제 세계까지 연장되는가의 여부로 구분되는 것이다"으로 고친다.

32. 다음 글을 토대로 할 때 ㉠의 근거로 가장 적절한 것은?

> 인간 문명의 역사는 모방과 학습의 연속선상에 있다. 인간은 태어나면서부터 보고, 듣고, 느낀 것을 흉내 내면서 살아간다. 인간의 생각과 행동에는 남의 행동이나 상황을 보고 따라 하는 모방과 학습이 중요한 역할을 한다. 그러다 보니, '범죄보도를 보고 범행했다'는 말이 체포된 범인의 입에서 나올 때마다 상세하고 구체적인 범죄사건 보도가 결과적으로 그들에게 범죄 아이디어를 제공하고 모방 욕구를 부추기고 있는 것은 아닌가라는 논란이 끊이지 않는다. ㉠그러나 모방범죄는 범죄사건 보도 탓이라고 보기 어렵다. 인간은 자기가 접하는 모든 것을 선입견 없이 인식하는 것이 아니라 자신이 겪은 체험과 사건을 주관적으로 자기만의 필터와 프레임을 통해 인식한다. 동일한 내용을 보거나 전달받아도 시각 필터, 혹은 프레임에 따라 전혀 다른 방향으로 해석할 수 있는 동물이 인간이다. 따라서 인간 행동을 설명하려면 그러한 행동이 어떤 프레임 안에서 이루어졌는지, 무엇이 그들의 인식을 배열하고 추론을 도출해 냈는지를 재구성해야 한다. 페스팅거는 인간을 평생 자신의 믿음과 일치되는 정보에만 관심을 기울이는 존재라고 했다. 그래서 인간은 보고 싶은 것만 보고, 듣고 싶은 것만 들으며, 받아들이고 싶은 것만 받아들인다. 또한 자신의 믿음을 지지하는 사람들과 어울리는, 즉 유유상종하는 존재라고도 했다. 심리적 동질감을 느끼는 인간끼리 모여 일을 도모하기도 한다. 동일한 범죄사건 보도를 접해도 선량한 일반시민은 그냥 흘려버리거나 예방적 시각과 프레임으로 범죄현상을 해석하고, 범죄 피해로부터 벗어나기 위한 대책을 강구한다. 그러나 동기화된 범죄자는 그들 나름의 범죄자적 필터와 프레임이 있다. 그들은 범죄 보도라는 습득 정보를 범죄자 시각의 필터, 프레임을 통해 인식하고 해석하므로 일반인이 볼 수 없거나 보기 힘든 상세한 부분을 찾아내 이용한다. 소위 뇌구조가 다른 것이다. 이뿐만이 아니다. 자신만의 필터와 프레임에 익숙한 범죄자는 경험을 통한 자기 합리화와 정당화를 하고 불리한 생각을 의식적으로 축출하는 능력과 입장이 곤란한 것은 잊은 척하거나 남의 탓으로 돌리는 '심리적 배제 메커니즘'을 가지고 있다.

① 언론에 따라 범죄 잔혹성에 대한 보도 묘사 정도가 다르다.
② 일부 언론의 경우에는 예방적 시각과 프레임으로 범죄현상을 해석한다.
③ 범죄자가 다양한 형태의 매체를 통해 접한 정보를 범죄적 시각의 필터와 프레임으로 해석·수용했다.
④ 모든 사람은 경험을 통한 자기 합리화와 정당화를 하고, 불리한 생각을 의식적으로 축출하는 능력이 존재한다.
⑤ 언론이 범죄 방법 등에 대한 범행내용을 구체적으로 묘사한다.

33. 다음 글에서 갑이 새롭게 입수한 '정보'로 적절한 것은?

> 부처 회의에서는 논의 안건 후보인 A~E 중 일부 또는 전부가 논의되었다.
>
> ○ A, B 중 하나는 회의에서 논의되었다.
> ○ C가 회의에서 논의되었다면, A와 D도 회의에서 논의되었다.
> ○ C, D, E 중 적어도 하나는 회의에서 논의되었다.
> ○ E가 회의에서 논의되었다면, B는 회의에서 논의되지 않았다.
>
> 갑은 이 사실에 새롭게 입수한 '정보'를 더하여 논의 안건 후보 A~E의 실제 논의 여부를 확정할 수 있었다.

① C가 회의에서 논의되었다.
② D가 회의에서 논의되었다.
③ E가 회의에서 논의되었다.
④ A가 회의에서 논의되지 않았다.
⑤ B가 회의에서 논의되지 않았다.

34. 다음 글의 내용이 참일 때, 반드시 참인 것만을 <보기>에서 모두 고르면?

> 윗마을에 사는 사람은 거짓말만 하고, 아랫마을에 사는 사람은 참말만 한다. 갑~정은 윗마을 또는 아랫마을 사람인데, 이들 중 2명은 윗마을, 나머지 2명은 아랫마을 사람이다. 또한 그들은 각자 1개 또는 2개의 자격증을 보유 중인데, 같은 마을 사람들의 자격증 수는 서로 다르다는 것이 알려져 있다. 이들은 다음과 같은 대화를 나눴다.
>
> 갑: 나는 아랫마을에 살아.
> 을: 나는 아랫마을에 살아. 갑은 자격증이 2개야.
> 병: 을은 아랫마을에 살아. 을은 자격증이 2개야.
> 정: 을은 윗마을에 살아. 병은 윗마을에 살아.

<보 기>

ㄱ. 갑은 윗마을 사람이다.
ㄴ. 을과 병은 같은 마을 사람이다.
ㄷ. 갑이 병보다 더 많은 자격증 수를 가지고 있다면, 갑과 을의 자격증 수의 합은 4이다.

① ㄱ
② ㄷ
③ ㄱ, ㄴ
④ ㄴ, ㄷ
⑤ ㄱ, ㄴ, ㄷ

35. 다음 글에서 추론할 수 있는 것만을 <보기>에서 모두 고르면?

> 다음 질문에 대해 고민해보자.
> <질문 1> 다음 중 어느 것을 고르겠는가?
> A: 90만 엔을 받을 수 있는 확률이 100%인 제비뽑기
> B: 100만 엔을 받을 수 있는 확률이 90%인 제비뽑기
> <질문 2> 다음 중 어느 것을 고르겠는가?
> A: 90만 엔을 잃을 확률이 100%인 제비뽑기
> B: 100만 엔을 잃을 확률이 90%인 제비뽑기
> 우선 객관적인 타당성은 "받을 수 있는 금액 × 그 금액을 받을 확률(의 합계)" 계산으로 판단할 수 있다.
>
> 그렇다면 실제 계산해보자.
> <질문 1>의 경우 A는 90만 엔 × 1(100%) = 90만 엔, B는 100만 엔 × 0.9(90%) = 90만 엔이다.
> <질문 2>의 경우 A는 -90만 엔 × 1(100%) = -90만 엔, B는 -100만 엔 × 0.9(90%) = -90만 엔이다.
> 따라서 각 제비뽑기의 기댓값이 같고, 응답자를 무작위로 선정한 것이라면, 질문에 대한 답변은 개인의 선호에 따라 갈릴 것이다. 따라서 A와 B를 선택하는 사람이 거의 반반으로 나뉘어야 한다. 하지만 실제 실험에서는 <질문 1>에서는 A를 고른 사람이 많았고, <질문 2>에서는 B를 고른 사람이 많았다. 여기서 '선택에 대한 선호'가 한쪽으로 편향되어 있다는 사실을 알 수 있다. '받을 수 있다'고 하면 확실한 쪽을 고르지만, '잃는다'고 하면 위험을 무릅쓰는 쪽을 택하는 사람이 많은데, 이를 '전망 이론'이라고 한다. 이에 대한 하나의 연구가 진행되었다.
>
> <연구 1> 다음 중 어느 쪽을 고르겠는가?
> A: 무조건 100만 엔을 받는다.
> B: 동전을 던져서 앞면이 나오면 200만 엔을 받고, 뒷면이 나오면 아무것도 받지 못한다.
> <연구 2> 다음 중 어느 쪽을 고르겠는가?
> A: 무조건 빚이 100만 엔 생긴다.
> B: 동전을 던져서 앞면이 나오면 빚이 없지만, 뒷면이 나오면 빚이 200만 엔 생긴다.

<보 기>

ㄱ. <연구 1>의 경우, <연구 2>와 달리 두 선택지의 기댓값이 같다.
ㄴ. '전망 이론'에 따르면 <연구 2>에서 다수는 A를 선택한다.
ㄷ. 개인의 '선택에 대한 선호'가 일관적이라고 가정할 때, <질문 2>에서 A를 고른 개인은 <연구 2>에서 A를 고른다.

① ㄱ
② ㄷ
③ ㄱ, ㄴ
④ ㄴ, ㄷ
⑤ ㄱ, ㄴ, ㄷ

36. 다음 글의 <실험>의 결과를 가장 잘 설명하는 것은?

> 철로 만든 상자 안에 고양이를 가두고 방사성물질이 들어 있는 가이거 계수기, 계수기와 연결된 망치, 독가스가 들어 있는 유리병을 넣는다. 방사성물질의 원소 한 개가 한 시간 내에 붕괴될 확률은 50%이며 한 개라도 붕괴하면 망치가 떨어져 유리병을 깨뜨리고 독가스가 방출되어 고양이가 죽는다. 그렇다면 한 시간 후 고양이는 죽어 있을까 살아 있을까?
> 양자 물리학에서는 고양이의 상태를 나타내는 파동함수는 살아 있는 상태를 나타내는 파동함수와 죽어 있는 고양이를 나타내는 파동함수의 중첩으로 나타낸다. 다시 말해 고양이는 죽어 있는 상태와 살아있는 상태가 혼합된 상태에 있다는 것이다. 그러나 상자를 열어 고양이의 상태를 확인하는 순간 파동 함수가 붕괴되어 고양이는 살아 있는 상태나 죽어 있는 상태 중의 한 상태로 확정된다는 것이다.
> 이러한 슈뢰딩거의 사고 실험 후 이중 슬릿 실험이 이루어졌는데, 이 실험을 통해 고양이 사고 실험의 의미를 구체화할 수 있었다. 이중 슬릿 실험의 의미는 다음과 같다.
> 이중 슬릿에 입자를 쏘면 입자는 벽을 통과하지 못하기 때문에 뒤의 검출기에는 두 줄만이 생기게 된다. 반면에 이중 슬릿에 소리와 같은 파동을 쏘면 회절과 간섭 현상으로 인해 파동 검출기에 간섭무늬가 생기게 된다. 이는 빛이 여러 군데에 동시에 존재한다는 것을 의미한다. 빛은 입자와 파동의 두 가지 성질을 모두 가지고 있으므로 빛을 쏘아 주는 경우에도 검출기에는 두 줄이 생기는 것이 아니라 파동성 때문에 간섭무늬가 생기게 된다.
> 전자 역시 입자와 파동 성질을 가지고 있어 전자를 활용하여 실험을 수행하였다.
>
> <실 험>
> 전자를 이중 슬릿에 하나씩 쏘면서 검출기에 검출되는 무늬를 측정했다. 이 경우 검출기에 간섭무늬가 검출되었다. 한편, 관측 장비를 통해 전자가 어느 슬릿을 통과하는지 관측하였을 때는, 어느 슬릿을 통과하는지는 확인할 수 있었으나, 간섭무늬는 더 이상 측정되지 않았다.

① 전자의 입자, 파동의 이중적 성질은 고양이 사고 실험에서 각각 고양이의 생/사 상태에 대응한다.
② 전자가 입자성을 갖고 있기 때문에 검출기에 간섭무늬가 검출된다.
③ 관측 장비를 통해 전자의 통과 슬릿을 확인하면 전자의 파동함수의 중첩성은 붕괴된다.
④ 전자가 입자, 파동의 이중적 성질을 갖고 있다는 것을 각각의 파동함수로 표현할 수 있다.
⑤ 관측 장비를 통해 전자의 통과 슬릿을 확인할 때, 전자의 입자로서의 성질이 사라졌다.

37. 다음 글에 대한 분석으로 옳은 것만을 <보기>에서 모두 고르면?

피노키오 역설이란 다음과 같은 피노키오 원리(이하 PP)와 피노키오 진술(이하 PS)에 의해서 발생한다.

(PP) 피노키오가 거짓말을 할 경우 그리고 오직 그럴 경우에만 피노키오의 코가 커진다.

(PS) "내 코가 커진다."

(PP)가 성립하고, 피노키오가 (PS)를 발화할 경우 역설이 발생한다. (PS)를 참이라고 할 경우, 피노키오는 참인 진술을 했기 때문에 (PP)에 의해서 피노키오의 코는 커지지 않아야 하고 따라서 (PS)는 거짓이 된다. 또한 (PS)를 거짓이라고 할 경우, 피노키오는 거짓 진술을 했기 때문에 (PP)에 의해서 코가 커지게 될 것이고 따라서 (PS)는 참이 된다. 결국 "피노키오의 코가 커진다면 그리고 오직 그럴 경우에만 피노키오의 코는 커지지 않는다."는 모순이 발생한다. 이러한 역설에 대해 어떤 식으로 해결할 수 있을까?

견해 (가)에 따르면, 진리 개념을 포함하는 진술에 대하여 하나씩 진리값을 부여하여 궁극적으로 모든 진술, 즉 기반을 가진 모든 진술에 대하여 진리값을 부여할 수 있고, 그런 과정은 유한한 과정으로 끝나게 되는데, 이렇게 기반을 가진 모든 진술의 진리값이 결정되는 시점이 최소 고정점이다. 요컨대 어떤 진술이 최소 고정점에서 진리값을 갖는다면 그 진술은 기반을 가진 진술이고 그렇지 못하다면 그 진술은 기반을 지니지 않는 병리적인 진술이다. 이때, 피노키오 역설과 같은 경우에는 최소 고정점에서 진리값을 부여받지 못하는 문장이고, 참도 거짓도 아니기에 이 의미에서 진리 술어를 부분적으로 정의된 술어로 본다.

견해 (나)에 따르면, 세계가 비일관적인 것이 아니라 비일관성은 세계와 언어 사이의 관계 때문에 발생한다. 의미론적인 술어뿐만 아니라 일상적인 술어도 부분적으로 정의되기도 하고, 과잉정의 되기도 한다는 점에서 진리 틈새와 진리 과잉이 있을 수 있다. 어떤 세계에도 모순이 실재할 수 없지만, 세계를 일상언어로 기술할 때 모순이 등장하게 된다. 즉, 참인 모순이 존재할 수 있다. 따라서 피노키오 역설의 문제를 언어 기술의 문제로 바라본다.

<보 기>

ㄱ. (가)에 따르면 '[~의 코는] 커진다.'는 술어는 완전히 정의되는 술어가 아니다.
ㄴ. (나)에 따르면 언어로 기술하기 전에는 피노키오 역설이 발생하지 않는다.
ㄷ. (가)에서 생각하는 피노키오 진술과 (나)에서 생각하는 피노키오 진술의 진리값은 동일하지 않다.

① ㄱ
② ㄴ
③ ㄱ, ㄴ
④ ㄴ, ㄷ
⑤ ㄱ, ㄴ, ㄷ

38. 다음 글의 ㉠에 비해 ㉡에 부합하는 문장으로 옳은 것만을 <보기>에서 모두 고르면?

형이상학적 실재론을 논의하면서 퍼트넘이 사용한 비유는 ㉠<u>신의 눈 관점</u>이다. 신이 이미 태곳적에 세계에 일정한 질서를 만들어 놓았다는 방식으로, 형이상학적 실재론자는 인간 바깥의 세계를 본다는 것이다. 이와 같은 형이상학적 실재론의 관점에 서면, 과학 활동은 이미 신에 의해 만들어져 오래전에 굳어있었던 실재, 세계 질서를 파악할 뿐이다. 이 형이상적 실재론, 신의 눈 관점, 진리 대응설을 퍼트넘은 비판한다. 나아가 그 비판으로 제시하는 입장이 ㉡<u>내재적 실재론</u>이며, 이에 근거를 두는 대안이 바로 합리적 수용 가능성이다.

퍼트넘은 합리적 수용 가능성을 "우리의 믿음과 우리의 믿음 체계 속에서 표상된 경험 자체로서의 경험 간에 성립되는 몇몇 종류의 이상적 정합"이라고 말한다. 퍼트넘은 진리라는 표현을 폐기하지는 않는다. 다만 그것에 제한을 가한다. 합리적 수용 가능성은 우리의 믿음과 실재 간의 대응이 아니다. 합리적 수용 가능성은 신의 눈 관점에서 나온 개념이 아니다. 철저하게 그것은 우리의 개념이다. 신적 개념이 아니라, 우리의 개념과 우리의 생물학적 특성에서 나오는 세계 인식 방식을 말한다. 경험은 우리의 믿음 체계 속에서 성립되고 표상된다.

<보 기>

ㄱ. 세계에 대한 한 개 이상의 '참된' 이론 또는 기술이 있다.
ㄴ. 어떤 대상들로 세계가 구성되어 있는가는 어떤 공동체 내에서만 의미 있는 물음이 될 수 있다.
ㄷ. 우리가 목도해 온 과학의 성공은 시공을 초월하기 보다는 우리의 생물학적 특성과 우리의 문화에 의존하여 구성해낸 것이다.

① ㄱ
② ㄴ
③ ㄱ, ㄷ
④ ㄴ, ㄷ
⑤ ㄱ, ㄴ, ㄷ

[39~40] 다음 글을 읽고 물음에 답하시오.

갑: 다음 3가지 조건(S1~S3)을 만족시키면 오직 그 경우에만 'a와 b는 썸을 탄다'고 말할 수 있다. (S1) a와 b는 서로에 대하여 이성적 호감을 가지고 있다; (S2) a는, b가 자신에게 이성적인 호감을 가지고 있다는 어떤 긍정적인 증거들을 가지고 있지만, 그 증거들은 이를 확실하게 보장해 주기에는 충분하지 않고, b 역시도 a에 대해 마찬가지이다; (S3) a가 파악한 b의 호감에 대한 증거는, b가 자신에 대한 증거를 a가 가지게 될 수도 있다는 것을 인지하는 방식으로 표출된 증거이며, b가 파악한 a의 호감에 대한 증거도 마찬가지이다. 다만, 상대방의 심리에 대한 오해로 인해 잘못된 믿음이 생기는 경우가 있는데, 이 경우는 썸을 탄다고 착각하는 것에 불과하다.

즉, 서로 이성적인 호감을 갖는 두 사람이 상대방이 자신에게 정말 호감을 갖는지 명확한 판단을 내리지 못하는 상태에서 상대방이 제시하는 특정한 종류의 인식적 증거에 근거하여 그러한 판단을 확립해 가는 과정이 썸타기의 본질이다. 여기서 썸타기에 내재한 불확실성은 상대방의 심리에 대한 충분한 정보의 결여 때문에 상대방이 과연 자신에게 이성적인 호감을 갖는지를 판단하지 못하는 이가 경험하는 인식적인 종류의 불확실성이다. 그리고 그러한 불확실성은 상대방과의 만남을 이어가면서 상대방이 제시하는 특정한 종류의 증거를 통해 상대방의 심리에 대한 충분한 정보를 획득함으로써 해소될 수 있다.

을: 예를 들어, "나는 a와 썸을 타고 있는 줄 알았는데, 알고 보니 그건 나만의 착각이었어"라고 말하는 것처럼, 요즘 a와 썸을 타고 있다는 자신의 믿음은 오류불가능한 자기지식이 되지 못한다. 그러나 이러한 관찰로부터 a와 썸을 타고 있다는 자신의 믿음이 결코 지식이 될 수 없다거나, 필연적으로 오류일 수밖에 없다는 결론이 따라 나오지는 않는다. 실제로 자신이 요즘 a와 썸을 타고 있는지 여부에 대하여 자기지식을 갖는 것은 얼마든지 가능해 보인다. 적어도 '썸탄다'는 표현에 대한 우리의 직관적인 이해에 따르면 그러한 가능성은 열려 있어야 할 것으로 보인다. 여기서 갑의 썸에 대한 정의에 대하여 한 가지 중대한 문제가 제기되는데, 그것은 갑의 정의가 그러한 가능성을 원천적으로 배제한다는 사실에서 연유한다. 갑에 따르면 자신이 a와 썸을 탄다는 것에 대한 자기지식을 갖기 위해서는 무엇보다 조건 (S1), (S2), (S3) 등이 충족된다는 것을 알아야 한다. 먼저 조건 (S1)이 충족된다는 것을 알기 위해서 자신은 <a가 자신에게 이성적인 호감을 가지고 있다>(이하 'P')는 것을 알아야 한다. 그리고 자신이 P를 안다는 것은 자신이 P에 대하여 정당화된 믿음을 갖는다는 것을 의미한다. 그런데 이는 조건 (S2)와 정면으로 상충한다. 조건 (S2)는 자신이 P에 대하여 정당화된 믿음을 형성하기에 충분한 증거를 결여하고 있어야 한다는 것을 요구하기 때문이다. 그런 점에서 자신이 조건 (S1)이 충족된다는 것을 아는 순간 그는 조건 (S2)를 충족하지 못하게 된다. 이러한 오류가 발생한 것은 갑의 인식적 불확실성이 썸의 핵심이 아니라, 상대방에게 끌리는 자신의 마음을 어떻게 받아들여야 할지, 그것을 자신의 진정한 자아로 수용해야 할지 아니면 하나의 탈법적인 침입자로 간주해야 할지를 결정하지 못하는 이의 미결정성이 썸타기에 내재한 불확실성의 핵심이다. 즉 의지적 불확실성이 핵심이다.

39. 윗글에 대한 분석으로 적절한 것만을 <보기>에서 모두 고르면?

<보 기>

ㄱ. 갑에 따르면, a와 달리 b는 자신에게 이성적인 호감을 가지고 있다는 긍정적인 증거를 가지고 있지 않다면, 'a와 b는 썸을 탄다'고 말할 수 없다.

ㄴ. 을은 갑의 썸에 대한 정의에 있어 일부 조건이 서로 모순임을 주장하고 있다.

ㄷ. 갑과 을 모두 누군가와 자신이 썸을 타고 있다는 자신의 믿음이 오류불가능한 자기지식이 되지 못한다고 본다.

① ㄱ
② ㄷ
③ ㄱ, ㄴ
④ ㄴ, ㄷ
⑤ ㄱ, ㄴ, ㄷ

40. 다음 <사례>에 대해, 윗글의 갑과 을의 입장을 적절하게 평가한 것만을 <보기>에서 모두 고르면?

<사 례>

· (신문기사) "썸은 이성이 시간과 돈을 들여 만날 만한 가치가 있는지 탐색하는 연애의 전초전이다."
· (노래가사) 사라져 아니 사라지지 마 / 하루 종일 머릿속에 네 미소만 / 우리 그냥 한번 만나볼래요?

<보 기>

ㄱ. 썸타기를 남녀가 증거의 수집을 통하여 상대방에 대한 자신들의 무지를 해소하는 과정으로 이해한다는 점에서 갑과 신문기사의 입장이 일치한다.

ㄴ. 썸타는 이들이 상대방에 대한 탐색으로부터 획득하고자 하는 정보의 내용이 정확히 무엇인지에 대해 갑과 신문기사의 입장이 일치한다.

ㄷ. 노래가사의 내용이 썸타기의 핵심을 나타내는 것이라면, 갑보다는 을의 주장이 강화된다.

① ㄱ
② ㄴ
③ ㄱ, ㄷ
④ ㄴ, ㄷ
⑤ ㄱ, ㄴ, ㄷ

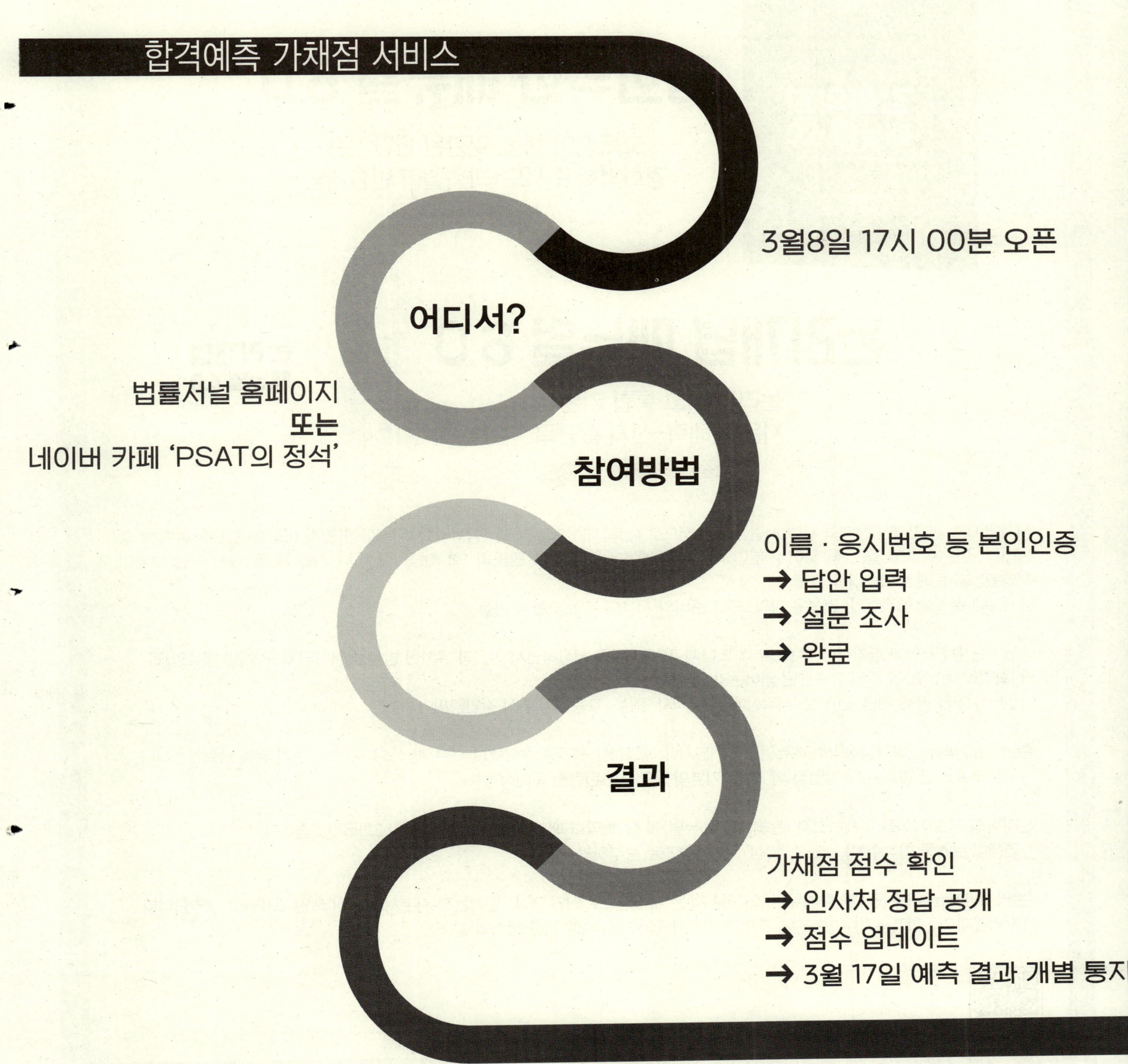

2025년 3월 1일 시행(제10회)

2025년도 국가공무원 5급 공채·외교관후보자 제1차시험·지역인재 7급·법원행시 대비

자료해석영역

2 교시

응시번호	
성 명	

문제책형 (저)

응시자 주의사항

1. **시험시작 전 시험문제를 열람하는 행위나 시험종료 후 답안을 작성하는 행위를 한 사람**은 「공무원임용시험령」 제51조에 의거 **부정행위자**로 처리됩니다.
2. **답안지 책형 표기는 시험시작 전** 감독관의 지시에 따라 **문제책 앞면에 인쇄된 문제책형을 확인**한 후, **답안지 책형란에 해당 책형(1개)을 '●'로 표기**하여야 합니다.
3. 시험이 시작되면 문제를 주의 깊게 읽은 후, **문항의 취지에 가장 적합한 하나의 정답만을 고르며,** 문제내용에 관한 질문은 할 수 없습니다.
4. **답안을 잘못 표기하였을 경우에는 답안지를 교체하여 작성**하거나 **수정할 수 있으며,** 표기한 답안을 수정할 때는 **응시자 본인이 가져온 수정테이프만을 사용**하여 해당 부분을 완전히 지우고 부착된 수정테이프가 떨어지지 않도록 손으로 눌러주어야 합니다. **(수정액 또는 수정스티커 등은 사용 불가)**
   - ■ **불량한 수정테이프의 사용과 불완전한 수정처리로 발생하는 모든 문제는 응시자 본인에게 책임이 있습니다.**
5. **시험시간 관리의 책임은 응시자 본인에게 있습니다.**
6. **성적확인용 비밀번호**는 성적확인시 꼭 필요하니 **임의로 4자리를 마킹**하고 기억해야 합니다.
   ※ 문제책은 시험종료 후 가지고 갈 수 있습니다.

정답공개 및 이의제기 안내

1. 최종정답 공개 : 3.6(목) 오후 5시 네이버 카페 'PSAT의 정석'(cafe.naver.com/lecpsat)에 공지
2. 이의제기 : 3.3(월) 오후 2시까지 / 네이버 카페 'PSAT의 정석'(cafe.naver.com/lecpsat) '이의제기 신청 게시판'에서 연결된 구글폼에 입력
3. 성적확인 안내
   - 각 과목별 성적통계는 3.7(금)에 네이버 카페 'PSAT의 정석'(cafe.naver.com/lecpsat) '통계 게시판'에서 확인
   - 개인 성적표는 3.7(금)에 법률저널 접수페이지의 '성적확인페이지'에서 확인
4. 면학장학금 신청자는 3월 18일까지 관련 서류를 제출 바랍니다.
5. 법률저널 예측시스템 운영(3월 8일 오후 5시부터 법률저널 홈페이지 및 네이버 카페 PSAT의 정석)

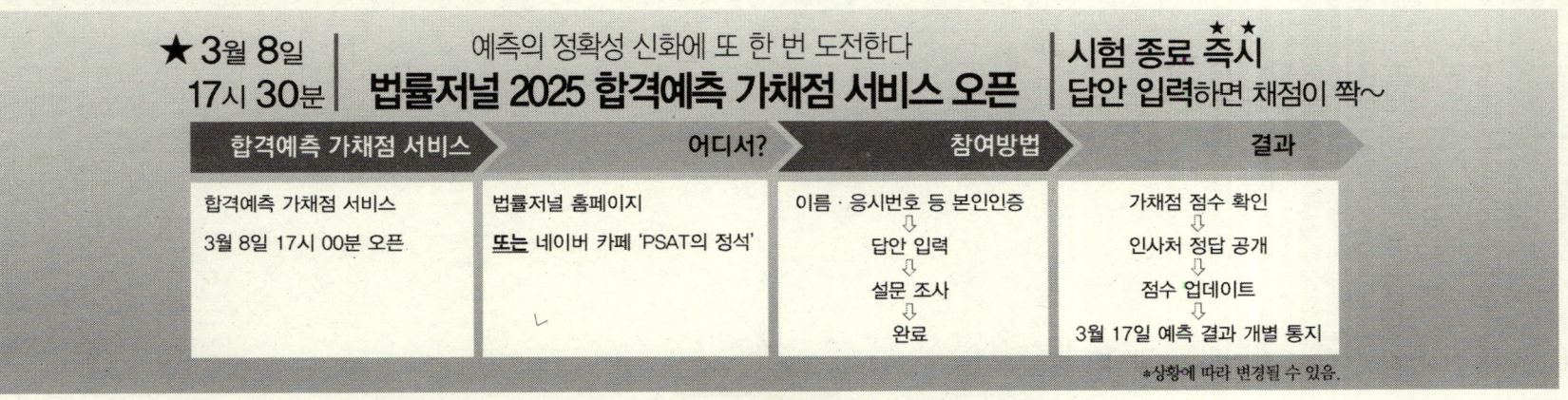

1. 다음 <표>는 2023년 '갑' 국의 건물유형별 화재 현황에 관한 자료이다. 이에 대한 <보기>의 설명 중 옳은 것을 모두 고르면?

<표 1> 2023년 건물유형별 화재현황

(단위: 건, %)

유형 구분	단독주택	다중주택	연립주택	아파트	기숙사
화재 건수	52	43	13	15	8
화재 비율	5	4	10	4	5

※ 화재비율 = $\frac{\text{유형별 화재 건수}}{\text{유형별 총 건물 수}} \times 100$

※ 모든 건물은 표의 5가지 유형 중 하나에 해당함.

<표 2> 2023년 화재 유형 현황

(단위: 건)

유형 화재 종류	단독주택	다중주택	연립주택	아파트	기숙사
일반 화재	40	30	5	10	3
유류 화재	6	7	6	3	4
전기 화재	6	6	2	2	1

※ 모든 화재는 일반, 유류, 전기 화재 중 하나에 해당함.

<보 기>

ㄱ. 총 건물 수가 가장 많은 건물 유형은 '단독주택'이다.

ㄴ. '연립주택'과 '아파트'의 총 건물 수 차이는 250개 이하이다.

ㄷ. 화재 건수 중 일반 화재가 차지하는 비중이 가장 높은 건물 유형은 '단독주택'이다.

ㄹ. 일반 화재 대비 유류 화재의 비율이 두 번째로 높은 건물 유형은 '아파트'이다.

① ㄱ, ㄴ

② ㄱ, ㄷ

③ ㄴ, ㄷ

④ ㄴ, ㄹ

⑤ ㄷ, ㄹ

2. 다음 <표>는 2019 ~ 2021년 주요 고속도로 노선별 이용량 현황을 정리한 자료이다. 이를 근거로 작성한 <보고서>의 내용 중 옳지 않은 것을 고르면?

<표> 2019~2021년 주요 고속도로 노선별 이용량 현황

(단위: 대)

연도 노선	2019		2020		2021	
	1종차량	2종차량	1종차량	2종차량	1종차량	2종차량
경부선	1,069,418	39,256	1,036,325	44,636	1,143,948	44,182
수도권 제1 순환선	798,611	25,983	792,106	29,493	816,976	28,088
영동선	444,897	19,040	422,791	20,962	471,470	20,928
중앙선	371,622	13,285	378,718	17,356	412,963	16,843
남해선	342,096	10,890	329,914	12,720	352,993	12,006
중부선	326,839	15,837	316,098	18,194	344,360	17,245
서해안선	315,950	11,274	312,113	13,469	339,916	13,026
호남선	261,738	8,018	254,965	10,184	264,938	9,782

※ 전체 이용량 = 1종차량 이용량 + 2종차량 이용량

<보고서>

2019 ~ 2021년 주요 고속도로 노선별 이용량 현황을 보면, ㉠<표>에 주어진 8개 노선 사이에서 순위를 매겼을 때, 매년 노선별 전체 이용량 순위는 변함이 없었으며, ㉡2종차량 이용량 순위도 변함이 없었다. 주요 고속도로 노선별 전체이용량 합계는 매년 증가하였으며, ㉢2019 ~ 2021년 동안 매년 경부선 이용량은 주요 고속도로 노선별 전체이용량 합계의 25%이상을 차지했다. ㉣2019 ~ 2021년 주요 고속도로 노선별 이용량은 1종차량과 2종차량의 전년대비 증감방향이 항상 반대였다. ㉤한편, 2021년 노선별 1종차량 이용량 증가량이 가장 큰 노선은 경부선이며, 노선별 2종 차량 이용량 감소량이 가장 작은 노선은 영동선이었다.

① ㄱ

② ㄴ

③ ㄷ

④ ㄹ

⑤ ㅁ

3. 다음 <표>는 2019 ~ 2021년 서울의 식중독 발생건수 및 환자 현황에 관한 자료이다. 제시된 <표> 이외에 <보고서>를 작성하기 위해 추가로 필요한 자료만을 <보기>에서 모두 고르면?

<표 1> 원인별 서울 식중독 발생건수 및 환자 현황

(단위: 건, 명)

구분		2019	2020	2021
총계	건수	36	13	26
	환자수	719	214	581
병원성대장균	건수	0	3	3
	환자수	0	72	145
살모넬라	건수	2	1	1
	환자수	269	6	16
황색포도상구균	건수	0	0	1
	환자수	0	0	30
클로스트리디움 퍼프린젠스	건수	2	0	0
	환자수	106	0	0
캠필로박터제주니	건수	1	0	2
	환자수	33	0	163
장염비브리오균	건수	1	0	0
	환자수	3	0	0
바실러스세레우스	건수	0	0	1
	환자수	0	0	5
노로바이러스	건수	4	2	12
	환자수	102	6	172
불명	건수	12	5	6
	환자수	68	124	50
기타	건수	14	2	0
	환자수	138	6	0

<표 2> 시설별 서울 식중독 발생건수 및 환자 현황

(단위: 건, 명)

구분		2019	2020	2021
총계	건수	36	13	26
	환자수	719	214	581
식품접객업체	건수	28	10	3
	환자수	310	109	60
집단급식소	건수	5	2	14
	환자수	374	101	452
가정집	건수	0	0	1
	환자수	0	0	2
기타	건수	3	1	8
	환자수	35	4	67

<보고서>

2021년 서울의 식중독 발생건수는 26건으로, 전년 대비 100% 증가한 수치이나 2010년대의 평균에 비해서는 발생건수가 감소하였다.

환자수는 조사기간 동안 각각 719, 214, 581명이었다. 전체 식중독 발생건수 대비 '불명'으로 판정된 원인병원체를 제외하고 역학·원인 조사를 통해 밝혀낸 원인병원체 건수의 비율을 규명률이라고 하는데, 조사기간 동안 서울의 식중독 원인균 규명률은 각각 66.7, 61.5, 76.9%로 나타나고 있어, 규명률 제고를 위한 노력이 필요한 상황이다.

2021년 서울의 식중독 환자수를 원인별로 살펴보면, '노로바이러스', '캠필로박터제주니', '병원성대장균' 순으로 환자수가 많은 것으로 나타났다. 특히 '황색포도상구균'의 경우에는 조사기간 중 2021년에만 환자가 발생했다.

시설별 서울 식중독 건당 환자수의 경우 조사기간 중 2021년에 처음 20명을 넘어 관리가 요구되는 실정이다. 특히 집단급식소의 경우 조사기간 동안 건당 환자수가 가장 높은 시설이었기에 집단급식소에 대한 지원이 우선될 필요가 있다.

<보 기>

ㄱ. 2010 ~ 2018년 서울 식중독 발생건수
ㄴ. 2010 ~ 2018년 원인별 서울 식중독 환자수
ㄷ. 2019 ~ 2021년 서울 식중독 원인균 규명률
ㄹ. 2019 ~ 2021년 시설별 서울 식중독 건당 환자수

① ㄱ
② ㄴ
③ ㄱ, ㄴ
④ ㄱ, ㄷ
⑤ ㄱ, ㄹ

4. 다음 <표>는 2014년과 2015년 A ~ E국의 용량별 핸드폰 가격에 관한 자료이고, <보고서>는 '갑'국의 핸드폰 가격을 분석한 자료이다. 이를 근거로 판단할 때, A ~ E 중 '갑'국에 해당하는 국가는?

<표> 2014, 2015년 A ~ E국 용량별 핸드폰 가격

(단위: 달러)

국가	용량 \ 연도	2014	2015
A	128G	799	899
	256G	899	999
	512G	999	1099
B	128G	1016	1165
	256G	1145	1295
	512G	1404	1554
C	128G	855	997
	256G	983	1225
	512G	1239	1482
D	128G	897	968
	256G	1004	1076
	512G	1220	1291
E	128G	835	940
	256G	940	1094
	512G	1149	1254

<보고서>

'갑'국의 2014년 대비 2015년 핸드폰 가격은 모든 용량에서 100달러 이상 증가하였고, 128G 핸드폰 가격의 증가율은 512G 핸드폰 가격의 증가율보다 높았다.

'갑'국의 2015년 256G 핸드폰 가격은 A ~ E국 가격의 평균보다 낮았으며 2014년 대비 2015년 256G 핸드폰 가격의 증가율은 15% 미만이었다.

① A
② B
③ C
④ D
⑤ E

5. 다음 <표>는 2018 ~ 2022년 가스별 가스사고 현황에 관한 자료이다. 이에 대한 설명으로 옳지 않은 것은?

<표> 2018 ~ 2022년 가스별 가스사고 현황

(단위 : 건)

구분 \ 연도	2018	2019	2020	2021	2022
LP가스	46	53	43	35	34
도시가스	27	21	23	17	13
고압가스	24	9	( )	9	10
이동식 부탄연소기	24	18	22	17	( )
전체	121	( )	98	( )	73

① 전체 가스사고 발생 건수는 2019년부터 2022년까지 매년 전년 대비 감소하였다.
② 2022년을 제외하면 매년 전체 가스사고 발생 건수 중 도시가스사고 발생 건수의 비중은 20% 이상이다.
③ 전체 가스사고 발생 건수의 전년 대비 감소율이 가장 큰 연도는 2021년이다.
④ 고압가스 가스사고의 전년 대비 변화율의 절댓값은 매년 10% 이상이다.
⑤ 매년 전체 가스사고 발생 건수 중 도시가스와 이동식 부탄연소기 가스사고 발생 건수 합의 비중은 40% 이상이다.

6. 다음 <그림>은 2017 ~ 2021년 무역 기업 수 및 교역액에 관한 자료이다. 이에 대한 설명으로 옳지 않은 것은?

<그림 1> 2017 ~ 2021년 무역 기업 수

(단위: 개)

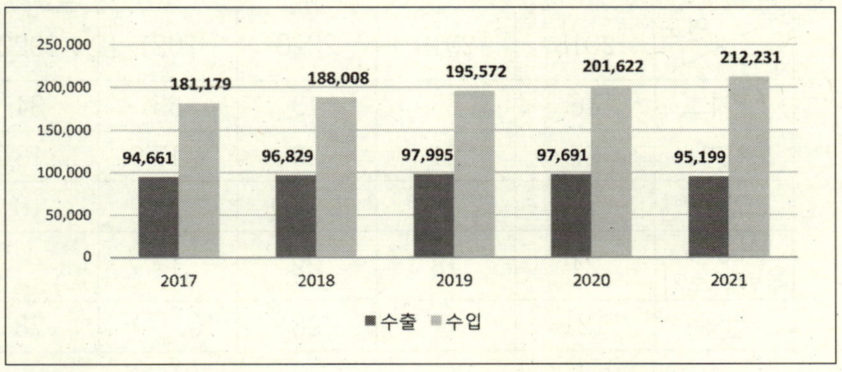

<그림 2> 2017 ~ 2021년 무역 교역액

(단위: 백만 달러)

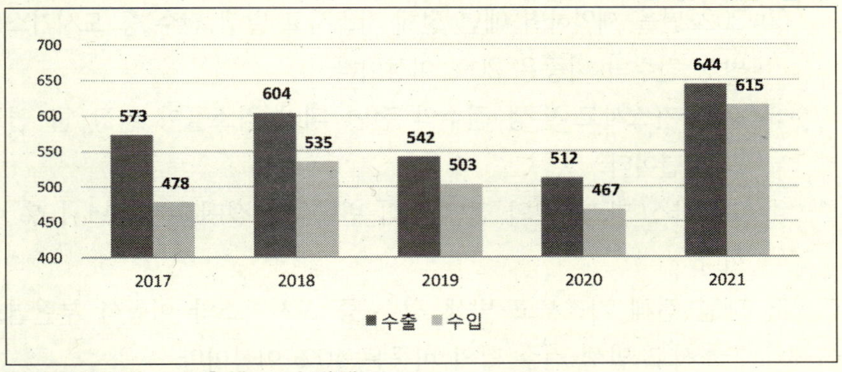

※ 무역수지 = 수출액 - 수입액

① 수출 기업 수와 수입 기업 수의 합은 조사 기간 매년 증가한다.
② 무역수지는 조사 기간 중 2017년에 가장 크다.
③ 수출액 대비 수입액이 가장 큰 연도는 2021년이다.
④ 2018 ~ 2021년 동안 수입 기업 수의 전년 대비 증가분은 매년 증가한다.
⑤ 조사 기간 중 수출액과 수입액이 세 번째로 큰 연도는 동일하지 않다.

7. 다음 <표>는 2022년 이민자 고용인구 현황에 관한 자료이다. 이에 대한 <보기>의 설명 중 옳은 것을 모두 고르면?

<표> 2022년 이민자 고용현황

(단위: 천 명)

대상별	성별	생산가능 인구	경제활동 인구	취업자
이민자	남자	726	583	565
	여자	627	331	311
외국인	남자	717	576	558
	여자	584	303	284
귀화허가자	남자	10	7	6
	여자	42	28	26

※ 생산가능인구 = 경제활동인구 + 비경제활동인구

※ 경제활동인구 = 취업자 + 실업자

<보 기>

ㄱ. 비경제활동인구의 수는 '이민자'가 '외국인'보다 많다.
ㄴ. '귀화허가자' 중 생산가능인구 대비 경제활동인구의 비율은 '남자'가 '여자'보다 낮다.
ㄷ. 경제활동인구 대비 취업자의 비율이 가장 낮은 유형은 '귀화허가자'이다.
ㄹ. '여자'의 취업자 대비 실업자 비율은 '이민자'가 '외국인'유형보다 낮다.

① ㄱ, ㄴ
② ㄱ, ㄷ
③ ㄴ, ㄷ
④ ㄱ, ㄷ, ㄹ
⑤ ㄴ, ㄷ, ㄹ

8. 다음 <표>는 2022년 전국 학교 및 문화시설 현황에 대한 자료이다. 이에 관한 <보기>의 설명 중 옳은 것을 모두 고르면?

<표> 2022년 전국 학교 및 문화시설 현황

(단위: 개, ㎡)

소재지	학교		문화시설	
	시설수	면적	시설수	면적
서울특별시	1,263	34,647,906	126	988,918
부산광역시	657	16,072,593	45	449,876
대구광역시	492	11,806,187	15	86,372
인천광역시	671	12,573,895	60	487,127
광주광역시	306	9,828,280	24	573,690
대전광역시	379	17,366,521	16	87,531
울산광역시	269	7,011,425	24	176,943
세종특별자치시	149	5,359,634	28	1,057,725
경기도	3,089	72,990,827	252	4,515,958
강원도	700	23,163,671	62	2,012,068
충청도	1,290	43,929,565	100	2,678,552
전라도	1,719	45,005,160	150	4,958,034
경상도	2,111	59,992,409	213	5,283,332
제주특별자치도	197	5,982,346	13	2,239,094

<보 기>

ㄱ. 학교 수가 문화시설 수의 10배 이상인 지역은 12곳이다.
ㄴ. 전국의 학교 중 경기도의 학교 수가 차지하는 비중은 20% 이상이다.
ㄷ. 문화시설 수가 전국 평균 문화시설 수보다 높은 지역은 5곳이다.
ㄹ. 제주특별자치도를 제외하면 학교와 문화시설의 시설당 면적이 가장 큰 지역은 같다.

① ㄱ
② ㄱ, ㄴ
③ ㄴ, ㄷ
④ ㄱ, ㄴ, ㄷ
⑤ ㄱ, ㄴ, ㄹ

9. 다음 <표>는 투자대상사업 ‘갑’, ‘을’, ‘병’ 사업을 대상으로 투자우선순위를 결정하기 위한 내부 평가자료이다. ‘위험’, ‘수익률’, ‘시급성’ 3개 평가 항목 점수의 합이 큰 사업일수록 우선순위가 높다. 이에 대한 <보기>의 설명 중 옳은 것만을 모두 고르면?

<표 1> ‘갑’ ~ ‘병’ 사업의 평가항목별 등급

구분 \ 평가항목	위험	수익률	시급성
갑	D	A	B
을	C	B	C
병	B	D	A

<표 2> 평가항목의 등급별 배점

(단위: 점)

등급 \ 평가항목	위험	수익률	시급성
A	5	8	9
B	3	7	7
C	2	6	5
D	1	3	4

<보 기>

ㄱ. 우선순위가 가장 높은 사업은 ‘수익률’ 등급도 가장 높다.
ㄴ. 우선순위가 가장 높은 사업 1개에만 투자한다고 할 때, ‘을’의 ‘위험’ 등급이 B로 변경되면 투자사업은 달라진다.
ㄷ. 우선순위가 가장 높은 사업 2개에만 투자한다고 할 때, ‘병’의 ‘수익률’ 등급이 C로 변경되면 투자사업은 달라진다.

① ㄱ
② ㄷ
③ ㄱ, ㄴ
④ ㄴ, ㄷ
⑤ ㄱ, ㄴ, ㄷ

10. 다음 <표>는 여행업·숙박업의 세부업종별 관광사업체수에 관한 자료이다. <표>를 이용하여 작성한 자료로 옳지 않은 것은?

<표 1> 2020 ~ 2022년 여행업 사업체 수

(단위: 개)

세부업종 \ 연도	2020년	2021년	2022년
일반여행업	1,251	1,624	2,136
국내여행업	1,439	1,714	1,915
국외여행업	2,974	3,495	3,891
전체	(　　)	(　　)	(　　)

※ 여행업은 일반여행업, 국내여행업, 국외여행업으로만 구성됨.

<표 2> 2020 ~ 2022년 숙박업 사업체 수

(단위: 개)

세부업종 \ 연도	2020년	2021년	2022년
관광호텔업	660	656	777
기타호텔업	62	71	107
휴양콘도업	174	193	189
전체	(　　)	(　　)	(　　)

※ 숙박업은 관광호텔업, 기타호텔업, 휴양콘도업으로만 구성됨.

① 2022년 세부업종별 전년 대비 사업체 수 증가율

(단위: %)

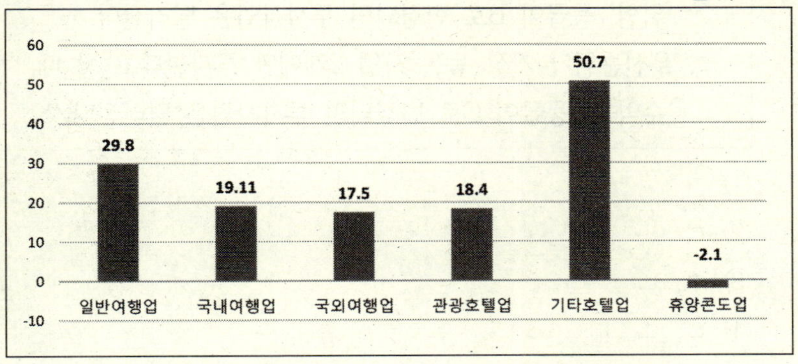

② 2022년 여행업 세부업종별 사업체 수 구성비

(단위: %)

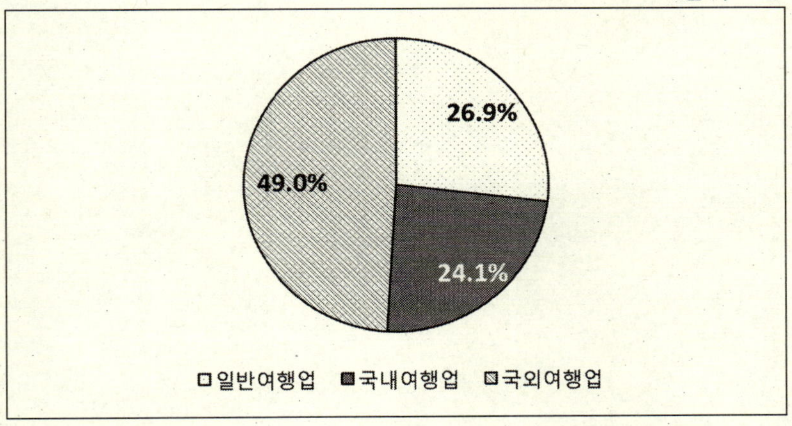

③ 2020 ~ 2022년 숙박업 전체 사업체 수 추이

(단위: 개)

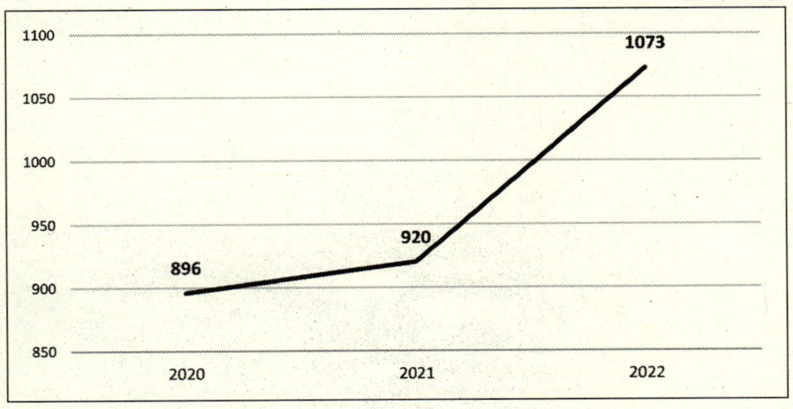

④ 2020년과 2021년 여행업·숙박업 사업체 수 비중

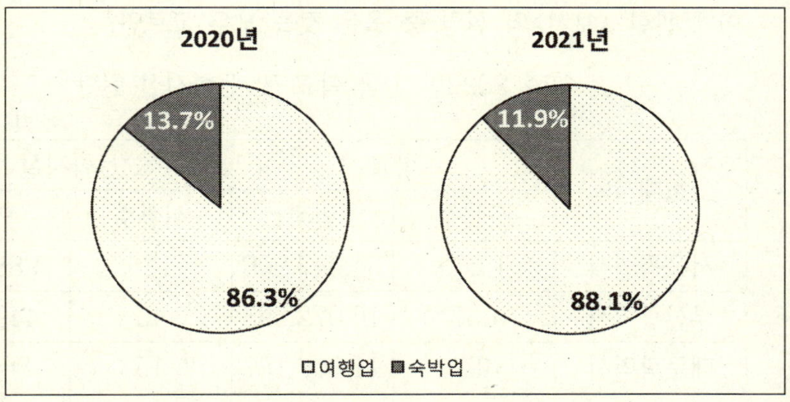

⑤ 2021년과 2022년 세부업종별 사업체 수

(단위: 개)

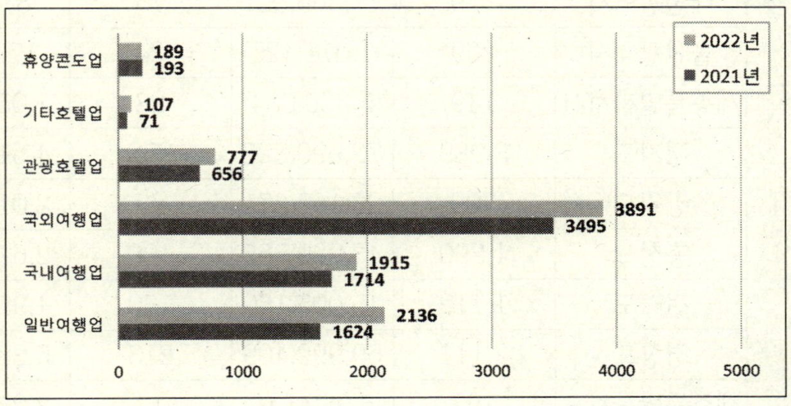

11. 다음 <표>는 '갑'국의 소득유형별 과세율에 관한 자료이다. 이에 대한 <보기>의 설명 중 옳은 것을 모두 고르면?

<표> 소득유형별 과세율

(단위: 만 원, %)

소득구간 \ 소득유형	근로소득	사업소득	기타소득
200만 원 이하	10	10	20
200만 원 초과 500만 원 이하분	15	10	25
500만 원 초과 1000만 원 이하분	20	25	30
1000만 원 초과분	35	40	40

※ 과세금액은 소득구간별 해당 소득에 과세율을 곱한 금액의 총합임. 예를 들어 근로소득이 300만 원인 사람에 부과되는 세금은 35만 원(= 200 × 0.1 + 100 × 0.15)임.

<보 기>

ㄱ. 같은 액수의 소득에 부과되는 세금은 '기타소득'이 '사업소득'보다 많다.

ㄴ. 소득은 1000만 원으로 같더라도, 부과되는 세금은 '근로소득'이 '사업소득'보다 많다.

ㄷ. 500만 원의 소득에 부과될 수 있는 세금은 최대 115만 원이다.

ㄹ. 3,000만 원의 소득에 부과되는 세금이 가장 적은 경우는 소득 모두가 근로소득인 경우이다.

① ㄱ, ㄴ
② ㄱ, ㄷ
③ ㄴ, ㄷ
④ ㄴ, ㄹ
⑤ ㄱ, ㄷ, ㄹ

12. 다음 <표>는 2019 ~ 2021년 산불발생 현황에 관한 자료이다. 이에 대한 <보기>의 설명 중 옳은 것만을 모두 고르면?

<표> 2019 ~ 2021년 산불발생 현황

(단위: 건, ha, 백만 원)

연도 \ 구분	건수	면적	건당 피해면적	피해금액
2019	653	3,255	( )	268,910
2020	620	2,920	( )	140,141
2021	349	766	( )	36,125

<보 기>

ㄱ. 건당 피해면적은 2019년이 2020년보다 넓다.

ㄴ. 주어진 기간 동안 피해금액은 매년 전년 대비 40% 이상 감소했다.

ㄷ. 2020년의 건당 피해면적은 2021년의 건당 피해면적의 2배 이상이다.

① ㄱ
② ㄷ
③ ㄱ, ㄴ
④ ㄴ, ㄷ
⑤ ㄱ, ㄴ, ㄷ

13. 다음 <보고서>는 2018 ~ 2023년 '갑'국의 고등학교 교육 현황에 관한 자료이다. <보고서>의 내용에 부합하지 않는 자료는?

<보고서>

지속적인 저출산의 결과 '갑'국의 고등학생 수는 2020년 이후 매년 전년 대비 감소하고 있다. 반면, 교사의 수는 2020년 이후 매년 전년 대비 증가하고 있어 교사당 학생의 수는 꾸준히 감소하고 있는데, 2019년 교사 대비 고등학생 수는 20 이상이었던 반면, 2023년에는 13 이하로 감소하였다.

학생 수가 줄어듦으로 인해, 폐교하는 고등학교가 꾸준히 나오고 있어 '갑'국의 고등학교 수는 2020년 이후 매년 전년 대비 감소하여 2022년에 주어진 연도 중 처음으로 1,000개 이하를 기록하였다. 반면, 고등학교에 배정되는 예산은 꾸준히 증가하고 있다.

2021년부터 '갑'국에서 시행한 공교육 정상화 정책에 따라 2023년 '갑'국 고등학교 중 일반 고등학교와 특수 고등학교가 차지하는 비중은 80% 이상이었다. 이는 2019년 두 유형의 학교가 차지한 비중이 65% 정도였던 것을 고려하면 크게 증가한 것으로 볼 수 있다.

꾸준한 예산의 증가와 공교육 정상화 정책에 따라, '갑'국 고등학교 교육서비스에 대한 만족도 또한 꾸준히 증가하였다. '갑'국 고등학교 교육서비스 만족도는 2021년 중학교 교육서비스에 대한 만족도를 앞선 것을 시작으로 2023년에는 2019 ~ 2023년 중 가장 큰 차이를 보였다. 서비스 질의 상승과는 달리 지역 간 학생 수 및 학교 수 격차에 관한 고민은 지속되고 있다. 2023년 '갑'국의 고등학생 및 학교 수에서 수도권인 A, B지역 고등학생 및 학교 수가 차지하는 비중은 각각 70% 이상을 기록하였다.

① 2023년 '갑'국 학교 유형별 학생 비중

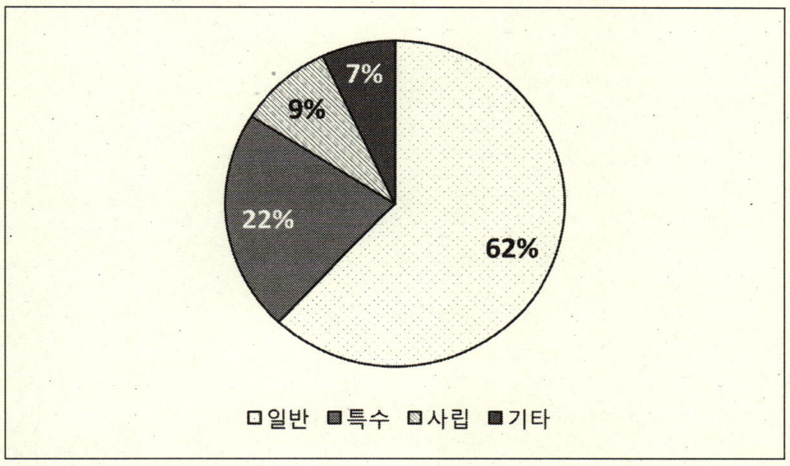

② 2019 ~ 2023년 '갑'국 고등학생 및 교사 수 현황

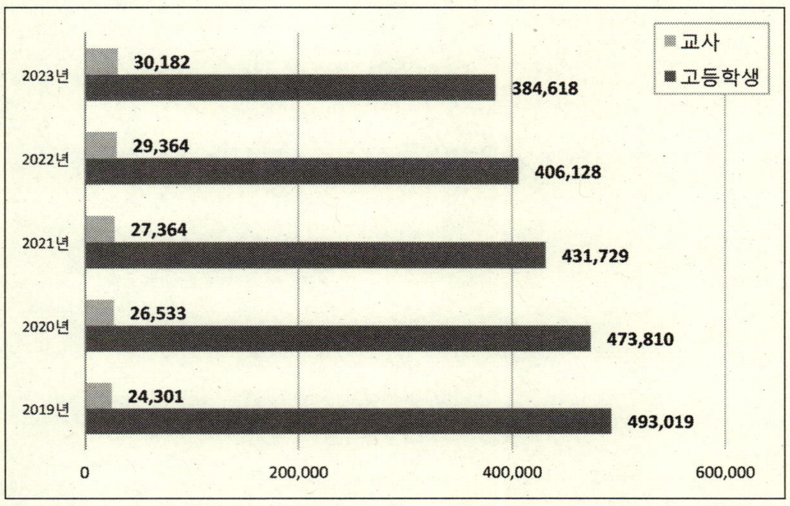

③ 2023년 '갑'국 지역별 고등학생 및 학교 수 현황

(단위: 명, 개)

지역	고등학생	학교
A	172,430	356
B	105,301	242
C	56,394	156
D	14,302	78
E	25,306	103
F	10,885	46
전체	384,618	981

④ 2019 ~ 2023년 '갑'국 교육서비스 만족도 현황

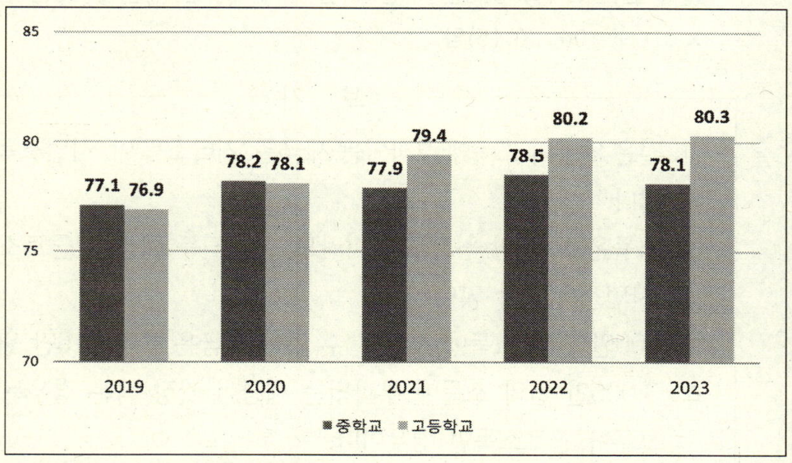

⑤ 2019 ~ 2023년 '갑'국 고등학교 학교 수 및 예산 현황

(단위: 개, 억 원)

연도	학교	예산
2019	1,038	1,029
2020	1,030	1,047
2021	1,002	1,065
2022	994	1,104
2023	981	1,154

14. 다음 <표>는 '갑'국의 연간 양곡소비량 현황에 대한 자료이다. 제시된 <표> 이외에 <보고서>를 작성하기 위해 추가로 필요한 자료만을 <보기>에서 모두 고르면?

<표 1> 2020~2022년 가구부문 1인당 연간 양곡소비량

(단위: kg)

가구형태별 / 연도	전가구	농가	비농가
2020	66.3	102.1	64.5
2021	65.0	99.5	63.3
2022	64.7	99.3	63.0

<표 2> 2020~2022년 사업체부문 전체 연간 양곡소비량

(단위: 톤)

업종별 / 연도	식료품제조업	떡류제조업	음료제조업
2020	436,683	159,179	213,447
2021	474,746	176,690	205,411
2022	515,894	185,079	175,528

※ 사업체부문 양곡소비는 식료품제조업, 떡류제조업, 음료제조업에서만 이루어짐.

<보고서>

2020 ~ 2022년 '갑'국 가구부문 1인당 연간 양곡소비량 현황을 살펴보면 전가구, 농가, 비농가 모두에서 1인당 연간 양곡소비량은 매년 감소하였다. 한편, 2022년 가구형태가 비농가인 가구의 연간 전체 양곡소비량은 가구형태가 농가인 가구의 연간 전체 양곡소비량보다 10% 이상 많았다. 또한, 2020~2022년 가구당 연간 양곡소비량은 농가, 비농가, 전가구 순으로 많았다.

2020 ~ 2022년 '갑'국 사업체부문 전체 연간 양곡소비량을 보면 매년 식료품제조업, 음료제조업, 떡류제조업 순으로 연간 양곡소비량이 많았다. 특히 식료품제조업, 떡류제조업은 매년 연간 양곡소비량이 증가한 반면 음료제조업은 매년 연간 양곡소비량이 감소하였다.

2022년 가구부문과 사업체부문의 전체 연간 양곡소비량을 비교해보았을 때 가구부문이 사업체부문보다 약 30% 더 많이 소비하였다.

<보 기>

ㄱ. 2022년 가구형태별 평균 가구원 수
ㄴ. 2020~2022년 가구형태별 가구 수
ㄷ. 2020~2022년 양곡소비 업종별 평균 직원 수
ㄹ. 2022년 양곡소비 업종별 사업체 수

① ㄱ, ㄴ
② ㄱ, ㄹ
③ ㄴ, ㄷ
④ ㄴ, ㄹ
⑤ ㄷ, ㄹ

15. 다음 <표>는 A ~ E 마을의 시기 및 성별에 따른 개인농가 인구에 관한 자료이고, <보고서>는 A ~ E 중 한 마을에 관한 설명이다. 이를 근거로 판단할 때, <보고서>의 내용에 부합하는 마을은?

<표> 개인농가 인구 현황

(단위: 명)

구분	2010년		2015년		2020년	
	남자	여자	남자	여자	남자	여자
A	68	67	58	57	11	10
B	124	125	104	104	143	141
C	253	250	225	220	307	298
D	139	136	130	126	137	130
E	190	188	257	253	288	284

<보고서>

이 마을의 시기별 및 성별 개인농가 인구수는 다음과 같은 특징이 있다. 첫째, 주어진 조사기간마다 개인농가 남자의 인구수가 여자의 인구수보다 항상 많았다. 둘째, 개인농가 남자와 여자의 인구수 차이는 조사기간 동안 점점 더 커졌다. 셋째, 이 마을은 다른 조사기간보다 2020년에 개인농가 인구수가 가장 많았다.

① A
② B
③ C
④ D
⑤ E

16. 다음 <표>는 ○○회사의 사업안 평가 결과에 관한 자료이다. 이에 대한 <보기>의 설명 중 옳은 것을 모두 고르면?

<표> 사업안 평가 결과

사업안 \ 심사위원	甲	乙	丙	丁	戊
A	10	( )	9	10	8
B	5	7	8	9	( )
C	( )	4	6	7	5
D	8	4	( )	5	9
E	2	3	10	( )	5

※ 심사점수는 각 사업안에 심사위원이 부여한 점수 중 최고점과 최저점을 제외한 점수의 총합임. 이때, 최고 혹은 최저점이 2개 이상인 경우 하나의 점수만을 제외함.

※ 심사위원은 사업안마다 최대 10점, 최소 1점의 점수를 부여함.

<보 기>

ㄱ. 사업안별 심사점수의 차이는 최대 20점이다.

ㄴ. 丙이 사업안별로 부여한 점수의 평균이 8점 이상이라면, D사업의 심사점수는 21점 이상이다.

ㄷ. 심사점수가 같은 사업이 3개일 수 있다.

ㄹ. 乙과 戊가 사업안별로 부여한 점수의 평균이 같다면 B사업의 심사점수는 20점이다.

① ㄱ, ㄴ
② ㄱ, ㄷ
③ ㄴ, ㄷ
④ ㄴ, ㄹ
⑤ ㄷ, ㄹ

17. 다음 <표>는 2022년 '갑'국의 산업별 주요지표에 대한 자료이다. <표>와 <조건>을 근거로 A ~ D에 해당하는 산업을 바르게 나열한 것은?

<표> A ~ D산업 주요지표

(단위: 개, 백만 원, 명)

산업 \ 구분	사업체수	전체급여액	종사자수	상용근로자수
A	10,683	7,776,919	2,123,493	1,572,393
B	13,208	10,385,023	2,947,678	1,622,203
C	8,320	5,277,259	1,538,364	1,023,387
D	5,683	4,604,640	1,204,843	653,210

<조 건>

○ 금속산업과 IT산업은 상용근로비율이 60% 미만이다.

○ 전기산업의 종사자수는 금속산업과 화학산업 종사자수의 평균 이상이다.

○ 사업체당 종사자수는 금속산업이 IT산업보다 많다.

○ 평균급여액은 IT산업이 제일 높다.

※ 1) 상용근로비율(%) = $\frac{\text{상용근로자수}}{\text{종사자수}} \times 100$

2) 사업체당 종사자수= $\frac{\text{종사자수}}{\text{사업체수}}$

3) 평균급여액= $\frac{\text{전체급여액}}{\text{종사자수}}$

	A	B	C	D
①	화학	금속	전기	IT
②	전기	금속	화학	IT
③	금속	전기	화학	IT
④	화학	IT	전기	금속
⑤	전기	IT	화학	금속

[18~19] 다음 <표>는 공연시장에 관한 자료이다. <표>를 보고 다음 물음에 답하시오.

<표 1> 공연시설 및 단체 수 및 종사자수

(단위: 개, 명)

구분	공연시설		공연단체		
	수	종사자수	수	종사자수	
				단원	지원인력
2017	1,019	12,377	2,861	43,641	6,684
2018	1,029	12,206	3,634	45,001	6,280
2019	1,028	13,370	3,972	44,966	6,144
2020	1,007	12,522	4,237	48,912	6,206
2021	968	12,180	4,261	49,296	6,355

<표 2> 공연시설 및 단체 매출액

(단위: 백만 원)

구분	공연시설	공연단체
2017	350,004	463,214
2018	339,489	483,765
2019	322,007	530,978
2020	143,793	250,833
2021	191,441	301,825

<표 3> 공연시장 예산규모 현황

(단위: 억 원)

구분	문화예산		문화예술예산		공연예술예산	
	중앙정부	지자체	중앙정부	지자체	중앙정부	지자체
2017	27,804	94,281	20,395	42,341	3,271	13,946
2018	28,931	93,840	21,914	43,203	3,114	15,728
2019	32,127	105,618	25,273	49,292	3,339	21,320
2020	33,301	107,289	28,679	52,403	3,179	19,672
2021	34,847	117,229	30,155	58,418	3,551	22,299

18. 위 <표>에 대한 <보기>의 설명 중 옳은 것간을 모두 고르면?

<보 기>

ㄱ. 공연단체의 수와 그 전체 종사자수의 전년 대비 증감방향은 조사기간 동안 매년 동일하다.

ㄴ. 조사기간 동안 중앙정부의 문화예술예산은 공연단체의 매출액의 10배 이상이다.

ㄷ. 문화예산과 문화예술예산 모두 2018 ~ 2021년 동안 매년 전년 대비 증가한다.

① ㄱ
② ㄷ
③ ㄱ, ㄴ
④ ㄴ, ㄷ
⑤ ㄱ, ㄴ, ㄷ

19. 위 <표>를 이용하여 작성한 자료로 옳지 않은 것은?

① 2019 ~ 2021년 시설별 수 비중

(단위: %)

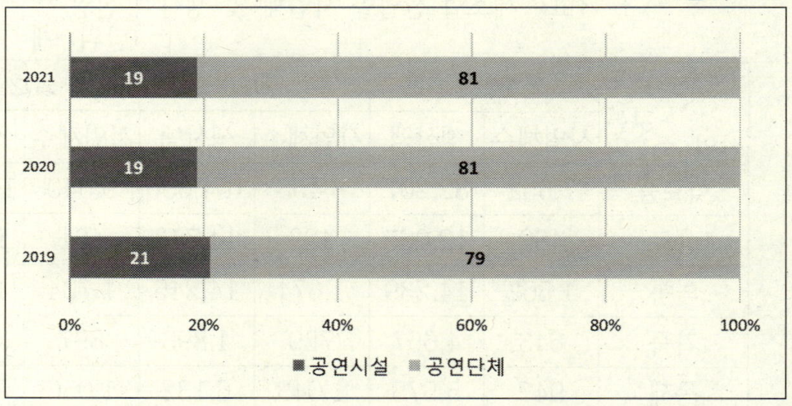

② 2017 ~ 2020년 공연단체 매출액 대비 공연시설 매출액 비율

(단위: %)

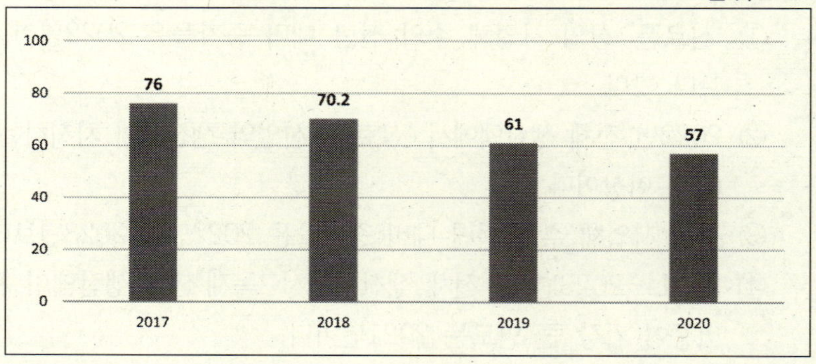

③ 2017 ~ 2019년 공연단체 종사자수

(단위: 명)

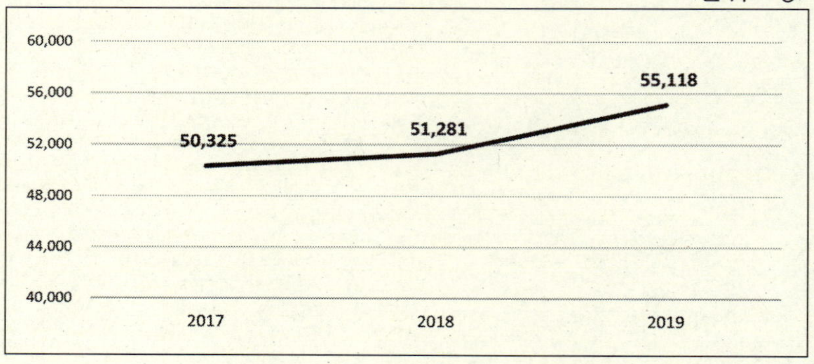

④ 2017 ~ 2021년 문화예산 현황

(단위: 억 원)

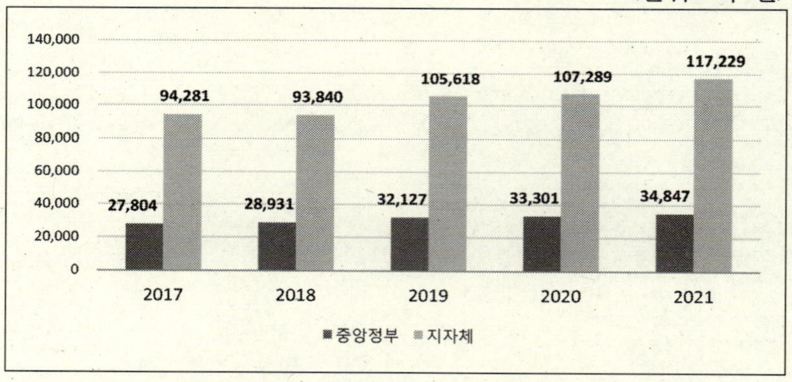

⑤ 2020년 예산종류별 공연시장 예산규모

(단위: 억 원)

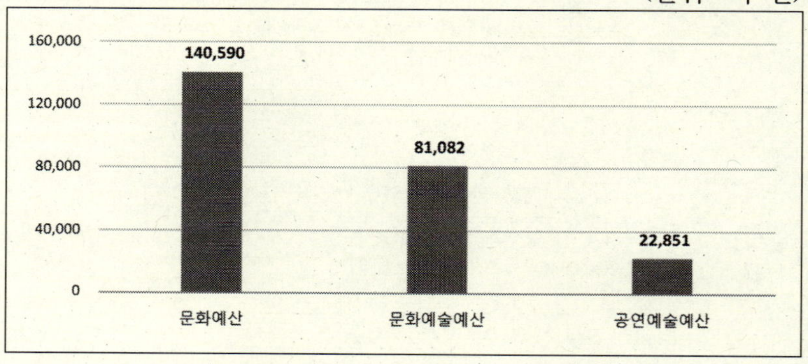

20. 다음 <표>는 '갑'국의 제조업의 2021 ~ 2023년 산업별 사업체 수 및 생산액에 관한 자료이다. 이에 대한 설명 중 옳지 않은 것은?

<표> 제조업 산업별 사업체 및 생산액 현황

(단위: 개, 백만 원)

연도 / 구분 / 산업	2021		2022		2023	
	사업체수	생산액	사업체수	생산액	사업체수	생산액
식료품	7,652	82,207	8,453	104,056	9,540	110,478
음료	460	12,065	463	14,743	461	14,651
의복	1,562	14,239	1,674	14,245	1,734	15,017
가죽	643	4,667	789	4,893	897	5,513
목재	947	5,575	1,043	6,132	1,056	6,345
고무	774	6,781	784	7,045	781	7,113
전체	( )	( )	13,062	151,114	( )	( )

① '식료품' 산업 사업체 수의 전년 대비 증가율은 2022년이 2023년보다 낮다.
② 2022년 전체 생산액에서 '식료품' 산업의 생산액이 차지하는 비중은 60% 이상이다.
③ 전체 사업체 수의 전년 대비 증가율은 2022년이 2023년보다 높다.
④ 2021 ~ 2023년 중 전체 생산액에서 '목재'산업 생산액이 차지하는 비중이 가장 큰 연도는 2021년이다.
⑤ 2023년 전년 대비 생산액 증가율이 가장 큰 산업은 '가죽'이다.

21. 다음 <표>와 <정보>는 2020 ~ 2022년 '갑'국 등록장애인에 관한 자료이다. 이를 근거로 <보기>의 설명 중 옳은 것만을 모두 고르면?

<표> 2020 ~ 2022년 '갑'국 등록장애인 현황

(단위 : 명)

연도 / 등급 / 장애유형		A	B	C	D
2020	1급	33,240	6,982	31,697	10,472
	2급	62,211	44,821	7,410	12,158
	3급	149,707	43,857	11,244	4,073
2021	1급	38.345	7,123	27,341	11,340
	2급	59,349	40,304	6,340	13,405
	3급	167,340	50,340	9,934	5,230
2022	1급	35,232	7,230	26,340	12,345
	2급	63,220	39,340	6,140	10,340
	3급	151,306	42,340	13,304	3,342

※ 1) 장애유형은 시각, 청각, 지체, 자폐로만 구성됨.
2) 장애등급은 1급, 2급, 3급으로만 구성됨.

<정 보>

○ A ~ D는 시각, 청각, 지체, 자폐 중 하나이다.
○ 2020년 대비 2022년 1급 등록장애인의 증가율이 가장 높은 장애유형은 자폐이다.
○ 2020 ~ 2022년 동안 지체장애와 청각장애는 전체 등록장애인 수의 증감방향이 동일하다.
○ 2020 ~ 2022년 동안 2급 대비 3급 등록장애인 수는 지체장애가 청각장애보다 항상 많다.

<보 기>

ㄱ. 2020 ~ 2022년 전체 등록장애인 수는 매년 지체, 청각, 시각, 자폐 순으로 많다.
ㄴ. 2020 ~ 2022년 동안 매년 3급장애가 장애등급 중 가장 많은 장애유형은 지체, 청각이다.
ㄷ. 2020 ~ 2022년 동안 매년 2급 등록장애인 수가 감소한 장애유형은 청각, 시각이다.
ㄹ. 2020 ~ 2022년 동안 매년 1급장애의 비율이 가장 큰 장애유형은 자폐이다.

① ㄱ, ㄴ
② ㄱ, ㄷ
③ ㄴ, ㄷ
④ ㄴ, ㄹ
⑤ ㄷ, ㄹ

22. 다음 <표>는 2022년 12월 ~ 2023년 2월 행정구역별 아파트거래 현황이다. 이에 대한 설명으로 옳지 않은 것은?

<표> 행정구역별 아파트거래 현황

(단위: 호수)

구분	2022년 12월	2023년 1월	2023년 2월
전국	52,385	39,124	63,909
서울특별시	3,348	4,529	10,226
부산광역시	2,808	2,934	2,779
대구광역시	1,919	1,279	2,350
인천광역시	4,763	2,768	3,924
광주광역시	3,263	1,309	1,578
대전광역시	2,696	2,432	3,205
울산광역시	757	736	1,380
세종특별자치시	405	284	763
경기도	17,714	9,510	16,836
강원도	1,895	1,448	1,896
충청북도	1,770	1,767	1,959
충청남도	3,386	2,931	3,305
전라북도	1,499	1,228	1,770
전라남도	1,376	1,033	2,268
경상북도	2,043	2,128	2,571
경상남도	2,476	2,581	6,868
제주특별자치도	267	227	231

① 전국의 아파트거래량과 전월 대비 증감 방향이 동일한 행정구역은 13개이다.

② 2023년 1월보다 2월에 전월 대비 아파트거래량이 증가한 행정구역이 많다.

③ 2023년 1월과 2월의 전월 대비 아파트거래량 증감폭의 절댓값이 가장 큰 행정구역은 동일하다.

④ 2023년 2월에는 모든 행정구역에서 아파트거래량이 전월 대비 증가했다.

⑤ 조사기간 중 아파트거래량이 가장 적은 행정구역은 동일하다.

23. 다음 <표>는 2023년 '갑' 국 A ~ D지역 건강검진 대상자 및 판정결과에 관한 자료이다. 이에 대한 <보기>의 설명 중 옳은 것을 모두 고르면?

<표 1> 지역별 성별 건강검진 인원

(단위: 명)

지역별	성별	대상인원	수검인원
A	남성	12,308	10,473
	여성	8,351	6,401
B	남성	14,675	10,243
	여성	13,883	9,816
C	남성	10,382	9,313
	여성	9,283	8,546
D	남성	23,957	19,283
	여성	27,483	22,037

※ 수검률 = $\frac{\text{수검인원}}{\text{대상인원}} \times 100$

<표 2> 지역별 건강검진 판정결과

(단위: 명)

판정결과 / 지역	정상	경계	질환의심	유질환자
A	11,046	4,734	894	( )
B	17,845	1,538	( )	183
C	12,453	3,015	2,091	300
D	31,029	6,418	2,943	940

※ 수검인원은 모두 판정을 받으며 판정결과는 정상, 경계, 질환의심, 유질환자 중 하나에 해당함.

<보 기>

ㄱ. A ~ D 지역 중 수검률이 가장 높은 지역은 A지역이다.

ㄴ. B지역에서 '정상'판정을 받은 여성의 수는 7,000명 이상이다.

ㄷ. 수검인원 중 유질환자가 차지하는 비중은 B지역이 가장 낮다.

ㄹ. 판정결과가 '질환의심'인 사람이 가장 많은 지역은 가장 적은 지역에 비해 '질환의심' 판정을 받은 사람이 6배 이상 많다.

① ㄱ, ㄴ

② ㄱ, ㄷ

③ ㄴ, ㄷ

④ ㄴ, ㄹ

⑤ ㄷ, ㄹ

24. 다음 <표>는 교역국가 수별 수입 현황에 관한 자료이다. 이에 대한 <보기>의 설명 중 옳은 것을 모두 고르면?

<표> 교역국가 수별 수입 현황

(단위: 개, 백만 달러)

교역국가 수별	활동기업		진입기업		퇴출기업	
	업체 수	교역액	업체 수	교역액	업체 수	교역액
1개국	131,780	31,080	57,994	8,312	59,962	6,252
2개국	30,950	30,753	9,380	10,488	20,183	13,206
3개국 이상	27,162	52,027	13,001	21,758	13,633	17,961
전체	189,892	113,860	80,375	40,558	93,778	37,419

※ 1) 업체 수(교역액) 진입률(%) = $\frac{\text{진입기업 업체 수(교역액)}}{\text{활동기업 업체 수(교역액)}}\times 100$

2) 업체 수(교역액) 퇴출률(%) = $\frac{\text{퇴출기업 업체 수(교역액)}}{\text{활동기업 업체 수(교역액)}}\times 100$

3) 활동기업 업체 수 =
진입기업 업체 수 + 퇴출기업 업체 수 + 휴식기업 업체 수

<보 기>

ㄱ. 교역국가 수에 상관없이 업체 수당 교역액은 진입기업이 퇴출기업보다 많다.

ㄴ. 전체 휴식기업 업체 수 중 교역국가 수가 1개국인 업체수가 차지하는 비중은 90% 이상이다.

ㄷ. 교역국가 수별 업체 수 퇴출률이 높은 순서는 교역액 퇴출률이 높은 순서와 같다.

① ㄱ
② ㄴ
③ ㄱ, ㄴ
④ ㄱ, ㄷ
⑤ ㄱ, ㄴ, ㄷ

25. 다음 <표>는 '갑'국의 2020~2022년 국립고궁박물관 교육프로그램 운영현황이다. <표>를 이용하여 작성한 <보기>의 자료 중 옳은 것만을 모두 고르면?

<표> 연도별 대상자별 국립고궁박물관 교육프로그램 운영현황

(단위: 명)

구분		가족	문화사각	성인	어린이·청소년	기타
2020	프로그램수	8	1	3	17	3
	운영횟수	78	1	45	295	53
	참여인원	686	12	1,026	6,115	617
2021	프로그램수	2	2	7	14	2
	운영횟수	35	23	135	381	51
	참여인원	219	182	2,135	10,238	689
2022	프로그램수	4	3	6	13	1
	운영횟수	39	32	79	295	22
	참여인원	312	368	1,026	11,130	145

<보 기>

ㄱ. 2020년 대상자별 참여인원

(단위: 명)

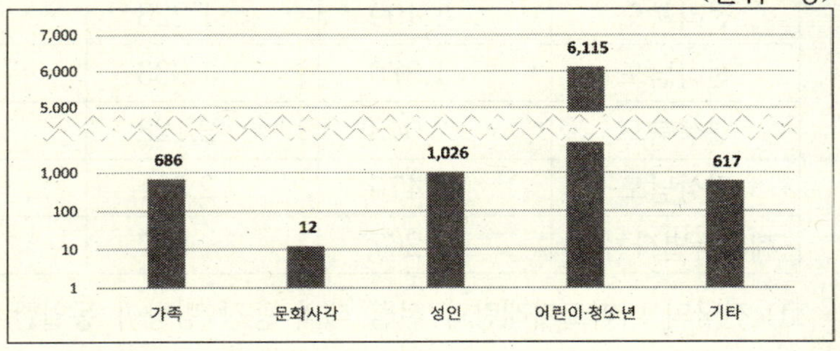

ㄴ. 연도별 가족 대상 프로그램 운영횟수의 전년 대비 증가율

(단위: %)

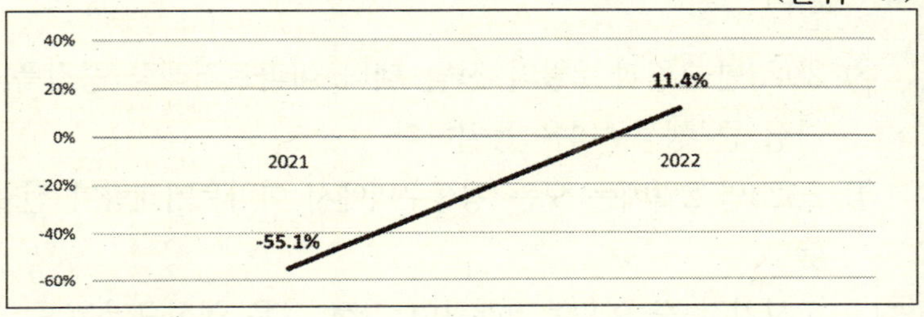

ㄷ. 연도별 전체 프로그램 수

(단위: 개)

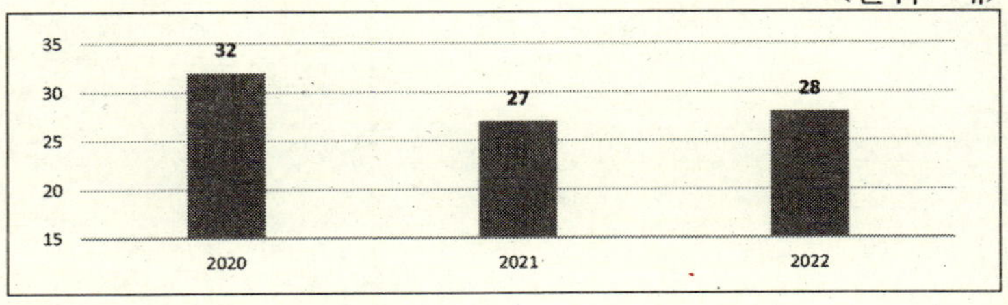

ㄹ. 2022년 대상자별 프로그램 비중

(단위: %)

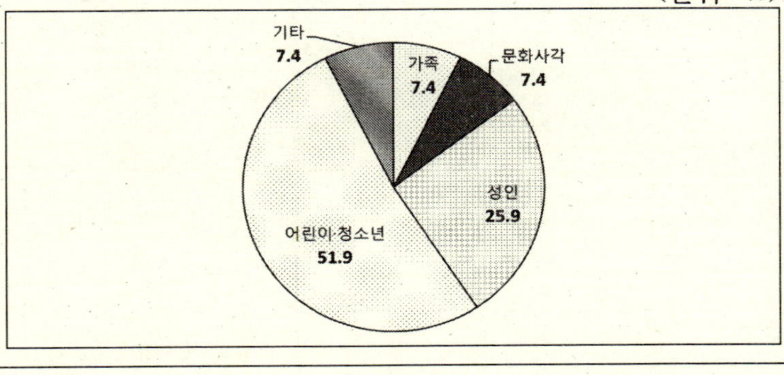

① ㄱ
② ㄷ
③ ㄱ, ㄴ
④ ㄴ, ㄷ
⑤ ㄱ, ㄴ, ㄹ

26. 다음 <표>는 '갑'국의 2016 ~ 2022년 인구변화에 관한 자료이다. 이에 대한 설명으로 옳지 않은 것은?

<표> 인구변화 현황

(단위: 명)

구분 연도	출생	사망	이민(유입)	이민(유출)
2016	406,243	280,827	29,183	30,172
2017	357,771	285,534	34,102	28,301
2018	326,822	298,820	40,182	37,372
2019	302,676	295,110	50,102	38,018
2020	272,337	304,948	54,472	36,572
2021	260,562	317,618	53,592	34,192
2022	249,186	372,939	56,402	38,102

※ 총인구 = 전년도 총인구 + 전년도출생 + 전년도이민(유입) - 전년도사망 - 전년도이민(유출)

① 2016 ~ 2022년 사이 유입된 이민자 수와 유출된 이민자 수의 차이가 가장 큰 연도는 2021년이다.

② 총인구는 2021년이 2018년보다 많다.

③ 2016 ~ 2022년 사이 유입된 이민자 수 대비 출생인구 비율이 가장 높은 연도는 2016년이다.

④ 2016 ~ 2022년 사이 출생인구 대비 사망인구의 비율이 가장 낮은 연도는 유출된 이민자 수 대비 유입된 이민자 수의 비율 또한 가장 낮다.

⑤ 2017 ~ 2022년 사이 총인구가 가장 많은 연도와 유입된 이민자의 수가 가장 많은 연도는 같다.

27. 다음 <표>는 2021년 스마트 미디어 분야별 조직형태에 대한 자료이다. 이에 대한 <보기>의 설명 중 옳은 것만을 모두 고르면?

<표 1> 스마트 미디어 분야별 조직형태 비중

(단위: %)

분야 조직형태	OTT	디스플레이	소셜미디어	가상현실
대기업	21.8	1.8	4.1	1.7
중견기업	( )	0.0	( )	( )
중소기업	59.0	( )	( )	96.2
계	100	100	100	100

<표 2> 스마트 미디어 분야별 기업 수

(단위: 개)

OTT	디스플레이	소셜미디어	가상현실	전체
78	114	121	578	( )

※ 스마트 미디어 분야는 OTT, 디스플레이, 소셜미디어, 가상현실 네 종류로 분류됨.

<보 기>

ㄱ. 디스플레이와 소셜미디어 분야 기업 수의 합은 전체 스마트 미디어 분야 기업 수의 25% 이상이다.

ㄴ. OTT 분야 중견기업 수는 가상현실 분야 중견기업 수보다 많다.

ㄷ. 조직형태가 대기업인 경우를 제외한 총 소셜미디어 분야의 기업 수는 디스플레이 분야의 기업 수보다 많다.

① ㄱ

② ㄷ

③ ㄱ, ㄴ

④ ㄴ, ㄷ

⑤ ㄱ, ㄴ, ㄷ

28. 다음 <표>는 보조금 지급이 가능한 '갑', '을', '병' 지역 중 1개를 최종 선정하기 위한 내부 평가자료이다. '필요액', '과거지급액', '보조효과' 3개 평가 항목 점수의 합이 가장 큰 지역에만 보조금을 지급한다. 이에 대한 <보기>의 설명 중 옳은 것만을 모두 고르면?

<표 1> '갑' ~ '병' 지역의 평가항목별 등급

평가항목 / 지역	필요액	과거지급액	보조효과
갑	A	B	D
을	D	A	B
병	B	C	C

<표 2> 평가항목의 등급별 배점

(단위: 점)

평가항목 / 등급	필요액	과거지급액	보조효과
A	7	8	6
B	6	6	5
C	2	5	4
D	1	2	1

<보 기>

ㄱ. 최종선정지역의 3개 평가 항목 점수의 합은 15점이다.
ㄴ. '갑'의 '과거지급액' 등급이 A로 변경되면 최종선정지역은 달라진다.
ㄷ. '필요액'과 '보조효과' 항목의 B등급 배점이 서로 바뀌면 최종 선정지역이 달라진다.

① ㄱ
② ㄷ
③ ㄱ, ㄴ
④ ㄴ, ㄷ
⑤ ㄱ, ㄴ, ㄷ

29. 다음 <표>는 A ~ H지역 돼지 축사에 관한 자료이다. 이에 대한 <보기>의 설명 중 옳은 것을 모두 고르면?

<표> 돼지 축사 현황

(단위: 개, 마리)

구분 / 지역	축사	일반축사	특수축사	축사당 사육두수
A	471	392	79	241
B	3,013	2,301	( )	24
C	948	( )	204	120
D	1,037	853	( )	89
E	2,957	2,630	327	36
F	3,710	3,271	( )	16
G	640	583	57	142
H	2,540	2,018	( )	34

※ 축사는 일반축사와 특수축사로만 구성됨. 각 축사는 최소 10마리 이상의 돼지를 사육함.
※ 축사가 아닌 곳에서 사육되는 돼지는 없음.

<보 기>

ㄱ. 일반축사가 가장 많은 지역과 특수축사가 가장 많은 지역은 같다.
ㄴ. 일반축사 대비 특수축사의 비율이 가장 높은 지역은 B이다.
ㄷ. F지역 특수축사에서 사육되는 돼지 수로 가능한 최댓값과 최솟값의 차이는 20,000 이상이다.
ㄹ. 가장 많은 돼지를 사육하고 있는 지역은 A이다.

① ㄱ, ㄴ
② ㄴ, ㄷ
③ ㄴ, ㄹ
④ ㄷ, ㄹ
⑤ ㄴ, ㄷ, ㄹ

30. 다음 <보고서>는 2019 ~ 2021년 '갑'국 아동학대 사례에 대한 자료이다. <보고서>의 내용과 부합하지 않는 자료는?

<보고서>

2021년 아동학대 사례는 총 21,579건이다. 이는 전년 대비 30% 이상 증가한 수치로 2020년 아동학대 사례가 전년 대비 5% 이하 증가한 것과 대비되어 최근 아동학대 사례가 급증한 것을 알 수 있다.

아동학대 피해아동 성별 사례건수를 살펴보면 2019년은 남자가 7,812명, 여자가 7,757명이고 2020년은 남자가 6,369명, 여자가 9,602명이고 2021년은 남자가 10,432명이고 여자가 11,147명이었다.

아동학대 피해아동 연령대별(~ 17세) 사례건수를 살펴보면 2021년의 경우 1세 미만이 747명, 1 ~ 4세가 3,450명, 5 ~ 8세가 5,132명, 9 ~ 12세가 6,182명, 13 ~ 17세가 6,068명이었다.

유형별 아동학대 사례를 살펴보면 2019 ~ 2021년 동안 매년 정서적 학대, 신체적 학대, 방임, 성 학대 순으로 많았다. 특히, 정서적 학대는 매년 전체 아동학대 사례 건수 중 45% 이상을 차지했다.

아동학대 사례종결 현황을 보면 2019 ~ 2021년 동안 매년 전체 사례 중 종결된 사례는 33% 이하로 이에 대한 방안이 필요하다.

① 2019 ~ 2021년 '갑'국 전체 아동학대 사려 건수

(단위: 건)

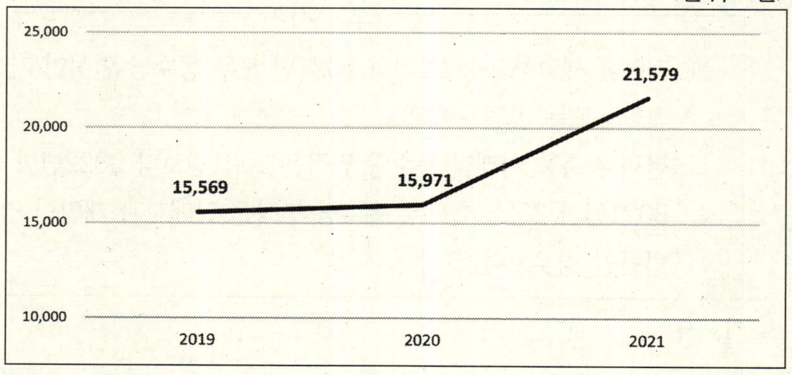

② 2019 ~ 2021년 '갑'국 아동학대 피해아동 남녀 비율

(단위: %)

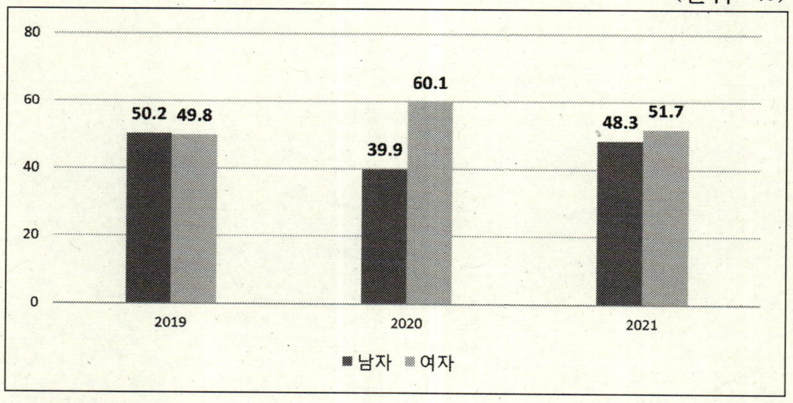

③ 2021년 '갑'국 아동학대 피해아동 연령대별 비율

(단위: %)

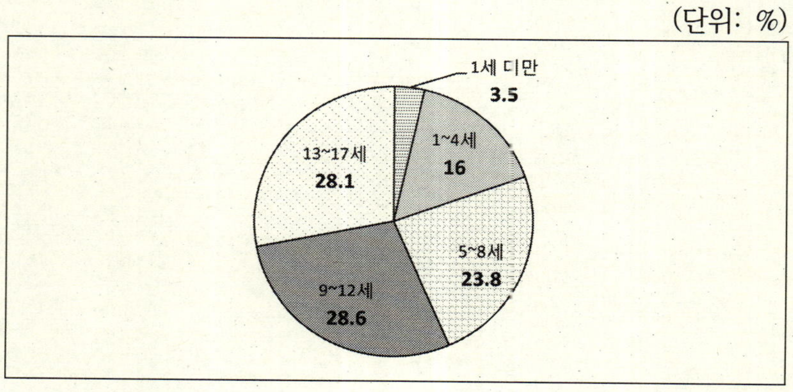

④ 2019 ~ 2021년 '갑'국 유형별 아동학대 사례 건수

(단위: 건)

연도 구분	2019	2020	2021
신체적 학대	4,179	3,807	5,780
정서적 학대	7,622	8,732	12,351
방임	2,885	2,737	2,793
성 학대	883	695	655
전체	15,569	15,971	21,579

⑤ 2019 ~ 2021년 '갑'국 아동학대 사례종결 현황

(단위: 건)

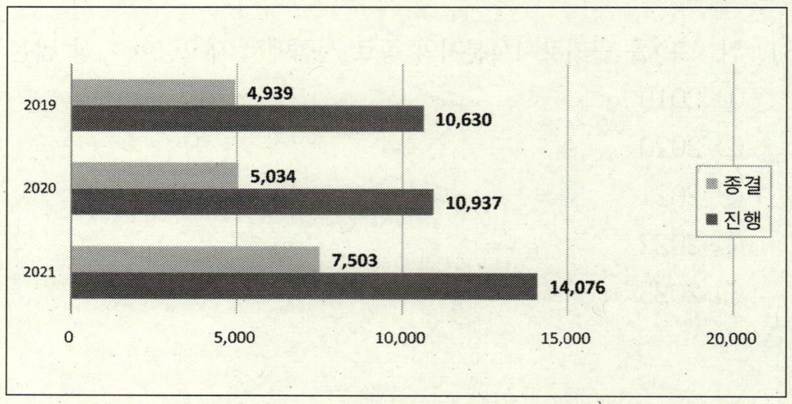

[31~32] 다음 <표>는 '갑' 기업의 2019 ~ 2023년 전분기 대비 재고 변화량에 관한 자료이다. 다음 물음에 답하시오.

<표> 전분기 대비 변화량

(단위: 개)

연도 \ 분기	1/4 분기	2/4 분기	3/4 분기	4/4 분기
2019	-24	-34	+39	+21
2020	+48	-33	-51	+29
2021	+9	+36	-24	-26
2022	-56	+15	+21	+30
2023	-5	-16	+28	-8

31. 위 <표>를 근거로 4/4분기의 종료 시점에서 재고량이 가장 많은 연도는?

① 2019
② 2020
③ 2021
④ 2022
⑤ 2023

32. 위 <표>와 아래 <조건>에 근거할 때, 2023년 4/4분기 종료 시점의 재고량은?

<조 건>

○ 2018년 4/4분기 종료 시점 재고량과 2019년 4/4분기 종료 시점 재고량은 십의 자리 숫자가 다르다.
○ 2020년 4/4분기 종료 시점의 재고량은 두 자리 숫자였지만, 2021년 1/4분기 종료 시점의 재고량은 세 자리 숫자이다.
○ 2022년 3/4분기 종료 시점의 재고량은 짝수이다.

① 94
② 95
③ 96
④ 97
⑤ 98

33. 다음 <표>는 '갑'국 2021년과 2022년 8월 건축물 거래현황에 대한 자료이다. 이에 대한 <보기>의 설명 중 옳은 것만을 모두 고르면?

<표 1> '갑'국 건물용도별 건축물 거래현황

(단위: 호, 천㎡)

건물용도 \ 분야	2021		2022	
	동수	면적	동수	면적
주거용	85,711	6,643	90,320	7,523
상업용	15,831	1,761	16,432	1,867
공업용	3,638	991	4,324	1,134
기타	2,349	1,024	2,237	986
전체	( )	( )	( )	( )

<표 2> '갑'국 거래주체별 건축물 거래현황

(단위: 호, 천㎡)

거래주체 \ 분야	2021		2022	
	동수	면적	동수	면적
개인->개인	68,569	5,744	72,342	6,375
개인->법인	3,263	1,101	4,432	843
법인->개인	32,033	2,071	32,217	2,360
법인->법인	3,664	1,503	4,322	1,932
전체	( )	( )	( )	( )

※ 거래주체는 판매자->구매자 형식으로 나타냄.

<보 기>

ㄱ. 기타를 제외하고 2021년과 2022년 모두 동수당 면적이 가장 큰 건물용도는 공업용이다.
ㄴ. 전체 건축물 거래의 동수당 면적은 2021년보다 2022년이 크다.
ㄷ. 2021년과 2022년 모두 동수당 면적은 판매자가 개인인 경우가 법인인 경우보다 크다.

① ㄱ
② ㄷ
③ ㄱ, ㄴ
④ ㄴ, ㄷ
⑤ ㄱ, ㄴ, ㄷ

34. 다음 <표>는 2020 ~ 2021년 퇴직연금제도 가입 근로자 수에 관한 자료이다. 이에 대한 <보기>의 설명 중 옳은 것만을 모두 고르면?

<표> 2020 ~ 2021년 성별 유형별 퇴직연금제도 가입 근로자 수

(단위: 천 명)

구분 \ 연도	합계	성별		유형			
		남자	여자	확정 급여형	확정 기여형	IRP 특례	병행형
2020	6,647	3,702	2,945	3,132	3,340	65	110
2021	6,836	3,779	3,057	3,136	3,528	63	111

<보 기>

ㄱ. 주어진 기간 동안 매년 가입 근로자의 40% 이상이 여성이다.

ㄴ. IRP 특례 및 병행형 가입 근로자의 합이 전체에서 차지하는 비중은 2020년이 2021년보다 크다.

ㄷ. 2021년 가입 근로자의 전년 대비 증가율이 가장 높은 유형은 병행형이다.

① ㄱ

② ㄷ

③ ㄱ, ㄴ

④ ㄴ, ㄷ

⑤ ㄱ, ㄴ, ㄷ

35. 다음 <표>는 '갑' 기업의 2019 ~ 2023년 영업 활동에 관한 자료이다. 이에 대한 설명으로 옳은 것은?

<표> 영업 활동 현황

(단위: 달러, %)

구분 \ 연도	매출액	매출원가	판매관리비	세율
2019	350	200	30	15
2020	400	205	25	15
2021	420	210	30	15
2022	390	230	35	20
2023	440	235	30	20

※ 영업이익 = 매출액 - 매출원가 - 판매관리비

※ 세금 = 영업이익 × 세율

※ 순이익 = 영업이익 - 세금

① 영업이익의 전년 대비 증가율이 가장 높은 연도는 2023년이다.

② 영업이익이 가장 작은 연도와 순이익이 가장 작은 연도는 같다.

③ 세금이 가장 많은 연도와 순이익이 가장 많은 연도는 같다.

④ 매출원가 대비 판매관리비의 비율이 가장 높은 연도는 2019년이다.

⑤ 매출액 대비 영업이익의 비율이 가장 높은 연도는 2021년이다.

36. 다음 <표>는 '갑'국 방송산업 종사자 및 매출액에 관한 자료이다. <표>를 이용하여 작성한 자료로 옳지 않은 것은?

<표 1> '갑'국 2020 ~ 2022년 방송산업 직종별 종사자 수

(단위: 명)

직종 \ 연도	2020년	2021년	2022년
임원	259	280	293
경영직	6,010	6,396	6,530
방송직	16,340	18,304	18,569
기술직	4,290	4,503	4,921
전체	( )	( )	( )

※ 직종은 임원, 경영직, 방송직, 기술직으로만 구성됨.

<표 2> '갑'국 2020 ~ 2022년 방송산업 성별 종사자 수

(단위: 명)

구분	성별 \ 연도	2020년	2021년	2022년
정규직	남	11,961	14,120	13,268
	여	10,349	10,392	11,055
비정규직	남	1,249	1,751	2,167
	여	3,340	3,220	3,823

① 2020 ~ 2022년 '갑'국 방송산업 전체 종사자 수 추이

(단위: 명)

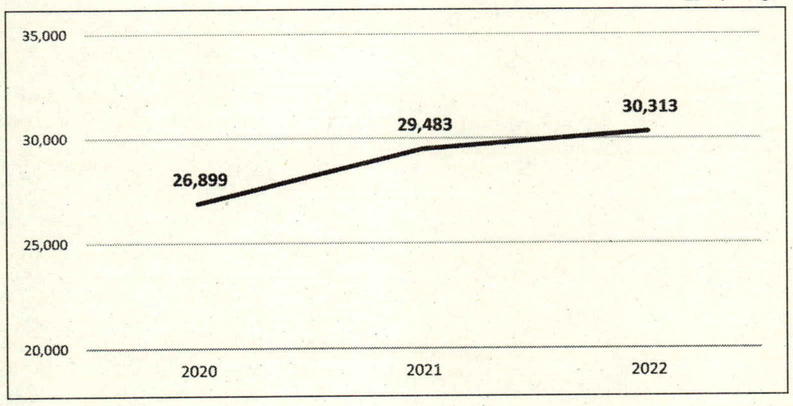

② 2020 ~ 2022년 '갑'국 방송산업 비정규직 종사자 남녀 비율

(단위: %)

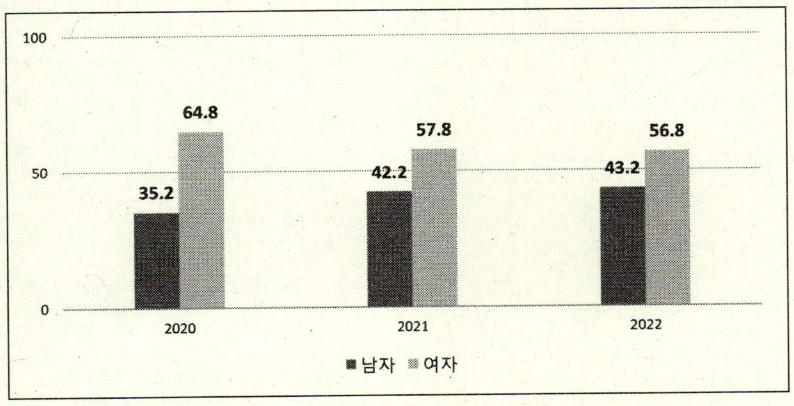

③ 2020 ~ 2022년 '갑'국 방송산업 정규직·비정규직 비율

(단위: %)

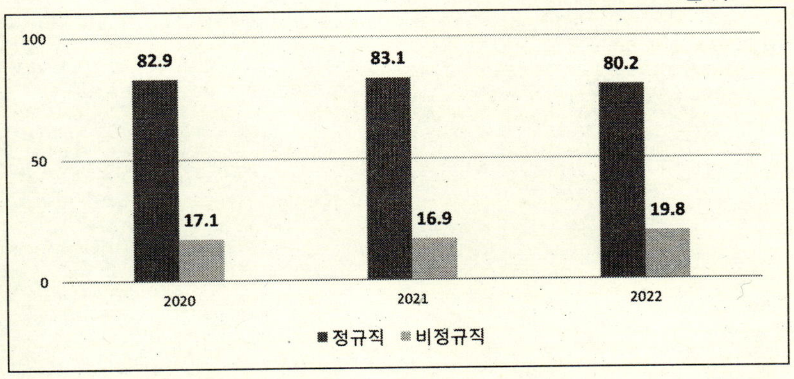

④ 2021 ~ 2022년 '갑'국 방송산업 직종별 종사자 수 전년 대비 증가폭

(단위: 명)

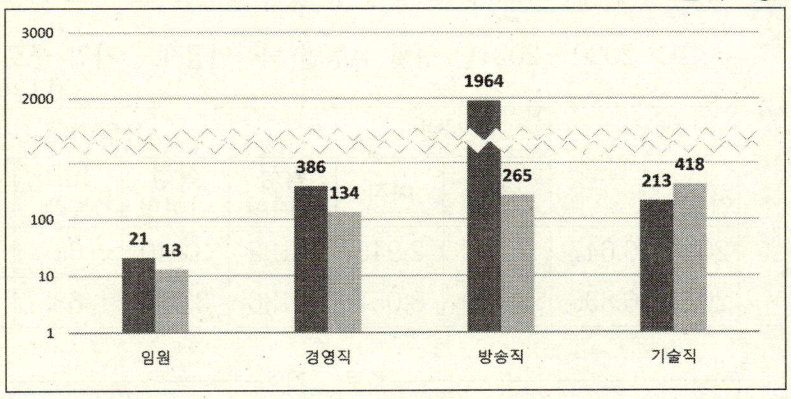

⑤ 2021 ~ 2022년 '갑'국 방송산업 정규직 종사자 수 전년 대비 변화율

(단위: %)

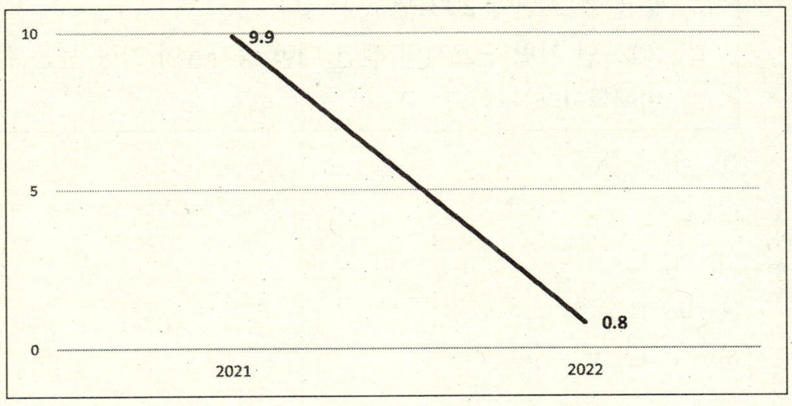

37. 다음 <표>는 우주 분야별 참여 현황에 관한 자료이다. 이에 대한 <보기>의 설명 중 옳은 것만을 모두 고르면?

<표> 우주 분야별 참여 현황

(단위: 개)

분야	세부분야	전체	기업체	연구기관	대학
합계	소계	510	423	27	55
위성체 제작	소계	94	67	12	15
발사체 제작	소계	112	100	3	9
지상장비	소계	101	95	6	-
	지상국	46	40	6	-
	발사대	58	57	1	-
우주보험	소계	8	8	-	-
위성활용 서비스	소계	233	183	14	36
	원격탐사	76	37	11	28
	위성방송통신	90	77	4	9
	위성항법	83	74	2	7
과학연구	소계	49	9	14	26
	지구과학	27	6	9	( )
	우주 및 행성과학	28	4	6	18
	천문학	14	1	2	11
우주탐사	소계	12	3	3	6
	무인우주탐사	11	3	3	5
	유인우주탐사	3	-	1	2

※ 하나의 기관이 여러 세부분야에 중복으로 참여할 수 있다.

<보 기>

ㄱ. 지상장비 중 지상국과 발사대에 모두 참여한 기업체와 연구기관의 수는 같다.

ㄴ. 과학연구의 모든 세부분야에서 가장 많이 참여한 기관은 대학이다.

ㄷ. 우주탐사 중 무인우주탐사와 유인우주탐사에 모두 참여한 연구기관과 대학의 수는 같다.

① ㄱ

② ㄷ

③ ㄱ, ㄴ

④ ㄴ, ㄷ

⑤ ㄱ, ㄴ, ㄷ

38. 다음은 A~E국의 올림픽 메달 현황에 관한 자료이다. A~E국 중 가장 많은 메달을 획득한 국가는?

<표 1> 올림픽 메달 획득 현황

(단위: 개)

국가	금메달	은메달	동메달
A	12	( )	( )
B	( )	20	( )
C	( )	15	( )
D	( )	( )	24
E	8	( )	( )

※ 올림픽 메달은 금메달, 은메달, 동메달로만 구성됨.

※ 획득한 메달 수는 자연수임.

<표 2> 올림픽 메달 획득 비율 현황

국가	금메달 대비 은메달 비율	금메달 대비 동메달 비율
A	1.42	1.83
B	2.00	1.70
C	3.00	5.00
D	0.62	1.85
E	2.25	2.38

※ 비율은 소수점 셋째 자리에서 반올림한 값임

① A

② B

③ C

④ D

⑤ E

39. 다음 <표>는 '갑'국 온라인게임 이용자 수에 관한 자료이다. <표>와 <조건>에 근거하여 A ~ D에 해당하는 직종을 바르게 나열한 것은?

<표> '갑'국 온라인게임 이용자 수

(단위 : 명)

구분	종류	A	B	C	D
진단결과별	일반사용자	3,102	2,639	2,930	2,274
	고위험 사용자	199	153	63	42
	잠재적 위험사용자	190	201	220	193
연령대별	10세 미만	450	326	585	492
	10대	732	704	941	616
	20대	562	739	693	632
	30대	677	692	452	403
	40대	720	305	253	265
	50대	350	227	289	101

※ 진단결과는 '일반', '고위험', '잠재적 위험'으로만 구성됨.

<조 건>

○ A ~ D는 롤플레잉, 웹보드, 슈팅, 스포츠 중 하나이다.
○ 온라인게임 중 일반사용자의 비율이 90% 미만인 게임 종류는 웹보드와 롤플레잉이다.
○ 온라인게임 중 20대·30대 이용자 수 비율이 가장 큰 게임종류는 롤플레잉이다.
○ 잠재적 위험사용자 수 대비 고위험 사용자 수가 가장 낮은 게임 종류는 슈팅이다.
○ 10대 이용자 수의 비율이 가장 높은 게임종류는 스포츠이다.

	A	B	C	D
①	웹보드	롤플레잉	스포츠	슈팅
②	롤플레잉	웹보드	스포츠	슈팅
③	스포츠	롤플레잉	웹보드	슈팅
④	웹보드	롤플레잉	슈팅	스포츠
⑤	롤플레잉	웹보드	슈팅	스포츠

40. 다음 <표>는 A ~ E 지역의 시기 및 면허종에 따른 운전면허소지자에 관한 자료이고, <보고서>는 A ~ E 중 한 지역에 관한 설명이다. 이를 근거로 판단할 때, <보고서>의 내용에 부합하는 도시는?

<표> 운전면허소지자 현황

(단위: 명)

구분	2019년		2020년		2021년	
	1종	2종	1종	2종	1종	2종
A	618	309	622	312	625	322
B	605	324	606	332	606	343
C	513	257	514	250	515	255
D	138	78	145	83	153	90
E	300	156	305	153	309	155

<보고서>

이 지역의 시기별 및 면허종별 운전면허소지자는 다음과 같은 특징이 있다. 첫째, 주어진 조사기간 동안 매년 2종 운전면허소지자가 1종 운전면허소지자의 50% 이상이었다. 둘째, 1종 운전면허소지자의 수는 조사기간 동안 매년 증가했다. 셋째, 이 지역은 조사기간 중 2021년에 2종 운전면허소지자 수가 가장 많았다. 넷째, 1종 운전면허소지자 수의 전년 대비 변화분은 2021년이 2020년보다 작다.

① A
② B
③ C
④ D
⑤ E

2025년 3월 1일 시행(제10회)

2025년도 국가공무원 5급 공채·외교관후보자 제1차시험·지역인재 7급·법원행시 대비

상황판단영역

3 교시

응시번호	
성 명	

문제책형

㉓

응시자 주의사항

1. **시험시작 전 시험문제를 열람하는 행위나 시험종료 후 답안을 작성하는 행위를 한 사람**은 「공무원임용시험령」 제51조에 의거 **부정행위자**로 처리됩니다.
2. **답안지 책형 표기는 시험시작 전** 감독관의 지시에 따라 **문제책 앞면에 인쇄된 문제책형을 확인**한 후, **답안지 책형란에 해당 책형(1개)을 '●'로 표기**하여야 합니다.
3. 시험이 시작되면 문제를 주의 깊게 읽은 후, **문항의 취지에 가장 적합한 하나의 정답만을 고르며,** 문제내용에 관한 질문은 할 수 없습니다.
4. **답안을 잘못 표기하였을 경우에는 답안지를 교체하여 작성**하거나 **수정할 수 있으며,** 표기한 답안을 수정할 때는 **응시자 본인이 가져온 수정테이프만을 사용**하여 해당 부분을 완전히 지우고 부착된 수정테이프가 떨어지지 않도록 손으로 눌러주어야 합니다. **(수정액 또는 수정스티커 등은 사용 불가)**
   - **불량한 수정테이프의 사용과 불완전한 수정처리로 발생하는 모든 문제는 응시자 본인에게 책임이 있습니다.**
5. **시험시간 관리의 책임은 응시자 본인에게 있습니다.**
6. **성적확인용 비밀번호**는 성적확인시 꼭 필요하니 **임의로 4자리를 마킹**하고 기억해야 합니다.

   ※ 문제책은 시험종료 후 가지고 갈 수 있습니다.

정답공개 및 이의제기 안내

1. 최종정답 공개 : 3.6(목) 오후 5시 네이버 카페 'PSAT의 정석'(cafe.naver.com/lecpsat)에 공지
2. 이의제기 : 3.3(월) 오후 2시까지 / 네이버 카페 'PSAT의 정석'(cafe.naver.com/lecpsat) '이의제기 신청 게시판'에서 연결된 구글폼에 입력
3. 성적확인 안내
   - 각 과목별 성적통계는 3.7(금)에 네이버 카페 'PSAT의 정석'(cafe.naver.com/lecpsat) '통계 게시판'에서 확인
   - 개인 성적표는 3.7(금)에 법률저널 접수페이지의 '성적확인페이지'에서 확인
4. 면학장학금 신청자는 3월 18일까지 관련 서류를 제출 바랍니다.
5. 법률저널 예측시스템 운영(3월 8일 오후 5시부터 법률저널 홈페이지 및 네이버 카페 PSAT의 정석)

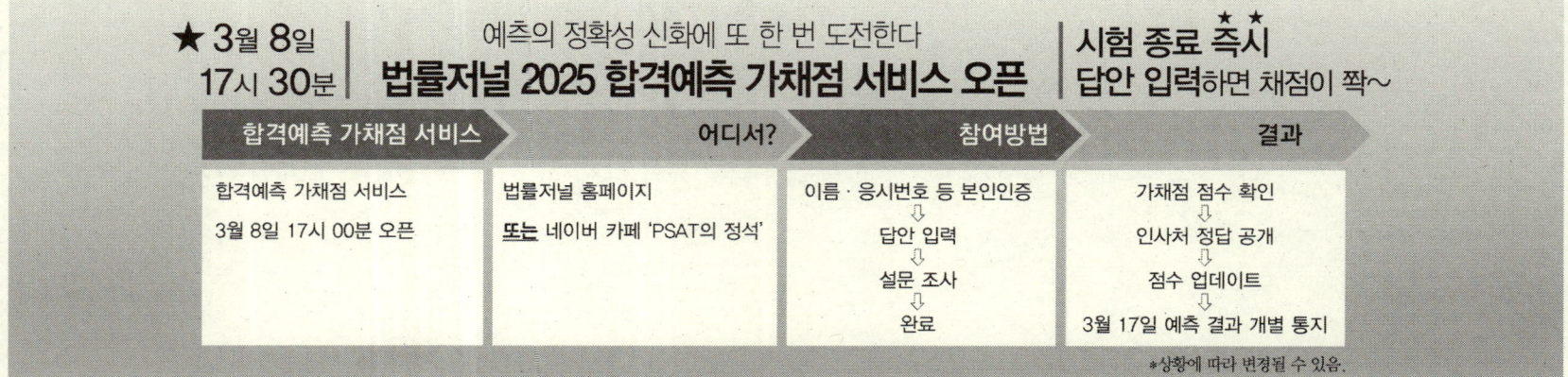

1. 다음 글을 근거로 판단할 때, △교육원 법인카드 사용원칙을 명백히 준수하지 않은 경우를 고르면?

> 제00조 ① 이 지침에서 사용하는 용어의 정의는 다음과 같다.
> 1. "법인카드"라 함은 이 지침의 발급 기준에 따라 금융기관으로부터 △교육원 명의로 발급받아 사용하는 신용카드를 말한다.
> 5. "사용책임자"라 함은 주관부서로부터 법인카드를 인계받아 사용하는 사용부서의 장을 말한다.
>
> ② 법인카드의 종류 및 용도는 다음과 같다.
> 1. "업무용 법인카드"라 함은 업무추진비, 경조사용 화환 구입, 특근매식비 등 업무수행을 위해 사용하는 법인카드를 말한다.
> 4. "구매용 법인카드"라 함은 물품구매(간담회 등을 위한 음료·다과 등 업무추진비 집행을 위한 물품구매는 제외) 및 공공요금 결제를 위해 사용하는 법인카드를 말한다. 다만, 구매용 법인카드를 도입하지 않은 경우 업무용 법인카드와 병행하여 사용할 수 있다.
>
> 제□□조 ① 법인카드는 업무와 관련하여 사용하여야 하며, 개인적인 용도에는 사용할 수 없다.
> ② 법인카드 사용의 투명성 확보를 위하여 다음 각 호의 1에 해당하는 경우에는 법인카드를 사용할 수 없다. 다만 업무추진을 위하여 사용이 불가피하고 객관적 증명자료를 제출하는 경우에는 예외로 한다.
> 1. 공휴일 및 휴무일 사용
> 3. 비정상시간대(심야시간대 등) 사용(23:00~06:00)
>
> 제△△조 ① 법인카드 불법사용자에 대해서는 인사위원회에 회부할 수 있다.
> ④ 법인카드 사용기준 위반자에 대해서는 사용금액을 환수하고 1회 위반 시 주의, 2회 위반 시 경고, 3회 위반 시 징계양정기준을 적용한다.
>
> 제○○조 ① 법인카드를 사용한 경우에는 법인카드 사용일로부터 7일(휴무일 제외) 이내에 정산하는 것을 원칙으로 한다. 다만 특별한 사유가 있을 경우에는 법인카드 결제일 3일 전까지 정산하여야 한다.
> ② 사용책임자는 출장·휴가 등으로 부재중인 경우를 제외하고는 지출결의서·집행 품의서에 직접 결재하여야 한다.

※ 1) 아래의 A, B, C, D, E는 모두 △교육원에 근무하는 직원이다.
2) △교육원의 휴무일은 토, 일요일이다.

① 임원 간담회에 쓰일 다과 구입을 하고자 구매용 법인카드를 사용한 A
② 공공요금 결제를 위해 업무용 법인카드를 사용한 B
③ 2023.02.11.(토) 02:00에 법인카드를 사용한 C
④ 2023.02.06.(월)에 법인카드를 사용한 후 2023.02.16.에 정산을 한 D
⑤ 지출결의서에 직접 결재하지 않은 사용부서의 장 E

2. 다음 글을 근거로 판단할 때 옳은 것은?

> 제00조 ① 경기 시행자는 다음 연도 소싸움경기 시행에 관한 운영계획 및 수입지출예산서를 작성하여 매 연도 말까지 농림축산식품부장관의 승인을 받아야 한다. 이를 변경하려는 경우에도 또한 같다.
> ② 경기 시행자는 매 사업연도 종료 후 2개월 이내에 소싸움경기 시행실적과 결산보고서를 농림축산식품부장관에게 제출하여야 한다.
>
> 제□□조 ① 농림축산식품부장관은 이 법을 시행하기 위하여 필요하다고 인정할 때에는 경기 시행자에게 소싸움경기 감독에 필요한 명령 또는 처분을 할 수 있다. 이 경우 경기 시행자가 시·군·구(자치구를 말한다)인 경우에는 특별시장·광역시장 또는 도지사를 거쳐 명령 또는 처분을 할 수 있다.
> ② 농림축산식품부장관은 소싸움경기의 원활한 시행을 위하여 필요하다고 인정할 때에는 경기 시행자로 하여금 소싸움경기의 운영상황을 보고하게 하거나 소속 공무원으로 하여금 경기 시행자의 사무소 또는 소싸움경기장에 출입하여 장부·서류 또는 그 밖에 필요한 물건을 검사하게 할 수 있다.
> ③ 제2항에 따라 검사를 하는 공무원은 그 권한을 표시하는 증표를 지니고 이를 관계인에게 보여주어야 한다.
>
> 제△△조 ① 위계(僞計) 또는 위력(威力)을 사용하여 소싸움경기의 공정성을 해치거나 공정한 시행을 방해한 자는 3년 이하의 징역 또는 3천만원 이하의 벌금에 처한다.
> ② 심판, 조교사 또는 싸움소 관리원이 다음 각 호의 어느 하나에 해당하는 행위를 하였을 때에는 5년 이하의 징역 또는 5천만원 이하의 벌금에 처한다.
> 1. 업무에 관하여 부정한 청탁을 받고 재물 또는 재산상의 이익을 수수(收受)·요구 또는 약속하였을 때
> 2. 업무에 관하여 부정한 청탁을 받고 제3자에게 재물 또는 재산상의 이익을 제공하게 하거나 그 제공을 요구 또는 약속하였을 때
>
> ③ 심판, 조교사 또는 싸움소 관리원이 제2항제1호의 죄를 저질러 부정한 행위를 하였을 때에는 7년 이하의 징역 또는 7천만원 이하의 벌금에 처한다.

① 소싸움경기 시행자 A는 다음 연도 소싸움경기 시행에 관한 운영계획을 작성하여 매 사업연도 종료 2개월 전까지 농림축산식품부장관의 승인을 받아야 한다.
② 경북 청도군에서 직접 소싸움경기를 시행하는 B에게 농림축산식품부장관이 필요하다고 인정할 때 특정 처분을 하고자 하는 경우 경북도지사를 거쳐야만 할 수 있다.
③ 관계 공무원 C가 농림축산식품부장관의 지시에 따라 소싸움경기장에 출입하여 서류를 검사하는 경우라면 따로 증표를 제시하지 않아도 된다.
④ 관객 D가 방망이를 들고 소싸움경기장에 난입하여 소싸움경기의 공정한 시행을 방해한 경우 5천만원의 벌금형에 처해질 수 있다.
⑤ 소싸움경기 심판인 E가 경기 결과 조작 청탁을 받고 5천만 원을 대가로 약속한 후 실제 결과를 조작하였을 때에는 7년 이하의 징역 또는 7천만원 이하의 벌금에 처한다.

3. 다음 글과 <상황>을 근거로 판단할 때 옳은 것은?

제00조 (출입증심의위원회) ① 보호구역 출입허가 등 출입증발급과 관련한 사항을 심의하기 위하여 출입증심의위원회(이하 "위원회"라 한다)를 둔다.
② 위원회는 위원장을 포함하는 5인 이내의 위원으로 다음 각 호와 같이 구성한다.
1. 지역본부 : 위원장은 운영단장이 되고 위원은 위원장이 지명하는 2인 이상의 의장 외 임원으로 한다.
2. 그 외 공항 : 위원장은 공항장이 되고 위원은 위원장이 지명하는 2인 이상의 임원이 아닌 상주 직원으로 한다.
③ 위원회의 의결은 재적위원 과반수의 출석과 출석위원 과반수의 찬성으로 의결한다. 이 경우 위원장은 의결권을 가지며, 가부동수일 경우 위원장이 결정한다.
제□□조 (공항상주 보안기관 합동회의) ① 공항상주 보안기관은 시 단위로 운영된다.
② 공항상주 보안기관 합동회의(이하 "합동회의"라 한다.)는 보호구역 출입허가 등 출입증발급과 관련한 사항 중 공항상주 보안기관과의 협의가 필요한 사항을 심의한다.
③ 합동회의는 의장의 요청으로 개최되며, 의장은 출입증 담당관, 의원은 출입증 담당관과 공항상주 보안기관의 보안책임자 또는 그 권한을 위임받은 자로 구성된다.
④ 합동회의는 다음 각 호의 사항을 심의한다.
1. 신원조사 결과 신원특이자로 통보된 자 중 항공보안, 국가안보, 국민의 생명과 재산을 침해할 것으로 우려되는 자에 대한 출입증 발급
⑤ 합동회의는 재적의원 과반수의 출석과 출석의원 3분의 2 이상의 찬성으로 의결하고 이는 위원회에서 심의·의결한 것과 동일한 효력을 지닌다.

<상 황>

甲시의 공항시설 보호구역 내 관련 종사자 현황이다.

위치	구분	직책	업무
지역 본부	A	운영단장	임원
	B	사장	임원
	C	부장	임원(출입증 담당관)
	D	직원	보안책임자
J 공항	E	사장	임원
	F	부장	임원(출입증 담당관)
	G	직원	보안책임자
	H	직원	비상주자

※ 1) 사장이란 지역 본부의 경우 지역본부장(직책 부장급)을 가리키며, 그 외 공항에서는 공항장이 된다.
2) H를 제외한 A ~ I 종사자는 모두 공항 내 상주자이다.

① 현재 2개의 위원회 설치가 가능하다.
② 지역 본부 내 위원회의 의결시 위원장이 결정권을 행사하여 의결이 이루어지는 경우가 있을 수 있다.
③ 출입증 발급을 요청한 H가 항공보안 침해가 우려되는 신원특이자로 통보된 경우 A의 요청으로 합동회의가 개최된다.
④ 합동회의시 1명의 찬성으로 가결되는 경우가 있을 수 있다.
⑤ 만약 J 공항의 보안책임 업무를 담당하는 직원 I가 신규채용되더라도 J 공항 위원회와 합동회의에서 동일한 인원의 찬성으로 의결이 이루어지는 경우는 있을 수 없다.

4. 다음 글을 근거로 판단할 때, <보기>에서 옳은 것만을 모두 고르면?

甲국의 정당은 등록취소 또는 자진해산의 방법으로 소멸된다. 먼저 등록취소의 경우 정당법에 따라 정당이 특정 사항에 해당하는 경우 중앙선거관리위원회에 의해 이루어진다. 정당의 등록취소에 해당하는 경우는 다음과 같다. 첫째, 정당이 5 이상의 시·도당을 가지지 못하거나 시·도당이 1천인 이상의 당원을 가지지 못한 경우 둘째, 최근 4년간 국회의원총선거 또는 임기만료에 의한 지방자치단체의 장의 선거나 시·도의회의원의 선거에 참여하지 아니한 경우 중 어느 하나라도 해당되면 정당의 등록취소 요건을 갖추게 된다. 이에 따라 중앙선거관리위원회가 등록을 취소한 때에는 지체 없이 그 뜻을 공고하여야 한다. 등록이 취소된 정당의 잔여재산은 당헌이 정하는 바에 따르고, 당헌에 규정이 없으면 국고에 귀속된다. 그리고 등록취소된 정당의 명칭과 같은 명칭은 등록취소된 날부터 최초로 실시하는 임기만료에 의한 국회의원선거일까지 정당의 명칭으로 사용할 수 없다.

다음으로 정당의 자진해산의 경우 정당은 대의기간의 결의로써 해산할 수 있다는 甲국의 정당법에 따라 이루어진다. 정당이 자진해산을 한 경우 정당의 대표자는 지체 없이 그 뜻을 관할 선거관리위원회에 신고하여야 한다. 이 경우 정당의 잔여재산은 당헌이 정하는 바에 따라 처분하고, 처분되지 아니한 정당의 잔여재산은 국고에 귀속한다. 이는 정당의 목적이나 활동이 민주적 기본질서에 위배된다고 판단되어 헌법재판소의 결정에 의해 해산되는 위헌정당해산과 비교된다. 위헌정당해산의 경우 헌법재판소의 해산결정에 의해 자동적으로 해산되며, 해산된 정당의 잔여재산은 국고에 귀속한다. 또한 해당 정당에 소속되었던 국회의원의 경우 당선 방식에 관계없이 정당해산결정이 있으면 그 의원직은 상실된다.

<보 기>

ㄱ. 정당이 5 이상의 시·도당을 가지지 못한 경우 관할 선거관리위원회는 등록을 취소하게 된다.
ㄴ. 당헌에 규정이 없어 처분되지 아니한 정당의 잔여재산 처리방식은 정당의 소멸과 위헌정당해산결정에 따른 해산에서 동일하게 이루어진다.
ㄷ. 등록취소된 정당의 명칭은 등록취소된 날 이후 최초로 실시된 임기만료에 의한 국회의원선거일이 지나면 다시 사용할 수 있다.
ㄹ. 정당의 목적이 민주적 기본질서에 위배된다고 판단되어 해산결정이 내려진 정당에 소속되었던 국회의원은 비례대표로 당선되었더라도 의원직을 상실한다.

① ㄱ, ㄷ
② ㄴ, ㄷ
③ ㄴ, ㄹ
④ ㄱ, ㄷ, ㄹ
⑤ ㄴ, ㄷ, ㄹ

5. 다음 글을 근거로 판단할 때 옳지 않은 것은?

민법 제156조에서는 "기간을 시·분·초로 정한 때에는 즉시로부터 기산한다"고 규정하고 있다. 이 규정은 기간을 정함에 있어 일보다 작은 단위를 사용하는 경우에는 그 계산에 있어 자연적 계산법(기간을 자연적인 시간의 흐름에 따라 일일이 계산해 나가는 방식)에 따른다는 취지이다.

민법 제156조는 기산점만을 규정하고, 기간을 시·분·초로 정한 경우의 만료점에 대하여서는 아무런 언급이 없으나, 자연적 계산법에 따른다는 취지로 보아 정하여진 시·분·초가 종료하는 때에 기간이 종료한다고 보고 있다. 예를 들면 3일 오전 9시에 16시간 이내라고 어떤 행위를 하여야 한다고 하였으면, 그 기산점을 3일 오전 9시 정각이 되며, 그 만료점은 4일 오전 1시가 된다.

민법 제157조에서는 "기간을 일, 주, 월 또는 연으로 정한 때에는 기간의 초일은 산입하지 아니한다. 그러나 그 기간이 오전 0시부터 시작하는 때에는 그러하지 아니하다"고 규정하고 있다. 이는 일 이상의 단위로 기간을 정한 때에는 역서에 의하여 계산한다는 취지이며, 이를 역법적 계산법이라고 부른다.

역법적 계산법은 자연적 계산법과는 달리 기간 계산에 있어서 다소간 인위적인 조작을 가하는 것으로 하고 있다. 우선 기간의 첫날이 처음부터가 아니고 그 중간에 시작되는 경우에 첫날을 온전한 하루로 계산할 것인가 아니면 계산에 산입하지 않을 것인가 하는 문제인데, 이에 관하여는 연장적 계산법(초일을 산입하지 않고 계산하는 방식)과 단축적 계산법(초일을 산입하여 계산하는 방식)이 있다.

우리 민법은 이 경우에는 연장적 계산법에 따르도록 규정하고 있다. 예를 들면, 4월 2일 오전 10시에 10일 이내라고 하였다면, 기간의 기산점은 연장적 계산법에 따라 4월 3일 오전 0시가 되고, 만료점은 4월 12일 오후 24시가 된다. 민법 제157조 단서는 초일이 꽉 찬 하루인 경우에는 이를 산입하여야 한다고 규정하고 있으나, 이는 단축이나 연장을 판단하여야 할 초일의 端數(단수)가 없는 경우이기 때문에 당연히 그래야 할 경우로서 연장적 계산법에 대한 예외는 아니다.

민법 제158조는 "연령계산에는 출생일을 산입한다"고 규정하고 있다. 이는 연령의 계산에 있어서는 민법 제157조에서 규정하고 있는 연장적 계산법을 따를 것이 아니라 단축적 계산법에 의하도록 하는 예외를 규정한 것이다. 연령의 계산에 있어서 자연적 계산법에 의할 것인가 아니면 역법적 계산법에 의할 것인가에 대하여 민법에는 아무런 규정이 없으나, 일반적으로는 역에 따라 계산하는 것으로 이해되고 있다.

※ 2022년 및 2023년은 윤년이 아니다.

① 민법 제156 ~ 158조는 모두 각각 다른 기간 계산법을 규정하고 있다.
② 민법 제157조에서 규정한 계산법에 따르면 민법 제156조에서 규정한 계산법에 따랐을 때에 비해 기간이 길어진다.
③ 2022년 12월 30일 오후 12시부터 90일이라는 기간이 규정되었다면, 만료점은 2023년 3월 30일 24시가 된다.
④ 민법 제158조에서 규정한 계산법은 인위적 조작이 가해진 결과이다.
⑤ 2022년 9월 29일에 태어난 사람은 2022년 12월 30일 현재 생후 93일로 계산한다.

6. 다음 <졸업 시뮬레이션 결과>와 <2023-1학기 개설강의>를 근거로 판단할 때, 2023년 1학기 졸업예정자 甲이 졸업을 위해 수강해야 할 최소 학점은?

<졸업 시뮬레이션 결과>

- 졸업가능여부 : 졸업불가
- 총 학점 6학점 부족
- 전공선택 5학점 부족
- 영어진행강의 1학점 부족
- 필수교양 1학점 부족

<2023-1학기 개설강의>

강의명	학점	강의분류	비고
미시경제학	3	전공선택	-
거시경제학	3	전공선택	-
신입생세미나	1	필수교양	영어진행
행정학개론	2	일반교양	영어진행
글쓰기의 이해	3	필수교양	-

※ 1) 甲은 신입생이 아니다.
2) '신입생세미나'는 신입생만 수강할 수 있다.

① 7학점
② 8학점
③ 9학점
④ 10학점
⑤ 11학점

7. 다음 글을 근거로 판단할 때, <보기>에서 옳은 것만을 모두 고르면?

> 언제 어디서든 좋은 맛의 커피를 만들어낼 수 있는 원두 분쇄와 추출 공식이 있을까? 미국 오리건대와 영국 포츠머스대를 주축으로 한 국제연구진이 커피 추출 과정을 수학적으로 분석해 이상적인 커피 추출 방법을 개발했다. 주어진 수온과 압력에서 원두의 양과 분쇄 정도에 따라 커피가 추출돼 나오는 양을 계산하는 공식을 만들어 적용한 결과다. 결론은 기존 레시피보다 원두의 양은 4분의 1 적게 하고, 알갱이는 굵게 분쇄하는 '적은 게 좋아'(less-is-more approach)식 해법이다.
>
> 일반적으로 분쇄된 원두 알갱이가 작을수록 커피 추출률은 높다. 물에 닿는 원두의 표면적이 더 넓어지기 때문이다. 추출률이 높으면 쓴맛이, 낮으면 신맛이 나는 경향이 있다. 그러나 실제 카페에서 사용하는 커피 머신으로 시험한 결과, 분쇄된 알갱이의 크기가 특정 한도를 넘어서면 이 법칙이 통하지 않는다는 것을 발견했다. 너무 잘게 분쇄된 알갱이들이 오히려 물이 흐르는 틈을 막아버려 커피 추출률을 떨어뜨리는 현상이 나타난 것이다.
>
> 이는 커피를 추출할 때마다 맛이 조금씩 달라지는 요인이 됐다. 포츠머스대 제이미 포스터 교수는 "똑같은 맛의 커피를 반복해서 만들어낼 수 있는 핵심은 물 흐름을 일정하게 유지해주면서도 물에 닿는 표면적을 최대화할 수 있는 크기로 원두를 분쇄하는 것"이라고 말했다. 연구진은 그러나 카페에서는 너무 잘게 분쇄된 원두를 사용한다고 덧붙였다. 연구진은 이보다 굵은 원두 알갱이를 사용하면 물 흐름이 막히지 않아 커피 양도 많아지고 맛도 일정해지는 것을 발견했다.
>
> 오리건대 크리스토퍼 헨돈 교수는 "일반적으로 에스프레소 한 잔에 사용하는 커피 원두는 20그램인데 이를 15그램만 쓰고 더 굵게 갈아 넣으면 맛 좋은 에스프레소 샷을 빠르게 얻을 수 있다"고 말했다. 에스프레소 제조에 걸리는 시간은 기존 25초에서 7~14초로 줄어들고, 커피 수율은 18%에서 22%로 높아졌다고 한다.

<보 기>

ㄱ. 물의 흐름이 막히지 않고 물에 닿는 원두의 표면적이 넓어지면 커피 추출률이 높아진다.
ㄴ. 원두 알갱이를 잘게 분쇄할수록 커피 추출률이 높아져 쓴맛이 난다.
ㄷ. 원두 알갱이 크기는 커피의 쓴맛, 신맛뿐만 아니라 맛의 일관성까지 좌우한다.
ㄹ. 해당 연구 레시피대로 에스프레소를 제조하면 걸리는 시간을 75% 이상 줄일 수 있다.

① ㄱ, ㄷ
② ㄱ, ㄹ
③ ㄴ, ㄷ
④ ㄴ, ㄹ
⑤ ㄱ, ㄷ, ㄹ

8. 다음 글을 근거로 판단할 때, ㉠~㉢을 옳게 짝지은 것은?

> 코리올리 효과(Coriolis Effect)는 회전하는 계에서 느껴지는 관성력에 관한 것으로, 1835년 프랑스의 과학자 코리올리가 처음 설명해 냈으며 '전향력'이라고도 한다. 이는 자전하는 지구에서 물체가 운동하는 방향이 편향되는 것을 설명하기에 유용한 힘이다. 지구의 자전 속력은 적도에서 가장 빠르며, 위도가 높아질수록 느려지게 된다. 지구는 적도에서 북극을 바라볼 때 동쪽으로 자전하는데, 이 경우에 적도에서 동일한 경도상의 북쪽에 있는 도착 지점으로 물체를 발사한다고 가정해보자. 발사 속력이 일정하다고 가정한다면, 적도에서 발사되는 물체가 갖는 동쪽으로 진행하는 속력이 도착 지점에서의 동쪽으로 진행하는 속력보다 빠르므로 물체는 도착 예정 지점보다 더 동쪽에 있는 지점으로 가게 될 것이다. 이를 적도상의 발사 지점에서 관찰하면 물체가 오른쪽으로 휘어져 진행하는 것으로 보이게 된다. 이러한 전향력은 발사지점과 도착 지점의 자전 속력 차이가 클수록 더욱 크게 나타난다. 한편, 자전 방향과 주기가 지구 전역에서 동일하므로 적도에서 물체를 남쪽으로 발사하는 경우, 발사 지점에서 관찰하는 방향은 북쪽으로 발사하는 것과 반대로 보이게 될 것이다.
>
> 이를 간단한 모형을 통해 알아보자. 지구의 적도상의 존재하는 어떠한 지점을 A라 하고, A와 동일한 경도 상의 북위 40도에 위치하는 지점을 B, 북위 80도에 위치하는 지점을 C, 남위 40도에 위치하는 지점을 D라 한다. 또한 전향력 이외의 다른 조건은 모두 동일하다. 이 경우, A에서의 자전 속력을 400km/h, B와 D에서의 자전 속력을 200km/h, C에서의 자전 속력을 100km/h라고 한다. 해당 모형에서 A에서 B를 향해 어떠한 물체를 발사하는 경우, B보다 (㉠) 지점에 도착하게 될 것이다. 또한 A에서 B로 물체를 발사하는 경우보다 B에서 C로 물체를 발사하는 경우에 발사 지점에서 관찰했을 때의 이동경로가 (㉡) 휘어져 보이게 될 것이다. 또한 A에서 D로 물체를 발사한다면 A지점에서 관찰하기에 목표했던 경로보다 (㉢) 휘어져 보일 것이다.

	㉠	㉡	㉢
①	동쪽	더 오른쪽으로	왼쪽으로
②	서쪽	더 오른쪽으로	왼쪽으로
③	동쪽	덜 오른쪽으로	왼쪽으로
④	서쪽	덜 오른쪽으로	오른쪽으로
⑤	동쪽	덜 오른쪽으로	오른쪽으로

9\. 다음 글을 근거로 판단할 때 옳지 않은 것은?

甲국은 수도권의 쓰레기 처리 문제를 해결하기 위해서 A도시에 수도권 쓰레기 매립지를 추가 설립하고자 한다. 수도권 쓰레기 매립지를 사용하게 될 도시는 A, B, C로 세 도시에서 건설비용 6,000억 원을 분담한다. 세 도시의 특성은 다음과 같다.

<甲국 수도권 도시별 특성>

도시	인구	면적	평균 쓰레기 배출량
A	500만 명	600 km^2	180 t
B	1,250만 명	3,000 km^2	300 t
C	750만 명	1,250 km^2	250 t

이러한 도시별 특성에 기반하여 세 종류의 비용 분담기준이 제시되고 있다. 단, 매립지에 대한 부정적 인식을 고려하여 매립지가 건설되는 A도시는 기준에 따라 분담된 건설비용을 1,000억 원 차감하며, 해당 금액은 B도시와 C도시가 분담기준에 따라 다시 분담한다.

○ 기준 1 : 각 도시가 동일한 비율로 비용을 분담
○ 기준 2 : 도시별 인구수에 비례하여 비용을 분담
○ 기준 3 : 도시별 면적당 평균 쓰레기 배출량에 비례하여 비용을 분담

① 기준 1에 비해 부담 비용이 낮아지는 도시의 수는 기준 3보다 기준 2에서 더 많다.
② 기준 1에서 B도시의 부담비용은 A도시의 2배 이상이다.
③ B도시의 부담 비용은 기준 2에서가 기준 3에서의 3배 이상이다.
④ A도시의 부담 비용은 기준 3에서 가장 높다.
⑤ C도시의 부담비용은 기준 2에서보다 기준3에서 더 높다.

10\. 다음 글을 근거로 판단할 때, 甲이 보낼 메시지 코드의 일의 자리 수가 될 수 없는 것은?

○ A기기를 이용해 메시지를 보낼 때는 아래의 <원칙>에 따라 각 메시지에 코드가 부여된다.
○ 甲은 A기기를 이용하여 [I see you]라는 메시지를 보내려고 한다.
○ 메시지를 보낼 때 줄임말을 사용할 수도 있다.

<원 칙>

○ 각 알파벳은 숫자 코드로 환원된다.
○ 알파벳 역순으로 코드가 차례대로 부여된다. (예: Z-1, Y-2, … B-25, A-26)
○ 메시지에는 각 알파벳에 부여된 코드를 모두 합친 숫자인 코드가 부여된다.(예: LOVE=15+12+5+22=54)

<줄임말 예시>

단어	줄임말	단어	줄임말
bee	b	you	u
see	c	ex	x
⋮	⋮	⋮	⋮

① 0
② 2
③ 4
④ 6
⑤ 8

11. 다음 글을 근거로 판단할 때 옳지 않은 것은?

○ 甲과 乙은 50개의 구슬을 나누어 가져가는 게임을 한다.
○ 구슬은 45개의 흰 구슬과 5개의 검은 구슬로 구성되며, 검은 구슬을 더 많이 가져간 사람이 이긴다.
○ 구슬은 순서대로 가져갈 수 있으며, 검은 구슬은 10번, 20번, 30번, 40번, 50번에 각각 위치한다.
○ 한 번에 최소 1개, 최대 3개의 구슬을 가져갈 수 있다.
○ 甲이 1번 구슬을 가져옴으로 게임이 시작되며, 누군가 50번 구슬을 가져가면 게임이 종료된다.
○ 甲과 乙은 게임에서 이기기 위해 최선을 다한다.

① 위 조건에 따라 게임을 진행한다면 甲이 승리한다.
② 첫 번째 차례에는 3개의 구슬을 가져가야 한다면, 乙이 승리한다.
③ 甲이 40번 구슬을 가져감으로써 甲과 乙이 각각 2개의 검은 구슬을 가져가게 된다면, 甲과 乙 모두 승리할 수 있다.
④ 甲이 10번, 20번 검은 구슬을 가져간 경우라도, 乙이 30번 검은 구슬을 가져간다면 乙이 승리한다.
⑤ 두 번째 차례까지 3개의 구슬을 가져가야 한다면, 甲이 승리한다.

12. 다음 글을 근거로 판단할 때, 21시에서 21시 30분 사이에 롤러코스터가 출발한 횟수는?

○ 甲놀이공원에서는 총 2대의 롤러코스터가 운영되고 있으며 1대당 정원은 8명이다.
○ 롤러코스터는 한 번 출발하면 3분을 코스로 하여 운행하며, 승객들이 승강장에 도착했을 때 사용 가능한 롤러코스터가 있는 경우 30초의 준비 시간 이후에 출발한다. 승강장에 도착했을 때 사용 가능한 롤러코스터가 없는 경우 운행하던 롤러코스터가 승강장에 도착하고 나서 30초의 준비 시간 이후에 출발한다.
○ 대기인원이 8명 이하인 경우 모두를 태우고 출발하며, 8명을 초과하는 경우 남은 인원은 다음 롤러코스터에 탑승해야 한다.
○ 2대의 롤러코스터가 모두 사용가능한 경우라 해도, 먼저 출발한 롤러코스터가 출발한 이후에 30초의 준비 시간을 가진 이후에 출발하며, 준비시간에는 이미 도착해서 대기하던 손님만을 태울 수 있다.
○ 롤러코스터는 정비를 받은 후에 3회 운행할 때마다 1분의 정비 시간을 가진 이후에 다시 승강장에 진입하여 승객을 태울 준비 시간을 갖게 된다.
○ 다음은 두 롤러코스터가 정비를 마친 20시 50분부터 21시 40분까지 롤러코스터 승강장에 도착한 승객의 수와 도착 시각을 정리한 것이다.

도착 시각	인원	도착 시각	인원
20 : 59 : 40	10	21 : 07 : 30	10
21 : 01 : 00	8	21 : 11 : 00	10
21 : 02 : 30	4	21 : 23 : 40	6
21 : 03 : 05	4	21 : 25 : 00	10
21 : 03 : 50	6	21 : 26 : 45	4
21 : 06 : 30	2	21 : 29 : 40	8

① 9
② 10
③ 11
④ 12
⑤ 13

13. 다음 글을 근거로 판단할 때, <보기>에서 옳은 것만을 모두 고르면?

> 甲과 乙은 시계와 주사위를 이용한 게임을 하고자 한다. 다음과 같은 세부 규칙을 따르고자 한다.
> ○ 1 ~ 12시까지 적힌 시계 문자판을 말판으로 삼아, 1개의 말을 12시에 놓고 게임을 시작하고자 한다.
> ○ 주사위를 던져 홀수가 나오면 말을 시계 방향으로 눈의 숫자만큼, 짝수가 나오면 말을 반시계 방향으로 눈의 숫자만큼 이동시킨다.
> ○ 甲과 乙이 번갈아 주사위를 각 3번씩 총 6번 던져 말의 최종 위치로 게임의 승자를 결정한다.
> ○ 말의 위치가 홀수이면 甲이 승리하고, 짝수라면 乙이 승리한다. 무승부가 되는 조건은 존재하지 않는다.

<보 기>

ㄱ. 말의 최종 위치가 짝수일 확률은 홀수일 확률과 같다.

ㄴ. 말의 최종 위치가 12시일 확률은 $\frac{1}{12}$이다.

ㄷ. 甲과 乙이 한 번씩 주사위를 던졌을 때, 말이 5시에 위치에 있을 확률은 7시에 위치에 있을 확률이 다르다.

① ㄱ
② ㄴ
③ ㄱ, ㄴ
④ ㄱ, ㄷ
⑤ ㄱ, ㄴ, ㄷ

14. 다음 글과 <대화>를 근거로 판단할 때, <보기>에서 옳은 것만을 모두 고르면?

> ○ 같은 과에 재학 중인 학생(甲 ~ 丁)은 1~3월에 참여한 동아리 활동에 관해 이야기를 나누고 있다.
> ○ 학생들은 동아리 활동으로 춤을 배우거나 노래를 배운다. 모든 학생은 매달 동아리 활동에 참여하며, 각 학생은 1~3월 동안 두 활동에 최소 한 번씩은 참여하였다.

※ 각 학생은 춤을 배운 달에는 그 달 내내 춤을 배웠고, 노래를 배운 달에는 그 달 내내 노래를 배웠다.

<대 화>

甲: 나는 2월을 포함해서 노래를 두 달 배웠어.
乙: 내가 노래를 배우러 가면 丙이 항상 있었어.
丙: 나는 동아리 활동을 하면서 丁을 한 번도 마주친 적이 없어.
丁: 나는 노래를 딱 한 달만 배웠는데 그때 너희 중 누구도 마주치지 않았어.

<보 기>

ㄱ. 甲이 춤을 배운 달에는 丙도 항상 춤을 배웠다.

ㄴ. 丙이 노래를 배운 달에는 甲도 항상 노래를 배웠다.

ㄷ. 甲이 3월에 노래를 배웠다면 이들 중 3월에 노래를 배운 학생은 3명이다.

ㄹ. 이들 중 2월에 노래를 배운 학생이 2명이라면 丁은 1월에 노래를 배웠다.

① ㄱ, ㄴ
② ㄷ, ㄹ
③ ㄱ, ㄴ, ㄷ
④ ㄱ, ㄴ, ㄹ
⑤ ㄴ, ㄷ, ㄹ

15. 다음 글과 <대화>를 근거로 판단할 때 반드시 참이라고 보기 어려운 것은?

○ 영선이는 크리스마스를 앞두고 친구들에게 카드를 선물하려 한다.
○ 친구들에게 다음 기준에 따라 카드를 나누어 주었다.(단, 카드 종류는 산타 카드 3장, 루돌프 카드 3장, 트리 카드 2장, 눈사람 카드 1장이다.)
- 산타 카드 : 알고 지낸 지 오래된 친구부터 1장씩 나누어 준다.
- 루돌프 카드 : 가장 최근에 만났던 친구부터 1장씩 나누어 준다.
- 트리 카드 : 여름에 태어난 친구에게 준다.
- 눈사람 카드 : 겨울에 태어난 친구에게 준다.

※ 여름에 태어난 친구는 2명, 겨울에 태어난 친구는 1명이다.

<대 화>

재연 : 나는 눈사람 카드가 아닌 카드를 1장만 받았어.
인영 : 나는 눈사람 카드를 제외한 모든 카드를 받았어.
형민 : 나는 산타 카드는 받았지만 트리 카드는 받지 못했어.
현하 : 나는 카드를 1장도 받지 못했어.
수현 : 나는 형민이가 받은 카드는 모두 받았고, 재연이가 받은 카드는 모두 받지 못했어.

① 인영은 여름에 태어났다.
② 수현은 겨울에 태어났다.
③ 영선이는 재연에 비해 형민이와 알고 지낸 지 더 오래됐다.
④ 영선이는 현하에 비해 재연이를 더 최근에 만났다.
⑤ 트리와 루돌프 카드를 받은 사람은 산타 카드도 받았다.

16. 다음 글을 근거로 판단할 때, <보기>에서 옳은 것만을 모두 고르면?

○ 甲회사는 인터넷 강의를 촬영한 소속 강사(가, 나, 다, 라, 마) 중 각 평가항목 별 최종 점수의 합계가 높은 두 명에게 포상을 하고자 한다.
○ 각각 수강생 수, 매출 실적, 완강 비율로 구성된 평가항목을 5개 등급(최상, 상, 중, 하, 최하)으로 각각 평가하여 점수를 부여한다.
○ 각 항목의 등급별 점수는 다음과 같다.

	수강생 수	매출 실적	완강 비율
최상	40	35	25
상	32	28	20
중	24	21	15
하	16	14	10
최하	8	7	5

○ 평가항목별 최종 점수는 평가위원 3명(A, B, C)의 점수의 합의 평균으로 결정한다.
○ 평가 결과는 다음과 같다.

강사	평가 위원	수강생 수	매출 실적	완강 비율
가	A	40	28	15
	B	32	28	10
	C	32	21	10
나	A	ⓐ	28	20
	B	24	28	20
	C	24	28	15
다	A	32	35	15
	B	24	21	15
	C	32	ⓑ	15
라	A	40	28	20
	B	40	21	15
	C	32	14	10
마	A	16	21	15
	B	24	ⓒ	20
	C	24	28	10

<보 기>

ㄱ. ⓐ가 어떤 값인지에 따라, 수강생 수 평가항목의 최종점수의 최고점이 바뀔 수 있다.
ㄴ. ⓑ = ⓒ = 28이라면, 매출 실적 평가항목의 최종 점수는 동점자가 있다.
ㄷ. ⓐ = 32, ⓑ = 21, ⓒ = 21일 때, 포상을 받게 되는 강사는 나와 라이다.

① ㄱ
② ㄴ
③ ㄱ, ㄴ
④ ㄴ, ㄷ
⑤ ㄱ, ㄴ, ㄷ

17. 다음 글을 근거로 판단할 때, 취업인정기준을 모두 충족한 아래의 신청자 중 현재까지 해외취업정착지원금을 총 400만 원 이상 받은 자는 몇 명인가?

<해외취업정착지원금 지급기준>

1. 제도의 취지
- 해외취업에 성공한 청년들의 취업 초기 현지적응 지원 및 일정 기간 경력개발을 통해 글로벌 인재로 성장할 수 있도록 유도하기 위함이다.

2. 지원금액
- 동일 국가 내 동일 기업에서 근속기간을 충족할 경우 지원금을 지급해주며, 국가별로 차시별 충족 기간 및 금액은 아래와 같다.

구분	차수	지원금액
지원금 우대국가	1차	(취업 후 1개월) 300만원
	2차	(취업 후 6개월) 100만원
	3차	(취업 후 12개월) 200만원
선진국 분류국가	1차	(취업 후 1개월) 200만원
	2차	(취업 후 6개월) 100만원
	3차	(취업 후 12개월) 100만원

3. 국가구분

지원금 우대국가	선진국분류 25개국을 제외한 모든 국가
선진국 분류국가	그리스, 네덜란드, 노르웨이, 뉴질랜드, 덴마크, 독일, 룩셈부르크, 미국, 벨기에, 스웨덴, 스위스, 스페인, 아이슬란드, 아일랜드, 영국, 오스트레일리아, 오스트리아, 이스라엘, 이탈리아, 일본, 캐나다, 포르투갈, 프랑스, 핀란드, 홍콩

4. 지원대상 및 취업인정 기준

지원대상	연령: 만 34세 이하(87년 1월 1일 이후 출생) 소득기준: 합산소득 6분위 이하
취업인정 기준	취업비자 취득 연봉 1,600만원 이상 근로계약 1년 이상

- 근속기간 충족여부는 각 차시별로 요구되는 기간을 충족한 후 재직 증명서를 발급받아 제출할 때 인정되며, 2·3차 지원금은 각각 1·2차 지원금을 수령한 자에 한하여 신청가능하다.

지원금은 위 기준을 모두 충족할 경우 신청 즉시 지급된다.

이름	연령(만)	소득(분위)	취업 국가	근속 기간	수령 이력
도진	30세	6	영국	8개월	1차 수령
현우	22세	1	베트남	6개월	1차 수령
양철	42세	10	스위스	6개월	없음
세현	28세	5	포르투갈	14개월	1차 수령
민영	34세	6	일본	5개월	없음

※ 1) 소득분위는 합산소득을 기준으로 책정된 것이다.
2) 각 신청자는 가능한 한 많은 지원금을 받고자 하며, 신청 시 재직 증명서를 발급받아 제출하였다.

① 0 ② 1
③ 2 ④ 3
⑤ 4

18. 다음 글을 근거로 판단할 때, <보기>에서 옳은 것만을 모두 고르면?

하디-바인베르크의 원리는 영국의 수학자 하디와 독일의 유전학자 바인베르크가 각각 발견한 유전 법칙이다. 그 내용은 이상적인 집단에서 개체군이 가지는 유전자 풀 안의 대립 유전자 빈도와 유전자형 빈도는 세대를 거듭해도 유지된다는 것이다. 대립유전자는 염색체 위의 같은 유전자 자리에 위치하며 서로 다른 형질을 나타내는 한 쌍의 유전자로 A, a로 나타내는 것이 일반적이다. 이때, A는 우성, a는 열성으로 본다. 유전자형은 대립유전자의 쌍으로, A, a의 대립유전자가 존재하는 경우, AA, Aa, aa로 세 가지의 유전자형이 가능하다. 우성과 열성의 구분은 Aa의 유전자형의 형질로부터 유추 가능하며, Aa일 경우 우성인 A가 발현된다.

하디-바인베르크 평형에 도달하기 위해서는 무작위 교배가 이루어져야 하고, 집단이 매우 커야 하며, 돌연변이나 이주가 없고, 자연선택이 작용하지 않으며, 집단 간의 유전자 흐름이 없어야 한다. 만약, 이 조건들 중 하나라도 만족하지 못한다면, 하디-바인베르크의 원리는 성립하지 않는다.

수치로 보이자면, 특정 집단의 세대에서 A 유전자와 a 유전자가 p : 1-p ($0<p<1$) 의 비율로 존재하는 것으로 관찰되었다. 그 다음 세대에서 가능한 유전자형은 AA, Aa, aa가 있다. AA 유전자형은 A유전자와 A유전자가 만나야 하므로 $p\times p=p^2$, Aa 유전자형은 A 유전자와 a유전자가 만나야 하므로 $2p\times(1-p)=2p-2p^2$, aa 유전자형은 a유전자와 a유전자가 만나야 하므로 $(1-p)\times(1-p)=1-2p+p^2$ 이다.

그 다음 세대의 유전자 수를 살펴보면 AA형에서 $p^2\times2$, Aa형에서 $2p-2p^2$, 더하면 $2p^2+(2p-2p^2)=2p$이고 이와 같은 방식으로 a 유전자의 수를 구하면 2-2p이다. 즉 다음 세대에서도 A 유전자 : a 유전자의 비는 p:1-p이고 이는 윗세대의 유전자 비율이 동일하게 유지된다는 것을 의미한다.

<보 기>

ㄱ. 하디-바인베르크의 원리가 만족되는 집단에서 특정 유전자형이 차지하는 비율은 일정하다.
ㄴ. 대립유전자 B와 b가 있을 때, Bb와 bb가 겉으로 발현된 형질이 동일한 경우, B가 우성이다.
ㄷ. 하디-바인베르크의 원리가 만족되는 집단에서, 유전자 R의 빈도는 p, r의 빈도는 q라고 할 때, RR의 개체수가 1,000마리 중 490마리일 경우, p=0.7이다.
ㄹ. 어느 집단에서 BB의 개체수는 100, Bb의 개체수는 200, bb의 개체수는 300이면 이 집단 속 B 유전자의 개수는 300개이다.

① ㄱ, ㄴ
② ㄱ, ㄷ
③ ㄱ, ㄹ
④ ㄴ, ㄷ
⑤ ㄷ, ㄹ

[19~20] **다음 글을 읽고 물음에 답하시오.**

우리나라는 조선 시대부터 유교 문화를 바탕으로 하여, 유교적 전통을 따르고 있는 측면이 많다. 예를 들어, 처음 자신을 소개하는 자리에서 나이와 학번의 구분을 명확히 하는 것이 있다. 이에 대해 이러한 나이 문화는 유교의 상하를 엄격히 구분하는 문화로부터 왔다고 보는 것이 일반적이다.

나이를 중시하는 나이 문화의 한국에서는 한 사람이 동시에 여러 개의 나이를 가지고 있다. 법적으로는 만 나이와 연 나이를 혼용해서 쓰고 있고, 사회적으로는 세는 나이를 쓰고 있다. 한국식 나이라고도 부리는 '세는 나이'는 태어났을 때 나이가 1살이라고 보고 한 해가 지날 때마다 한 살씩 더하는 방식이다. 이에 따라 12월 31일에 태어난 아기는 다음 날 2살이 된다. '연 나이'는 현재 연도에서 태어난 연도를 빼서 계산하는 방식이다. '만 나이'란 태어난 날을 기준으로 계산하는 나이로 대부분 국가에서 이를 채택하고 있다. 이에 따르면 태어났을 때 나이를 0살로 하고 1년 뒤 생일이 지날 때마다 한 살을 더한다.

최근까지 국내에서는 사회적·행정적으로 나이 셈법이 통일되지 않아 혼란스러운 상황이 종종 발생했다. 1, 2월 출생자를 뜻하는 '빠른 생일자'(빠른 연생)도 한국식 나이 셈법과 충돌하며 대표적인 사회적 논란거리가 됐다. 2009년 초·중등교육법이 개정되기 전, 입학 시점인 3월을 기준으로 만 나이가 같은 3~12월생과 이듬해 1, 2월생이 추가로 입학하면서 '동갑' 개념에 혼란이 발생했기 때문이다. 사회적으로는 세는 나이를 기준으로 출생 연도가 같은 이들을 동갑으로 취급했기 때문에 발생한 일이었다. A회사의 경우 임금피크제 적용 나이 56세가 한국식 세는 나이인지 만 나이인지를 두고 노사가 법적 공방을 벌였다. 1심과 2심의 판단은 엇갈렸으나, 2022년 3월 대법원은 이를 만 55세로 해석했다. 신종 코로나바이러스 감염증(코로나19) 백신 접종 초기에도 접종 연령에 만 나이 표기가 되지 않아 관련 문의가 많았다.

2022년 12월에 7일 국회 법제사법위원회는 전체회의를 열고, 한국이 나이 세는 법을 '만 나이' 기준으로 통일한다는 민법 일부개정법률안과 행정기본법 일부개정법률안을 의결했다. 민법 개정안은 '만 나이' 표현을 명시하고, 출생일을 포함해 나이를 계산하되 출생 후 만 1년이 지나기 전에만 개월 수로 표시하도록 했다. 행정기본법 개정안에도 행정 관련 나이 계산을 만 나이로 통일하는 내용이 담겼다. 이에 따라 이르면 2023년 6월부터 나이 셈법이 통일될 수 있고, 통과된 법안이 공포되면 6개월간 과도기간을 거쳐 시행된다.

한국은 1962년 이후 민법상 만 나이를 공식 채택하고 있지만, 행정 업무상 사실상 연 나이를 적용하는 경우가 많다. 개정안 시행 후에는 나이에 관한 별도 규정이 없다면 '만 나이'를 기준으로 생각하면 된다. 다만 청소년보호법과 병역법처럼 세부 규정을 통해 연 나이를 적용하고 있는 일부 법률의 경우 추가 논의가 이뤄질 것으로 보인다.

19. 윗글을 근거로 판단할 때 옳은 것은?

① 우리나라는 법적으로 세 가지의 나이를 혼용하여 사용하고 있다.
② 한 사람의 '만 나이'와 '세는 나이'가 같은 시점이 올 수 있다.
③ '세는 나이'에 따르면 12월 31일에 태어난 아기는 다음 날 2살이 된다.
④ 2024년 1월 2일 기준, 1998년 6월 19일에 태어난 아기의 만 나이는 26세이다.
⑤ 한 사람의 '세는 나이', '만 나이', '연 나이'가 모두 다른 것은 불가능하다.

20. 윗글과 <상황>의 내용으로 판단할 때, 2023년 1월 8일 기준, 올바르게 말한 사람은?

<상 황>

일반적으로 1962년 이후, 민법상 만 나이를 공식 채택하고 있지만 개별법 상 연 나이를 적용하고 있는 일부 법률에 대해서는 추가 논의가 이뤄질 것으로 보인다.

예를 들어, <청소년 보호법> 제2조 제1호는 다음과 같다.

<청소년 보호법> 제2조 제1호
"청소년"이란 만 19세 미만인 사람을 말한다. 다만, 만 19세가 되는 해의 1월 1일을 맞이한 사람은 제외한다.

① 수연: 나는 2002년 1월 9일에 태어났으며, 지금 청소년이야.
② 영지: 나는 2005년 6월 9일에 태어났고, 지금 만 나이는 16세야.
③ 승연: 나는 1998년생인데, 올해 '연 나이'와 '세는 나이' 모두 25세야.
④ 규리: 나는 2005년 1월 9일에 태어났고, 지금 청소년에 해당해.
⑤ 지영: 나는 2005년 1월 1일에 태어났는데, 청소년이 아니야.

21. 다음 글과 <상황>을 근거로 판단할 때 옳은 것은?

제00조 ① 시장·군수·구청장(자치구의 구청장을 말한다. 이하 같다)은 안전하고 위생적인 식품판매 환경의 조성으로 어린이를 보호하기 위하여 학교와 해당 학교의 경계선으로부터 직선거리 200미터의 범위 안의 구역을 어린이 식품안전보호구역(이하 "어린이 식품안전보호구역"이라 한다)으로 지정·관리할 수 있다.
② 시장·군수·구청장은 어린이 식품안전보호구역을 지정하려면 관할 교육장과 협의해야 한다.
③ 시장·군수·구청장은 해당 학교가 폐교하거나 주변의 환경 변화 등이 있는 경우에는 제2항에 따른 관할 교육장과 협의하여 어린이 식품안전보호구역의 지정을 해제하거나 지정구역을 변경할 수 있다.
④ 시장·군수·구청장은 어린이 식품안전보호구역 지정 현황을 작성하여 매년 1월 31일까지 특별시장·광역시장·도지사·특별자치도지사(이하 "시·도지사"라 한다)를 거쳐 식품의약품안전처장에게 통보하여야 한다.
제□□조 ① 시장·군수·구청장은 조리·판매업소에 대하여 위생적이고 안전한 식품을 조리 또는 진열·판매하도록 계도하기 위하여 소비자식품위생감시원의 자격을 갖춘 자를 [별표]에 따라 어린이 기호식품 전담 관리원(이하 "전담 관리원"이라 한다)으로 지정하여야 한다.
② 전담 관리원을 지정·운영하는 데 사용되는 경비의 일부를 국고에서 보조하거나 식품진흥기금에서 지원할 수 있다.
[별표] 시장·군수 또는 구청장은 전담 관리원을 다음 각 호와 같이 지정한다.
1. 군 단위: 학교 10개당 2명 이상
2. 시·구(자치구를 말한다) 단위: 학교 15개당 2명 이상

<상 황>

○ 현재 각 지역별 학교 수는 다음과 같다.

지역	학교 수	지역	학교 수
경기도 안산시	32개	서울 광진구	54개
대전 대덕구	46개	충북 영동군	18개
전북 무주군	9개	부산 동구	35개

(예: 광진구 전담 관리원 8명 이상 지정 필요)

① 안산시 내 A초등학교 부근이 어린이 식품안전보호구역으로 지정된 경우 안산시장은 관할 교육장에게 해당 사실을 통보하여야 한다.
② 영동군 내 B중학교 부근이 어린이 식품안전보호구역으로 지정되었다가 이후 폐교한 경우 충북도지사는 관할 교육장과 협의하여 지정 해제를 할 수 있다.
③ 부산 동구 내 지정된 전담 관리원이 6명이라면 동구청장은 소비자식품위생감시원의 자격을 갖춘 자를 2명 이상 추가로 지정하여야 한다.
④ 대전 대덕구와 서울 광진구 내 최소한으로 지정하여야 하는 전담 관리원의 수는 같다.
⑤ 전북 무주군 내 전담 관리원 운영에 필요한 경비는 식품진흥기금으로 충당하는 것을 원칙으로 한다.

22. 다음 글을 근거로 판단할 때 옳은 것은?

<□□에 관한 법률>
제△△조(제조업자 등의 재활용의무) ① 생산단계·유통단계에서 재질·구조 또는 회수체계의 개선 등을 통하여 회수·재활용을 촉진할 수 있거나 사용 후 발생되는 폐기물의 양이 많은 제품·포장재 중 대통령령으로 정하는 제품·포장재의 제조업자나 수입업자는 제조·수입하거나 판매한 제품·포장재로 인하여 발생한 폐기물을 회수하여 재활용하여야 한다.

<□□에 관한 법률 시행령>
제○○조(재활용의무 대상 제품·포장재) 법 제△△조1항에서 "대통령령으로 정하는 제품·포장재"란 다음 각 호의 것을 말한다.
1. 다음 각 목의 제품의 포장에 사용되는 종이팩[합성수지 또는 알루미늄박이 부착된 종이팩만 해당한다], 유리병, 금속캔, 합성수지재질의 포장재[용기류, 필름·시트형 포장재 및 쟁반형 용기(tray)를 포함하며, 제2호 각 목의 제품의 포장재는 제외한다]
가. 음식료품류
나. 농수축산물
다. 세제류(치약 및 비누를 포함한다)
라. 「화장품법」에 따른 화장품 및 애완동물용 샴푸
마. 「약사법」에 따른 의약품 및 의약외품(바이알·앰플·PTP 포장 제품으로서 내용량이 30밀리리터 또는 30그램 이하인 제품, 병 제품이 아닌 것으로서 내용량이 30밀리리터 또는 30그램 이하인 제품 중 살충·살균제를 제외한 제품, 「폐기물관리법」 제2조제5호에 따른 의료폐기물은 제외한다)
바. 부탄가스제품
사. 살충·살균제(「농약관리법」 제2조제1호에 따른 농약 제외)
2. 다음 각 목의 제품의 포장에 사용되는 합성수지재질의 포장재(필름·시트형 포장재 및 발포합성수지 완충재를 말한다)
가. 안전인증대상전기용품
나. 개인용 컴퓨터(모니터 및 자판을 포함한다)
3. 합성수지재질의 1회용 봉투·쇼핑백(폐기물 종량제 봉투는 제외한다)

① 농수축산물의 포장에 사용된 합성수지가 부착되지 않은 종이팩은 재활용의무 대상이 아니다.
② 비누 포장에 사용된 합성수지재질의 쟁반형 용기 포장재는 재활용의무 대상이 아니다.
③ 30밀리리터/30그램 용량의 병 포장 의약품은 재활용의무 대상이 아니다.
④ 농약 포장에 사용된 유리병, 금속캔, 합성수지재질의 포장재는 재활용의무 대상이 아니다.
⑤ 컴퓨터 모니터 포장에 사용된 필름·시트형 포장재는 재활용의무 대상이 아니다.

23. 다음 글에 근거하여 판단할 때, <상황>에서 유선사업 또는 도선사업을 적법하게 운영하는 사람을 모두 고르면?

제00조 ① 유선사업 및 도선사업(이하 "유·도선사업"이라 한다)을 하려는 자는 유·도선의 규모 또는 영업구역에 따라 다음 각 호의 구분에 따른 관할관청의 면허를 받거나 관할관청에 신고하여야 한다.
1. 영업구역이 내수면과 해수면에 걸쳐 있거나 둘 이상의 시·도에 걸쳐 있는 경우: 유·도선을 주로 매어두는 장소를 관할하는 시·도지사 또는 지방해양경찰청장
2. 영업구역이 내수면인 경우: 해당 지역의 시·도지사
3. 영업구역이 해수면인 경우: 해당 유·도선을 주로 매어두는 장소를 관할하는 해양경찰서장

② 제1항에 따라 면허를 받아야 하는 대상은 유선 및 도선의 규모 또는 영업구역이 다음 각 호의 어느 하나에 해당하는 유·도선사업으로 한다.
1. 총톤수가 5톤 이상인 선박
2. 총톤수가 5톤 미만인 선박 중 승객 정원이 13명 이상인 선박

③ 제1항에 따라 신고를 하여야 하는 유·도선사업은 제2항에 해당하지 아니하는 유·도선사업으로 한다.

제□□조 ① 유·도선의 승선 가능 정원은 안전하게 탑승할 수 있는 안전탑승부의 제곱미터 단위의 면적을 0.35제곱미터로 나눈 값으로 정한다.
② 도선에 사람과 화물을 함께 싣는 경우에는 화물 55킬로그램을 승선 인원 1명으로 계산한다.
③ 유·도선의 승선하는 승객은 승객 정원을 초과할 수 없으며, 승선 인원은 승선 가능 정원을 초과할 수 없다.

<상 황>

○ 甲은 선박 X(승객 정원 360명, 총톤수 5.5톤)를 이용하여 영업구역이 A시와 B시에 걸친 유선사업을 위해 X를 주로 매어두는 B시 시장 丁에게 면허를 받았다. 선박 X의 안전탑승부 면적은 140m^2이며, 승객 350명과 선원 40명을 승선시켜 운영한다.
○ 乙은 선박 Y(승객 정원 25명, 총톤수 3톤)을 이용하여 영업구역을 해수면으로 하는 도선사업을 Y를 주로 매어두는 C수면을 관할하는 해양경찰서장 戊에게 신고하였다. 선박 Y의 안전탑승부는 10.5m^2이며, 승객 10명과 선원 5명을 승선시켜 운영한다.
○ 丙은 선박 Z(승객 정원 12명, 총톤수 4톤)을 이용하여 D도 내수면에서 도선사업을 운영하고자 D도 도지사 己에게 신고하였다. 선박 Z의 안전탑승부는 14m^2이며 화물 1,650킬로그램과 승객 7명, 선원 5명을 승선시켜 운영한다.

① 甲
② 丙
③ 甲, 丙
④ 乙, 丙
⑤ 甲, 乙, 丙

24. 다음 글을 근거로 판단할 때 옳은 것은?

제00조 ① 환경부장관과 국토교통부장관은 공동으로 공동주택에서 발생되는 층간소음(인접한 세대 간 소음을 포함)으로 인한 입주자의 피해를 최소화하고 발생된 피해에 관한 분쟁을 해결하기 위하여 층간소음기준을 정하여야 한다.
② 제1항에 따른 층간소음의 피해 예방 및 분쟁 해결을 위하여 필요한 경우 환경부장관은 전문기관으로 하여금 층간소음의 측정, 피해사례의 조사·상담 및 피해조정지원을 실시하도록 할 수 있다.

제□□조(층간소음의 범위) 공동주택 층간소음의 범위는 입주자 또는 사용자의 활동으로 인하여 발생하는 소음으로서 다른 입주자 또는 사용자에게 피해를 주는 다음 각 호의 소음으로 한다. 다만, 욕실, 화장실 및 다용도실 등에서 급수·배수로 인하여 발생하는 소음은 제외한다.
1. 직접충격 소음: 뛰거나 걷는 동작 등으로 인하여 발생하는 소음
2. 공기전달 소음: 텔레비전, 음향기기 등의 사용으로 인하여 발생하는 소음

제△△조(층간소음의 기준) 공동주택의 입주자 및 사용자는 공동주택에서 발생하는 층간소음을 [별표]에 따른 기준 이하가 되도록 노력하여야 한다.

[별표] 층간소음의 기준

층간소음의 구분		층간소음의 기준	
		주간 (6시~22시)	야간 (22시~6시)
직접충격소음	1분간 등가소음도	39dB	34dB
	최고소음도	57dB	52dB
공기전달소음	5분간 등가소음도	45dB	40dB

1. 직접충격 소음은 1분간 등가소음도 및 최고소음도로 평가하고, 공기전달 소음은 5분간 등가소음도로 평가한다.
2. 1분간 등가소음도 및 5분간 등가소음도는 측정값 중 가장 높은 값으로 한다.
3. 최고소음도는 1시간 동안 10분 간격으로 6회 측정하며, 3회 이상이 초과할 경우 그 기준을 초과한 것으로 본다.

① 국토교통부장관은 환경부장관과 공동으로 층간소음기준을 정하여야 하며, 필요한 경우 전문기관으로 하여금 층간소음의 측정을 실시하도록 할 수 있다.
② 甲이 옆집 다용도실 배수로 인한 소음을 측정한 결과 1분간 등가소음도가 최대 40dB까지 측정되었다면 층간소음임을 주장할 수 있다.
③ 乙이 23시만 되면 울리는 위층 피아노 소리에 스트레스를 받아 소음을 측정한 결과 1분간 등가소음도가 최대 44dB까지 측정되었다면 층간소음임을 주장할 수 있다.
④ 丙이 위층 발소리에 불편을 느껴 13시 ~ 14시에 10분 간격으로 소음을 측정한 결과 53, 55, 57, 58, 60, 52dB이 도출된 경우 층간소음을 주장할 수 있다.
⑤ 丁이 옆집 화장실 배수로 인한 소음을 측정한 결과 5분간 등가소음도가 최대 50dB을 초과하더라도 이를 층간소음이라고 보기는 어렵다.

25. 다음 글을 근거로 판단할 때, <보기>에서 옳은 것만을 모두 고르면?

제00조 ① 술에 취한 상태에서 운전금지를 2회 이상 위반한 사람(자동차 또는 노면전차를 운전한 사람으로 한정한다. 다만, 개인형 이동장치를 운전하는 경우는 제외한다)은 2년 이상 5년 이하의 징역이나 1천만원 이상 2천만원 이하의 벌금에 처한다.
② 술에 취한 상태에 있다고 인정할 만한 상당한 이유가 있는 사람으로서 경찰공무원의 측정에 응하지 아니하는 사람(자동차등 또는 노면전차를 운전하는 사람으로 한정한다)은 1년 이상 5년 이하의 징역이나 500만원 이상 2천만원 이하의 벌금에 처한다.
③ 술에 취한 상태에서 운전한 사람은 다음 각 호의 구분에 따라 처벌됩니다.
1. 혈중알코올농도가 0.2퍼센트 이상인 사람은 2년 이상 5년 이하의 징역이나 1천만원 이상 2천만원 이하의 벌금
2. 혈중알코올농도가 0.08퍼센트 이상 0.2퍼센트 미만인 사람은 1년 이상 2년 이하의 징역이나 500만원 이상 1천만원 이하의 벌금
3. 혈중알코올농도가 0.03퍼센트 이상 0.08퍼센트 미만인 사람은 1년 이하의 징역이나 500만원 이하의 벌금

제△△조 ① 다음 각 호의 어느 하나에 해당하는 사람에게는 500만원 이하의 과태료를 부과한다.
1. 교통안전교육기관의 장이 교통안전교육기관의 운영을 1개월 이상 정지하거나 폐지할 때, 정지 또는 폐지하려는 날의 7일 전까지 시도경찰청장에게 신고하지 않은 경우
2. 어린이통학버스로 사용하는 자동차를 신고하지 아니하고 운행한 운영자

제◇◇조 ① 과태료는 다음 각 호의 자가 부과, 징수한다.
1. 제△△조제1항의 과태료: 시·도경찰청장
2. 제△△조제2항의 과태료: 교육감
② 시·도경찰청장은 이 법에 따른 과태료 징수와 관련된 업무의 일부를 한국자산관리공사에 위탁할 수 있다.

<보 기>

ㄱ. 술에 취한 상태에서 노면전차를 운전하며 운전금지를 1회 위반하고, 개인형 이동장치를 운전하며 운전금지를 1회 위반한 자는 벌금에 처할 수 있다.
ㄴ. 술에 취한 상태에서 운전한 혈중알코올 농도가 0.08퍼센트인 사람은 500만원의 벌금에 처할 수 있다.
ㄷ. 교통안전교육기관을 40일 정지하고자 하나 정지하려는 날의 7일 전까지 신고하지 않은 교통안전교육기관의 장에게 1천만원의 과태료를 부과할 수 있다.
ㄹ. 어린이통학버스로 사용하는 자동차를 신고하지 아니하고 운행한 운행자에 대해서는 한국자산관리공사가 과태료를 징수할 수 있다.

① ㄴ
② ㄹ
③ ㄱ, ㄴ
④ ㄴ, ㄷ
⑤ ㄴ, ㄷ, ㄹ

26. 다음 글을 근거로 판단할 때 주호가 총 지불하게 될 금액은?

주호는 크리스마스를 맞이하여 트리를 꾸미기 위해 상점에 방문하였다. 상점에서는 할인 행사를 진행하고 있어, 주호는 최소한의 금액을 지불하여 필요한 재료를 모두 구입하고자 한다.

○ 주호는 4가지의 재료만으로 트리를 꾸미고자 한다. 단, 크리스마스 분위기를 연출하기 위해 방울 또는 미니 종 중 1가지는 반드시 구매하고자 한다.
○ 주호는 특정 재료를 선택할 경우 가게에서 추천하는 개수에 맞추어 재료를 구비하고자 한다.
○ 주호는 별을 구입할 경우 별을 더욱 빛나게 하기 위해 전구를 함께 구입하고자 한다.
○ 주호는 방울을 구입할 경우 소리가 겹칠 것을 우려하여 미니 종은 구입하지 않는다.
○ 주호는 모든 조건을 충족할 경우 최소한의 금액만을 지불할 수 있는 방법을 선택하고자 한다.

재료명	추천 개수	개당 가격	할인 행사
리본	10개	1,600원	5개 구매 당 500원 할인
별	2개	3,500원	-
양말	2개	7,000원	-
방울	4개	6,000원	3개 구매 시 1개 증정
미니 종	6개	4,000원	5개 이상 구매 시 별 1개 증정
전구	4개	5,000원	-

○ 상점에서는 할인 행사를 적용한 구매 금액이 총 6만원을 초과할 경우 그 금액의 5%를 할인해주는 행사를 추가로 진행하고 있다.

① 58,425원
② 59,000원
③ 59,375원
④ 61,500원
⑤ 63,650원

27. 다음 글과 <상황>을 근거로 판단할 때 옳은 것은?

최근 마약류범죄는 국제화되고 마약 남용계층도 종전의 특수한 신분 계층에서 일반 서민으로 급속히 확산되고 있어 사회적으로 심각한 문제를 야기하고 있다. 특히 마약류를 활용한 범죄는 다른 범죄와 달리 제3의 피해자나 목격자가 없는 경우가 대부분이기 때문에 밀행적으로 행해진다. 따라서 모발감정결과에서 마약류가 검출된 경우 본인이 범죄 혐의를 부인하면 검찰에서는 모발감정 결과를 근거로 투약시기 및 장소를 특정하여 공소제기를 할 수밖에 없다. 그렇다면 마약류범죄수사를 위한 모발감정은 어떠한 원리로 이루어지게 되는 것일까?

약물을 정맥주사 혹은 경구나 코를 통해 흡입하게 되면 약물은 혈액의 흐름에 따라 이동하여 중추신경계에 작용하게 된다. 또한 마약 성분이 함유된 혈액은 모세혈관을 통해 모낭까지 이르게 되고 모발에 마약 성분이 남게 된다. 사람의 모발은 머리카락과 음모, 눈썹, 수염, 겨드랑이털 등의 체모로 구분할 수 있고 모든 종류의 모발이 약물 복용여부 확인을 위한 시료로 이용 가능하지만, 일반적으로 머리카락이 사용된다. 평균적으로 하루를 기준으로 팔·다리털은 0.2mm가량, 머리카락은 0.4mm, 눈썹은 0.1mm 정도 성장한다. 성장기가 지난 성인임을 고려할 때 사람의 머리카락은 월평균 약 1cm 정도 성장하고 있다는 전제하에 모발감정이 시행된다. 또한 남자가 여자보다 성장 속도가 빠르다.

$$\text{투약시점(월)} = \text{모발채취시점(월)} - \frac{\text{검출부위길이}(cm)}{\text{모발성장률}(cm/\text{월})}$$

일반적으로 최근 1년 동안의 투약사실을 추정하기 위해 머리카락의 경우 약 12cm까지 잘라서 위 식을 활용하게 된다. 예를 들어 12월에 실시한 모발감정 결과 마약성분이 2cm 부근에서 검출되었다면 2개월 전인 10월에 마약투약을 한 것으로 추정할 수 있다. 모발감정은 마약류 투약사실의 입증뿐만 아니라 투약시기도 추정할 수 있으므로 우리나라를 비롯한 세계 각국에서 모발감정에 대한 신뢰성이 구축되고 있다.

<상 황>

다음 표는 머리카락 12cm를 잘라 모발감정을 실시한 결과 마약성분이 검출된 A~E의 정보를 나타낸 것이다.

검사자	성별	채취일	검출부위길이
A	남	22.06.10	8cm
B	남	22.09.27	0.5cm
C	여	22.12.01	1cm
D	여	23.02.26	5cm
E	남	23.02.26	5cm

① A가 코를 통해 약물을 흡입하였다면 정맥주사를 통해 주입하는 경우보다 더 빨리 중추신경계에 작용하였을 것이다.
② B의 마약 투약시점은 22년 8월로 추정된다.
③ C의 검출부위길이가 머리카락이 아닌 눈썹으로 실시한 결과라면 C의 마약 투약시점은 22년 10월 이전일 것이다.
④ 실제 마약 투약시기는 E가 D보다 더 빠를 것이다.
⑤ A ~ E 중 가장 많은 양의 마약을 투약한 사람은 A이다.

28. 다음 글을 근거로 판단할 때 乙이 8월에 사용한 총 교통 요금은 얼마인가?

甲, 乙, 丙은 8월 한 달 동안 사용한 교통 요금에 대한 대화를 나누고 있다. 이들이 이용한 교통수단은 버스와 지하철 두 종류뿐이며 각각 1회 이상 20회 미만으로 탑승하였다. 1회당 이용 요금은 버스 900원, 지하철 1,200원이다. 이들은 모두 진실만을 이야기하고 있다.

甲: 나는 乙보다 버스를 4회 더 탔어. 내 버스 요금은 지하철 요금의 2배야.
乙: 내 지하철 요금은 丙의 버스 요금보다 600원 더 많아. 나는 丙보다 지하철을 많이 이용했는데, 우리 둘의 지하철 이용 횟수를 합하면 내 버스 이용 횟수와 같아.
丙: 내 지하철 요금은 5,000원 미만이야. 나의 버스와 지하철 이용 횟수는 모두 2의 배수야.

① 13,800원
② 20,400원
③ 21,600원
④ 23,400원
⑤ 26,400원

29. 다음 <대화>를 근거로 판단할 때, 서현이가 어제 운동을 마친 때에 은희가 선물한 시계가 표시했을 시각으로 옳은 것은?

<대 화>

은희: 여보세요. 서현아 어떻게 지내? B국에서의 유학생활은 어때?

서현: 응 은희야, 잘 지내고 있어. 가끔 A국으로 돌아가고 싶다는 생각이 들긴 해. 그리고 보내준 시계 선물은 잘 받았어!

은희: 그 시계가 요즘 A국에서 유행하는 아날로그 디자인이야. 12시까지만 표현 가능해서 오전과 오후가 구분이 안 되는 게 아쉽긴 해도, 고급스러운 느낌이 나지.

서현: 근데 시간이 A국 기준이라고 생각해도 틀리게 맞추어져 있더라. 어제 여기 시간으로 정오에 점심을 다 먹었을 때, 다른 시간으로 표시되어 있었어.

은희: 아, 시간을 잘 지키려고 15분 빠르게 맞추었어. A국 시간이 아니라 B국 시간 기준으로 맞추는 것을 깜빡했네.

서현: 그래? 여기가 A국보다 시간이 2시간 30분 느린 것을 고려하면, 아무래도 15분을 느리게 맞추어놓은 것 같은데?

은희: 아, 내가 선물을 포장하면서 실수한 것 같아.

서현: 그런가봐. 어제 점심을 다 먹고 3시간 25분 후에 체육관에 도착해서 1시간 15분 동안 운동을 하고 돌아와서 시계를 여기 시간에 맞게 맞췄어.

① 6시 50분
② 6시 55분
③ 7시 00분
④ 18시 50분
⑤ 18시 55분

30. 다음 글을 근거로 판단할 때, <보기>에서 옳은 것만을 모두 고르면?

○ 소희는 아이스크림 한 통을 사서 친구들과 나누어 먹으려고 한다.
○ 아이스크림 한 통의 용량은 1kg이며, 최대 5가지 맛까지 고를 수 있다.

<열 량> (100g당)

○ 레인보우 아이스 : 100kcal
○ 샤이닝 스타, 날라날라 바닐라: 200kcal
○ 엄마는 외국인, 바람과 함께 나타나다 : 300kcal

※ 각 종류는 100g(1스쿱)씩 담을 수 있다. 단, '날라날라 바닐라'는 별도의 스쿱을 사용하므로 200g씩 담게 된다.

<보 기>

ㄱ. 모든 종류의 아이스크림을 골라 균등하게 담는다면 한 통의 열량은 2000kcal 이상이 된다.
ㄴ. '엄마는 외국인'과 '날라날라 바닐라'만으로 한 통을 채운다면 한 통의 열량이 2700kcal가 될 수 있다.
ㄷ. 4가지 종류를 골랐을 때 한 통의 열량이 1.500kcal가 되는 경우가 있다.

① ㄱ
② ㄴ
③ ㄷ
④ ㄱ, ㄴ
⑤ ㄱ, ㄷ

31. 다음 글을 근거로 판단할 때, ㉠과 ㉡을 옳게 짝지은 것은?

○ 甲 여행사는 코로나 정책이 완화되고 있는 현재 시점에 맞춰, 다양한 여행상품을 구상하고 있는데, 일본과 베트남에 관한 여행상품을 만들고자 한다.
○ 한국에서 일본까지의 거리는 942km이다.
○ 한국에서 베트남까지의 거리는 3109km이다.
○ 현재 甲 여행사는 최근에 새로 발주한 비행기 2대를 이 직항 노선에 투입하고자 하며, 어떤 비행기를 발주 하였는지는 직원의 실수로 알지 못한다.
○ 비행기의 성능은 다음과 같으며, 모든 비행기는 엔진을 모두 가동하여 최대 기름만큼 사용했을 때, 최대 비행거리에 도달할 수 있다.

	최대 기름 양	최대 비행거리	엔진 개수
비행기 A	375L	3000km	2
비행기 B	200L	2000km	2
비행기 C	1000L	4000km	4
비행기 D	600L	3600km	3

○ 甲 여행사는 가장 효율적인 운영을 위해 연비를 계산하는데, 비행기 연비는 최대 비행거리를 최대 기름 양으로 나눈 값이다.
○ 엔진 1개의 연비는, 비행기 연비를 엔진 개수로 나눈 값이다.
○ 甲 여행사는 가장 연비가 좋은 엔진을 가진 비행기를 투입하기로 결정하였고, 따라서 일본 노선에 ㉠을 투입하고, 베트남 노선에 ㉡을 투입하기로 결정하였다.

	㉠	㉡
①	A	B
②	A	C
③	A	D
④	B	C
⑤	B	D

32. 다음 글을 근거로 판단할 때, 지미가 그림과 같은 상태에서 저울의 균형을 맞추려면 가벼운 쪽 저울에 큰 공과 작은 공이 각각 몇 개 더 필요한가?

하나의 저울과 무게가 다른 두 가지의 공이 있다. 현재 저울은 한 쪽으로 기울어진 상태이다. 큰 공은 작은 공에 비해 3분의 4만큼 더 무겁다. 지미는 공을 최소 개수로 활용하여 기울어진 저울의 균형을 맞추고자 한다.

① 1개, 6개
② 2개, 5개
③ 3개, 4개
④ 4개, 2개
⑤ 5개, 1개

33. 다음 글을 근거로 판단할 때, 甲이 최종적으로 구매한 마스크의 총 개수는?

> 甲은 인터넷 쇼핑몰에서 일회용 마스크를 구매하기로 했다. 일회용 마스크의 종류로는 덴탈, KF80, KF94가 있다.
>
> 甲은 오전에 마스크를 골라 장바구니에 담아 두었다. 이후 점심 시간에 동료들의 조언에 따라 장바구니 내 품목을 조정하고, 최종적으로 오후에 마스크를 구매했다.
>
> <오전 장바구니 상황>
>
> ○ 모든 종류의 마스크를 구매하고, 종류 당 최대 5세트까지 구매할 예정이다.
>
> ○ 장바구니 안의 덴탈과 KF80 마스크 개수를 합치면 KF94 마스크 개수와 같다.
>
> <동료들의 조언>
>
> ○ 乙 : 저는 덴탈 마스크가 편하던데 제일 적게 사시네요? 3세트만 더 구매하셔도 될 것 같아요.
>
> ○ 丙 : KF94까지는 너무 답답하지 않겠어요? 그냥 담아 둔 KF94 전부 KF80으로 바꿔서 구매하세요.
>
> ○ 丁 : KF94 안 사는 건 찬성인데, 그러면 KF80이 너무 많지 않나? KF80은 8세트면 충분할 것 같아요.

① 9세트
② 10세트
③ 11세트
④ 12세트
⑤ 13세트

34. 다음 글과 <상황>을 근거로 판단할 때 옳은 것은?

> ○ 대학생 경훈이는 체중을 감량하기 위해 다이어트 식단으로 월요일 ~ 토요일의 식사를 계획하고자 한다.
>
> ○ 식사는 '연어샐러드', '시저샐러드', '닭가슴살 포케', '스테이크 샐러드', '과일과 견과류'를 배치한다.
>
> ○ 월요일 ~ 토요일 중에 아침식사는 3회만 하며 점심식사와 저녁 식사는 거르지 않는다.
>
> ○ '과일과 견과류'는 저녁식사에 배치하지 못하며, 동일한 식사 메뉴를 하루에 2회 이상 배치하지 못한다.
>
> ○ 모든 식사 메뉴를 동일하게 3회씩 배치한다.
>
> ○ 하나의 식사 메뉴는 특정 식사 시간에만 배치하지 못한다. 예를 들어, '과일과 견과류'를 아침식사에만 배치할 수 없다.

<상 황>

경훈이는 화요일과 금요일에 오전 수업에 발표가 있어 아침식사를 할 수 없다. 이를 고려하여 경훈이가 구성한 월요일 ~ 토요일의 식단은 다음과 같다.

	월	화	수	목	금	토
아침	과일과 견과류	-	(나)	(라)	-	과일과 견과류
점심	연어 샐러드	(가)	스테이크 샐러드	(마)	시저 샐러드	시저 샐러드
저녁	닭가슴살 포케	스테이크 샐러드	(다)	닭가슴살 포케	연어 샐러드	스테이크 샐러드

① (가)에 '과일과 견과류'가 배치될 수 없다.
② (나)에 '연어 샐러드'가 배치된다면, (가)에 '과일과 견과류'가 배치된다.
③ (다)에 '닭가슴살 포케'가 배치될 수 있다.
④ (마)에 '연어 샐러드'가 배치되어도, 식단이 확정될 수 없다.
⑤ 목요일 아침식사에 '시저 샐러드'가 배치된다면, (가)에 '닭가슴살 포케'가 배치된다.

35. 다음 글을 근거로 판단할 때, 甲과 乙이 가진 4장의 숫자 카드에 적힌 수의 합으로 가능한 것은?

> 1부터 9까지 서로 다른 자연수가 하나씩 적힌 9장의 숫자 카드 1세트가 있다. 甲과 乙은 여기에서 각각 2장씩 카드를 뽑았다. 카드를 뽑고 보니 甲이 가진 카드에 적힌 짝수의 개수와 乙이 가진 카드에 적힌 짝수의 개수가 같았다. 또한 甲이 첫 번째 뽑은 카드에 2를 곱한 값과 두 번째 뽑은 카드에 3을 곱한 값의 일의 자리 수가 서로 같았으나, 십의 자리 수가 서로 달랐다. 乙도 같은 방식으로 곱하여 얻은 두 값의 일의 자리 수가 서로 같았으나, 십의 자리 수가 서로 달랐다.

※ 참고로, 십의 자리가 없을 땐, 0으로 가정한다.

① 16
② 18
③ 20
④ 22
⑤ 24

36. 다음 글을 근거로 판단할 때, 2022년 지역안전지수 2등급에 해당하는 지자체끼리 옳게 짝지어진 것은?

<2022년 지역안전지수 산출 기준>

○ 제도의 목적
- 자치단체의 안전관리 책임성을 강화하고 취약분야에 대한 자율적 개선을 통하여, 주민의 안전을 강화하고 안전사고를 체계적으로 감축하도록 유도하기 위함

○ 대상 및 기간
- 대상: 특·광역시 8개
- 기간: 2022.01.01.~2022.12.31. 동안 발생한 건수

○ 산출지표 및 가중치
- 위해지표(+)

산출지표	대상 건수별 가중치
교통사고	인구 만명당 교통사고 사망자수(.500)
화재	인구 만명당 화재 사망자수(.500) * 교통사고 화재 제외
범죄	인구 만명당 5대 주요 범죄 발생 건수(.800) * 5대 주요 범죄: 살인, 강도, 강간, 폭력, 절도
자살	인구 만 명 당 자살 사망자수(.250)

- 경감지표(-)

산출지표	기준
교통사고	도로면적당 교통단속 CCTV 대수 ≥ 1
화재	지역면적당 소방서 종사자수 ≥ 1.15
범죄	인구만명당 경찰관서수 ≥ 2
자살	전년대비 증가한 자살예방 전담공무원수 ≥ 1

○ 산출 방법
① 위해지표: 4개의 산출지표별로 각각 가중치를 부여하여한 값을 합산
② 경감지표: 각 산출지표별로 해당 사항이 있는 경우 ①의 값에서 1점 감점
③ 총점이 낮은 순으로 1등급(1개), 2등급(2개), 3등급(3개), 4등급(2개)의 4개 등급을 부여

	교통사고		화재		범죄		자살	
	위해	경감	위해	경감	위해	경감	위해	경감
서울	60	2	8	1.1	15	1.8	16	2
부산	50	0.8	10	1.1	15	2.1	12	0
대구	44	0.8	8	1.0	20	1.8	12	1
인천	70	0.8	8	1.0	20	2.0	12	1
광주	50	0.5	6	1.2	16	2.0	8	0
대전	54	1.2	7	0.8	12	1.4	8	0
울산	56	0.4	6	0.8	12	1.4	4	1
세종	52	0.8	5	1.15	10	1.6	4	1

※ 표 안의 지표별 수치는 해당 지표의 가중치 부여 대상이 되는 건수를 의미함

① 부산-대구
② 대구-대전
③ 광주-대전
④ 광주-울산
⑤ 울산-세종

37. 다음 글과 <대화>를 근거로 판단할 때, A부서 연말 회식 장소로 선정된 가게는?

○ A부서의 연말 회식을 위해 장소를 선정해야 한다.
○ 장소 후보를 5개 받았으며 이 가운데 하나를 골라야 한다. 회식 장소 후보 가게 관련 정보는 다음과 같다.

가게	업종	수용 인원	영업종료시간	회사와의 거리
A	고깃집	30명	1시	1km
B	치킨호프	20명	2시	0.5km
C	중국집	40명	3시	3km
D	양식집	50명	12시	2km
E	횟집	30명	3시	2km

○ 담당 사원과 부장의 <대화>를 바탕으로 연말 회식 장소가 선정되었다.

<대 화>

사원 : 부장님. 저희 이번 연말 회식 말인데요. 장소 후보가 5곳 정도 있는데 어떤 곳이 좋을까요?
부장 : 어디 보자……. 우리 지난번 회식 때 고깃집 갔으니까 이번엔 고깃집은 제외하자고.
사원 : 네 부장님. 거리는 아무래도 회사랑 가까울수록 좋겠죠?
부장 : 그렇지. 걸어서 바로 갈 수 있으면 좋지.
사원 : 그럼 여기 어떠세요? 제일 가까운 곳입니다.
부장 : 이 사람아. 그 좁은 데에 우리 인원이 다 들어갈 수가 있겠어?
사원 : 아, 그러면 조금 거리가 있긴 한데 여기는 어떠세요? 저희 총 25명이니까 넉넉할 것 같은데요.
부장 : 아무리 그래도 3km는 너무 멀지. 거기보단 가까운 데로 알아봐 봐.
사원 : 아, 네. 그러면 여기는 어떠세요? 지난번에 사원들끼리 갔는데 분위기도 좋고 맛있어서 다들 좋아하더라고요.
부장 : 딱 봐도 일찍 닫게 생겼구만. 연말인데 적어도 2시까지는 달려야지. 넉넉하게 영업하는 데로 찾아봐.
사원 : 네 부장님……. 그럼 여기로 하겠습니다.
부장 : 아주 좋아. 메뉴도 딱이고. 수고 많았어, 김 사원.

① A
② B
③ C
④ D
⑤ E

38. 다음 글과 <상황>을 근거로 판단할 때, 민지가 주어진 품목 구매에 실제로 지불할 최소 비용은(단, 중복 할인시, 할인 전 최초 결제 금액에 대해 할인율 적용)?

A 편의점에서는 다양한 할인방법이 있다. 통신사 할인, 멤버십 및 제휴 할인, 편의점 제휴 카드 할인이 대표적이다.

A 편의점의 통신사 할인은 S사 멤버십 회원만 할인 가능하다. 이는 S사 멤버십 회원 바코드 제시 시, 할인 또는 적립이 가능하며, 등급에 따라 할인금액 또는 적립 금액 차이가 존재한다. VIP와 골드 등급의 경우, 구매금액 1,000원당 100원이 할인되고, 실버 등급의 경우, 구매금액 10,000원당 50원이 할인된다. 단, 이는 1+1 상품, 2+1 상품 구매 시에는 제외된다. 통신사 할인은 멤버십 및 제휴할인과 편의점 제휴 카드 할인과 중복 가능하다.

멤버십 및 제휴할인으로는 H 포인트 차감 할인과 E 포인트 차감 할인이 있다. H 포인트 차감은 결제금액 1,000원 이상부터 사용 가능하고, 보유포인트가 1,000P 이상부터 사용 가능하다. 이것은 구매금액의 15% 한도 내에서 차감 할인이 가능하다. E 포인트 차감은 보유한 E 포인트를 이용하여 차감 할인이 가능하고, 최대 구매금액의 100%까지 차감할인이 가능하다. E 포인트 1P는 1원에 해당한다. 단, H 포인트 차감 할인과 E 포인트 차감 할인은 동시에 받을 수 없다.

편의점 제휴 카드 할인은 통신사 할인과는 중복 가능하나, 멤버십 및 제휴할인과는 중복 가능하지 않으며, 편의점 구매금액 1,500원당 200원이 할인된다. 단, 월 4,000원의 한도가 존재한다.

※ 통신사 할인, 멤버십 및 제휴할인, 편의점 제휴 카드 할인이 중복으로 사용될 수 있는 경우에는, 사용자가 사용 순서를 자유롭게 정할 수 있다.

<상 황>

민지는 A 편의점에 2022년 1월 19일 오전에 방문하여 1+1만으로 13,000원어치를 구매하고자 한다. 이후, 2022년 1월 20일 오후에 1+1과 2+1 상품을 전혀 포함하지 않고 32,000원어치를 구매하고자 한다.

민지는 S사 멤버십 골드 등급에 해당하고 H 포인트는 950P, E 포인트는 2,000P를 가지고 있다. 또한 이번 달에는 아직 편의점 제휴 카드 할인을 전혀 사용하지 않았다.

① 36,000원
② 36,200원
③ 36,400원
④ 36,600원
⑤ 36,800원

[39~40] **다음 글을 읽고 물음에 답하시오.**

검사의 양호도를 측정하기 위한 방법을 제시하는 이론으로 주로 사용되는 이론으로는 고전검사이론과 문항반응이론이 있다. 고전검사이론에 의한 문항분석은 피험자들의 문항에 대한 응답을 채점하고 정오 여부에 의해 문항을 분석하는 방법이다. 이 방식에 따를 때, 전체 응답수를 N, 정답수를 R이라 하면 문항의 어려운 정도를 나타내는 '곤란도 = R/N'으로 표현된다. 즉, 곤란도가 작을수록 문항의 정답 응답수가 적어 난도가 높았음을 의미한다. 양호한 곤란도는 0.3 ~ 0.7 사이이며, 이상적인 곤란도는 0.5이다.

문항변별도란 문항이 피험자의 능력을 상하로 변별해내는 능력을 의미한다. 전체 응답자를 검사의 총점을 기준으로 상위와 하위의 집단으로 구분할 때, 상위집단의 정답수를 RH, 하위집단의 정답수를 RL이라 한다면 고전검사이론에 의한 문항변별도는 다음과 같이 표현된다.

$$변별도 = \frac{R_H - R_L}{N/2}$$

문항 변별도는 0.4 이상일 경우에 '대단히 좋은 문항'으로 평가되며 0.2 이상 ~ 0.4 미만인 경우에 '양호한 문항'으로, 0.2 미만일 경우에 '좋지 못한 문항'으로 평가된다.

한편, 고전검사이론이 '약한 가정'으로 인해 시험의 대상이 되는 집단이 달라질 때마다 문항의 곤란도나 변별도 등이 달라진다는 문제점을 지적하며 제시된 것이 문항반응이론이다. 문항반응이론은 피험자의 능력치(Θ)가 불변하며, 문항의 변별도와 곤란도, 그리고 추측도가 불변한다는 다소 '강한 가정'에 기반한다.

문항반응이론에 따르면 검사의 문항별로 피험자의 능력치(Θ)에 따른 정답률(P(Θ))에 따라 문항의 곤란도와 변별도, 추측도를 추론하는데, 이를 나타내는 곡선을 문항특성곡선이라 한다. 먼저, 곤란도는 P(Θ) = 0.5 일 때의 Θ의 값에 따라 정해지는데, 그 값이 클수록 문항이 어려운 것을 의미한다. 변별도는 문항특성곡선의 기울기이며 문항특성곡선의 기울기가 크다는 것은 능력치 Θ가 조금만 변해도 정답률이 크게 변한다는 것을 의미하므로 변별도가 높음을 의미한다. 변별도는 Θ = 0.5일 때의 곡선의 기울기로 비교한다. 추측도는 해당 문항이 의도하는 능력을 전혀 갖추고 있지 않음에도 정답을 맞추는 정도로 표현되며, 피험자의 능력치 Θ의 평균을 0으로 하여 -3에서 3으로 표현하는 경우 Θ = -3 일 때의 정답률을 의미한다.

다음은 총 10문항으로 이루어진 '검사 A'의 일부 문항의 문항특성곡선을 보여준다.

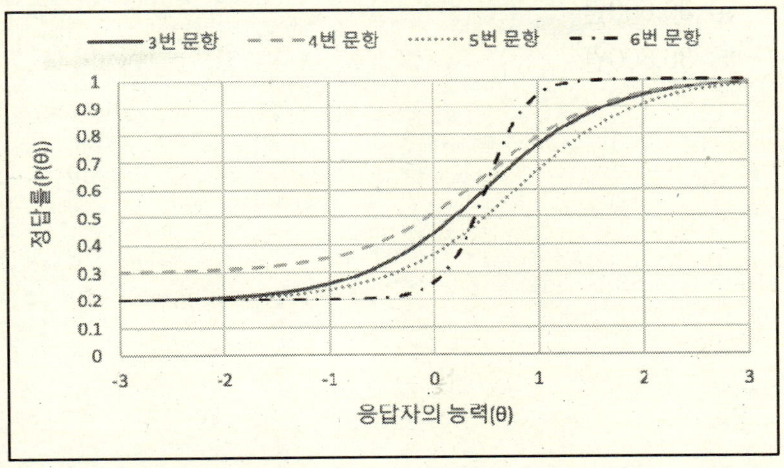

39. 윗글을 근거로 판단할 때 옳은 것은?

① 문항반응이론에서 추측도가 높을수록 문항이 어려워진다.
② 문항반응이론에서는 시험 대상 집단이 달라질 때마다 문항의 변별도가 달라진다.
③ 고전검사이론에서 곤란도가 높을수록 어려운 문항에 해당한다.
④ '검사 A'의 3번 ~ 6번 문항을 문항이 어려운 순으로 나열하면 5번, 6번, 3번, 4번 문항의 순이다.
⑤ '검사 A'에서 변별도는 3번 문항이 6번 문항보다 높다.

40. 윗글과 <상황>을 근거로 판단할 때, <보기>에서 옳은 것을 모두 고르면?

<상 황>

甲교사는 '검사 A'를 자신의 반의 학생들(채원, 주남, 아영, 성민)에게 실시하였고, 그 결과는 아래의 표와 같다.

번호	…	3번	4번	5번	6번	…	정답 수
정답		④	⑤	①	③		
채원	…	④	⑤	①	③	…	10
주남		①	①	①	③		5
아영		②	③	①	④		4
성민		③	⑤	②	③		7

<보 기>

ㄱ. 고전검사이론에 따를 때, 변별도에 따라 '대단히 좋은 문항'은 총 3개이다.
ㄴ. 고전검사이론에 따를 때, 3번 문항의 곤란도가 5번 문항의 곤란도보다 높다.
ㄷ. 고전검사이론을 따를 때, 4번 문항은 곤란도가 이상적인 문항이다.
ㄹ. 4번 문항과 6번 문항을 분석함에 있어 고전검사이론을 선택하는지 문항반응이론을 선택하는지에 따라 변별도 크기의 대소관계가 달라진다.

① ㄱ, ㄴ
② ㄱ, ㄷ
③ ㄴ, ㄹ
④ ㄷ, ㄹ
⑤ ㄴ, ㄷ, ㄹ

BEST PSAT 교재모음

강화약화 매뉴얼 6.0

논리개념 매뉴얼 6.0
상·하 세트

PSAT 상황판단
법률문제 200

합격생이 직접 풀어쓴
PSAT 기출문제 해설집

PSAT 전진명
상황판단 기출연계 190제

2025년 대비 PSAT
전국모의고사 5회분

PSAT 언어논리
모음집

PSAT 자료해석
모음집

법률저널 유형별 PSAT 언어논리
논리퀴즈+논증

법률저널 유형별 PSAT 자료해석
단일 표+복합 표+보고서+연결형

PSAT 상황판단
모음집

2020 PSAT 엄선
모의고사

법률저널 유형별 PSAT 상황판단
퀴즈유형, 법조문+규정응용

법률저널 유형별 PSAT 언어논리
일치+추론+1지문2문항

법률저널 유형별 PSAT 자료해석
그래프+표+자료변환+상황판단

법률저널 유형별 PSAT
상황판단 독해+1지문2문항

JN395856